鄂西南地区二叠系大隆组页岩气资源潜力分析

牟传龙　肖朝晖　王秀平 等　著

科学出版社

北　京

内 容 简 介

本书按照页岩气资源潜力分析工作的总体要求，以“有利的沉积相带为页岩气富集的基础，有效的保存条件为页岩气富集高产的关键”为统一的指导思想，以华电华中清洁能源有限公司的相关科研项目或课题成果为基础，全面清理、收集、查阅了大量区调资料、科研报告及科学研究文献成果，重点关注有关鄂西南地区二叠系大隆组地层、沉积相及页岩气的相关认识与进展。以活动论构造学、沉积学、岩相古地理学、油气地质学及层序古地理编图技术、有机地球化学和岩石学等的综合运用、相互验证与约束，对鄂西南地区二叠系大隆组页岩气资源潜力进行分析，并划分页岩气有利区。

本书可供基础地质、矿产地质、石油天然气地质等工作者参考，同时对沉积、岩相古地理、地层和油气等领域的科研和教学人员、学生具有一定的参考价值。

图书在版编目(CIP)数据

鄂西南地区二叠系大隆组页岩气资源潜力分析 / 牟传龙等著. —北京：科学出版社, 2022.6
ISBN 978-7-03-070656-0

Ⅰ. ①鄂…　Ⅱ. ①牟…　Ⅲ. ①二叠纪-油页岩资源-资源潜力-研究-湖北
Ⅳ. ①TE155

中国版本图书馆 CIP 数据核字（2021）第 233169 号

责任编辑：陈　杰 / 责任校对：彭　映
责任印制：罗　科 / 封面设计：墨创文化

科学出版社出版
北京东黄城根北街16号
邮政编码：100717
http://www.sciencep.com

成都锦瑞印刷有限责任公司印刷
科学出版社发行　各地新华书店经销
*
2022 年 6 月第　一　版　　开本：787×1092　1/16
2022 年 6 月第一次印刷　　印张：17 1/4
字数：406 000

定价：189.00 元
（如有印装质量问题，我社负责调换）

编　委　会

前　言

中扬子区是中国南方主要含油气区域之一，湘鄂西地区是中上扬子海相页岩气勘探开发的重点地区。相对于包括四川盆地的上扬子地区，中扬子地区的页岩气勘探与研究程度较低，随着涪陵气田的发现和投产，才逐渐引起关注。中扬子地区发育以震旦系、寒武系为勘探目的层的下组合和以二叠系、三叠系为主的上组合两个含油气组合，具备发现常规天然气和页岩气的良好石油地质条件，资源潜力大，是寻找规模天然气的重点勘探潜力区。根据现有的勘探认识，页岩气的主要发育层系为寒武系牛蹄塘组、志留系龙马溪组，对二叠系大隆组页岩气地质特征的相关研究相对较缺乏。受油气勘探程度的影响，上二叠统大隆组的研究主要集中在四川盆地北缘的广元-旺苍与开江-梁平地区，而大隆组烃源岩由于在中上扬子地区局部分布，过去并没有引起相应的重视，但相对于寒武系牛蹄塘组、奥陶系五峰组-志留系龙马溪组等其他几套区域性烃源岩，大隆组具有其自身油气地质意义。现有的研究成果主要集中在初步摸底页岩气基本地质条件，随着中国页岩气的快速发展，应加强对中扬子区内页岩气有利区及资源潜力的评价，这是对国家提出“摸清家底”重要要求的积极反映。

鄂西南地区位于湖北省西南边陲，地理上主要包括恩施、宣恩、建始、来凤、鹤峰等大部分地区，其范围大致为北纬 29°00′～32°00′、东经 108°20′～110°00′。此次研究以鄂西南地区二叠系大隆组页岩气特征为研究对象，重点研究区域为湖北鹤峰地区。其中，湖北鹤峰页岩气勘查区位于鄂西南恩施州地区，行政区划主要属恩施州鹤峰县管辖，仅西北角跨及恩施市、建始县，东与湘西石门县、桑植县毗邻，面积 2306.7km^2。

该区主体为山地，北东-南西走向的齐岳山脉、武陵山脉等斜贯全区，地势总体由南西向北东倾斜，海拔一般在 500～1000m，普遍展示着海拔 2000～1700m、1500～1300m、1200～1000m、900～800m、700～500m 等五级面积不等的夷平面，并存在一至二级河谷阶地，呈现明显层状地貌。岩溶地貌发育，石芽、溶洞、漏斗、盲谷、伏流比比皆是，山间谷地星罗棋布。重点勘查区鹤峰区块地处武陵山脉北段，地形西北高、东南低。群山直立，峰峦起伏，溪河纵横，地表切割深，坡度陡，落差大，区内最高海拔为东北中部的中池山，海拔 2096m，最低海拔为东南面的江口谷地，海拔 195m，两地相对高差达 1901m。构造剥蚀地貌、岩溶地貌交织，属湖北省地质灾害频发地区之一。区内水资源十分丰富，长江横贯中北部，清江及其支流斜贯全区。鹤峰区块内河流以源于北部的溇水河为主，蜿蜒流经区块，于东南部走马一带流出。

该区属亚热带湿润型季风气候和季风性湿润气候，特点是冬少严寒，夏无酷暑，雾多寡照，终年湿润，降水充沛，雨热同期。但因地形错综复杂，地势高低悬殊，又呈现出极其明显的气候垂直地域差异。四季分明，每年 11 月中下旬开始降雪，次年 3 月解冻，年平均气温随海拔的升高而降低，基本处于 6～17℃，最低气温达－17.3℃，最高温可达 42℃以上。全年无霜期 220～300 天，年平均降水量 1300～2000mm，6 月、7 月、8 月为雨季，降水量约占全年的 35%～50%。森林覆盖率 70%～80%。

鄂西南地区地处我国中、西部两大经济带的接合部，社会经济发展水平总体较低。该区农业主产玉米，还有水稻、薯类和油菜，盛产茶叶和烟叶等经济作物；有精制茶、磷肥、采煤、建材、药化、食品等工业。

区内交通较便利，恩施市有支线机场，宜万铁路、沪渝高速公路从其西北部横贯而过，325 省道(鸦来公路)横贯东西，261 省道(鹤峰—巴东)跨越南北，233 省道(鹤峰—恩施)、341 省道(鹤峰—南北镇)等斜贯区块。此外，大部分乡村还有“村村通”公路相连。因此，鄂西南及邻区交通基本能满足中大型钻探等设备到达施工场地。

研究区位于湖北省西南边陲，构造上隶属于湘鄂西褶冲带。上二叠统大隆组在鄂西南地区主要发育在海槽中，为有利于页岩气富集的富有机质黑色岩系。

本书按照页岩气资源潜力分析工作的总体要求，以“有利的沉积相带为页岩气富集的基础，有效的保存条件为页岩气富集高产的关键”为统一的指导思想，以华电华中清洁能源有限公司(原“湖北省页岩气开发有限公司”)的相关科研项目或课题成果为基础，包括“湖北鹤峰、来凤咸丰页岩气区块资源潜力分析及勘探目标优选”(2014)、“湖北鹤峰页岩气勘查区块地质调查”(2015)、“湖北鹤峰页岩气区块鹤地 1 井地质综合评价”(2015)、“鄂西地区页岩气勘查与有利勘探目标优选”(2015)、“湖北地区富有机质页岩地层岩相古地理与页岩气有利区带预测”(2016) 以及“鄂西地区重点层系页岩气评价及有利区优选”(2017) 6 个项目，全面清理、收集、查阅了大量区调资料、科研报告及科学研究文献成果，重点关注有关鄂西南地区二叠系大隆组地层、沉积相及页岩气的相关认识与进展。以活动论构造学、沉积学、岩相古地理学、油气地质学及层序古地理编图技术、有机地球化学和岩石学等的综合运用、相互验证与约束对鄂西南地区二叠系大隆组页岩气资源潜力进行分析，并划分页岩气有利区，取得了以下几点主要认识。

1. 通过编制鄂西南地区二叠系大隆组的层序岩相古地理图，明确了富有机质岩系的空间分布规律

鄂西南地区二叠系大隆组为台盆相沉积，可划分为浅水台盆与深水台盆两个亚相，其中深水台盆相带主要控制了富有机质暗色岩系的宏观分布。通过建立鄂西地区二叠系大隆组的层序地层格架，将此套页岩气重点层系共划分为两个三级层序，且均由海侵体系域(transgressive systems tract，TST)和高水位体系域(highstand systems tract，HST)组成。有利的深水台盆相带主要发育于海侵体系域中，尤其是第一个海侵体系域。以三级层序体系域为编图单元，采用优势相法，分别编制了大隆组各体系域发育期岩相古地理图，更为客观、瞬时和等时地展示了时空框架内储层有利相带(深水台盆相)的展布特征，并在叠合各体系域发育期有利相带分布区的基础上分别圈定了研究区二叠系大隆组最有利的相带展布区范围。

除研究区东南角以及西部的局部地区外，大隆组层序 1 海侵期深水台盆相广泛分布，层序 1 高水位期有利相带分布于研究区中部，层序 2 海侵期除东北角建始地区以及研究区西侧以北地区外均为有利相带分布区。研究区大隆组有利沉积相带分布区叠合范围与层序

1 高水位期有利相带分布区基本重合，主要位于恩施、宣恩一线与鹤峰之间至来凤地区，呈北东-南西向展布的区域。鹤峰区块深水台盆相广泛发育，深水台盆相在层序 1 海侵期与高水位期均主要位于区块的西侧和北部地区，层序 2 海侵期全区均发育深水台盆相，有利相带叠合区域受层序 1 高水位期有利相带的展布区的控制，分布于鹤峰县-燕子乡北部近似呈北东-南西向一线的北部和西侧地区。

2. 查明了鄂西南地区二叠系大隆组页岩气的基本地质条件

鄂西南地区二叠系大隆组有机质类型和热演化程度均有利于页岩气的产生。有机质及其厚度空间展布、矿物组分、储集物性等特征受沉积相的控制。

(1)鄂西南地区二叠系大隆组黑色岩系干酪根类型以Ⅱ$_1$型为主，其次为Ⅱ$_2$型；有机质多处于高成熟—过成熟演化阶段，镜质体反射率(R_o)分布范围主要集中在 2.07%～2.68%，平均值为 2.11%；总有机碳含量(total organic carbon，TOC)为 0.38%～17.74%，主要分布区间为 2.0%～6.0%，平均为 5.51%。垂向上，总体上呈现有机质含量减少的特征，而其变化趋势也呈现向上逐渐减小再增加的特征。平面上，二叠系大隆组 TOC 及其厚度呈由靠近中心处向两侧逐渐减少的特征，呈近似南东-北西向展布，TOC 总体上几乎全部大于 4%；沉积厚度大于 50m 的富有机质岩系(TOC>1%)主要分布在恩施-鹤峰区块，呈近北西-南东向；TOC>2%的富有机质岩系沉积厚度主要大于 20m。大隆组暗色岩系矿物组分以石英、黏土矿物为主，其次为长石和碳酸盐矿物，脆性矿物含量很高，总体平均为 79.84%，碳酸盐矿物平均含量为 11.5%，呈局部较发育的特征，总体以硅质型页岩为主，少量的碳酸盐质型页岩。偏光显微镜下，主要呈泥质结构，其次为含粉砂泥质结构和硅质泥质结构，碎屑颗粒主要呈漂浮状，分布于泥质和胶结物基底中，其含量多小于 10%。

(2)鄂西南地区大隆组总体上均表现为经历正常成岩演化的过程，均已达到晚成岩阶段，但相对四川盆地奥陶系五峰组-志留系龙马溪组，其该层系的热演化程度相对较高。发育的成岩作用也主要为压实作用、胶结作用、交代作用以及有机质生烃演化作用，其中无机成岩作用主要造成了页岩孔隙的大量减少，有机质生烃演化作用是页岩储集空间发育的主要原因。

(3)鄂西南地区重点区块大隆组的物性较差。鹤地 1 井大隆组孔隙度以 1.0%～2.0%为主，渗透率以小于 0.02mD 为主。储集空间均以有机质孔为主，大隆组具少量的残余粒间孔，微介孔是大隆组页岩气赋存的主要场所。有机碳含量是决定其储集性的重要因素，研究区二叠系大隆组有机质孔发育较差，孔径很小，且连通性极差，应是造成其储集性和含气性较差的主要原因；其中强烈的胶结作用是造成其储集空间和渗透性降低的不利因素之一。

(4)鄂西南地区二叠系大隆组总体保存条件较差。鹤峰区块大隆组埋深较浅，其中鹤峰向斜小于 3200m，陈家湾向斜埋深小于 2100m，西北部埋深小于东南部和南部，最深在鹤峰区块西南部地区。大隆组顶底板条件一般，盖层为大冶组薄-中层泥晶灰岩夹页岩，大冶组一段和三段常发育顺层滑动褶皱，因而其封盖性能一般；下伏地层为二叠系下窑组泥质瘤状灰岩、生物屑灰岩、微晶灰岩，以及龙潭组-孤峰组碳质泥页岩夹薄煤层、硅质岩，封堵性能较差。

鄂西南地区二叠系大隆组是在加里东运动以后生烃，生烃时间晚，生烃高峰均为侏罗纪中期及以后，有利于页岩气的富集，然而其抬升时间较早，发生在白垩纪早期，页岩气的保存条件中等。鹤峰区块鹤峰向斜位于走马断裂下盘，大隆组地层保存均较完整，西南部位于断裂下盘，底界埋深 0～3200m，远离露头区，保存条件好。二叠系大隆组构造裂缝发育，且均已被方解石充填，并发育多个滑脱面，说明其受构造破坏作用较强，这应是其含气性较差的重要原因。水文地质条件方面，研究区地层水多属于交替阻滞带-自由交替带(次封存区-开启区)，对页岩气保存有一定影响。

(5)鄂西南地区二叠系大隆组页岩含气性较差。大隆组页岩总含气量 0.02～4.39 m^3/t，均值 1.08 m^3/t。美国页岩气开发中页岩含气量均值为 2.1 m^3/t，大隆组的总含气量低于美国页岩气开发层段平均含气量，且以吸附气为主。等温吸附实验表明，大隆组吸附能力较强，页岩样品气体吸附量均大于 2m^3/t，具有较好的吸附性能，且页岩孔隙气体饱和度较低，这表明较低的吸附气含量不是页岩吸附能力决定的，可能与气体逸散有关。

总的来说，鄂西南地区二叠系大隆组发育生烃潜力较高的富有机质岩系，尤其是二叠系大隆组有机碳含量很高、矿物组分配置较好、有机质热演化程度较高，有利于页岩气藏的形成；而此层系的储集物性较差，含气量较低，可能是受有机质类型、有机质热演化程度及构造作用的共同影响，造成生烃过程中构造挤压应力较强，使得有机质生烃演化过程中伴随着有机质孔的减少，造成孔隙度较低。

3. 划分了鄂西南地区二叠系大隆组的页岩气有利区

鄂西南地区二叠系大隆组页岩气有利区主要分布在研究区的东北部与北中部地区，此地区也是相对靠近海槽的沉积中心地区，并根据有利区的评价参数划分为Ⅰ类、Ⅱ类与Ⅲ类三个级别的有利区类型。Ⅰ类有利区分布在鹤峰页岩气重点区块，展布面积共约 279km^2。该地区大隆组垂向上沉积相以深水台盆相为主，高位体系域的浅水台盆相相对不发育；具有良好的物质基础，TOC 均大于 4.0%，主要介于 4.0%～6.0%，有机质热演化程度较高，以 R_o>2.5%为主。有利沉积厚度主要大于 35m，脆性矿物含量较高，石英+长石等矿物的含量大于 70%，碳酸盐矿物较少，以小于 5%为主，黏土矿物含量 20%～30%；估算该类有利区页岩气资源量约为 $240\times10^8m^3$；该地区位于陈家湾向斜，地层埋深以 500～1500m 为主，发育继承性断裂，构造保存条件较差；位于恩施市与鹤峰县之间，道路覆盖较少，交通较差；清江流过此区域的北部，地表水条件较不利；高山地形为主，地形坡度较宽缓。Ⅱ类有利区分布较广，主要在建始—恩施—宣恩呈北东-南西向条带状分布，展布面积共约 1696.5km^2，估算该类有利区页岩气资源量约为 $1530\times10^8m^3$。Ⅲ类地区展布面积约 375.8km^2，主要位于鹤峰区块的鹤峰向斜内。鹤峰区块全部属于页岩气Ⅰ类有利区，并将该区块划分出两个较有利区，其中①地区位于区块的西北角处，展布面积约 165km^2，由于靠近沉积中心处，其 TOC 介于 2.0%～8.0%，有效厚度大于 30m，R_o>2.6%，几乎全部位于陈家湾向斜，地层保存较完整，埋深 0～1700m，受多条地层切割，构造破碎，保存条件较差；道路交通较差，山地地形为主，水系局部发育；②地区位于鹤峰向斜西南部，展布面积约 297km^2，埋深 0～3200m，叠瓦状逆断层发育，构造保存条件较好；其 TOC 以 4.0%～8.0%为主，有效厚度主要为 20～40m，R_o>2.2%，构造相对较稳定，道路交通也相对较差，地形坡度较小，水系局部发育。

4. 鄂西南地区二叠系大隆组的新认识

(1)通过层序岩相古地理图的编制，明确了研究区二叠系大隆组最有利的相带展布区范围，即鄂西南地区二叠系大隆组虽发育在海槽中，富有机质页岩发育，然而有利于页岩气富集的台盆相主要位于恩施、宣恩一线与鹤峰之间至来凤地区，呈北东-南西向展布的区域。因此，通过层序岩相古地理图的编制，可以为页岩气地质调查提供指南(或关键指示)。

(2)大隆组页岩气物质基础较好的原因。大隆组存在较高的古生产力，沉积速率较低。水体缺氧环境是有机质保存的首要因素，上升流的发育和局限盆地导致地层水体缺氧是大隆组下部富有机质黑色岩系发育的主要控制因素。

(3)有关大隆组硅岩(或硅质岩)的成因。通过分析发现研究区二叠系大隆组黑色岩系岩石类型并非以硅岩为主，而是以碳质硅质页岩、碳质(含碳酸盐质)页岩为主，夹薄层的硅岩和碳酸盐岩；硅质具有生物成因和次生成因的主要类型，可能以后者为主。黑色岩系的形成主要是受被碳酸盐台地三面围限的滞留的台盆相还原环境的控制，同时沉积过程中受到上升流作用的影响造成有机质富集，层状硅岩的发育可能与同生断裂作用有关的热水的影响有关。

本书是由中国地质调查局成都地质调查中心与华电华中清洁能源有限公司及中国华电集团清洁有限公司合作完成，由成都地质调查中心牟传龙和华电华中清洁能源有限公司肖朝晖牵头，王秀平和陈尧主要协作完成。前言由牟传龙和肖朝晖主笔完成，王秀平和陈尧参与；第一章、第二章、第三章和第四章由肖朝晖和陈尧主笔完成，其他人员参与；第五章、第六章、第七章由牟传龙和王秀平主笔完成，其他人员参与；第八章、第九章由王秀平和洪克岩主笔完成，其他人员参与；第十章和第十一章由肖朝晖和陈尧主笔完成，其他人员参与；第十二章由牟传龙和王秀平主笔完成，其他人员参与；主要参考文献由王秀平、姚升阳统编；本书最后由牟传龙、王秀平统稿，编排、校正由王秀平完成。

本书在编写过程中得到了中国地质调查局成都地质调查中心与华电华中清洁能源有限公司及中国华电集团清洁有限公司各位领导、同事的大力支持与无私帮助。

本书参考和引用了所列参考文献的某些内容与观点，其中部分文献由于年代久远无法查证其出处，谨向上述文献作者致以诚挚的谢意。

另外，由于本书所涉及的研究范围较广，在现有资料有限的前提下，对相关二叠系大隆组的综合研究与编图以及页岩气资源潜力评价过程中，难免存在纰漏或者不足。本书中编制的系列图件及提出的指导思想和方法技术，可能对页岩气资源潜力评价工作及进一步的科研、勘探开发工作中的一些重要发现和新认识没能充分考虑、反映，在此笔者表示歉意，同时希望各位专家、同行提出宝贵意见，望不吝指正。

目　　录

第一章　区域地质概况

1.1　区域地质背景

涵盖研究区的湘鄂西地区，隶属于中扬子与上扬子过渡区，西与四川盆地毗邻，北靠秦岭-大别造山带，东接江南-雪峰滑脱推覆隆起带(图 1-1)，基底结构和性质具有分区性和差异性，中部鄂中-川中古陆核为刚性结晶基底，南、北两侧为塑性褶皱基底，湘鄂西地区基底为刚性结晶基底。

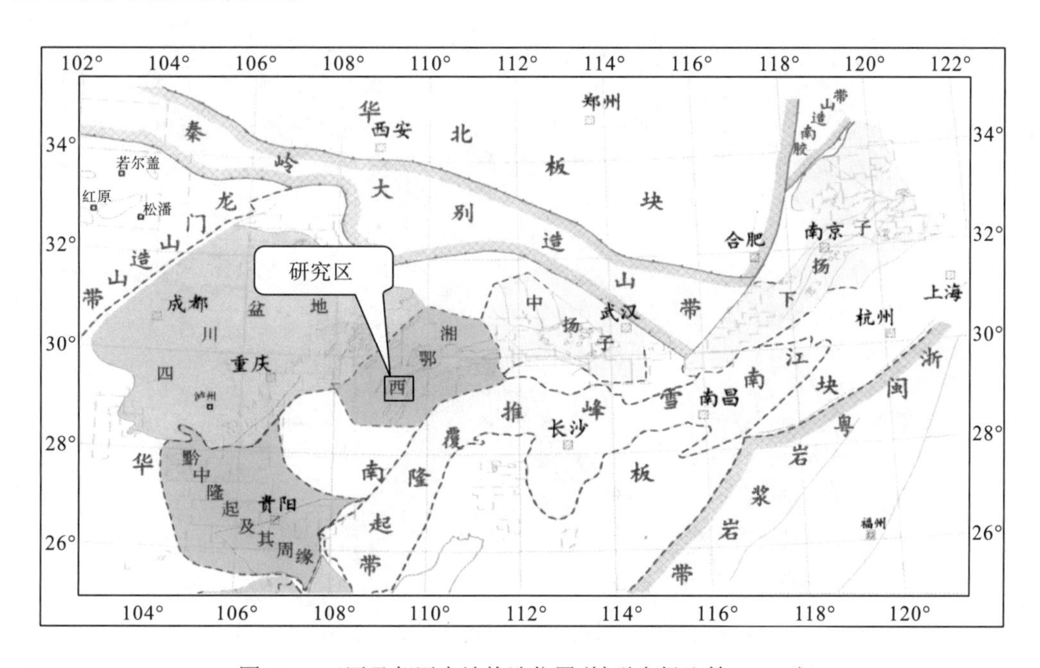

图 1-1　工区及邻区大地构造位置(转引自杨飞等，2011)

根据区域构造特征、现今构造形迹以及前人研究成果(“湖北鹤峰、来凤咸丰页岩气区块资源潜力分析及勘探目标优选”项目成果报告，2014；“湖北鹤峰页岩气勘查区块地质调查”报告，2015)，南以慈利-保靖断裂(江南断裂)为界、北东以天阳坪断裂为界、北西以齐岳山断裂为界，湘鄂西地区自南东向北西进一步分为桑植-石门复向斜带、宜都-鹤峰复背斜带、花果坪复向斜带、中央复背斜带、利川复向斜带等构造单元(图 1-2)。其中桑植-石门复向斜带展布方向为北东向，主要由 2 个向斜和 1 个背斜组成，地表表现为以宽向斜为主的褶皱，地腹出现下寒武统、志留系、下三叠统三个滑脱层；宜都-鹤峰复背斜带地表总体由震旦系-志留系组成，表现为南陡北缓的不对称断弯-断展褶皱，具窄背斜、宽向斜特点，地腹存在3个滑脱面，志留系与下寒武统滑脱面之间变形不强；花果坪复向斜带展布方向为北东向，两翼平缓、开阔，断层倾向南东，地腹发育下寒武统、志留系2个滑脱层，滑脱层之间变形较弱；中央复背斜带展布方向为北东向，地表背斜高大、宽缓，向斜狭窄，已逐渐向隔挡式褶皱过渡；利川复向斜带总体上呈向北西凸出、向南收敛的弧形，以震旦系底面为主滑脱面，志留系为次滑脱面，从南东向北西褶皱逐渐紧密，从隔槽式有序过渡到隔挡式，总体上具有北部变形较强，南部变形较弱的特点。总体上，褶皱带出露地层为南华系至三叠系，背斜核部以寒武系-奥陶系为主，向斜核部以出露三叠系为主。

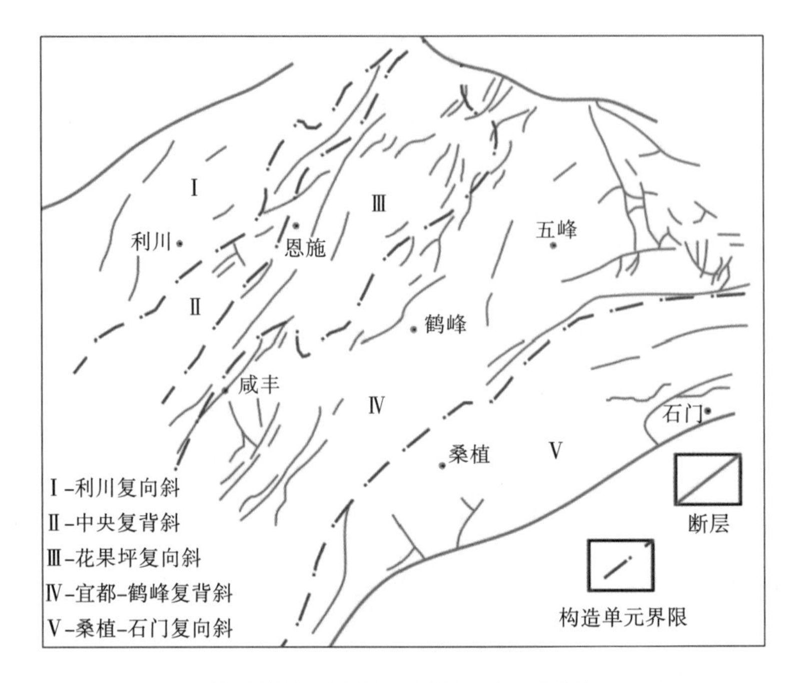

图1-2 鄂西地区断裂构造平面分布图(李海等，2014)

1.2 鄂西南地区褶皱断裂特征

鄂西南地区的构造位置处于江南构造带西侧的湘鄂西隔槽式变形带，变形强度较强，由一系列宽缓的背斜、狭窄的向斜组成，褶皱形态以箱状为主，由南向北，褶皱由NNE向NEE走向转变，整体呈现向NWW凸出的弧形，褶皱轴面陡立，但多向SE倾斜。湘鄂西南地区构造位置上南以慈利-保靖断裂(江南断裂)为界与雪峰-江南陆内造山带相接，北东以天阳坪断裂为界与荆州-大冶对冲干涉带相邻，北西以齐岳山断裂为界与川东褶皱带过渡。其构造变形变位特征与雪峰造山带向北西方向的挤压推覆密切相关。研究推测湘鄂西-川东陆内构造递进扩展变形的“发动机”在怀化-桃源一线，而该线亦是陆内造山作用开始发轫的位置。

雪峰造山带为典型的陆内基底拆离造山，雪峰陆内造山作用向西北方向扩展变形达400km，即从湘鄂西到川东地区。从雪峰造山带至四川盆地分带性明显，递进变形具有时空上的一致性，与之相对应的是，区内的多套滑脱层也表现为跃层式向北西拓展的特征，主滑脱面由寒武统→志留统→二叠统、下三叠统逐级抬升。雪峰西侧慈利-保靖断裂以西、华蓥山断裂以东的区域，由东南向北西，表现出根带-中带-锋带的特征。其中逆掩推覆带位于慈利-保靖断裂和鹤峰-来凤断裂之间，区域上下古生界地层表现出明显不同的构造形态，挤压首先沿着下寒武统滑脱面进行，随后攀升到下志留统，随着挤压的进行，滑脱面上盘发育断弯褶皱，构成背驮式背斜。上古生界地层内部产生倒转褶皱和叠瓦式构造。基底滑脱带位于鹤峰-来凤断裂和建始-彭水断裂之间，断褶构造呈S形展布，为压扭构造体系，表现出隔槽式褶皱的特点，总体呈指向北西的弧形薄皮冲断构造体系。盖层滑脱带位于华蓥山断裂和建始-彭水断裂之间，为前展式薄皮逆冲推滑构造，隔挡式高陡背斜，多层次的滑脱，深部存在中下志留统滑脱层，在背斜的两翼发育背冲断层。

印支运动以来的多期构造运动叠加改造，导致区内总体断裂褶皱发育，构造变形强烈，且分异明显，自SE向NW可分为四个变形带，即挤出式变形带、隔槽式变形带、槽挡转换带和隔挡式变形带，变形强度也渐次变弱。

在江南断裂（江南隆起北缘）至宜都-龙潭坪断裂的75km范围内，是基底卷入式的基底挤出式变形带，元古界变质基底与上覆海相地层一起卷入叠瓦状推覆和滑覆作用中；在宜都-龙潭坪断裂至齐岳山背斜的150km范围内，为渝东-湘鄂西半基底卷入式的隔槽式（背斜宽缓向斜窄陡）变形带和槽挡转换带；而在齐岳山背斜至华蓥山背斜的135km范围内，即川东-渝东盖层卷入式隔挡式变形带（向斜宽缓，背斜窄陡），震旦系及其以上的海相地层均卷入分层滑脱和逆冲推覆作用中。

根据区域构造特征，盆内由北西向南东方向依次为：齐岳山断裂、利川复向斜、建始-彭水断裂、中央复背斜、恩施-黔江断裂、花果坪复向斜、宜都-鹤峰复背斜、桑植-石门复向斜以及慈利-保靖断裂（湖北省地质矿产局，1990；何治亮等，2011；陈玉明等，2013；李海等，2014）。湘鄂西处于递变变形的隔槽式变形带，变形强度较强，自南东向北西进一步分为桑植-石门复向斜带、宜都-鹤峰复背斜带、花果坪复向斜带、中央复背斜带、利川复向斜带等构造单元（图1-2）。研究区主要包括中央复背斜、恩施-黔江断裂、花果坪复向斜、宜都-鹤峰复背斜，鹤峰区块则主要位于宜都-鹤峰复背斜内。发育以震旦系、寒武系为勘探目的层的下组合和以二叠系、三叠系为主的上组合两个含油气组合，具备发现常规天然气和页岩气的良好石油地质条件，资源潜力大，是寻找规模天然气的重点勘探潜力区。

1.2.1 主要褶皱特征

1. 桑植-石门复向斜

桑植-石门复向斜位于慈利-保靖断裂带以北，宜都-鹤峰复背斜以南。桑植-石门复向斜相对简单，中部为一低幅度挤压隆起带，北西部为向东南倾的斜坡，东南部为向北西倾的斜坡，且被一系列断层复杂化，断层走向为北东向。志留系、下寒武统两套区域盖层在中北部连片分布，南部大多出露地表；晚燕山-喜马拉雅伸展运动对本区先期构造具有较强的破坏作用，多数断裂切割志留系-中三叠统地层，少数切割寒武系-奥陶系地层，对本区下组合油气藏影响较大。但在四望山-燕子岩一带，自加里东-印支期一直处于继承性斜坡-隆起地带，同时该区地层产状平缓，断裂相对较少，由断层牵引的短轴背斜较为多见，桥头、中坪、四望山、车坊等圈闭即位于本区，震旦系、寒武系的下组合和二叠系、三叠系的上组合是油气聚集的有利区带。

2. 宜都-鹤峰复背斜

宜都-鹤峰复背斜位于花果坪复向斜、桑植-石门复向斜及秭归拗陷之间，东北边界为天阳坪断裂。地表主要分布寒武系及其以上地层，其中东山峰、长阳构造核部震旦系至冷家溪群和板溪群已暴露地表。构造展布方向从 SW-NE 逐渐变为 NEE-近 EW 向，总体特征表现为局部构造多、面积大、隆起幅度高。东部断裂十分发育，长度大于 10km 的断裂有 90 余条，主要有两组：NE 向断裂，规模大、切割深；近 NW 向断裂多为走滑断裂。长阳、宜都等局部构造同时受这两组断裂切割。地震资料及地面详查资料反映宜都-鹤峰复背斜中北部庙岭构造群上分布太平庄、周家台、庙岭、安厂、龙龟坝等构造，平面上呈左行斜列展布。该区带为背斜构造带，震旦系、寒武系的下组合是油气聚集的有利区带。

3. 花果坪复向斜

花果坪复向斜位于中央复背斜和宜都-鹤峰复背斜之间。花果坪复向斜构造细分为三个次级构造单元：北西部和东南部为北东向展布的挤压隆起带，中部为相对宽缓低幅度隆起带。走向为北东向，均被小型断层复杂化，断层走向为北东向。地表主要分布志留系-三叠系地层。依据构造展布及特征可划为西北部构造带和东南部挤压构造带，平面形态反映了区内局部构造形成时曾受到统一的逆时针方向扭动构造力作用。中部构造相对宽缓，以南受 SE 向构造力作用较大，构造轴向呈 NE 向延伸，地面少见断裂切割。局部构造类型以褶皱型背斜、压扭性背斜为主，该区断裂不甚发育，以压扭、逆断层及正反转断层为主，断距在 150～500m，断裂切割层位一般为二、三叠系地层。志留系地层已发现少量气流井，震旦系、寒武系的下组合和二叠系、三叠系的上组合是油气聚集的有利区带。

4. 中央复背斜

中央复背斜位于利川复向斜和花果坪复向斜之间，东、西以恩施-黔江和建始-彭水断裂为界，出露地层寒武系-志留系。复背斜进一步可划分为楠木园-茶山、白果坝-彭水两个局部构造带。由于受边界大断裂影响，构造高陡，断裂发育，且地表多见正断层。局部构造以褶皱背斜和断褶型背斜为主，兼有后期反转构造发育。

5. 利川复向斜

利川复向斜介于湘鄂西隔槽式冲断褶皱带和川东隔挡式滑脱褶皱带之间，总体上呈向北西凸出、向南收敛的弧形。利川复向斜的北部是一个中央挤压隆起，西北和东南部是一背冲向斜，被一系列断层复杂化，断层走向为北东向，南部构造简单为一向斜，往北西向变窄。该构造带以震旦系底面为主滑脱面，志留系为次滑脱面，从南东向北西褶皱逐渐紧密，从隔槽式有序过渡到隔挡式，说明褶皱变形受力方向与方式有成因上的联系，褶皱过渡有序，变形十分协调。该构造带南北构造变形也存在较大差异，主要表现在：地层分布上，北部以二、三叠系为主，局部出露志留系；南部以大片侏罗系-中三叠统分布为主，仅在复向斜东翼靠近中央复背斜的黄泥塘构造上见志留系分布。构造样式上，北部褶皱紧密，构造高陡，且断层发育，局部构造数量多，规模大，呈斜列式分布，以背冲式断垒背斜为主；南部构造宽缓，总体表现为一向斜，断层和局部构造均不发育。

1.2.2 主要断裂特征

1. 齐岳山断裂带

齐岳山断裂带位于川东南金佛山、齐岳山一带，向北可达巫山附近。该带南东侧古生代地层广泛出露，并出现少量板溪群；北西侧为中生代地层分布区。断裂带对古生代地层及岩相控制均较为明显。在航磁资料上是高正磁异常区与平静的低正或低负磁场区的分界带，布格重力异常图上是四川重力高区与武陵山重力梯度带的边界，地壳地震测深速度等值线图上速度层错位明显。综合解释是由三条东倾的逆冲断裂组成。断裂两侧基底迥然不同，说明晋宁期已经存在，燕山晚期至喜马拉雅期在南东-北西方向挤压应力作用下重新活动，成为逆冲断裂。断裂两侧沉积盖层的构造变形样式和强度差别较大，东侧为隔槽式褶皱，变形程度较低，西侧为隔挡式褶皱，变形程度较高，并伴随有大量断层的出现，一般作为划分四川盆地的东界。

2. 建始-恩施断裂带

建始-恩施断裂带呈北北东向，包括建始-彭水断裂和恩施-黔江断裂。建始-彭水断裂在湖北省内位于中央复背斜西翼的建始、屯溪和文斗一带，省内长 190km。恩施-黔江断裂在湖北省内位于中央复背斜东翼的恩施、陶子溪以及老场上延展，省内长 120km。断裂主体倾向南东。两断裂性质相近，是在加里东运动晚期南北向主应力场纵张作用基础上发展起来的压扭性断裂，断裂破碎带较宽，控制了建始-恩施白垩纪红色盆地的形成、发展和消亡；后期对盆地切割和破坏，恩施盆地西缘的张扭性滑落现象明显。

3. 慈利-保靖断裂带

慈利-保靖断裂带属于扬子板块内二级构造单元，为江南隆起带北缘的边界断裂，慈利-保靖断裂带总体呈北东或北东东向展布，从花垣呈北东向经保靖、青天坪、张家界、慈利向东潜没于江汉盆地之下。慈利-保靖断裂带总体为逆冲断层，由多条近平行、不同级别或规模的断褶系与褶皱系所组成。断面沿倾向呈舒缓波状，总体向南东陡倾，但随断裂出露高度的不同可出现不同的倾向。燕山早期断裂带由南东向北西逆冲，与区域性南北向挤压应力场相对应，并伴随有大规模的左行走滑。保靖一带 192.8Ma(ESR 年龄)、近300℃(均一温度)应属于这一时期断裂作用的信息。在 131.3～120.0Ma(ESR 年龄)区域应力场由挤压向伸展转换并伴随右行走滑，形成了一系列陆相红盆，以及北西侧右旋排列的褶皱带，对应于 100～150℃均一温度环境。喜马拉雅期断裂带再次活动，陆相红盆内记录了早期逆冲、其后转向伸展的演化历史。47Ma 的 ESR 年龄与大约 200℃的均一温度应属于红盆成盆后构造正反转的信息(齐小兵等，2009)。

除了上述大断裂带之外，从湘鄂西地区断裂构造平面分布特征(图 1-2)可见，研究区断层数量多、分布广、规律性强，主要集中在复背斜构造单元内，尤其是在东部构造方向转变的部位。例如在宜都-鹤峰复背斜的构造东端，发育各种断层 132 条，部署的 11 口探井测试均以产水为主，仅见少量可燃气，说明油气藏多已遭破坏(应维华，1984)。与此相反，复向斜地区内的油气显示好于复背斜地区。分析认为，复背斜轴部属于应力集中区，多发育应力调节的张性断裂，随着后期地层抬升，断面压力逐渐降低，封闭能力下降；同时，密集的断裂网络体系使得地表水更容易与地层沟通，发生交替溶蚀作用，进一步降低了油气封存能力，导致油气最终的破坏与散失。而复向斜地区受构造活动影响和地层抬升幅度小，长期持续沉降可能产生异常高压，从而诱发微裂缝的发育，改善储集空间，同时研究区内压性和压扭性断层可作为边界封堵条件，防止气体的侧向散失，断层和裂缝在空间上的有效组合在一定程度上对页岩气的保存具有积极作用。

1.2.3 地质结构特征

纵向上，地震剖面反映和钻井资料揭示，本区地层的纵向组合具有“软”“硬”间互特征(表 1-1)，区内普遍存在中生界三叠系嘉陵江组膏盐层、下古生界志留系巨厚砂泥岩、中寒武统覃家庙组含膏碳酸盐岩三套柔性地层，在特定的温压条件下，它们将演变为构造的“软弱层”。这三套柔性地层的存在，控制了深浅层构造的形态和特征，决定了本区剖面纵向地质结构(图 1-3)。

表 1-1 鄂西渝东地区“三软、三硬”沉积介质划分表

层序	地层代号	岩性	变形特征	构造层划分
上软	$J\text{-}T_1j^{4\text{-}5}$	砂、泥、膏岩类，灰岩	塑性变形	上变形层
上硬	$T_1j^3\text{-}D$	灰岩、云岩为主	脆性变形	
中软	S	砂泥岩、页岩	塑性变形	中变形层
中硬	$O\text{-}Є_3$	碳酸盐岩为主	脆性变形	
下软	$Є_2$	含膏碳酸盐岩	塑性变形	下变形层
下硬	$Є_1\text{-}Z_2$	灰岩、云岩为主，夹砂泥岩	脆性变形	

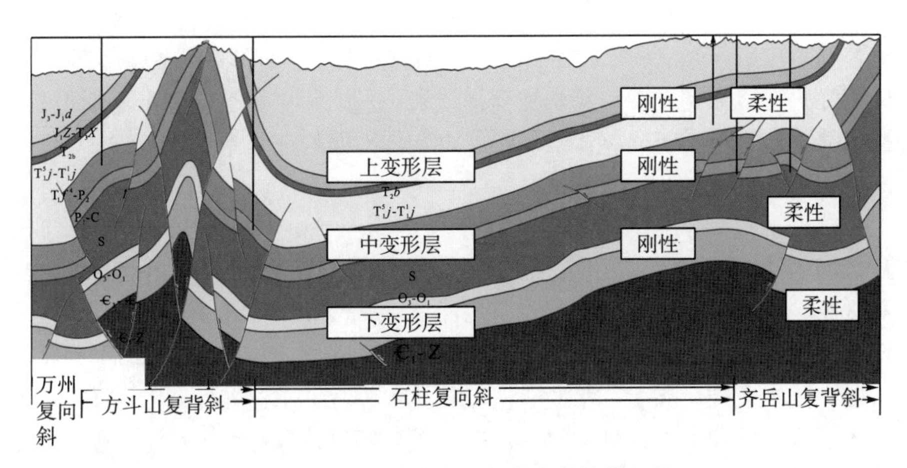

图 1-3 石柱复向斜南部纵横向结构特征图

下三叠统嘉陵江组“柔性地层”是本区最典型的构造不协调面，其上的中三叠统-侏罗系地层(T_2-J)为比较完整的背斜或向斜结构，地面形态与该构造层有继承性，断裂破坏作用较弱。由于受到燕山期之后长期的剥蚀，背斜顶部出露地层较老，齐岳山背斜带一般出露二、三叠系灰岩地层。嘉陵江组柔性地层以下，断裂和褶皱发育。以下二叠统构造形态为例，表现为断裂的对冲形成断凹、断裂的背冲形成断隆。断隆与断凹相间排列。

志留系(S)柔性地层决定了该区另一种剖面构造模式：断裂两盘的“刚”性地层在志留系地层中互为嵌入，形成了该区深层最具特色的“互嵌”构造。志留系地层的厚度纵横向变化剧烈，互嵌部位地层减薄。断层沿地层顺层滑动，形成断坪；断裂在纵向上表现为“Z”字形的嵌入构造。

中寒武统(ϵ_2)含膏碳酸盐岩这套软弱层，在区域上的发育程度受构造应力的强弱以及构造形态的控制，在石柱地区建南构造的主体部位发育。从建南构造的纵向结构分析，其上部的两套“软弱层”不发育，形成的是完整的背斜，而这套“软弱层”的发育，是地层横向缩短的结果。由剖面的解释，该套柔性地层以上构造完整，其下则为断隆断凹的结构，表现为由断裂复杂化了的背斜。

受三套柔性地层的控制，断裂的发育及其特征具有明显的分区性和分段性。嘉陵江组以下地层中发育的断裂向上皆消失在该套柔性地层中，且断裂的组合表现为受主控断层制约的类正花式构造。且构造高点位置与上覆构造近于一致，构造运动的结果造成了嘉陵江组地层的厚度在构造的翼部急剧加厚，钻井揭示为多次的倒转重复、褶皱而加厚。志留系地层的加厚受构造作用的强烈程度所控制，地层在应力集中部位加厚明显，纵向上在构造的顶部，横向上在两条断层的收敛部位。当志留系以上地层断裂发育时，中寒武的柔性层对构造的影响不甚明显，而构造相对完整时，则下部将形成断裂复杂化的背斜构造。因此三套柔性地层在纵向上不会全部发育。

鄂西渝东区纵向上存在塑性层的柔皱和断层滑脱，造成三个刚性变形层的构造变形、变位程度存在明显差异，产生了上下变形的不协调。这种不协调表现为下三叠统飞仙关组-泥盆系变形层变形最为强烈，嘉四以下出现潜伏断垒式背斜，并伴随“Y”字形和“人”字形断裂，这些断裂向上大多滑脱于嘉陵江组膏岩，向下消失于志留系泥页岩地层中，在地腹嘉陵江组-石炭系形成垒凹相间的构造格局；奥陶系-中寒武统覃家庙组下部砂岩底、下寒武统-震旦系两个变形层构造变形次之；侏罗系-中三叠统变形层变形相对较弱，表现为构造简单，为单斜或简单背斜，断裂少，与地面构造基本一致。

1. 下变形层

震旦系-中寒武统下部(含膏碳酸盐岩段)，地层厚度在2000m以上，下部地层以水井沱组、石牌组、天河板组、石龙洞组及灯影组为主，变形层中寒武统下部-震旦系构造变形层变形相对较弱，褶皱幅度相对较低。那些在中部变形层幅度不大的构造圈闭，在下部构造变形层中基本无构造显示，如张家祠、栗子湾等构造。这种上、下变形层不协调的构造主要分布于方斗山和齐岳山复背斜两翼断裂发育部位，而复向斜内部，尤其是复向斜中南部，因受力强度相对较弱，构造纵向变异程度小，如石柱复向斜内部建南构造，其幅度低缓，断裂不发育，上、下变形层高点位置和形态基本一致，构造变异程度弱。

2. 中变形层

从中寒武统上部到志留系，地层厚度在1500～2500m，该层以碳酸盐岩为主。层内岩石脆性较强，因此以脆性破裂为主，断层以高角度断坡、断阶状发育。但由于该变形层上为志留系滑脱层，下接中寒武统含膏岩滑脱层，断层向上和向下均有变缓趋势并部分消失。

该变形层中志留系滑脱层主要为泥页岩和砂质泥岩层，厚1500余米。在该变形层中，志留系具有顶厚翼薄不协调变形的特征，在主体背斜、潜伏背斜轴部加厚，翼部、倾轴断层下盘减薄，且通常是陡翼比缓翼更薄，但陡翼断层的断距接近或大于该地层厚度时则陡翼减薄现象反而不明显。区域性大断裂可切穿该层，上、下构造变形层中发育的次级断层大多在该滑脱层消失。

该变形层中褶皱较为简单，通常起伏较小。一般以断背斜和向斜的形式出现。在构造高陡带，褶皱起伏相对较大。同样的断背斜，在该变形层中的幅度具有向下变小的趋势。断层以“Y”字形断垒“对冲”和“背冲”出现，“对冲”型一般发育向斜，“背冲”型以发育背斜为主。大型基底断层向下可切穿基底，向上可达嘉陵江组，以平直型断面多见；规模较小的断层可以从志留系中的断坪进入该亚层以断坡形式出现，向下可在基底滑脱面中滑脱，在寒武系有陡翼经背斜轴部至缓翼岩层消失的特征。

3. 上变形层

从泥盆系到二叠系顶界，可划分多个次级变形层。

第一亚变形层：从志留系顶界到二叠系顶界，该层为一套厚1000余米的碳酸盐岩。由于埋藏更浅，所以岩石的脆性破裂更强，构造解体更为强烈复杂。该构造亚层的主体部位与Ⅳb亚构造层浅层背斜陡缓两翼的肩部相对应，向斜与浅层构造的轴部相对应，背斜轴线向浅层背斜的缓翼偏移，两翼不对称，形成断垒式主体背斜，陡翼有阶梯状小断裂发育。部分潜伏背斜与浅层构造陡翼或缓翼转折带相对应。它与主体背斜间以主断凹相隔，背斜不对称(如龙驹坝构造)，与主断凹相邻的一翼陡，背斜高点较主背斜低近千米。在地面构造的低起伏带，上下构造亚层吻合对应较好，两翼宽缓向斜区浅、中、深均为同心等厚褶皱。在两翼倾轴断层下盘，石炭系-二叠系由于有志留系的“润滑”作用，当上盘志留系与下盘石炭系-二叠系对接后，在持续对峙挤压下，出现向上逆冲断坡，在剖面上出现阶梯形断层。

第二亚变形层：三叠系嘉陵江组发育有四套膏岩层，包括嘉二段、嘉四段二层、四层和嘉五段二层。其中以嘉四段二层、四层为主，占膏岩层厚度的60%～80%。膏岩层的总厚度在石宝寨—万州一带达300m，向南东减薄，到齐岳山地区总厚仍达100余米。膏岩层的软化深度为500～700m，随埋藏深度的增加，地温的增高，其塑性越来越强。据研究，当埋深达到3000～4000m，地温超过1000℃时，膏岩层能达到夏天的黄油的软化和流动程度。区内膏岩层的埋深一般都在3000m左右，因此其塑性变形极强。通常情况，膏岩向断层下盘和背斜顶部流动。在背冲断层的共同上升盘，膏岩处于挤出状态；在对冲断层的共同下降盘，膏岩处于流入状态。上下落差最大可达1500m，如高峰场构造、太平镇断层等。发育在第一构造亚层中及中、下变形层的断层大多在该亚层中滑脱消失，所以很少看到断层穿过该构造亚层达到第三亚变形层。

第三亚变形层：中三叠统到侏罗系为盆地盖层顶部的构造亚层。该层为一套4000余米的厚层状砂岩夹泥岩、页岩。表现出平缓向斜和高陡背斜的变形特征。大部分构造出露地表，构造核部只露三叠系地层，个别出露二叠系。背斜狭窄，向斜宽缓，两翼多不对称。剖面形态多为梳状或似梳状，平面上呈线状平行展布。上构造亚层主体在鄂西渝东区出露地表，构造简单，以褶皱作用为主，断层较少发育，且规模极小。

鄂西渝东地区在高陡构造的核部或翼部，因大型逆冲断裂及与之伴生的对冲或背冲断裂的作用，使高陡构造带遭受切割而解体，形成断鼻式断背斜，同时，由于断裂的正牵引作用，在主断层上盘形成正牵引背斜，呈串珠状或条带状沿主断裂分布；在主断层下盘，可形成挤压背斜，位于复背斜的翼部和复向斜之间，与高陡构造形成断凹相隔，在挤压强烈地区，因伴生断裂作用，可形成反冲块，即潜伏断垒式背斜或断背斜。这些呈带状展布的局部构造，北部多而南部少，自西而东可划分为多列。

1.3　湘鄂西地区构造沉积演化

基底结构和性质的差异控制了后期沉积盖层发育时期台与盆的展布格局，在盆地大规模拉张裂解阶段，这种控制作用尤为明显。在基底特征的影响控制下，湘鄂西地区沉积演化经历了加里东期克拉通盆地（$Nh—O_1$）、中奥陶世—志留纪前陆膨隆盆地（$O_2—S$）、海西—早印支期克拉通盆地（$D—T_2$）、晚印支—早燕山前陆盆地（$T_3—J_2$）、早燕山末期陆内盆地强烈褶皱变形期（$J_3—K_1$）、晚燕山—早喜马拉雅盆地伸展改造期（$K_2—E$）、晚喜马拉雅盆缘强烈挤压变形期（N—Q）等七大构造沉积演化阶段（图1-4）。

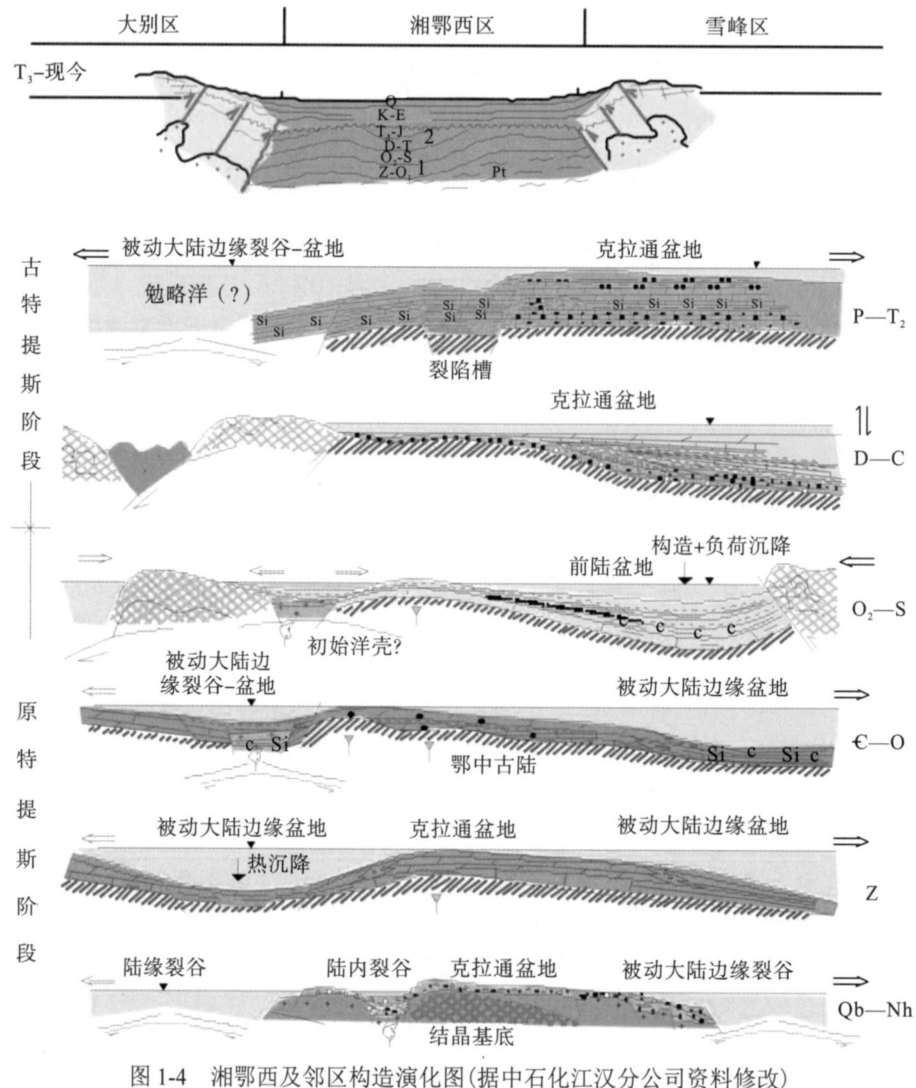

图 1-4 湘鄂西及邻区构造演化图(据中石化江汉分公司资料修改)

1. 加里东期克拉通盆地阶段(Nh—O_1)

晚元古宙早期末的晋宁运动后，扬子陆块处于一个相对稳定的构造环境。涵盖湘鄂西地区的中扬子区为扬子克拉通盆地(Nh—O_1)，扬子区南、北边界为被动大陆边缘盆地。

南华纪，莲沱组为一套棕紫色砾岩、长石石英砂岩、石英砂岩夹少量凝灰岩；南沱期，全球处于冰期，研究区以冰碛砂砾岩、冰川沉积的粉砂岩等沉积物为主。

震旦纪，扬子地区广泛海侵，形成广布的陆表浅海，灯影组形成了广阔的碳酸盐台地。在基底特征影响控制下，除中扬子南、北缘仍表现为盆地之外，其介于中、上扬子两大陆核隆起区之间，鄂西奉节-恩施-来凤一带也发育南北向的拗陷带，前人曾称之为“鄂西海槽”或“鄂西盆地”。该盆地的发育延续至早寒武世，在其基础上发育了中上扬子区早寒武世最重要的一个生烃拗陷——湘鄂西拗陷，中晚寒武世，随着盆地裂陷作用减弱、碳酸盐台地大规模增生，鄂西盆地逐渐消失。

寒武纪至早奥陶世，扬子区总体处于较稳定的构造环境。早寒武世早期，中上扬子形成统一的台地环境，向南与华南陆棚海相连。中扬子主体处于古华南海北侧大陆边缘陆表海沉积环境，北部则与古商丹洋南侧陆缘区的南秦岭陆缘裂谷盆地相邻。

2. 中奥陶世—志留纪前陆膨隆盆地阶段(O_2—S)

中奥陶世开始，华南地区构造活动加剧，扬子板块与华夏板块逐步碰撞拼合，南华海槽开始褶皱回返，同时使扬子陆块南缘陆缘带快速沉降，全区进入广海陆棚环境；扬子板块北部边缘的南秦岭地区，大陆裂谷继续强烈扩张；志留纪末期全区抬升剥蚀。本区及邻区加里东晚期(O_2—S)盆地可以划分为两种类型，即扬子北缘的南秦岭挠曲盆地、中上扬子区前陆膨隆盆地。

中晚奥陶世，中扬子区进入挠曲沉降阶段，构造格局上，主体为前陆膨隆盆地，北部为挠曲盆地，南部则进入闭合造山阶段。以开阔台地-陆棚相灰岩、瘤状灰岩、生屑灰岩、泥质条纹灰岩到粉砂质泥岩和泥质粉砂岩为主。

早志留世早期，在早加里东运动影响下，晚奥陶世时扬子板块四周古陆面积增大，并逐渐向扬子区伸展，使扬子海处于半封闭状态。中扬子区地壳下沉，海平面上升，沉积了一套静海硅质页岩、页岩，成为中扬子区主力烃源岩之一。

早志留世末期，加里东运动的影响更加显著。随着四周古陆向扬子区推进，扬子海域范围更小，扬子区地壳逐级抬升，海平面下降迅速，海水向西北方向退却。中志留世时，中扬子区受地壳隆升影响，沉积开始分异，近物源区沉积了一套滨岸相碎屑岩，为黄绿、绿灰色夹紫红色含泥质粉砂岩、细砂岩夹粉砂质泥页岩。中志留世末期，中扬子区已隆升成陆，缺少志留系上统地层。

志留世末的加里东运动导致了华南残留海的最终消亡，扬子陆块与华夏陆块最终拼合，形成统一的陆块-华南陆块。加里东运动后，全区隆升成陆，泥盆纪中期开始，中扬子及邻区进入差异沉降阶段。

3. 海西—早印支期克拉通盆地阶段(D—T_2)

早泥盆世—中泥盆世早期，湘鄂西地区继承加里东运动古构造格局，处于古陆环境，地层缺失。中泥盆世晚期，开始差异沉降，海水侵入，江南古陆边缘为其沉降中心，至中、晚泥盆世古构造基本保持原貌。

早石炭世，发生在泥盆纪末期的柳江运动使地壳小幅度抬升，除局部接受沼泽相碎屑岩沉积外，广大地区遭受剥蚀、产生沉积间断。晚石炭世，经过早石炭世的填平补齐以后，区内再次发生差异沉降，海水从东、西两侧侵入，石炭系呈透镜状分布，残留厚度大部分地区不足50m。

早二叠世经过早期(马鞍山段)含煤沼泽相碎屑岩填平补齐沉积后，地壳整体快速沉降，全区迅速广泛海侵，由于古地形平坦，沉积了一套以开阔海台地相碳酸盐岩为主的沉积建造。早二叠世末期的地壳差异隆升运动(东吴运动)使下二叠统茅口组顶部遭受不同程度的剥蚀。晚二叠世，随着古特提斯洋的打开，中上扬子区发生了大规模的陆内裂陷作用，全区整体沉降，海水由东向西侵入，古地形西北高东南低、起伏明显。裂陷主要受扬子北缘南秦岭洋的控制，裂谷自北西向南东延伸，自西向东依次发育了开江-梁平陆棚、鄂西盆地等负向构造单元。鄂西盆地同时受到前震旦纪基底的控制，裂陷作用强烈，早期为浅海台地相-滨海相沉积，晚期主要为广海陆棚-浅海盆地相沉积，西北部发育台地边缘礁滩相沉积。在鄂西盆地，长兴期发育了一套盆地相沉积，以硅质岩、页岩为主，厚度通常小于 50m，属大隆组沉积。

早三叠世基本继承了前期古地貌和沉积环境，沉降速度逐渐减缓，海水愈来愈浅，为退序的开阔海台地-局限海台地-蒸发台地相的灰岩、白云岩、膏云岩及膏盐地层沉积。中三叠世，海水大规模退出，区内沉积了一套以滨海碎屑岩夹碳酸盐岩为特征的海陆交互相沉积建造。中三叠世末发生的印支运动使海水全部退出，从此结束了海相地层沉积历史，全区隆升成陆遭受严重剥蚀，造成沉积间断。

印支运动在中扬子沉积构造发展史上具有非常重要的意义，是其结束了扬子准地台海相沉积历史，形成两拗夹一隆的古构造格局，即利川拗陷、恩施隆起、桑植-石门拗陷，奠定了现今构造的雏形。

4. 晚印支—早燕山前陆盆地阶段(T_3—J_2)

从印支运动开始，扬子地区开始进入中、新生代大陆构造演化阶段。该阶段中扬子地区的构造格局总体上以隆拗相间为主。

中扬子地区印支期受到来自北部秦岭和南部江南隆起的联合挤压，形成了主体近东西向的构造，其中湘鄂西地区受江南隆起隆升作用影响较强，主体形成北东向大型凹陷构造，基本上具有类前陆盆地的大致模式。

5. 早燕山末期陆内盆地强烈褶皱变形期阶段(J_3—K_1)

早燕山末期扬子地区进入陆内造山阶段，它继承了印支期挤压作用的基本格局，但构造强度和范围都远大于印支期，其构造运动对中上扬子地区影响范围广、强度大，奠定了中上扬子地区现今基本的构造格局。在川鄂湘断褶带，以建始-彭水断裂到齐岳山断裂间的深断裂带为界，湘鄂西构造带和川东构造带厚、薄皮构造被分开。湘鄂西主要为隔槽式褶皱，呈狭长带状分布。川东为隔挡式褶皱，走向逐渐向北东东偏转呈弧形、斜列式展布。

6. 晚燕山—早喜马拉雅盆地伸展改造期阶段(K_2—E)

燕山晚期—喜马拉雅早期，中扬子地区进入了濒太平洋构造域、具有重大意义的伸展作用阶段，造山后期应力松弛，发生早期断层的反转，使燕山早期在强烈挤压作用下形成的中、古生界构造发生了强烈改造，以反转拉张断陷活动为主，表现为早期形成的北西向、北东东向挤压断层和北东向、北北东向压扭走滑断层重新活动，发生负反转，并控制白垩-古近系沉积。这种活动从东到西、从北到南又有一定的差别。总体上，从东到西，裂陷活动的强度有减弱的趋势，江汉平原反转断块活动最强，向西逐渐减弱，湘鄂西地区仅部分断层反转，形成山间断陷小盆地，但基本未改变早燕山期形成的构造面貌，再往西至上扬子(包括鄂西渝东区)基本未发生张性反转，以挤压拗陷为主。

中扬子地区伸展断拗构造带以天阳坪断裂为界，可以划分为两大主要构造区：江汉拉张断陷区和湘鄂西断块区。在江汉拉张断陷区沉积了中、新生代陆相地层，伸展作用使区内发育大量的正断层，使已经在燕山早期遭受了强烈挤压的中、古生界呈断块活动。在湘鄂西断块区，海相地层，区内正断层可见，但强度小于断陷区，以断块为主。断块区的正断层发育的强度和密度越往西越小，到中、上扬子分界的齐岳山断裂消失。

7. 晚喜马拉雅盆缘强烈挤压变形期阶段(N—Q)

晚喜马拉雅期湘鄂西地区主要表现为强烈隆升剥蚀，导致上古生界及中生界地层仅残留在向斜核部，而在背斜核部下古生界甚至元古界等地层现今则均已出露地表。鄂西渝东地区亦主要表现为隆升、剥蚀，但隆升幅度与剥蚀程度均较湘鄂西地区弱，复向斜地区主体为侏罗系等地层覆盖区。

1.4 鹤峰区块地质概况

1.4.1 构造发育特征

为满足页岩气评价与勘探需要，根据褶皱样式、断裂变形特征、地层发育及其组合等特征，鹤峰区块自南东往北西进一步依次划分为四个次级构造带，即走马-五里构造带(I_1)、鹤峰-燕子构造带(I_2)、下坪-白佳构造带(I_3)和陈家湾-石灰窑构造带(II_1)，其中前三者属宜都-鹤峰复背斜带(Ⅰ)，后者属花果坪复向斜带(Ⅱ)(表1-2，图1-5)。各次级构造单元基本构造特征概述如下。

表1-2　工区构造单元划分简表

<table>
<tr><th colspan="4">构造单元</th><th>分界线(主要断裂带)</th></tr>
<tr><th>一级</th><th>二级</th><th>三级</th><th>四级</th><th></th></tr>
<tr><td rowspan="8">扬子板块</td><td rowspan="7">湘鄂西褶皱-断裂带(拗陷)</td><td>利川复向斜带</td><td></td><td></td></tr>
<tr><td>中央复背斜带</td><td></td><td></td></tr>
<tr><td>花果坪复向斜带(Ⅱ)</td><td>陈家湾-石灰窑构造带(II_1)</td><td></td></tr>
<tr><td rowspan="3">宜都-鹤峰复背斜带(Ⅰ)</td><td>下坪-白佳构造带(I_3)</td><td rowspan="3"></td></tr>
<tr><td>鹤峰-燕子构造带(I_2)</td></tr>
<tr><td>走马-五里构造带(I_1)</td></tr>
<tr><td>桑植-石门复向斜带</td><td></td><td></td></tr>
<tr><td>江南-雪峰山隆起</td><td>雪峰山滑脱拆离推覆隆起带</td><td></td><td>慈利-保靖
断裂带</td></tr>
</table>

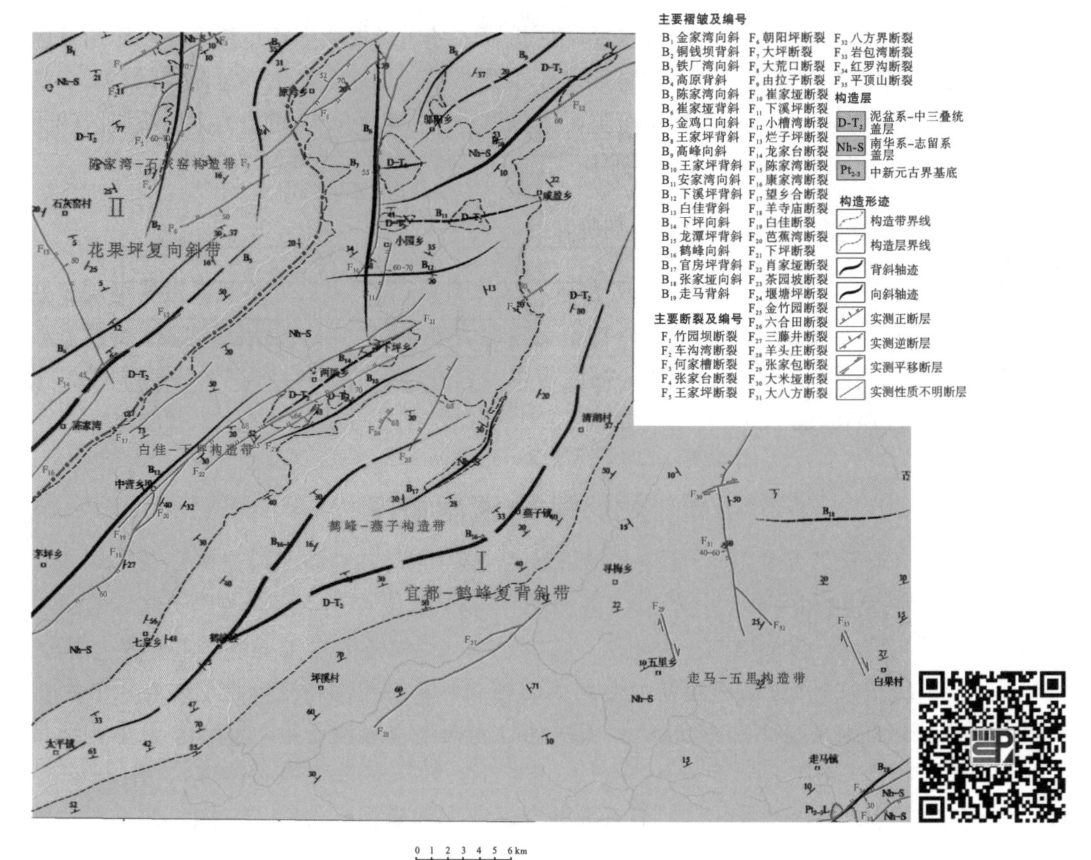

图 1-5 鹤峰重点研究区构造纲要图

1. 走马-五里构造带(I_1)

位于鹤峰区块的东南部，宽 30km，总体构造线为北东向，局部为近东西向。出露地层有南华系-下古生界，局部红罗沟一带尚出露中新元古界冷家溪群(褶皱基底)。主要局部构造有走马背斜(B_{19})、张家垭向斜(B_{18})和湾潭背斜南翼等，总体地层产状平缓，一般倾角 10°～35°。

(1)走马背斜(B_{19})。沿鹤峰区块东南部走马坪、白果坪一带呈北东东向展布，轴向约 60°，两端均延至工区外，区内长 40km，宽大于 12km。核部由中新元古代冷家溪群、南华系渫水河组-南沱组及震旦系陡山沱组等组成，产状平缓，倾角多为 10°～20°。北西翼由震旦系灯影组-奥陶系、志留系等地层组成，倾角 15°～25°，需要指出的是，该翼局部尚发育由下寒武统石牌组、天河板组、石龙洞组及覃家庙组等地层形成的南北向或东西向短轴背、向斜构造，如大东坪、田家包、龙家岩口等地；南东翼被后期北东向红罗沟断裂、平顶山断裂等破坏改造，产状凌乱，倾角一般为 15°～35°，并伴随次级褶皱形成。该背斜总体为一北东向线状褶皱。

(2)张家垭向斜(B_{18})。位于鹤峰区块东部徐家湾、张家垭、风大垭、朱家冲一带，轴向东西，轴迹波状起伏，东、西两端分别于徐家湾、朱家冲等地扬起，由张家垭向斜、风大垭向斜共两个次级向斜东西向串联构成，中部在张家垭与风大垭之间微隆起(峰部)，可能是后期构造叠加改造的结果，长 10km，宽 3～5km。核部由中下奥陶统大湾组-牯牛潭组组成，两翼分别由下奥陶统南津关组-红花园组组成，此外中上寒武统娄山关组部分转入褶皱。总体上该褶皱四周向核部缓倾，一般倾角 8°～25°，宏观上似一东西向“构造盆地”。该向斜实为一东西向短轴褶皱。因此，张家垭向斜及邻区是牛蹄塘组等目标层页岩气勘探的首选地带之一。

该带断裂不发育，主要断裂有北东向平顶山断裂(F_{35})、红罗沟断裂(F_{34})、三藤井断裂(F_{27})、羊头庄断裂(F_{28})，北北西向-北西向的八方界断裂(F_{32})、岩包湾断裂(F_{33})、张家包断裂(F_{29})和大八方断裂(F_{31})等。

2. 鹤峰-燕子构造带(I_2)

位于鹤峰区块的中部，宽 7～17km，总体构造线为北东向-北北东向，该构造带实际为鹤峰-燕子坪向斜分布区域。其核部出露巴东组或嘉陵江组，两翼分别出露泥盆系-下三叠统大冶组。宏观上为一箱状向斜，但核部嘉陵江组构成线状较紧闭向斜，两翼产状陡缓不一，南东翼较陡，倾角 30°～70°，北西翼较缓，倾角 20°～48°，核部产状相对较缓，倾角一般小于 20°。主要局部构造有水田坪向斜($B_{16\text{-}1}$)、燕子镇向斜($B_{16\text{-}2}$)和龙潭坪背斜(B_{15})等。

(1)水田坪向斜($B_{16\text{-}1}$)。位于鹤峰区块的西南部太平镇、鹤峰县城(容美镇)、水田坪、老荒口一带，轴向北东 45°～60°，分别于南西端太平镇、北东端老荒口等地扬起，长 35km，宽 5.5～10km。核部由巴东组一段、二段、三段或嘉陵江组四段构成，团堡-岩屋坪一带则由大冶组四段构成，两翼分别由泥盆系-石炭系、二叠系、大冶组、嘉陵江组一段、二段、三段等构成。长 11.5km，宽 3～4km。北西翼产状倾向 120°～150°，倾角 30°～54°，南东翼产状倾向 300°～330°，倾角 20°～85°。总体上该向斜仍为一北东向长轴褶皱。

(2)燕子镇向斜($B_{16\text{-}2}$)。沿鹤峰区块的中部鹤峰县城北东侧、燕子坪镇、青湖、康家湾一带呈北东-北北东向展布，轴向 25°～50°，北东端延至工区外并扬起，区内长约 30 km，宽约 7.5km。核部由嘉陵江组四段组成，两翼分别由泥盆系-石炭系、二叠系、大冶组、嘉陵江组一段、二段、三段等构成。北西翼产状倾向 110°～140°，倾角 12°～84°，南东翼产状倾向 290°～320°，倾角 32°～86°，核部地层产状缓倾，倾角 12°～20°。总体上该向斜为一北东-北北东向线状褶皱。

(3)龙潭坪背斜(B_{15})。位于鹤峰区块的中部石堡、龙潭坪、祠堂坪一带，夹于下坪向斜与鹤峰向斜之间，轴向北东约 50°，倾没端特征不明显，长 11.5km，宽 3～4km。核部由下志留统纱帽组组成，两翼分别由泥盆系-石炭系、中下二叠统梁山组-栖霞组组成。北西翼产状倾向 290°～330°，倾角 10°～30°，南东翼产状倾向 120°～140°，倾角 8°～34°。总体上该背斜仍为一北东向长轴褶皱。

本带断裂极少，主要在西北翼发育北东向的小槽湾断裂(F_{12})、六合田断裂(F_{26})、燕塘坪断裂(F_{24})和金竹园断裂(F_{25})等。

3. 下坪-白佳构造带(I_3)

位于鹤峰区块的中西部，宽 11～20km，总体构造线为北东向，局部为近东西向。主要出露下寒武统天河板组-志留系，局部出露泥盆系-二叠系以及三叠系下统地层。该带褶皱、断裂均很发育，主要局部构造有崔家埡背斜(B_6)、金鸡口向斜(B_7)、王家坪背斜(B_8)、高峰向斜(B_9)、王家坪背斜(B_{10})、安家湾向斜(B_{11})、下溪坪背斜(B_{12})、白佳背斜(B_{13})、下坪向斜(B_{14})、龙潭坪背斜(B_{15})等。

(1)崔家埡背斜(B_6)。位于鹤峰区块的北部崔家埡、雷家沟、白沙岭一带，轴向近南北，长 7.5km，宽 3km。受由拉子断裂和崔家埡断裂等破坏影响，其东翼基本被断失。核部由中上寒武统娄山关组组成，翼部由奥陶系南津关组-龙马溪组及下志留统新滩组等组成，受多期构造叠加及后期剥蚀影响，现呈 M 形展布。西翼总体产状倾向北西或北西西，倾角 9°～30°。东翼因断失，故特征不详。总体上看，该断背斜可能为一短轴褶皱。

(2)金鸡口向斜(B_7)。位于鹤峰区块的北部后荒、汪家坡一带，崔家埡断裂东侧，轴向近东西，长约 4 km，宽 3km。受崔家埡断裂等破坏影响，西翼部分断失。核部由中下二叠统梁山组-栖霞组组成，翼部由泥盆系及下志留统纱帽组组成。北翼产状总体南倾，倾角 12°～42°，南翼产状倾向北或北西，倾角 15°～35°。总体上看，该向斜为一近东西向短轴褶皱。

(3)王家坪背斜(B_8)。位于鹤峰区块的东北部金鸡口、金家河、邬阳关一带，轴向北东-北东东，并略向北西呈突出的弧形展布，北东端延至工区外，区内长 8.5 km，宽 3km。核部由下志留统纱帽组、泥盆系或中下二叠统梁山组-栖霞组(孤峰组)组成，翼部由泥盆系或中下二叠统梁山组-栖霞组(孤峰组)、上二叠统龙潭组-大隆组及大冶组一、二段等组成。北西翼产状倾向 310°～340°，倾角 15°～43°，南东翼产状倾向 110°～140°，倾角 20°～56°。总体上看，该背斜为一北东-北东东向长轴褶皱。

(4)高峰向斜(B_9)。位于鹤峰区块的东北部头岩屋、高峰、邓家大岭一带，轴向北东 55°，其南西端于邓家大岭扬起，北东端延至工区外，区内长 10 km，宽 5km。核部由大冶组三段组成，两翼分别由大冶组一段-二段、二叠系-泥盆系组成。北西翼产状倾向 120°～145°，倾角 19°～56°，南东翼产状倾向 300°～330°，倾角 15°～62°。从区域上看，该向斜为一北东向长轴褶皱。

(5)王家坪背斜(B_{10})。位于鹤峰区块的东北部狮子口、王家坪、明家庄、庞家屋场一带，轴向北东 35°，北东端于狮子口附近倾没，南西端于大汉湾倾没，长 18km，宽 4km。核部由下志留统罗惹坪组或纱帽组组成，翼部由泥盆系-二叠系组成。北西翼产状倾向 300°～320°，倾角 10°～55°，南东翼产状倾向 130°～150°，倾角 22°～47°。总体上看，该背斜为一北东向长轴褶皱。

(6)安家湾向斜(B_{11})。位于鹤峰区块的北部安家湾、陈家河、庙坪一带，分布于崔家埡断裂东侧，由安家湾向斜和庙坪向斜共两个次级向斜东西向串联构成，总体轴向东西，轴迹波状起伏，在陈家河等地微隆起(峰部)，长约 8 km，宽 2km。受崔家埡断裂破坏影响，西端部分被断失。核部由中下二叠统梁山组-栖霞组组成，两翼分别由泥盆系-石炭系及下志留统纱帽组组成。北翼产状总体倾向南或南东，倾角 10°～47°，南翼产状总体倾向北或北北西，倾角 20°～45°。总体上看，该向斜实为一波状起伏的短轴褶皱。

(7) 下溪坪背斜 (B_{12})。位于鹤峰区块的中北部阳井源、下溪坪、杨家垭一带，轴向东西，东西两端分别于阳井源、史家湾倾没。受崔佳垭断裂、下溪坪断裂等破坏影响，其轴迹发生一定程度南北向错移，长 12km，宽 4km。核部由中下奥陶统大湾组-牯牛潭组组成，两翼分别由中上奥陶统庙坡组-龙马溪组和下志留统新滩组-罗惹坪组组成。北翼总体产状北倾，倾角 23°～39°，南翼产状总体南倾，倾角 24°～40°。总体上看，该背斜为一东西向的短轴褶皱。

(8) 白佳背斜 (B_{13})。沿鹤峰区块的中西部白佳坪、曾家坪一带呈北东向展布，轴向 45°，南西端延出区外，北东端倾没，区内长约 25km，宽 3～8km。核部由下寒武统天河板组及石龙洞组、中上寒武统覃家庙组、娄山关组组成，两翼主要由奥陶系-下志留统组成，南东翼因下坪断裂等破坏改造，以致部分地层断失。北西翼产状倾向 290°～320°，倾角 25°～47°，南东翼产状倾向 140°～160°，倾角 28°～31°。该背斜为斜歪中常褶皱，属断背斜构造，总体上看，推测属北东向线状褶皱。

(9) 下坪向斜 (B_{14})。位于鹤峰区块的中部贺家坪、龙潭坪、茶园坳、下坪、下大坞坪一带，轴向北东 40°～50°，轴迹波状起伏，分别于北东端下大坞坪、南西端贺家坪等地扬起，由龙潭坪向斜、茶园坳向斜、下坪向斜共 3 个次级向斜北东向串联构成，长 11km，宽 2km。无论北西翼还是南东翼，因下坪断裂、肖家垭断裂及茶园坡断裂破坏改造影响，均不同程度被断失，宏观上表现为断向斜构造。核部由中二叠统茅口组-孤峰组组成，两翼分别由中下二叠统梁山组-栖霞组、泥盆系-石炭系等组成。北西翼产状倾向 120°～150°，倾角 12°～36°，南东翼产状倾向 290°～330°，倾角 10°～30°。总体上看，该断向斜也为一北东向长轴褶皱。

该带主要断裂有北东向、北北东向或近南北向的大坪断裂 (F_7)、大荒口断裂 (F_8)、由拉子断裂 (F_9)、崔家垭断裂 (F_{10})、下溪坪断裂 (F_{11})、羊寺庙断裂 (F_{18})、白佳断裂 (F_{19})、芭蕉湾断裂 (F_{20})、下坪断裂 (F_{21})、肖家垭断裂 (F_{22}) 和茶园坡断裂 (F_{23}) 等 20 余条，以致该带宏观上呈现“断夹块”的构造样式。本带地层产状陡缓不一，一般倾角 15°～45°，局部陡倾，倾角达 50°～86°。

4. 陈家湾-石灰窑构造带 (II_1)

位于鹤峰区块的西北部，最宽约 24km，总体构造线为北东向，局部为近南北向。主要出露下三叠统大冶组、嘉陵江组，另西北角出露少量志留系-二叠系地层。主要局部构造有金家湾向斜 (B_1)、铜钱坝断背斜 (B_2)、铁厂湾向斜 (B_3)、高原背斜 (B_4) 和陈家湾向斜 (B_5) 等。

(1) 金家湾向斜 (B_1)。位于鹤峰区块的西北角，沿金家湾南东侧一带呈北东向展布，轴向北东约 60°，两端分别延至区外，区内长 4.5km，宽 3km。核部由下三叠统嘉陵江组二段组成，两翼分别由嘉陵江组一段、大冶组及二叠系组成。北西翼倾向南东，倾角 30°～50°，南东翼倾向北西，倾角 45°～56°，局部受顺层滑脱次级褶皱影响，产状陡倾或近直立，倾角约 80°。总体上该向斜为一线状褶皱。

(2) 铜钱坝断背斜 (B_2)。位于鹤峰区块的西北部，沿铜钱坝、张家台、三里荒一带展布，轴向近南北，北端延至区外，南段于石家村附近倾没，区内长约 10 km，宽 1.5～5 km，总体为一线状褶皱。核部由下志留统纱帽组组成，两翼分别由泥盆系-二叠系组成。受竹园断坝断裂、车沟湾断裂、何家槽断裂及张家台断裂等切割破坏影响，该褶皱极不完整，其东翼大部分被断失，西翼也呈不规则断块状。西翼总体产状倾向北西西，倾角13°～20°，东翼产状较凌乱，倾向不定，东倾、北东倾或南倾皆有，但产状较缓，倾角11°～23°。总体来看，该褶皱为一断背斜。此外，在其西南部石灰窑村一带尚发育一系列的次级背、向斜构造，并叠加小型北东向正断层。

(3)铁厂湾向斜(B_3)。位于鹤峰区块的西北部铜钱坝背斜东侧，轴迹沿铁厂湾、横槽、雷家村呈北东-近南北微向西突出的弧形展布，北东端延至区外，南西端于雷家村附近扬起，区内长7.5 km，宽4～5 km。核部由大冶组一段或二段组成，两翼分别由大冶组三段-二叠系地层组成。东翼倾向北西或南西，倾角11°～30°，西翼一般倾向南东或东，局部倾向不定，倾角5°～25°。该向斜为一线状褶皱。

(4)高原背斜(B_4)。位于鹤峰区块的西北部马鞍山、高原、黑神庙一带，轴向北东45°，北东端于黑神庙附近倾没，南西端延至工区外，区内长约15 km，宽3km。该背斜由3个次级背斜呈串珠状组成，轴迹波状起伏，宏观上为一鞍状背斜，南西段被北西向的烂子坪断裂切割错移。其核部由大冶组二段组成，两翼分别由大冶组三段组成。北西翼产状倾向120°～145°，倾角15°～46°，南东翼产状倾向290°～325°，倾角21°～47°。需要指出的是，两翼局部受顺层滑动褶皱影响，产状陡倾，倾角60°～71°。总体上该背斜属较紧闭线状褶皱。

(5)陈家湾向斜(B_5)。沿鹤峰区块西北部铁匠湾、陈家湾一带呈北东向展布，轴向北东30°～40°，南西端延至区外，北东端扬起，区内长约16km，宽3～5km。核部由嘉陵江组二段组成，两翼分别由嘉陵江组一段、大冶组三-四段组成，其中核部并有一北东向走向断层展布。北西翼产状倾向110°～130°，倾角28°～72°，南东翼产状倾向320°～330°，倾角44°～73°。该向斜为紧闭线状褶皱。

该带主要断裂有竹园断坝断裂(F_1)、车沟湾断裂(F_2)、何家槽断裂(F_3)、张家台断裂(F_4)、王家坪断裂(F_5)、朝阳坪断裂(F_6)、烂子坪断裂(F_{13})、龙家台断裂(F_{14})、陈家湾断裂(F_{15})和康家湾断裂(F_{16})等。该带总体地层产状平缓，一般倾角5°～25°，部分区域如陈家湾向斜等两翼产状陡倾，倾角30°～86°。此外，张家台-野茨坝一带，尽管产状平缓，但北东向、近南北向断裂十分发育，以致呈现“断夹块”的构造样式，并导致大隆组等目标层基本出露地表。

1.4.2 综合变形序列

根据地层接触关系、构造变形等特征，研究区目前大致可识别出9期构造变动(表1-3)。其中褶皱、断裂等构造变形主要发生于燕山期-喜马拉雅期，加里东期-印支期则以抬升造陆或拗陷沉降为特征。

表 1-3　鹤峰区块变形序列表

构造期	变形序列	构造体制	构造样式	典型构造
喜马拉雅期	D_9	不均一升降	掀斜抬升，如刘家河两岸一、二级阶地形成等	刘家河、红罗沟沟谷等
	D_8	北西-南东向挤压	北北西、北北东向断层，构造反转	下坪断裂等逆冲复活
燕山期	D_7	北西-南东向伸展	盆-山构造格局形成	白佳断裂等拉张活动，邻区来凤断陷盆地
	D_6	北西-南东向挤压	北北东向褶皱-冲断构造组合，顺层滑脱及断弯褶皱等	鹤峰向斜、走马背斜及红罗沟断裂等
	D_5	近南北向挤压	近东西向剪切挤压劈理带	安家湾向斜、下溪坪背斜、龚家垭东西向断裂
印支期	D_4	差异性隆升为主、拗陷为辅	走马背斜雏形出现	邻区恩施三元坝拗陷盆地
海西期	D_3	拗陷(伸展)裂陷	拗陷盆地为主	P_3/P_2 等平行不整合
加里东期	D_2	早期伸展裂陷，中晚期以差异性沉降为主	早期裂谷盆地(堑垒构造)，中晚期克拉通盆地，末期隆起、抬升造陆	D/S 平行不整合等
晋宁(四堡)期	D_1	北西-南东向挤压	基底(冷家溪群)褶皱、板劈理生成	线状褶皱、板劈理及同构造分异石英脉

1. 第一期变形(D_1)

中元古代末，由于古华南洋向扬子古陆俯冲消减，江南岛弧增生到扬子地块上，冷家溪群等发生紧闭线状褶皱，并伴随板劈理形成，同时发生低级区域变质作用，局部尚见石英闪长岩侵位，如邻区杨家坪等地。因区内冷家溪群出露有限，故其详细特征不明。此期构造变形在区内导致上覆渫水河组(板溪群)与下伏冷家溪群呈角度不整合接触，亦即晋宁(四堡)运动或雪峰运动。

2. 第二期变形(D_2)

发生于志留纪末的加里东(或广西)运动，区域上华南区表现为明显的褶皱冲断与变质作用，并伴随邻区江南(雪峰)隆起等形成，但本区主要表现为整体抬升及少量剥蚀，以泥盆系与志留系之间的平行不整合为显著特征。该期构造变动导致陡山沱组及下寒武统牛蹄塘组烃源岩等进入生、排烃期，早期页岩气可能开始聚集。

3. 第三期变形(D_3)

此期构造变形主要是指发生在中泥盆世至二叠纪的构造变动，称海西或华力西构造运动。区内主要发生晚泥盆世与石炭纪之间的柳江运动和中晚二叠世之间的东吴运动等，以抬升造陆运动为显著特征，具体表现为二叠系与泥盆系之间的平行不整合和二叠系中上统之间的平行不整合，并造成部分地层剥蚀。

4. 第四期变形(D_4)

中晚三叠世，整个华南地区在北北西-南南东向的主压应力挤压作用下发生强烈的陆内汇聚挤压造山作用，形成大量以北东东向-近东西向为主的褶皱与逆冲断层。但本区构造变形并不明显，主要表现为差异升降，且以隆升为主，同时形成大型隆起或拗陷，如走马背斜雏形出现、邻区三元坝盆地等(类)前陆或拗陷盆地形成。

5. 第五期变形(D_5)

中晚侏罗世，受扬子板块向华北板块陆内俯冲影响，在近南北向构造应力作用下，工区局部形成近东西向剪切挤压劈理带及等轴状褶皱等，如安家湾向斜、下溪坪背斜等。

6. 第六期变形(D_6)

晚侏罗世—早白垩世，受太平洋板块自东向西的斜向俯冲碰撞影响，在北西-南东向的压扭构造应力作用下，全区形成大规模的北东向褶皱与逆冲断层，同时伴随顺层滑脱作用并形成多个滑脱层及滑动面，一系列北东向复背斜、复向斜间列构造格局形成，如宜都-鹤峰复背斜带、花果坪复向斜带等。其中，顺层滑动面大多构成了区内油气运移通道，对页岩气中游离气的聚集较有利，但同时形成的强烈褶皱、断裂构造造成牛蹄塘组、龙马溪组等目标层部分出露地表，对页岩气保存总体不利。

7. 第七期变形(D_7)

晚白垩世—古近纪，全区主要表现伸展拉张环境，在北西-南东向拉张作用下，伴随正断层形成，邻区沿一些主要断裂旁侧尚形成箕状断陷盆地，如来凤盆地等。显然，该期构造变动破坏了早期油气保存单元，同时形成的断层多为开启张性正断层，它不仅改造了油气藏，而且沿这些断层或其附近地区易发生气藏的逃逸散失，因而对页岩气藏破坏性极大。

8. 第八期变形(D_8)

古近纪末—新近纪，受喜马拉雅早期运动影响，包括工区在内的扬子地区均受到较强的挤压作用，区域上形成新近系至古近系之间的角度不整合，本区主要表现为构造反转，即正断层转变为逆冲断层。由于该期构造运动微弱，故对油气藏影响不大。

9. 第九期变形(D_9)

新近纪末—第四纪以来，由于青藏高原的崛起，本区受东西向构造应力挤压作用，普遍发生间歇性抬升，仅在相对低洼处形成了冲(洪)积扇-河流相沉积，但大多未受构造扰动，不过局部仍见掀斜抬升以及阶地的形成等。显然，这一时期，本区以抬升剥蚀为显著特征，导致志留系等区域盖层不同程度剥蚀，因而对页岩气的最终保存也是不利的。

1.4.3 构造层划分及其特征

构造层是指地壳在一个构造旋回或一定构造发展阶段中，在一定空间范围内所形成的地质综合体(黄邦强，1984)，它是该构造旋回期间所有岩石组合的总和，包括沉积建造、岩浆建造、变质建造、构造变动和矿产。两个构造层之间通常有一个明显的区域性角度不整合分隔开。按此定义，本次研究划分构造层的依据是区域性不整合或假整合、大型沉积旋回、沉积建造类型、沉积相、变质程度、地层的含矿性及油气成藏特征等。据此，区内自下而上主要划分为中-新元古界(Pt_{2-3})褶皱(或浅变质)基底、南华系-志留系(Nh-S)沉积盖层和泥盆系-三叠系中统($D-T_2$)沉积盖层等3个构造层。

1. 中-新元古界褶皱基底构造层(Pt_{2-3})

分布于走马红罗沟一带，由浅变质的碎屑岩组成，以发育泥质板岩及粉砂质板岩为特征，可能为弧后盆地沉积。区内出露非常局限，仅为冷家溪群上部，未见底，顶以角度不整合与上覆渫水河组(莲沱组)相接触。构造变形以发育密集的板劈理为显著特征，区域上紧闭褶皱、片内褶皱发育，但区内未见。普遍遭受低绿片岩相(板岩-千枚岩级)浅变质作用。岩浆活动微弱，仅在邻区杨家坪见石英闪长岩呈小型岩株侵入，可能为晋宁造山期岩浆活动的产物。本构造层构成了区内浅变质褶皱基底，并对南华纪以后沉积盖层的发育与分布起到一定控制作用。

2. 南华系-志留系沉积盖层构造层(Nh-S)

其下部南华系分布于走马一带，主要由滨岸相碎屑岩及冰海相冰碛砾岩等组成，以发育石英砂岩、粉砂岩、冰碛砾岩为特征。其底与下伏冷家溪群呈角度不整合接触，顶与上覆陡山沱组呈平行不整合接触。该构造层大体相当于王剑(2000)所称的华南新元古代裂谷体上段及裂谷盖下部沉积充填体，区内呈北东东向展布，并构成现今走马背斜核部。其构造变形较弱，仅于局部发育开阔褶皱，且几乎未受变质作用的影响。

中上部震旦系-志留系主要分布于走马背斜、白佳坪背斜等区域，在相邻向斜区域大多深埋地腹。其中震旦系仅出露在走马背斜核部一带，而志留系全区广泛分布，由碳酸盐岩和碎屑岩组成，总体为滨浅海台地或浅海陆棚相沉积。其底与下伏南沱组冰碛砾岩呈平行不整合接触，顶与上覆泥盆系云台观组石英砂岩呈平行不整合接触。构造变形在平面上以发育开阔不对称褶皱、斜歪褶皱、平卧褶皱与顺层或低角度滑脱-逆冲断层为特征，纵向上在震旦系底部、寒武系底部和志留系底部等发育多个大致顺层的剪切滑脱面，不仅控制了主体构造样式，而且造成部分地层断失；构造线方向则以北东向为主，局部为东西向。

3. 泥盆系-三叠系中统沉积盖层构造层($D-T_2$)

主要分布于鹤峰向斜、高峰向斜、陈家湾向斜等区域，由碳酸盐岩和碎屑岩组成，以发育灰岩、白云岩、石英砂岩、粉砂岩和泥质粉砂岩或页岩为特征，总体为滨浅海滨岸及台地相沉积，局部为台盆相沉积。其底与下伏志留系等呈平行不整合接触，未见顶。构造变形在平面上以发育斜歪褶皱、箱状褶皱及与之伴随的高角度走向逆断层组成的断展式褶皱为显著特征；纵向上存在二叠系下部、三叠系底部等多个次级顺层剪切滑脱面并伴随剪切不对称褶皱发育。构造线方向总体为北东向。

第二章　区域地层特征

本区地层属扬子地层区之上扬子地层分区，地层出露齐全、连续，从(中)新太古代、元古代、古生代到中生代地层皆有不同程度分布。除黄陵背斜、神农架复背斜区外，其他区域以古生代和中生代地层为主，其中震旦系-下古生界主要分布于复背斜两翼，相邻复向斜则主要出露上古生界和中生界(图 2-1)。

2.1　地层沉积特征

根据区域露头、钻井及新测制的露头剖面资料，鄂西南所属湘鄂西地区基底以中元古界结晶基底为主，在结晶基底之上发育震旦系、古生界和中生界三叠系地层(图 2-1)，由于后期挤压抬升剥蚀，在鹤峰区块二叠系地层出露地表，三叠系地层仅在向斜区局部分布。

2.1.1　震旦系

震旦系地层分下统和上统，上统灯影组(Z_2dy)，下统陡山沱组(Z_1d)。在湘鄂西全区分布，区内仅在鹤峰区块东南缘出露 Z_2dy，与下伏前震旦系地层角度不整合接触。

Z_1d 下部为深灰色、灰黑色中-薄层状泥质粉砂岩、粉砂质碳质页岩，上部为深灰色、灰黑色薄-厚层状白云质灰岩，含碳白云岩夹碳硅质页岩或灰岩，属开阔海台地沉积。地层厚 300～400m，与下伏南沱组为平行不整合接触。

Z_2dy 上部为纹层状微晶白云岩、微晶白云岩，中部为微晶白云岩，含砂屑粉晶白云岩、泥晶白云岩、含砾砂屑白云岩，下部为微晶白云岩、砂屑灰质白云岩、含砂屑微晶白云岩，局部可见燧石团块或结核、硅质条带、叠层石等。Z_2dy 以发育鸟眼沉积构造、富藻为特征，局限海台地潮坪沉积。厚度变化较大，50～450m 与下伏陡山沱组为整合接触。

2.1.2　寒武系

寒武系分为下统牛蹄塘组($€_1n$)、石牌组($€_1sp$)、天河板组($€_1t$)、石龙洞组($€_1sl$)；中统覃家庙组($€_2q$)和上寒武统-下奥陶统娄山关组($€_3O_1l$)。寒武系地层在鹤峰区块东南上、中、下统均有出露，矿权内其他地区仅局部出露$€_3O_1l$ 并呈条带状；在来凤咸丰主要出露在其东南缘和西南缘，矿权内仅局部出露$€_3O_1l$。与下伏震旦系呈平行不整合接触，内部组与组之间均为整合接触。

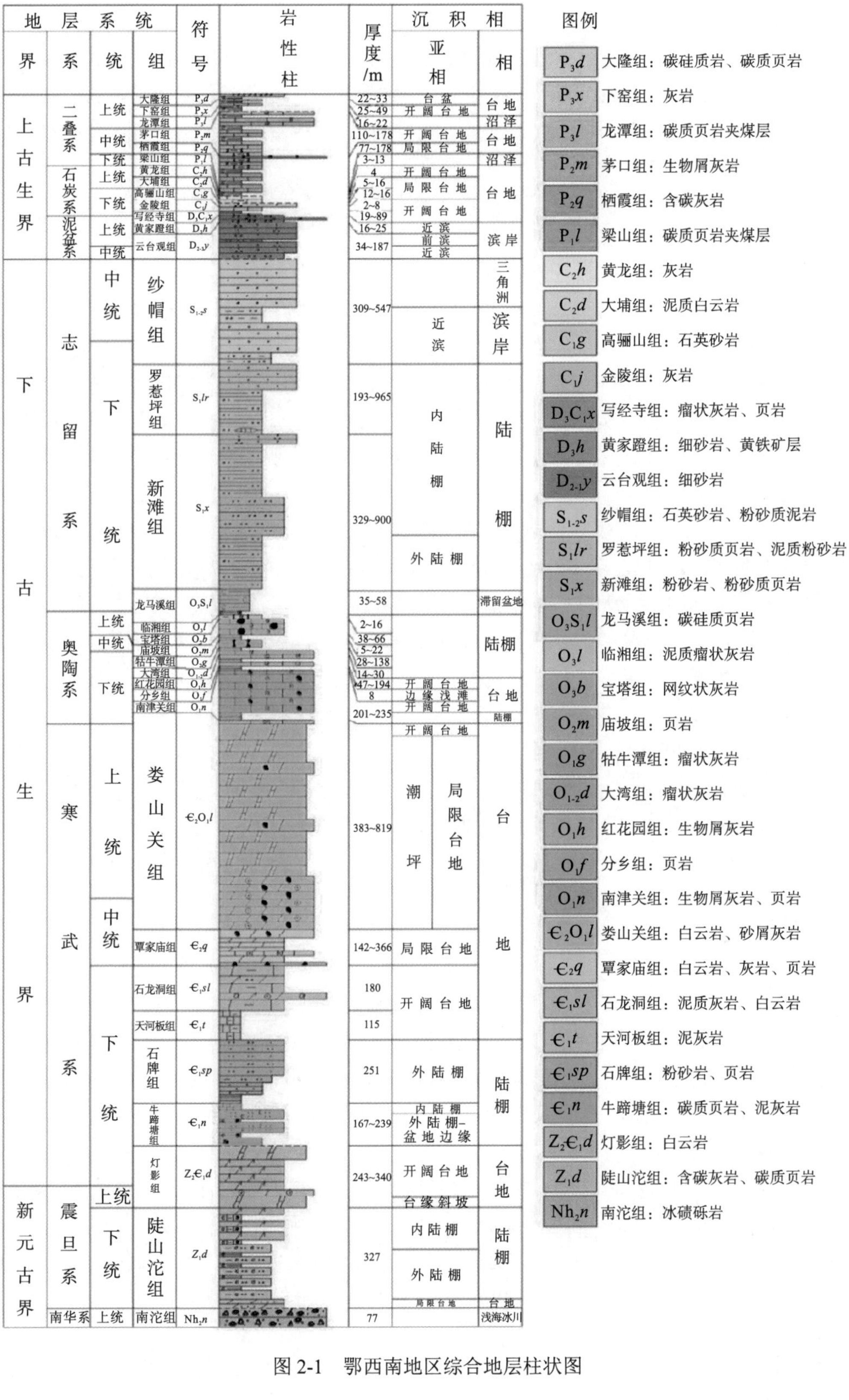

界	系	统	组	符号	厚度/m	亚相	相
上古生界	二叠系	上统	大隆组	P_3d	22~33	台盆	台地
			下窑组	P_3x	25~49	开阔台地	
			龙潭组	P_3l	16~22		沼泽
		中统	茅口组	P_2m	110~178	开阔台地	台地
			栖霞组	P_2q	77~178	局限台地	
		下统	梁山组	P_1l	3~13		沼泽
	石炭系	上统	黄龙组	C_2h	4	开阔台地	台地
			大埔组	C_2d	5~16	局限台地	
		下统	高骊山组	C_1g	12~16		
			金陵组	C_1j	2~8	开阔台地	
	泥盆系	上统	写经寺组	D_3C_1x	19~89		
			黄家蹬组	D_3h	16~25	近滨	滨岸
		中统	云台观组	$D_{2\text{-}3}y$	34~187	前滨 近滨	
下古生界	志留系	中统	纱帽组	$S_{1\text{-}2}s$	309~547	近滨	三角洲 滨岸
		下统	罗惹坪组	S_1lr	193~965	内陆棚	陆棚
			新滩组	S_1x	329~900	外陆棚	
			龙马溪组	O_3S_1l	35~58		滞留盆地
	奥陶系	上统	临湘组	O_3l	2~16		陆棚
		中统	宝塔组	O_2b	38~66		
			庙坡组	O_2m	5~22		
		下统	牯牛潭组	O_1g	28~138		
			大湾组	$O_{1\text{-}2}d$	14~30		
			红花园组	O_1h	47~194	开阔台地	台地
			分乡组	O_1f	8	边缘浅滩	
			南津关组	O_1n	201~235	开阔台地	陆棚
	寒武系	上统 中统	娄山关组	$\in_2O_1l$	383~819	开阔台地 潮坪　局限台地	台地
		中统	覃家庙组	$\in_2q$	142~366	局限台地	
		下统	石龙洞组	$\in_1sl$	180	开阔台地	
			天河板组	$\in_1t$	115		
			石牌组	$\in_1sp$	251	外陆棚	陆棚
			牛蹄塘组	$\in_1n$	167~239	内陆棚 外陆棚-盆地边缘	
			灯影组	$Z_2\in_1d$	243~340	开阔台地 台缘斜坡	台地
新元古界	震旦系	上统					
		下统	陡山沱组	Z_1d	327	内陆棚 外陆棚	陆棚
						局限台地	台地
	南华系	上统	南沱组	Nh_2n	77		浅海冰川

图例

- P_3d 大隆组：碳硅质岩、碳质页岩
- P_3x 下窑组：灰岩
- P_3l 龙潭组：碳质页岩夹煤层
- P_2m 茅口组：生物屑灰岩
- P_2q 栖霞组：含碳灰岩
- P_1l 梁山组：碳质页岩夹煤层
- C_2h 黄龙组：灰岩
- C_2d 大埔组：泥质白云岩
- C_1g 高骊山组：石英砂岩
- C_1j 金陵组：灰岩
- D_3C_1x 写经寺组：瘤状灰岩、页岩
- D_3h 黄家蹬组：细砂岩、黄铁矿层
- $D_{2\text{-}3}y$ 云台观组：细砂岩
- $S_{1\text{-}2}s$ 纱帽组：石英砂岩、粉砂质泥岩
- S_1lr 罗惹坪组：粉砂质页岩、泥质粉砂岩
- S_1x 新滩组：粉砂岩、粉砂质页岩
- O_3S_1l 龙马溪组：碳硅质页岩
- O_3l 临湘组：泥质瘤状灰岩
- O_3b 宝塔组：网纹状灰岩
- O_2m 庙坡组：页岩
- O_1g 牯牛潭组：瘤状灰岩
- $O_{1\text{-}2}d$ 大湾组：瘤状灰岩
- O_1h 红花园组：生物屑灰岩
- O_1f 分乡组：页岩
- O_1n 南津关组：生物屑灰岩、页岩
- $\in_2O_1l$ 娄山关组：白云岩、砂屑灰岩
- $\in_2q$ 覃家庙组：白云岩、灰岩、页岩
- $\in_1sl$ 石龙洞组：泥质灰岩、白云岩
- $\in_1t$ 天河板组：泥灰岩
- $\in_1sp$ 石牌组：粉砂岩、页岩
- $\in_1n$ 牛蹄塘组：碳质页岩、泥灰岩
- $Z_2\in_1d$ 灯影组：白云岩
- Z_1d 陡山沱组：含碳灰岩、碳质页岩
- Nh_2n 南沱组：冰碛砾岩

图 2-1　鄂西南地区综合地层柱状图

1) 牛蹄塘组($\epsilon_1 n$)

$\epsilon_1 n$(或水井沱组$\epsilon_1 n$)是区域上重要的页岩气赋存层位。下部为灰黑色碳质页岩，底部为灰黑色含碳质粉砂质泥岩偶夹碳质页岩，上部为灰黑色碳质页岩、深灰色泥晶灰岩。下部含微体藻类化石，上部产三叶虫化石。为深水陆棚-浅水陆棚相沉积，厚130～240m。与下伏灯影组呈平行不整合接触。

2) 石牌组($\epsilon_1 sp$)

$\epsilon_1 sp$(或明心寺组($\epsilon_1 m$))上部粉砂质泥岩、条纹状灰岩与条纹状粉砂质泥岩互层，中部泥质粉晶灰岩、泥质灰岩以及厚层块状粉砂质泥岩，下部为条带状灰岩，含丰富三叶虫化石，总体为浅海陆棚相沉积，厚130～250m。与下伏牛蹄塘组为整合接触。

3) 天河板组($\epsilon_1 t$)

$\epsilon_1 t$(或金顶山组($\epsilon_1 j$))下部为含钙粉砂质泥岩、泥质条带灰岩与粉砂质泥岩互层，中部为泥质条带灰岩与粉砂质泥岩互层，上部为泥质条带灰岩与鲕粒灰岩互层，富含古杯化石，为浅水陆棚-开阔台地相沉积，厚100～350m。与下伏明心寺组呈整合接触。

4) 石龙洞组($\epsilon_1 sl$)

$\epsilon_1 sl$为浅灰色中厚层状白云岩和灰岩，或二者相互过渡的岩性，含三叶虫化石，为开阔台地-局限台地相沉积，厚150～400m。与下伏天河板组呈整合接触。

5) 中统覃家庙组($\epsilon_2 q$)

$\epsilon_2 q$下部以灰黄色薄层状-片状泥砂质微晶白云岩、砂质页岩夹鲕粒粉晶白云岩为主，上部以浅灰色中厚层微晶白云岩、硅质白云岩夹灰黄色薄层状粉砂质白云岩为主，为局限海台地相沉积，厚140～370m。与下伏石龙洞组呈整合接触。

6) 上寒武统-下奥陶统娄山关组($\epsilon_3 O_1 l$)

$\epsilon_3 O_1 l$岩性较为单一，下部以灰色中厚层灰岩夹中薄层状白云岩为主，上部以灰白色中厚层白云岩夹灰岩为主，属滨海台地-潮坪沉积，含中晚寒武世三叶虫化石，厚1000～1500m。与下伏覃家庙组呈整合接触。

2.1.3 奥陶系

奥陶系总体为一套台地相碳酸盐岩夹少量泥质岩沉积，其中下奥陶统由下而上分为下奥陶统南津关组($O_1 n$)、分乡组($O_1 f$)、红花园组($O_1 h$)、大湾组($O_1 d$)和牯牛潭组($O_1 g$)，中奥陶统仅庙坡组($O_2 m$)，上奥陶统宝塔组($O_3 b$)、临湘组($O_3 l$)和五峰组($O_3 w$)。地层在鹤峰区块均呈条带状出露，与下伏寒武系、奥陶系内部组与组之间均呈整合接触。

1) 南津关组($O_1 n$)

$O_1 n$为浅灰色白云石化含团块生物屑灰岩(鲕粒灰岩)、含燧石白云质粉晶灰岩、粉晶云质灰岩、含生物屑细晶灰岩，下部可见瘤状泥灰岩、含砾屑砂屑生物屑灰岩、泥质条带泥灰岩，页岩中含三叶虫、腕足类及笔石等化石，底部为灰色含砾屑生物屑灰岩、泥灰岩、泥岩，为开阔台地沉积，厚190～250m。与下伏娄山关组呈整合接触。

2) 分乡组($O_1 f$)

$O_1 f$以亮晶团块藻砂屑灰岩、生物屑灰岩、颗粒灰岩夹黄绿色页岩为主，页岩中见丰富的腕足类、笔石、三叶虫、棘皮类、牙形石等化石，属浅海陆棚环境-台地边缘沉积，厚 8m。与下伏南津关组呈整合接触。

3) 红花园组 (O_1h)

O_1h 为灰色生屑灰岩、弱白云石化含团块藻砂屑生物屑灰岩夹含生屑结晶灰岩、浅灰色厚层块状棘皮灰岩，产笔石、头足类、三叶虫、腕足类等化石，开阔台地相生物礁沉积，厚 45～194m。与下伏分乡组呈整合接触。

4) 大湾组 (O_1d)

O_1d 下部为灰绿色薄层状含生物碎屑灰岩夹页岩或互层，中上部由层状灰绿或灰紫色含泥质生物屑灰岩、瘤状生物屑灰岩组成，顶部为灰绿色页岩或泥岩，产头足类、三叶虫、笔石、腕足类等化石，开阔台地-浅水陆棚相沉积，厚度较薄，为 15～35m。与下伏红花园组呈整合接触。

5) 牯牛潭组 (O_1g)

O_1g 为紫红色瘤状泥灰岩夹泥质瘤状灰岩，产头足类、三叶虫及震旦角石等化石，为台地-浅水陆棚相沉积，厚 15～100m。与下伏大湾组呈整合接触。

6) 庙坡组 (O_2m)

O_2m 为灰绿色页岩夹薄层含生物碎屑灰岩或灰岩扁豆体，局部见碳质透镜体。含笔石、三叶虫及腕足类、头足类、牙形石等化石，属浅水陆棚相沉积，厚 5～22m。与下伏牯牛潭组呈整合接触。

7) 宝塔组 (O_3b)

O_3b 为浅紫红色-青灰色中厚层状“龟裂纹”生物灰岩夹薄-中厚层瘤状生物灰岩，产头足类化石，为开阔台地相沉积，厚 38～66m。与下伏庙坡组呈整合接触。

8) 临湘组 (O_3l)

O_3l 为青灰色中厚层瘤状生物碎屑灰岩、泥质灰岩，含三叶虫化石，为开阔台地相沉积，厚 2～16m。与下伏宝塔组呈整合接触。

9) 五峰组 (O_3w)

O_3w 为紫灰色夹灰色、黑色碳硅质页岩。与下伏临湘组整合接触。

2.1.4　志留系

区内志留系发育残留下统和中统，缺失上统。下统自下而上为龙马溪组 (S_1l)、新滩组 (S_1x)、罗惹坪组 (S_1lr)，中统纱帽组 ($S_{1\text{-}2}s$)。地层在鹤峰区块主要残留在其向斜区，在其中、西部背斜区出露，在来凤咸丰区块大部分地区缺失，仅残留分布在其西北缘一角。区内志留系与下伏奥陶系、志留系内部的组与组之间亦均呈整合接触。

1) 龙马溪组 (S_1l)

龙马溪组 (S_1l) 下部主要为深灰色或灰黑色碳质页岩、含碳泥质粉砂岩，富含放射虫和笔石，属深水陆棚-滞留盆地沉积，厚 35～58m。上部主要为灰黄色的粉细砂岩组合，可见中厚层状的石英砂岩，为深水陆棚-浅水陆棚相沉积，厚度 20～70m。与下伏五峰组 (O_3w) 呈不整合接触。

2) 新滩组 (S_1x)

S_1x 岩性三分，下部为浅灰色条带状粉细砂岩、泥质粉砂岩、粉砂质页岩；中部为浅灰色粉砂岩、粉砂质页岩、泥质粉砂岩；上部为含泥粉细砂岩、条带状泥质粉砂岩、粉砂岩、泥质粉砂岩。富含笔石、三叶虫、腕足类等化石，为浅水陆棚相沉积，厚 100～950m。与下伏龙马溪组呈整合接触。

3) 罗惹坪组 (S_1lr)

S_1lr 岩性三分，下部为浅灰色泥质粉砂岩、粉砂质页岩；中部为灰绿色含粉砂质页岩、含泥粉砂岩、浅灰色粉细砂岩；上部为灰绿色含砂质条带粉细砂岩。为浅水陆棚相沉积，厚 400～1000m。与下伏新滩组呈整合接触。

4) 纱帽组 (S_2s)

纱帽组 (S_2s) 下部为浅灰色石英细砂岩、含泥粉细砂岩、泥质粉砂岩；中部主要发育浅灰色-青灰色石英细砂岩、泥质粉砂岩、含泥粉砂岩；上部以泥质粉砂岩、粉砂岩为主，夹黄白色条带状石英细砂岩，产三叶虫、珊瑚及腕足类等化石。为滨岸-三角洲相沉积，厚 309～547m。与下伏罗惹坪组呈整合接触。

2.1.5 泥盆系

湘鄂西区泥盆系仅发育中上统，缺失下统，自下而上为云台观组 ($D_{2\text{-}3}y$)、黄家磴组 (D_3h) 和写经寺组 (D_3C_1x)。地层在鹤峰区块主要残留在其向斜区，在其中、西部背斜区见出露，在来凤咸丰区块整体缺失。泥盆系与下伏上志留统纱帽组呈平行不整合接触，但泥盆系内部组与组之间为整合接触。

1) 云台观组 ($D_{2\text{-}3}y$)

$D_{2\text{-}3}y$ 主要为灰白色-黄白色中厚层状砂岩、石英砂岩、细粒石英砂岩，底部岩层中偶见石英砾石，属滨岸 (前滨) 沉积，厚 30～150m。与下伏纱帽组呈平行不整合接触。

2) 黄家磴组 (D_3h)

D_3h 为黄绿、灰绿色中层细粒石英砂岩、粉砂岩、粉砂质页岩，间夹 1～2 层鲕状赤铁矿层。局部具波痕构造，属滨岸 (前滨-近滨) 沉积，厚度 16～25m。与下伏云台观组呈整合接触。

3) 写经寺组 (D_3C_1x)

D_3C_1x 岩性三分，下部为钙质泥页岩、微晶灰岩夹透镜状灰岩；中部为瘤状灰岩、块状泥质灰岩、微晶灰岩；上部主要为粉砂质页岩，顶部为块状白云岩。为开阔-局限海台地相沉积，厚 20～90m。与下伏黄家磴组呈整合接触。

2.1.6 石炭系

金陵组 (C_1j) 为灰白色-灰黄色中厚层状细晶灰岩、生物碎屑灰岩、白云质灰岩。属开阔海台地相沉积，厚度 2～8m。与下伏写经寺组整合接触。区域上常有缺失。

高骊山组 (C_1g) 下部为深灰色中-薄层状粉砂岩、粉砂质页岩夹薄层状或透镜状灰岩，上部为含碳质页岩或薄煤层。属混积陆棚-滨岸 (沼泽) 沉积，厚度 12～16m。与下伏金陵组或写经寺组呈整合或假整合接触。区域上常有缺失。

和州组(C_1h)下部为灰色中厚层状生物屑粉-细晶灰岩，上部为中层状细粒石英砂岩、粉砂岩、粉砂质页岩，偶夹鲕状赤铁矿层，属开阔海台地-滨岸沉积，厚度8～15m。与下伏高骊山组呈整合接触。区域上沿走向不稳定，变薄或尖灭。

大埔组(C_2d)主要为浅灰色厚层状白云岩、白云岩角砾岩、粗晶灰岩、微晶白云岩，横向分布不稳定。产腕足、珊瑚及海百合等化石。属局限海台地沉积，厚度5～16m。与下伏和州组呈平行不整合接触。

区内石炭系仅发育上石炭统大埔组(C_2d)。地层在鹤峰区块主要残留在其向斜区，在其中、西部背斜区零星残留出露，在来凤咸丰区块整体缺失。与下伏泥盆系地层平行不整合接触。

2.1.7　二叠系

区内二叠系发育齐全，分为上、中、下统，自下而上分别为下二叠统梁山组(P_1l)，中二叠统栖霞组(P_2q)和茅口组(P_2m)，上二叠统龙潭组(P_3l)、下窑组(P_3x)和大隆组(P_3d)。地层在鹤峰区块主要残留在其向斜区，在其中、西部背斜区零星残留出露，在来凤咸丰区块整体缺失。与下伏地层平行不整合接触，内部各组之间除P_3l与P_2m之间为平行不整合接触以外，其余各组之间均为整合接触。

1)梁山组(P_1l)

P_1l岩性以黄白色、浅灰色石英砂岩、石英粉砂岩、石英细砂岩为主，顶部为灰黑色含碳泥质粉砂质页岩夹煤层，为滨岸沼泽相沉积，厚5～15m。

2)栖霞组(P_2q)

P_2q岩性三分，下部为灰黑色泥质粉砂质页岩、粉砂岩、灰岩；中部为块状灰岩夹灰黑色碳泥质页岩；上部以瘤状灰岩、块状灰岩为主夹透镜状灰岩、泥质粉砂岩、钙泥质页岩，顶部为深灰色含沥青质灰岩。为局限海台地相沉积，厚80～180m。

3)茅口组(P_2m)

P_2m岩性三分，下部为灰色厚层状瘤状泥质灰岩；中部为深灰色中薄层状灰岩，局部夹灰黑色硅质条带及黑色碳质页岩；上部浅灰色厚层块状含生物碎屑灰岩，局部夹灰黑色硅质团块。为开阔台地相沉积，厚110～180m。

4)龙潭组(P_3l)

P_3l为灰黑色厚层粉砂质含碳黏土岩、粉砂岩、灰岩、碳质页岩夹煤层或煤线。为滨岸沼泽相沉积，厚5～20m。

5)下窑组(P_3x)

P_3x岩性为灰色、灰黑色微晶灰岩、碳质页岩及含碳硅质岩。为深水陆棚相沉积，厚14～40m。其中，龙潭组(P_3l)与下窑组(P_3x)相当于区域地层中吴家坪组(P_3w)的下部泥岩段和上部灰岩段。

6)大隆组(P_3d)

P_3d岩性为黑色碳质页岩、碳硅质页岩，局部夹含碳粉砂质泥岩、含碳钙泥岩。为深水陆棚相沉积，厚25～50m。

2.1.8　三叠系

区内三叠系残留下统和中统，自下而上为下三叠统大冶组(T_1d)、嘉陵江组(T_1j)和中统巴东组(T_2b)。地层分布在鹤峰区块向斜区，在中、西部背斜区整体缺失，与下伏地层整合接触。

T_1d为浅灰、肉红色薄层泥岩夹中厚层微晶灰岩，为浅水陆棚-开阔海台地相沉积，厚533～805m。

T_1j以灰色中厚层白云岩、白云质泥粒灰岩为主夹薄中层灰泥灰岩、盐溶角砾岩。常见石膏、石盐假晶，偶见燧石结核或条带，顶部出现渣状、钙结核等暴露带标志。为局限台地-潟湖相沉积，厚650～928m。与下伏T_1d为整合接触。

T_2b由两套紫红色碎屑岩和两套灰岩组成，总体为潮坪-潟湖相沉积，厚1230m。与下伏T_1j呈平行不整合接触。

2.2　鹤峰区块地层发育特征

鹤峰区块地层属扬子地层区之上扬子地层分区恩施-咸丰小区，地层出露齐全、连续，从元古代、古生代到中生代皆有不同程度分布(表2-1)，但以古生代-中生代地层为主，主要呈北东向展布。其中，震旦系-下古生界主要分布于走马背斜核部及北西翼，中寒武统-下古生界在白佳坪背斜两翼也有较多出露，相邻向斜(如鹤峰向斜、陈家湾向斜等)则主要出露晚古生界-中生界。

区内二叠系多沿褶皱翼部呈带状分布，以碳酸盐岩沉积为主，发育多类型沉积，是重要的烃源岩和储集岩发育层位。由下向上划分为梁山组、栖霞组、茅口组、龙潭组、下窑组和大隆组。

2.2.1　鹤峰区块二叠系部分剖面描述

2.2.1.1　湖北省鹤峰县容美镇大溪村早二叠世梁山组-中二叠世茅口组实测地层剖面

剖面位置：湖北鹤峰容美镇大溪村

剖面起点坐标：X=3311112　Y=19403174

上覆地层：龙潭组(P_3l)　灰黑色含碳粉砂质页岩，局部夹厚2～3cm的黑色煤线。

——平行不整合——

茅口组(P_2m)　总厚度177.78 m

28.浅灰色厚层块状含生物碎屑灰岩，局部夹少许灰黑色硅质团块。　49.33 m

27.深灰色中薄层状灰岩，局部偶夹灰黑色硅质条带及黑色碳质页岩。　63.64 m

26.灰色厚层状瘤状泥质灰岩。　64.81 m

———整合———

栖霞组(P_2q)　总厚度141.54 m

25.深灰色厚层块状含沥青质灰岩。　14.42 m

24.灰黑色含碳泥质粉砂岩夹透镜状灰岩。　5.32 m

23.灰色泥质瘤状灰岩。　2.95 m

22.灰色厚层块状灰岩。　3.54 m

21.灰色中薄层状灰岩。　4.13 m

20.灰黑色含碳钙泥质页岩夹透镜状灰岩。　5.32 m

19.灰色泥质瘤状灰岩，偶夹薄层状灰黑色碳泥质页岩。　31.82 m

18.灰色厚层块状灰岩，偶夹碳泥质页岩。　5.90 m

17.浅灰色厚层块状灰岩，自下而上厚度逐渐增大。　4.06 m

16.灰色中薄层状灰岩夹碳质页岩，底部为约 40cm 厚的灰黑色碳泥质页岩。　4.42 m

15.灰色中厚层状灰岩，偶夹薄层状灰黑色碳泥质页岩。　10.32 m

表 2-1　鹤峰区块地层系统简表

系	统	组	代号	段	岩性简述
三叠系	中统	巴东组	T_2b	三段	浅灰色薄-中层泥灰岩、钙质泥岩夹页岩
				二段	紫红色页岩、粉砂质页岩、粉砂岩
				一段	浅灰色泥灰岩、泥质白云岩夹页岩
	下统	嘉陵江组	T_1j	四段	灰白-红褐色中厚层微晶-细晶灰质白云岩、白云岩、白云质灰岩，局部夹灰色中厚层微晶灰岩
				三段	灰色中厚层夹薄层微晶灰岩
				二段	灰色薄板状微晶灰岩
				一段	灰色夹红褐色中厚层微晶白云质灰岩、灰质白云岩
		大冶组	T_1d	四段	灰色中-厚层泥晶灰岩，偶夹薄层泥晶灰岩
				三段	灰色薄板状泥晶灰岩
				二段	灰色中厚层泥晶灰岩、粉晶灰岩，偶夹薄层泥晶灰岩
				一段	灰色薄板状泥晶灰岩，底部为灰绿色页岩、灰黑色碳质页岩
二叠系	上统	大隆组	P_3d		黑色薄层碳硅质岩、碳质页岩、中间常夹薄-中层含碳钙质粉砂岩
		下窑组	P_3x		灰色中厚层粉晶灰岩，局部夹灰黑色硅质岩
		龙潭组	P_3l		灰白色薄-中层石英砂岩、碳质页岩夹煤层、黄铁矿层
	中统	孤峰组	P_2g		灰黑色薄层硅质岩、碳质页岩，局部夹透镜状灰岩
		茅口组	P_2m		灰色中厚层粉晶灰岩、生物屑灰岩，常见硅质团块
		栖霞组	P_2q		深灰色薄-中层含碳眼球状灰岩夹碳质页岩
	下统	梁山组	P_1l		碳质页岩夹煤层
石炭系	上统	大埔组	C_2d		灰白色块状白云岩，底部为一层砾岩
	下统	写经寺组	D_3C_1x		上部为灰绿色页岩、粉砂岩；下部为深灰色中厚层泥灰岩、灰白色白云岩
泥盆系	上统				
		黄家磴组	D_3h		灰白色中厚层石英砂岩夹灰绿色页岩，底部常夹薄层赤铁矿
		云台观组	$D_{2-3}y$		灰白色块状石英砂岩
	中统				

续表

系	统	组	代号	段	岩性简述
志留系	下统	纱帽组	S_1s		紫红色、灰绿色粉砂质页岩、灰绿色粉砂岩
		罗惹坪组	S_1lr		灰绿色粉砂质页岩、泥质粉砂岩、粉砂岩，底部常夹灰白色厚层块状生物屑灰岩、泥晶灰岩、瘤状灰岩
		新滩组	S_1x		主体为灰绿色粉砂质页岩、泥质粉砂岩，下部为灰绿色页岩，常夹薄层灰黑色碳质页岩
		龙马溪组	O_3S_1l		下部为黑色炭硅质岩，碳质粉砂质泥岩；上部为灰黑色碳质页岩
奥陶系	上统	宝塔组	O_3b		下部为灰白色中厚层网纹状灰岩、上部为灰白色薄-中层泥质瘤状灰岩，顶部为钙质泥岩、灰绿色粉砂质泥岩
	中统	庙坡组	O_2m		灰黑色页岩
		牯牛潭组	O_2g		灰绿色泥质瘤状灰岩，偶夹灰绿色页岩
		大湾组	$O_{1-2}d$		紫红色、灰绿色泥质瘤状灰岩，偶夹灰绿色页岩
奥陶系	下统	红花园组	O_1h		深灰色厚层块状结晶灰岩、生物屑灰岩、礁灰岩，局部夹灰绿色页岩
		南津关组	O_1n		主体为浅灰色中厚层粉晶灰岩、砂屑灰岩，生物屑灰岩，下部为灰色条带状泥晶灰岩，底部为生物屑灰岩、灰绿色页岩
寒武系	上统	娄山关组	$Є_2O_1l$		主体为浅灰色块状细晶白云岩、灰白色块状粉晶白云岩，底部夹若干层灰白色薄层泥质白云岩，顶部为深灰色白云质灰岩、灰质白云岩
	中统	覃家庙组	$Є_2q$		灰白色薄-中层泥晶白云岩、薄层泥质白云岩，偶夹中厚层粉晶灰岩
	下统	石龙洞组	$Є_1sl$		深灰色中层至厚层块状粉晶-微晶灰岩，夹少量薄层状粉晶灰岩
		天河板组	$Є_1t$		灰色薄层泥质条带灰岩夹灰绿色粉砂质页岩、顶部偶见鲕状灰岩层夹层
		石牌组	$Є_1sp$		青灰色厚层块状钙质粉砂岩、粉砂质页岩，泥晶灰岩，偶夹薄-中层深灰色鲕粒灰岩
		牛蹄塘组	$Є_1n$		上部为黑色碳质页岩；中部为深灰色含碳泥晶灰岩；下部为黑色碳质页岩、含碳粉砂质泥岩；底部为黑色薄层碳硅质岩
震旦系	上统	灯影组	$Z_2Є_1d$		灰白色中厚层粉晶白云岩、微晶白云岩、藻砂屑白云岩、常见灰黑色薄层硅质条带或硅质团块
	下统	陡山沱组	Z_1d		深灰色中厚层藻砂屑白云岩、灰黑色碳质页岩、底部为灰白色块状含砾粉晶白云岩
南华系	上统	南沱组	Nh_2n		灰绿色块状冰碛砾岩、含冰碛砾泥岩、粉砂质泥岩
	下统	大塘坡组	Nh_1dt		灰黑色碳质页岩夹粉砂岩
		东山峰组	Nh_1ds		灰绿色块状冰碛砾岩、含冰碛砾泥岩
		渫水河组	Nh_1x		紫红色厚层石英砂岩、粉砂岩、含砾砂岩、砂砾岩
青白口系		冷家溪群	$Pt_{2-3}L$		浅灰色、灰绿色变粉砂岩、绢云母板岩

14.灰黑色碳泥质粉砂质页岩、粉砂岩，夹薄层状或透镜状灰岩。 9.22 m

13.深灰色中厚层状灰岩，偶夹薄层灰黑色碳泥质页岩。 1.39 m

12.下部为厚约 1m 的中薄层状灰岩，上部为深灰色中厚层状含硅质团块(或结核)灰

岩。 5.77 m

11.深灰色厚层块状或瘤状泥质灰岩。 1.39 m

10.深灰色中层状含碳灰岩夹少许灰黑色碳泥质页岩。 0.86 m

9.深灰色厚层块状含碳灰岩，底部为一厚约2m的含碳钙泥质页岩夹透镜状灰岩。4.49m

8.灰色中薄层状灰岩，顶部为一厚约2m的含碳钙泥质页岩夹灰岩透镜体。 16.64 m

7.灰黑色含碳钙质页岩夹薄层状、透镜状灰岩。 4.54 m

6.浅灰色中厚层状含黄铁矿粉晶灰岩。 5.04m

——整合——

梁山组(P_1l) 总厚度14.56 m

5.灰黑色含碳泥质粉砂质页岩，上部夹厚约30cm煤层。 2.53 m

4.黄白色厚层块状石英砂岩。 3.17 m

3.浅灰(风化为灰黄色)含黄铁矿石英粉砂岩。 2.53 m

2.浅灰色厚层块状石英细砂岩。 6.33 m

——平行不整合——

下伏地层：写经寺组(D_3C_1x)

1.灰黄色含粉砂钙泥质页岩夹少许灰岩透镜体。 22.16 m

0.浅灰色薄层状泥质灰岩，偶夹中层状灰岩。 6.33 m

2.2.1.2　湖北省宣恩县深沟中二叠世孤峰组(P_2g)-晚二叠世下窑组(P_3x)实测地层剖面

剖面位置：湖北省宣恩县深沟

剖面起点坐标：X=3324931　Y=19389618

上覆地层：大隆组(P_3d)　灰黑色薄层状含碳泥含生物屑硅质岩夹透镜状灰岩。

——整合——

下窑组(P_3x) 总厚度14.60 m

16.浅灰色-灰色薄层状含黄铁矿含碳含生物屑灰泥岩，夹灰黑色碳质页岩，菊石化石发育。 1.50 m

15.浅灰色-灰色中厚层状弱白云石化含碳生物屑灰泥岩夹灰黑色碳质页岩，向上碳质页岩逐渐增加，灰岩单层厚度逐渐减薄。 3.60 m

14.深灰色-灰黑色薄-中层含碳生物屑灰泥岩，微晶结构，薄-中层状构造，层面上见菊石化石。 4.50 m

13.深灰色中厚层状微晶灰岩。 5.00 m

——整合——

龙潭组(P_3l) 总厚度6.50 m

12.灰黄色薄层状粉砂岩夹泥岩，向上渐变为灰绿色薄层状泥质粉砂岩，局部见透镜状粉砂岩。 2.00 m

11.灰色薄-中层状粉砂岩夹灰黑色碳质页岩。 3.00 m

10.灰黑色-钢灰色薄层状粉砂质泥岩夹煤线。 1.50 m

——平行不整合——

孤峰组(P_2g) 总厚度 33.70 m

9.黑色薄层状含黄铁矿含碳含生物屑铸模孔硅质岩与碳质页岩互层。 1.00 m

8.灰黑色-灰色中厚层状含黄铁矿粉-微晶灰岩夹碳质页岩，黄铁矿顺层理平行排列。 5.60m

7.灰黑色碳质含生物屑硅质岩夹碳质页岩，发育水平层理。 6.10 m

6.灰黑色薄-厚层状碳质含生物屑硅质岩，向上含碳细晶白云岩呈透镜状，局部见星点状海百合茎化石，腹足类化石大量发育。 5.30 m

5.灰黑色薄层状碳质泥晶灰岩夹灰黑色薄层状含碳生物屑硅质岩。 5.90 m

4.灰黑色薄层状含碳海绵骨针硅质岩与碳质页岩互层，具旋回性变化特征，垂向叠置，整体表现为向上碳质页岩夹层逐渐变薄特征。 2.50 m

3.灰黑色薄层状含碳生物屑硅质岩与碳质页岩不等厚互层，硅质岩具隐晶质结构，底部含碳硅质岩中夹灰黑色含碳灰泥岩，生物屑细-粉晶灰岩呈透镜体状。 3.60 m

2.灰黑色薄-中层状含碳硅质岩夹碳质页岩。 3.00 m

1.灰黑色薄层状硅质岩与灰黑色碳质页岩互层。 0.70 m

——整合——

下伏地层：茅口组(P_2m) 灰色-浅灰色厚层-块状生物屑灰岩，岩石表面具似瘤状构造，含腹足类生物化石碎片。

2.2.1.3 湖北省鹤峰县容美镇大溪村晚二叠世大隆组实测地层剖面

剖面位置：湖北省鹤峰县容美镇大溪村

剖面坐标：X=3310609 Y=19403404

上覆地层：大冶组一段(T_1d^1) 灰黑色中层粉晶灰岩与黑色碳质页岩互层。

——整合——

大隆组(P_3d) 总厚度 50.00 m

13.灰黑-黑色薄层夹少量中层含碳硅质岩与黑色碳质页岩互层。 23.70 m

12.深灰-灰黑色中层含碳灰岩。 0.30 m

11.灰黑色薄层含碳硅质岩，局部夹碳质页岩，底部夹一层含碳硅质岩透镜体。 3.30 m

10.深灰色厚层含粉砂微晶灰岩。 0.60 m

9.灰黑色碳质页岩夹薄层含碳硅质岩，底部可见一层 10cm 左右的泥灰岩透镜体。局部可见透镜状、线状黄铁矿。 9.60 m

8.灰色中层状含钙粉砂质泥岩，局部夹少量薄-中层粉砂质泥页岩。 1.40 m

7.灰色中层状微晶灰岩夹薄层状含碳硅质岩，底部为 15cm 左右的碳质页岩。局部含少量侵染状黄铁矿晶体。 1.80 m

6.灰色厚层状微晶灰岩，底部为一层 5～6cm 厚的灰绿色页岩。 1.70 m

5.灰色薄层夹少许中层含碳硅质岩，局部夹少量碳质页岩。 6.80 m

4.灰黑色中层含碳硅质岩。 0.80 m

——整合——

下窑组(P_3x) 总厚度 1.80 m

3.灰色中层夹薄层微晶灰岩与碳质页岩互层，局部硅化严重。 1.20 m

2.灰色厚层微晶灰岩夹灰绿色页岩。 0.60 m

——整合——

龙潭组(P_3l) 总厚度 1.70 m

1.灰黑色碳质页岩夹含生物屑泥岩，局部含煤线。 1.70 m

——平行不整合——

下伏地层：茅口组(P_2m) 灰色中厚层含生物屑微晶灰岩。

2.2.1.4 湖北省鹤峰县容美镇墙台村晚二叠世大隆组实测地层剖面

剖面位置：湖北省鹤峰县容美镇墙台村

剖面坐标：X=3309673 Y=19413970

上覆地层：大冶组一段(T_1d^1) 灰黑色薄层含碳泥质粉砂岩与黄绿色薄层页岩互层，局部夹灰岩透镜体，底部为一层10cm左右的黄绿色页岩。

——整合——

大隆组(P_3d) 总厚度 45.3 m

23.灰黑-黑色中层夹少量薄层碳硅质岩与薄层碳质页岩互层。 3.70 m

22.黑色薄层碳硅质岩，局部夹薄层碳质页岩。 0.90 m

21.黑色中层含钙碳硅质岩。 0.30 m

20.黑色薄-中层含钙碳硅质岩，局部夹黑色薄层碳质页岩。含钙碳硅质岩中菊石化石较发育。 6.60 m

19.黑色中层夹薄层含碳钙泥质粉砂岩，局部夹中层黑色碳质页岩。 1.60 m

18.黑色中层含碳钙泥质粉砂岩，局部夹薄层碳质页岩。 1.80 m

17.黑色薄层含粉砂碳质页岩，局部夹少量薄层碳质页岩，菊石化石较为发育。 1.60 m

16.灰黑色含碳钙泥质粉砂岩。 0.50 m

15.黑色碳质页岩与中层含粉砂碳质泥岩互层，岩层中菊石化石较为发育。 1.60 m

14.黑色厚层碳质页岩，页理较为发育。 0.70 m

13.灰色中层含钙泥质粉砂岩。 0.40 m

12.黑色薄层含粉砂碳质泥岩，局部夹少量薄层碳质页岩，菊石化石较为发育。 0.50 m

11.灰色中层含钙泥质粉砂岩。 0.50 m

10.黑色中层含碳泥质粉砂岩与黑色中层碳质页岩互层。 1.70 m

9.灰色中层含钙泥质粉砂岩，风化后呈紫灰色。 0.20 m

8.黑色薄-中层含碳泥质粉砂岩，底部为一层6cm厚的碳质页岩。 1.00 m

7.黑色薄层碳质页岩与黑色薄层碳质泥岩互层，岩层中菊石化石较为发育。 1.30 m

6.灰黑色薄-中层含粉砂碳质泥岩，局部夹黑色薄层碳质泥岩。 0.80 m

5.灰黑色薄层夹少量中层含碳粉砂质泥岩，发育水平层理。 2.30 m

4.黑色中层含碳泥质粉砂岩，发育水平层理。 0.30 m

3.灰黑-黑色薄层碳质泥岩，局部夹少量薄层灰黑色含碳泥页岩。 2.80 m

2.灰白-灰黑色薄层碳硅质岩，局部夹薄层碳质页岩。 0.50 m

1.灰黑色碳质页岩与薄层碳硅质岩互层，岩石大部分风化破碎为黏土。 13.70 m

——整合——

下伏地层：下窑组(P_3x) 深灰色厚层细晶灰岩，发育块状层理。

2.2.2 鹤地1井钻井及地层发育特征

鹤地1井位于湖北省恩施土家族苗族自治州鹤峰县中营镇九才坝村，该井实钻坐标位置：X：3330249.818，Y：19403930.646；实际完钻井深1366.77m，完钻层位二叠系茅口组。所钻层系从老至新依次为二叠系、三叠系及第四系，共3个系7个组(表2-2)。

表2-2 鹤地1井地层分层数据表

地层分层					底深/m	厚度/m
界	系	统	组	段		
新生界	第四系				3.57	3.57
中生界	三叠系	下统	大冶组	三	418	414.43
				二	1085	667
				一	1248.5	163.5
古生界	二叠系	上统	大隆组		1290.8	42.3
			下窑组		1313.4	22.6
			龙潭组		1314.95	1.55
		中统	孤峰组		1335.5	20.55
			茅口组(未穿)		1366.77	>31.27

1. 茅口组(P_2m)：井深1335.5～1366.77m(未穿)，钻厚31.27m

岩性特征：自上而下为深灰色含燧石团块泥晶灰岩到深灰色含生物屑含燧石团块泥晶灰岩(图2-2)，生物为蜓、珊瑚、腕足类等。属于开阔台地沉积产物，后期受到抬升剥蚀，可见明显的岩溶特征，与上覆地层孤峰组为平行不整合接触。

A.燧石团块灰岩，见珊瑚化石

B.黑色燧石层

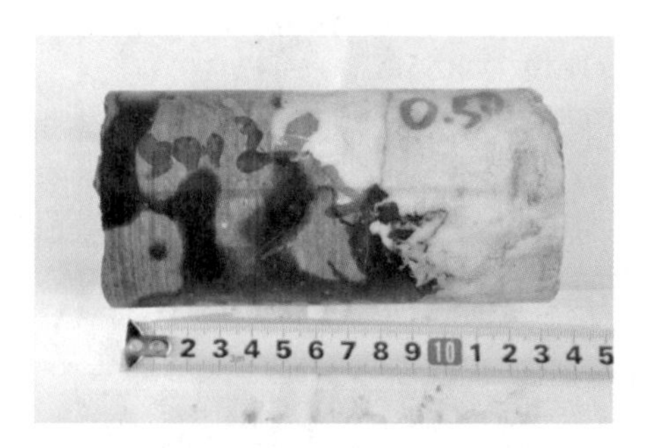

C.顶部发育溶洞，溶洞主要被方解石充填，其次为少量沥青充填

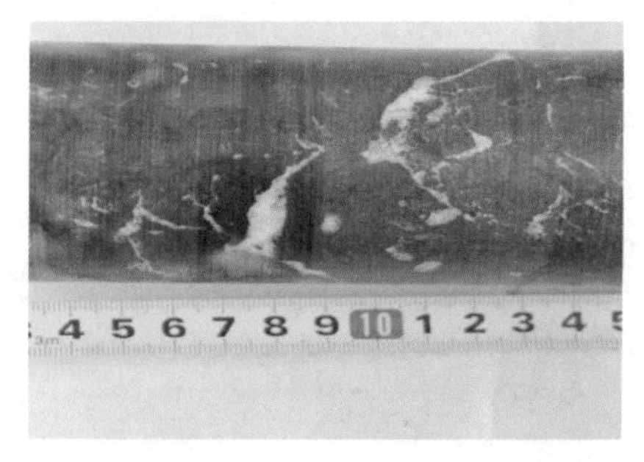

D.岩溶裂缝发育，主要被方解石充填

图 2-2 鹤地 1 井茅口组典型岩心照片

电性特征：自然伽马曲线在孤峰组与茅口组分界处(测井显示在 1335.5m 附近，岩心录井在 1337m 附近)有明显从高到低的突变(说明从碳质页岩变化到灰岩)。变化范围在 20～100 GAPI，多在 40～80 GAPI。深浅侧向电阻率在茅口组明显比孤峰组高，处于 50～1050 Ω·m 不等，一般在 300～1000 Ω·m。

2. 孤峰组(P_2g)：井深 1314.95～1335.5m，钻厚 20.55m

岩性特征(图 2-3)：自上而下为灰黑色含碳硅质页岩与碳质页岩互层、黑色碳质页岩，碳质含量较高，污手明显。岩心破碎，破碎岩心截面常见镜面擦痕，裂缝较发育，常常呈网状，大多被方解石充填，部分被沥青充填。本组主要含菊石、腕足类、双壳类等生物化石。

A.硅质碳质页岩

B.岩心破碎，裂缝较发育

图 2-3 鹤地 1 井孤峰组典型岩心照片

电性特征：自然伽马曲线明显升高，变化范围在 80～400 GAPI，多在 200～400 GAPI，为本井最高值。深浅侧向电阻率在孤峰组呈现陡降，处于 0.1～100 Ω·m 附近，多数位于 0.1Ω·m 附近(钻遇优质页岩处最低)。双侧向电阻率变化与自然伽马曲线变化趋势相反。

岩性纵向上自上而下变化较小，靠近中下部，硅质含量有所增加，属于深水陆棚环境沉积产物。与下伏茅口组含生物屑含燧石结核泥晶灰岩呈平行不整合接触，与上覆龙潭组也为平行不整合接触。

3. 龙潭组(P_3l)：井深1313.4～1314.95m，厚度为1.55m

岩性特征：为黑色碳质页岩夹薄煤层、灰色含黄铁砂黏土岩夹碳质页岩。本组主要含腕足类、双壳类等化石，现场观察岩心较为破碎，取样保留较少(图2-4)。

图2-4 鹤地1井龙潭组典型岩心照片

电性特征：自然伽马曲线在下窑组与龙潭组分界处(测井显示在1313.4m附近，岩心录井在1315m附近)有明显从小到大的突变(碳泥质页岩夹煤层)。自然伽马曲线数值较高且呈现明显陡升陡降，变化范围在80～220 GAPI，多在100～200 GAPI。井径在该组有明显增大，即在岩心录井1315～1316m附近(测井曲线在1314～1315m附近)扩大到10英寸[①]以上，这与该处龙潭组煤系地层被钻头搅动后扩径有关。深浅侧向电阻率在龙潭组呈现陡降，处于0～100 Ω·m附近(钻遇煤层)。双侧向电阻率变化与自然伽马变化趋势相反。龙潭组与上覆下窑组地层整合接触，与下伏孤峰组地层为平行不整合接触。

4. 下窑组(P_3x)：井深1290.8～1313.4m，钻厚22.6m

岩性特征：为灰色泥晶灰岩与灰黑色碳(泥)质页岩。岩石呈灰色与灰黑色交替。整体上看，下窑组地层灰岩主要发育在上部和下部，中部以碳质页岩和灰质页岩为主。裂缝总体不发育，仅局部发育几条微小的裂缝，以高角度缝为主，在下窑组顶部集中发育10余条高角度缝(图2-5)，被方解石充填。黏土岩层见黄铁矿晶簇顺层分布，产菊石、腕足类化石。总体属开阔台地到陆棚沉积产物。下窑组与上、下地层均为整合接触。

A.顶部灰岩

B.黄铁矿顺层分布

① 1英寸=2.54厘米。

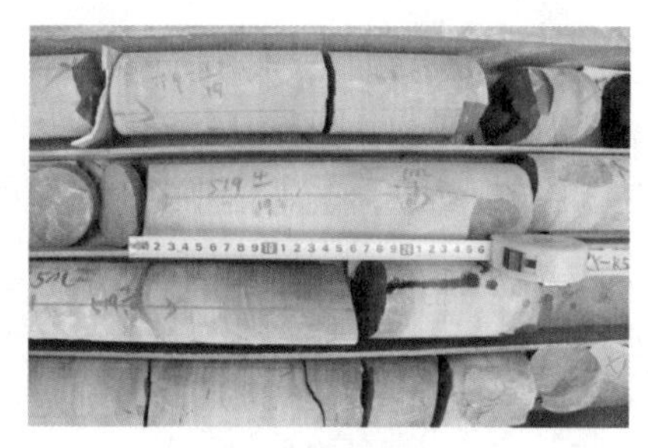
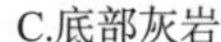
C.底部灰岩

D.局部发育高角度缝

图 2-5　鹤地 1 井下窑组典型岩心照片

电性特征：自然伽马曲线在大隆组与下窑组分界处(测井显示在 1290m 附近，岩心录井在 1291m 附近)有明显从大到小的突变(说明从碳泥质页岩变化到泥晶灰岩)。曲线呈现明显锯齿状变化，即在碳泥质页岩出现时升高，在泥晶灰岩出现时降低，变化范围在 20～340 GAPI，多在 40～200 GAPI。深浅侧向电阻率在下窑组呈现锯齿状变化，处于 0～1000 Ω·m(碳泥质页岩较低，在灰岩处较高)，一般为 10～500 Ω·m。

5. 大隆组(P_3d)：井深 1248.5～1290.8m，钻厚 42.3m

岩性特征：中部及下部岩性以灰黑色硅质页岩及碳质页岩为主，偶夹灰色灰质条带，往上部逐渐增加，演变为深灰色灰岩与黑灰色泥页岩互层，多呈现叶理，含黄铁矿条带，可见水平层理，纹层厚 0.3～0.5mm。菊石较为常见，呈圆盘状且顺层面分布。中下部裂缝不发育，仅在上部灰质含量较高的地区发育高角度裂缝，多被方解石充填。

电性特征：自然伽马曲线在大冶组与大隆组的分界处有明显升高的变化(碳泥质页岩出现)。整体往上部灰质含量增加，表现为高伽马、低电阻率、高声波时差的特征，随着灰质含量的增加各曲线均出现指状跳跃。大隆组下部与下窑组为整合接触，上部与大冶组整合接触。

6. 大冶组(T_1d)：井深 3.57～1248.5m，钻厚 1244.93m

本组岩石本来有四段，但是在孔口位置只有下面三段，即自上而下可以大致划分为大冶组三段、大冶组二段、大冶组一段。由于钻遇多条逆断层，地层有部分破碎与重复，导致厚度有所增加(图 2-6)。

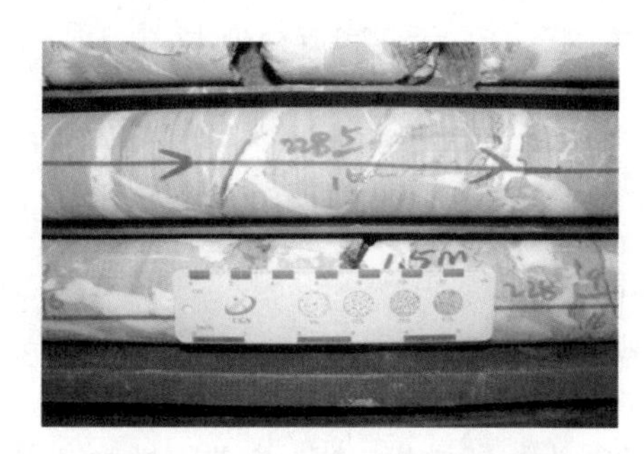
A.井段442~469m处大冶组二段逆断层

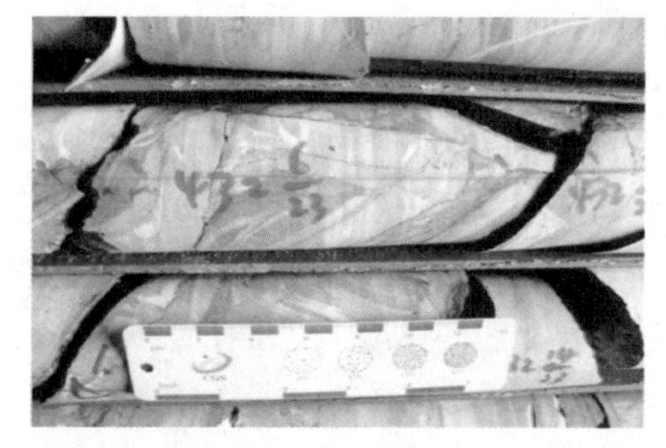
B.大冶组一段碳泥质页岩层被挤压成V字形，造成张裂缝被次生白色方解石充填

图 2-6　鹤地 1 井大冶组典型岩心照片

电性特征：自然伽马曲线在大冶组与大隆组的分界处有明显降低的变化(灰岩)。整体往上部泥质含量降低，表现为低伽马、高电阻率的特征，仅大冶组一段随着泥质含量的变化(海平面升降频繁)，各曲线均出现跳跃。下与大隆组为整合接触，上与第四系为角度不整合接触。

1)大冶组第一段：井深 1248.5～1085m，钻厚 163.5m

主要为深灰色泥晶灰岩与灰黑色碳质泥页岩互层，夹泥晶灰岩，底部见菊石化石。岩石以深灰色为主，灰黑色为辅。岩石具有泥晶结构，发育水平层理。黄铁矿较多，呈薄层(厚 1～10mm)顺层分布。裂缝比较发育，多充填次生白色方解石脉(少数未充填)。缝合线构造同样发育，起伏一般也为 1～3mm，或为碳泥质充填或未充填。

2)大冶组二段：井深 1085～418m，钻厚 667m

主要为深灰色泥晶灰岩夹薄层泥晶灰岩。岩石呈深灰色为主，局部夹灰黑色，成分以原生方解石为主。岩石具有泥晶结构，发育水平层理。断层通过之处(450m 左右、960m 左右和 1070m 左右)，岩石原本比较破碎，不过被后期白色方解石脉充填。裂缝比较发育，多充填次生白色方解石脉(少数未充填)。缝合线构造发育，起伏一般为 1～3mm，或为碳泥质充填或未充填。底部见碳酸盐岩重力流沉积，具有下粗上细的特征。

3)大冶组三段：井深 418～3.57m，钻厚 414.43m

主要为深灰色泥晶灰岩，上部夹灰黑色碳质页岩，局部夹黄铁矿。岩石以深灰色为主，局部夹灰黑色，成分以原生方解石为主。岩石具有泥晶结构，发育水平层理。孔隙(洞)比较常见。常见缝合线，或为碳泥质充填或未充填。

2.2.3 鹤峰区块二叠系岩石地层单位特征

1. 梁山组(P_1l)

为灰黑色碳质页岩、碳质粉砂岩、灰色厚层状含铁质细粒石英砂岩夹中层灰岩、透镜状灰岩、煤层(煤线)。石英砂岩中可见平行层理、楔状交错层理。属滨岸沼泽环境沉积。厚度 2.5m。与下伏石炭系呈平行不整合接触。

2. 栖霞组(P_2q)

为深灰-灰黑色厚层状含燧石结核或团块生屑泥晶灰岩，顶、底部发育灰黑色薄-厚层眼球状生物屑泥晶灰岩，底部灰岩层间夹含钙碳质页岩。属开阔海台地-陆棚环境沉积。厚度 141.5m。与下伏梁山组呈整合接触。

3. 茅口组(P_2m)

主要为一套灰色、浅灰色厚层块状含燧石结核生物屑微晶灰岩、藻屑微(泥)晶灰岩、生物屑亮晶灰岩，中部夹细晶白云岩，中、上部灰岩中常见密集的燧石结核或条带。灰岩中可见生物碎屑及化石。厚度 177.8m，属开阔海台地-台盆环境沉积。与下伏栖霞组整合接触。

4. 孤峰组(P_2g)

主要分布于工区鹤峰向斜以西区域，与茅口组为同期异相沉积。主要岩性为灰黑色薄层硅质岩、碳质页岩，局部夹透镜状灰岩。厚度 32.7m，为一套台盆相沉积，与下伏茅口组地层为整合接触。

5. 龙潭组(P_3l)

为深灰色薄-中层状含碳粉砂质黏土岩、粉砂岩、含碳灰岩，黑色薄层碳质页岩，岩层中薄煤层或煤线较发育，局部可见侵染状或团块状黄铁矿。属滨岸沼泽环境沉积。厚度1.2m。与下伏茅口组或孤峰组呈平行不整合接触。

6. 下窑组(P_3x)

为深灰色、灰色含中-薄层状硅质条带、硅质团块灰泥灰岩、微-粉晶灰岩、泥晶生物屑灰岩。属开阔海台地环境沉积。厚度24.0m。与下伏龙潭组呈整合接触。

7. 大隆组(P_3d)

为深灰色薄层泥粉晶灰岩、薄层碳硅质岩、黑色含碳质页岩，向上页岩增多。可见菊石化石和浸染状或透镜状黄铁矿。属台盆环境沉积。工作区内，大隆组厚度变化较稳定，由南往北厚度略有增大趋势，最厚为53.9m，位于燕子乡董家村(PM015)，最薄47.5m，位于容美镇墙台村(PM021)，平均厚度50.4m，厚度分布在47.5～53.9m，变化范围6.4m。与下伏下窑组呈整合接触。

2.2.4　鹤峰区块二叠系沉积特征

早二叠世，区内属滨岸-沼泽沉积环境，发育了一套以梁山组石英粉细砂岩、粉砂质页岩、碳质页岩夹薄煤层(煤线)为主的碎屑含煤沉积建造。中二叠世，随着区域海侵，区内逐渐演变为开阔海台地沉积环境，主要发育栖霞组、茅口组含硅质团块眼球状灰岩、粉晶灰岩、生物屑灰岩夹碳质页岩的碳酸盐岩台地沉积建造，局部发育以孤峰组含碳硅质岩夹灰岩为特征的台盆相沉积。中二叠世末，受东吴运动影响，全区整体抬升成陆，普遍遭受剥蚀。晚二叠世，随着新一轮海侵，区内由滨海沼泽逐渐演变为开阔海台地环境，局部过渡为台盆环境，下部发育龙潭组石英细砂岩、粉细砂岩、碳质页岩夹煤层的碎屑含煤沉积建造，中部发育下窑组微-粉晶灰岩、白云质灰岩或灰质白云岩开阔海台地碳酸盐岩建造，上部发育大隆组碳硅质岩、碳质页岩夹含碳钙质粉砂岩为主的开阔海台地-台盆相沉积。整体上构成了二叠系海侵-快速海退-海侵沉积旋回。

2.3　上二叠统大隆组发育特征

2.3.1　年代地层学

1997年国际地层委员会批准通过了国际二叠纪分会将二叠系分为3统9阶的年代地层划分方案(金玉玕等，1998)，自下而上将二叠系划分为：下统为乌拉尔统，包括阿瑟尔阶、萨克马尔阶、亚丁斯克阶、空谷阶；中统为瓜德鲁普统，包括罗德阶、沃德阶、卡匹敦阶；上统为乐平统，包括吴家坪阶、长兴阶(表2-3)。迄今为止，二叠系的底界、瓜得鲁普统的底界和瓜得鲁普统内部罗德阶、沃德阶、卡匹敦阶各阶的底界以及乐平统和吴家坪阶底界以及长兴阶的全球界线层型剖面及点位(global stratotype section and point，

GSSP)确定已经完成(金玉玕等，2007a、b)。

在所建立的全球年代地层系统中，二叠系底界的全球层型选在哈萨克斯坦北部的阿德尔拉希(Aidaralash)剖面。以牙形石 *Streptognathodus isolatus* 的首次出现为标志。这个层位稍低于菊石 *Shumardites-Vidrioceras* 带之间的界面，大体与蜓类 *Sphaeroschwagerina vulgaris-S. fusiformis* 带之底相当。

表 2-3　二叠系年代地层单位划分及其界线点标志

国际二叠系（Jin et al., 1997）			全国地层委员会（2002）	
	统	阶	阶	定义界线的标志化石
二叠系	乐平统	长兴阶	长兴阶	
				← *Clarkina subcarinata*
		吴家坪阶	吴家坪阶	
				← *Clarkina postbitteri postbitteri*
	瓜德鲁普统	卡匹敦阶	冷坞阶	
				← *Jinogondolella postserrata*
		沃德阶	茅口阶	
		罗德阶		
				← *Jinogondolella nankingensis*
	乌拉尔统	空谷阶	祥播阶	
				← *Cancellina*
			栖霞阶	
				← *Brevaxina*
		亚丁斯克阶	隆林阶	
				← *Pamirina davasica*
		萨克马尔阶	紫松阶	
		阿瑟尔阶		
				← *Pseudoschwagerina uddeni P.texana*

中二叠统或瓜德鲁普统(Guadalupian Series)是以 *Jinogondolella nankingensis* 的始现为标志。自下而上分为罗德阶(Roadian Stage)、沃德阶(Wordian Stage)和卡匹敦阶(Capitanian Stage)。

乐平统(Lopingian Series)和吴家坪阶(Wuchiapingian Stage)的层型剖面位于广西来宾蓬莱，以牙形石 *Clarkina postbitteri postbitteri* Mei & Wardlaw 的首次出现为标志，层型剖面点位于 *C. postbitter hongshuiensis* 至 *C. dukouensis* 的演化谱系内，这一界线附近，蜓类、腕足类、珊瑚类和菊石类等动物群均发生了重大更替；同时，$\delta^{13}C$ 值和 $^{87}Sr/^{86}Sr$ 同位素比值也有一个明显的降低，从瓜德鲁普世晚期的磁性正常极性带向吴家坪期反向极性带的转变也发生在这一界线附近(金玉玕等，2007a)。长兴阶(Changhsingian Stage)系赵金科等于1981年命名，二叠系乐平统长兴阶底界全球界线层型和点位(GSSP)确立在我国浙江长兴煤山 D 剖面长兴灰岩的下部、4a-2 层之底，以牙形石演化序列 *Clarkina longicuspidata C. wangi* 中 *C. wangi* 的首现为标志。该点位位于长兴组底界之上 88cm 处，与长兴期特征的

类化石 *Palaeofusulina sinensis* 和大巴山菊石类的首次出现层位一致(金玉玕等，2007b)。

中国二叠纪年代地层学研究不仅成功地将我国上二叠统的年代地层单位名称(乐平统、吴家坪阶和长兴阶)列入国际地层年表中，而且使上二叠统的底界及其内部吴家坪阶、长兴阶底界的“金钉子”落户中国。全国地层委员会二叠系工作组根据我国海相二叠系的分布规律和发育特征，提出了我国二叠系地层年表。将我国的二叠系划分为三统八个阶，即下统紫松阶、隆林阶，中统栖霞阶、祥播阶、茅口阶和冷坞阶，以及上统吴家坪阶和长兴阶(全国地层委员会，2001，2002)。其后，又做了进一步修订，将中统划分为罗甸阶、祥播阶、孤峰阶和冷坞阶。下二叠统维持不变，上二叠统与国际地层表一致，也保持不变。

2.3.2　岩石地层

大隆组源于《中国地层典》中的“大垅层”，创名地点位于广西合山市大隆村。湖北省与之对应的层位最早称“保安页岩”，系在大冶保安镇东北隅的大冶灰岩与炭山湾煤系(龙潭组)之间的含 *Gastrioceras zitteli*、*G. liui* 和 *Pseudomonotis* 的黄色页岩。嗣后，湖北省地质矿产局(1990)和徐光洪(1978)均将这套硅质岩一分为二，下部含 *Anderssonoceras* 和 *Prototoceras* 菊石动物群的层位称“保安页岩段”，归于晚二叠世早期，而上部含 *Pseudotirolites* 和 *Pleuronodoceras* 菊石动物群的层位称大隆组，归于晚二叠世晚期。其后，湖北省地质矿产局(1996)在地层清理过程中，将上述页岩统称为大隆组，其时代为晚二叠世。

2.3.3　生物地层学

大隆组富含生物化石，以菊石类、腕足类、双壳类和放射虫最为常见。牛志军等(2000)详细讨论了鄂西地区大隆组的沉积特征和地质时代。其依据在建始兰鸿槽剖面生物地层学的研究成果，在该剖面建立了 2 个菊石带：上段为 *Pseudotirolites* 带，又细分为 *Pleuronodoceras-Changhsingoceras* 亚带和 *Tapashanites* 亚带；下段为 *Konglingites* 带。其中，*Pseudotirolites* 带中的一些常见分子，如 *Tapashanites*、*Pseudotirolites*、*Sinoceltites*、*Pleuronodoceras*、*Changhsingoceras*、*Rotodiscoceras* 等均为华南长兴期的标准分子，因此，上段属长兴期无疑。*Konglingites* 带常见的分子有 *Konglingites* cf. *latisellatus*, *K.* sp.、*Sanyangites* cf. *umbilicatus*、*Jinjiangoceras* sp.、*Huananoceras* cf. *involutum*、*Pseudogastrioceras* sp.等，其中 *Konglingites*、*Sanyangites*、*Jinjiangoceras* 为华南吴家坪期的特征属，从而可将下段的地质时代限定在吴家坪期晚期。

牛志军等(2000)的研究表明，大隆组底界是穿时的，硅质岩层在鄂西地区有自西向东渐次升高的特点。建始一带，硅质岩层所产菊石均为 *Konglingites* 带分子，时限为吴家坪晚期；在巴东堰塘坪硅质岩层下部产 *Sanyangites*、*Konglingites* 等，上部产菊石 *Tapashanites*、*Sinoceltites* 等，时限为吴家坪晚期—长兴早期；而在长阳赵姑垭，硅质岩中仅见长兴期菊石 *Pseudotirolites*、*Changhsingoceras* 等。王国庆和夏文臣(2004)的研究从牙形石生物地层学再次证实了大隆组底界的穿时性特征，其所研究的湖北恩施天桥剖面二叠系位于建始兰鸿槽剖面以西，该剖面大隆组时代，通过对下伏吴家坪组灰岩及大隆组上段灰岩中牙形石的研究表明，吴家坪组灰岩自下而上可分为 *Clarkina postbitteri postbitteri* 带、*Clarkina dukouensis* 带、*Clarkina asymmetrica* 带以及 *Clarkina guangyuanensis-Clarkina transcaucasica* 带，属吴家坪阶中下部牙形石带；大隆组上段灰岩可划分出两个牙形石带，即 *Clarkina subcarinata-Clarkina wangi* 带和 *Clarkina changxingensis changxingensis-Clarkina deflecta* 带，为长兴阶底部牙形石带。因此，该剖面大隆组硅质岩始于二叠纪吴家坪中期，明显早于该剖面以东地区大隆组的底界时代。

研究区内上二叠统大隆组主要出露于北部和东部，与下伏吴家坪组或下窑组以及上覆大冶组整合接触，向东、南、西三个方向过渡为长兴组浅水台地相碳酸盐岩，是重要的富有机质泥页岩层系。其中部和下部主要发育深水台盆相黑色薄-中层状碳质泥岩、碳质硅质泥岩，具少量黏土岩、粉砂岩、灰岩及白云岩夹层，厚度变化大，厚 10～50m，以发育菊石和硅质放射虫为特征，其他种类生物较少，伴生有底栖腕足和双壳类等。上部主要为含有不同程度碳质的泥岩、粉砂岩、灰岩以及白云岩，可见菊石化石，属浅水台盆相，厚 5～20m（表 2-4）。

表 2-4 鄂西南及邻区上二叠统（乐平统）地层对比表

<table>
<tr><th>系</th><th>统</th><th>四川石柱</th><th>重庆万州</th><th>湖南桑植</th><th>湖北恩施</th><th>湖北建始</th><th>湖北秭归</th></tr>
<tr><td>三叠系</td><td>下统</td><td>飞仙关组</td><td>大冶组</td><td>大冶组</td><td>大冶组</td><td>大冶组</td><td>大冶组</td></tr>
<tr><td rowspan="5">二叠系</td><td rowspan="5">乐平统</td><td>长兴组</td><td>长兴组</td><td>大隆组</td><td rowspan="2">大隆组/长兴组</td><td rowspan="3">大隆组</td><td>大隆组</td></tr>
<tr><td rowspan="4">龙潭组</td><td rowspan="4">吴家坪组</td><td rowspan="3">吴家坪组</td><td rowspan="4">吴家坪组</td></tr>
<tr><td rowspan="2">吴家坪组</td></tr>
<tr><td>下窑组</td></tr>
<tr><td>龙潭组</td><td>龙潭组</td><td>龙潭组</td></tr>
</table>

第三章 研究方法

3.1 指导思想

在“岩相古地理研究与编图可作为页岩气地质调查之关键技术”这一理论认识的基础上，以“有利的沉积相带为页岩气富集的基础，有效的保存条件为页岩气富集高产的关键”为统一的指导思想，以“有利相带是基础、构造保存是关键、储层物性是条件”为研究主线，在综合确定其页岩气富集的主控因素基础上，采用“在层序岩相古地理图上，有效叠加各页岩气地质条件参数，耦合出页岩气发育的有利区、目标区”的技术方法，通过筛选合理的评价参数，形成一套适用于研究区的页岩气综合评价体系，对鄂西南地区二叠系大隆组页岩气资源潜力进行分析。具体为：以沉积学、层序地层学、地球化学及石油天然气地质学理论为指导，采用钻井岩心观察分析、野外地质调查与室内分析相结合，地质与地球物理(地腹钻井资料分析、地震剖面解译)、地球化学相结合，构造演化与沉积建造研究相结合，盆地与造山带研究相结合的技术路线。从前人成果资料着手，利用野外地质调查，收集已有钻、测井资料，地震解释数据以及岩矿测试、分析化验等资料，在充分了解区域构造、沉积演化的基础上，以鹤峰区块二叠系大隆组为重点，通过构造演化和盆地类型研究，揭示盆地构造-沉积演化与后期变形改造过程，查明研究区富有机质泥页岩的空间展布特征和页岩气形成地质条件，探讨页岩气储层评价系统。针对研究区开展页岩气层段沉积微相研究、层序地层研究及储层特征研究、构造保存条件研究、含气性研究等成藏富集条件研究，选取合理参数建立一套适合于研究区页岩气综合评价的体系，并优选页岩气有利区块，对鄂西南地区二叠系大隆组资源潜力进行分析。

3.2 具体技术路线

(1) 收集整理工作区内二叠系大隆组相关的地质、地震、钻井及地化资料，综合分析和研究页岩气的最新勘探研究及发展动向，页岩气发育层段沉积环境和地质表现特征；在野外露头及其他钻井资料研究基础上，分析页岩气发育层段层序地层格架、沉积环境和空间展布规律，编制层序-岩相古地理图。

(2) 综合研究实验测试结果，分析黑色岩系地球化学特点；同时，深入开展研究区内页岩岩石矿物学特征、物性特征及孔隙结构特征等分析，结合详细的成岩作用研究，详细研究黑色岩系的储层特征，进行页岩气储集条件评价。

(3) 通过野外调查，结合收集到的钻井、测井资料，综合分析研究富有机质泥页岩的空间分布规律和发育层段，在黑色岩系层序-岩相古地理图分析的基础上，叠合黑色岩系的地球化学分析等结果，通过对地层埋深、顶底板条件、断裂分布特征等保存条件的研究，选定合理的评价参数，建立适合于研究区的页岩气综合评价体系，优选出页岩气有利区块，评价其页岩气资源潜力。本书总体研究的技术路线和流程如图 3-1 所示。

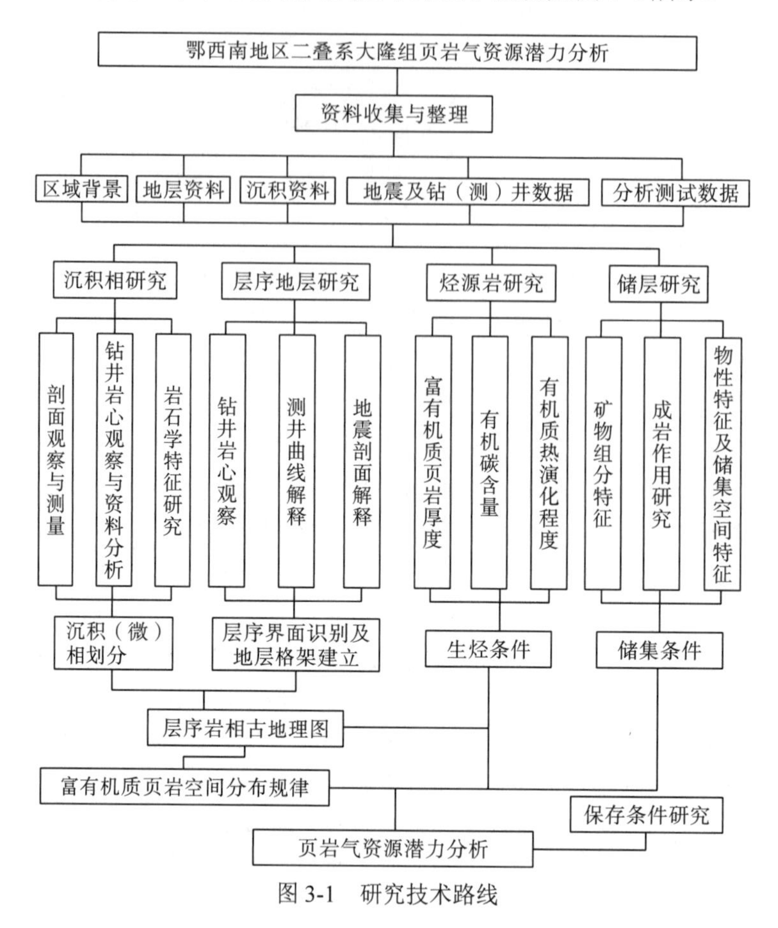

图 3-1 研究技术路线

3.3 研究内容与方法

本书以鄂西南地区为研究区，以鹤峰页岩气区块为重点研究区，以二叠系大隆组为重点研究对象，分析研究区内黑色页岩的空间分布规律、沉积-成岩作用特征及储层特征等，结合对页岩气构造保存条件的研究，建立研究区页岩气综合评价标准及优选有利区，对鄂西南地区二叠系大隆组页岩气资源潜力进行分析。根据鄂西南地区二叠系大隆组的分布和发育情况，共选取了几乎覆盖全区的 16 条露头剖面和鹤峰区块的鹤地 1 井进行观测。

具体研究内容和方法如下。

1. 鄂西南地区二叠系大隆组层序-岩相古地理

通过野外地质联合调查，在钻井岩心和区域露头观察及系统研究基础上，结合层序、沉积相研究和室内分析，研究鄂西南地区二叠系大隆组黑色岩系的层序格架，进行沉积体系、沉积(微)相的研究，编制层序-岩相古地理图，预测富有机质岩系的分布。同时，对来鹤峰重点区块进行更为详尽的沉积相、沉积微相研究，编制出相应区域重点层系的大比例尺精细层序-岩相古地理图，为页岩气地质特征研究提供基础。通过对古生代沉积体系演化和沉积环境进行分析，研究沉积环境对有机质类型和丰度的影响。

采用点、线、面相结合的工作方法进行沉积相、岩相(微相)研究。所谓点，即通过地表剖面和钻井岩心，进行沉积相与岩相(微相)分析；所谓线，即通过地表-钻井、钻井-钻井等连接剖面，分析沉积相、岩相(微相)的横向分布与变化；所谓面，则是通过多条连接剖面的相分布特征，结合地震剖面，系统总结沉积体系特征，结合地震资料综合分析建立黑色岩系的层序地层格架，建立对应的沉积模式，编制层序-岩相古地理图。

本书的岩相古地理研究，将沉积地质、层序地层及油气地质特别是页岩气地质参数作为统一整体，综合探讨沉积体系及对应沉积微相的划分等，研究其对页岩气层系展布的综合控制。在此基础上，分别以整体研究区和鹤峰重点工作区块为编图区域，以页岩气重点层段为编图单元，编制两种级别、两种比例尺的岩相古地理图件。第一级为全区层序-岩相古地理图(比例尺 1∶100 万)，按“组或段”为编图单元，目标在于反映全区、各期次沉积相格局、岩相总体展布规律。第二级为鹤峰区块精细层序-岩相古地理图(比例尺 1∶20 万)，也为本次的重点研究对象，以二叠系大隆组的重点黑色岩系发育层段为编图单元，结合沉积与页岩气地质信息，反映重点含气黑色岩系层段的空间分布规律。

2. 鄂西南地区二叠系大隆组页岩气综合评价

1)矿物岩石学特征

在详细的常规岩石学特征研究的基础上，结合矿物学分析方法，总结岩石的成分和结构特征，划分矿物岩石类型；分别对脆性矿物(石英类、碳酸盐类)和黏土矿物的类型、结构和空间展布特征以及矿物岩石类型的空间展布特征进行详细研究；探讨不同种类矿物的成因及其对页岩气的影响，进一步分析不同矿物岩石类型对页岩气的影响。结合地球化学分析手段，给出二叠系大隆组的有机质的类型、丰度和成熟度等特征，为成岩作用研究和有利区分析提供一定的基础资料。

充分利用已有的基础资料与页岩气地质资料，结合大量分析测试数据，编制研究区重点区块重点层系富有机质泥页岩厚度、有机碳含量、有机质成熟度、埋藏深度及脆性矿物含量等值线图等图件，详细反映重点区块内页岩气地质条件。

同时，重点关注鹤峰区块的大隆组硅质页岩、硅质岩的成因及形成机理等相关研究，探讨其对大隆组页岩气的影响。考虑到研究区二叠系大隆组黑色岩系中发育大量的硅质岩，在研究过程中采用将常规岩石学和地球化学分析测试相结合的方法。

2)成岩作用研究

根据岩石矿物特征、有机质特征等，对页岩气储层的成岩作用类型进行划分；根据成岩阶段的划分标准，划分其成岩序次，给出成岩演化过程；判断成岩作用及演化阶段对页岩气的影响。

成岩作用的研究注重矿物组分的类型和特征分析，并以详细的矿物组分研究为基础；

利用有机和无机成岩综合分析的手段，反演成岩演化过程。

3) 储集空间研究

揭示鄂西南地区二叠系大隆组不同矿物组成、不同有机质含量、不同有机质热演化程度富有机质黑色岩系的孔隙体积和显微孔隙结构特征，获取富有机质黑色岩系岩石学和地球化学相关参数。通过判断孔隙类型、大小和发育特征，结合成岩演化特征，探讨孔隙演化过程。查明不同孔隙体积和孔隙结构富有机质页岩的天然气储集能力，查明显微孔隙结构对页岩气储集性能的控制作用。

储集物性的特征是在原始沉积物的基础上，受成岩作用和构造条件改造的结果。因此，应以沉积相为基础，考虑成岩作用和构造过程，以钻井资料为准，筛选合适的分析方法，对储集空间和物性特征进行研究。

4) 保存条件研究

通过对区域构造背景的分析，结合钻测井、地震资料，分析构造、埋深及顶底板条件等对保存条件的影响。

5) 成藏条件及主控因素研究

针对鹤峰区块重点层系典型页岩气井的现场压裂和试气效果，根据详细的沉积相(微相)、层序地层及储层特征等研究，分析其含气页岩关键层段的成藏条件及其主控因素，确定含气量(显示)的纵横向变化趋势与特点。通过与国内外不同类型典型气藏的解剖、对比研究，参考保存条件研究及地层埋深等参数，分析页岩气成藏富集的有利与不利因素，探索研究区页岩气富集规律。

6) 二叠系大隆组页岩气综合评价与资源潜力评价

综合沉积环境、矿物组分、有机质特征和成岩作用及储层发育特征的详细研究成果，在层序-岩相古地理图基础之上，分别确定二叠系大隆组的生烃条件参数和储层条件参数；结合邻区研究成果，在区域页岩气形成背景和条件研究基础上，通过重点页岩层系成藏条件及主控因素的综合研究，结合保存条件的研究，参考国内外已建立的页岩气评价与优选标准，确定合理的评价参数，建立鄂西地区重点页岩层系综合评价体系，优选鄂西南地区特别是鹤峰区块二叠系大隆组页岩气有利区块，并对其页岩气资源潜力进行评价。

3.4 鹤地 1 井钻井概况

鹤地 1 井位于湖北省恩施土家族苗族自治州鹤峰县中营镇九才坝村，该井所在鹤峰区块已实施二维地震测线 15 条，满覆盖长度 434.31km，一次覆盖长度 518.38km。该井实钻坐标位置：*X*：3330249.818，*Y*：19403930.646；设计井深 1380m，设计完钻层位为二叠系茅口组，全井取心；实际完钻井深 1366.77m，完钻层位二叠系茅口组(表 3-1)。钻探目的为获取主要目的层上二叠统大隆组和孤峰组岩性、地化、地球物理参数和含气性参数，以及目的层上覆地层岩性及厚度资料，为开展鹤峰区块页岩气地质条件、资源潜力评价与有利区优选提供基础参数。鹤地 1 井的地层发育特征见第 2 章 2.2 小节，实际钻探效果如下。

表 3-1 鹤地 1 井基本数据表

<table>
<tr><td>构造</td><td>扬子克拉通盆地</td><td>井别</td><td>资料井</td><td>钻井方式</td><td>陆上直井</td><td>钻 井 队</td><td>鄂西北探矿工程队</td></tr>
<tr><td rowspan="4">井位设计</td><td>地理位置</td><td colspan="4">湖北省恩施土家族苗族自治州鹤峰县中营镇九才坝村</td><td>录井队长</td><td>邱艳生</td></tr>
<tr><td>构造位置</td><td colspan="4">宜都-鹤峰复背斜带陈家湾向斜核部</td><td>钻井监督</td><td>刘炟/刘长宏</td></tr>
<tr><td>测线位置</td><td colspan="4">二维：2013HF-L17</td><td>地质监督</td><td>张宝柱/张国森</td></tr>
<tr><td>井间相对位置</td><td colspan="6">距井 km，方位 (°)</td></tr>
<tr><td rowspan="4">井位坐标</td><td></td><td colspan="2">经度</td><td colspan="2">纬度</td><td>X</td><td>Y</td></tr>
<tr><td>设计坐标</td><td colspan="2">110° 00′13″</td><td colspan="2">30° 05′14″</td><td>3330248</td><td>19403931</td></tr>
<tr><td>实际坐标</td><td colspan="2"></td><td colspan="2"></td><td>3330249.818</td><td>19403930.646</td></tr>
<tr><td>偏离设计坐标</td><td colspan="6">方位 (°)， 距离 m</td></tr>
<tr><td>设计井深，m</td><td>1380</td><td>设计层位</td><td colspan="2">茅口组</td><td>目的层</td><td colspan="2">大隆组/龙潭组</td></tr>
<tr><td>完钻井深，m</td><td>1366.77</td><td>完钻层位</td><td colspan="2">茅口组</td><td>完井方法</td><td colspan="2">水泥塞</td></tr>
<tr><td>开钻日期</td><td>2014 年 11 月 15 日</td><td>完钻日期</td><td colspan="2">2015 年 4 月 29 日</td><td>完井日期</td><td colspan="2">2015 年 5 月 14 日</td></tr>
<tr><td colspan="2">钻头程序</td><td colspan="3">(225mm) 51.99m (153mm) 140.18m (99.5mm) 1366.77m</td><td rowspan="2">备注</td><td colspan="2" rowspan="2">设计井深从 1080m 变更为 1380m</td></tr>
<tr><td colspan="2">套管程序</td><td colspan="3">(177.8mm) 51.99m (146mm) 140.18m</td></tr>
</table>

3.4.1 录井油气水显示特征

鹤地 1 井位于陈家湾向斜核部，设计目的层为上二叠统大隆组和龙潭组页岩气层，目的层埋深小于 1500m，完钻井深 1366.77m。实钻揭示了大隆组页岩气层，龙潭组仅厚 1.55m，新发现孤峰组页岩气层。

根据岩心录井和现场解吸，全井无含油层，几乎没有含水层，在大冶组下部、大隆组、下窑组、龙潭组、孤峰组和茅口组上部等各层位均见气显示，地质录井解释含气层的总厚度为 367.50m（表 3-2），其中大隆组含气层井深 1248.5～1290.8m，厚度为 42.3m；孤峰组含气层井深 1314.95～1335.5m，厚度为 20.55m。

表 3-2 鹤地 1 井录井油气显示统计表

<table>
<tr><td colspan="2" rowspan="2">层位</td><td colspan="8">油气显示统计/(m/层)</td></tr>
<tr><td>饱含油</td><td>富含油</td><td>油浸</td><td>油斑</td><td>油迹</td><td>荧光</td><td>含气</td><td>小计</td></tr>
<tr><td rowspan="2">大冶组</td><td>二段</td><td></td><td></td><td></td><td></td><td></td><td></td><td>83.50/1</td><td rowspan="2">249.50/2</td></tr>
<tr><td>一段</td><td></td><td></td><td></td><td></td><td></td><td></td><td>166/1</td></tr>
<tr><td colspan="2">大隆组</td><td></td><td></td><td></td><td></td><td></td><td></td><td>48.66/1</td><td>42.3/1</td></tr>
<tr><td colspan="2">下窑组</td><td></td><td></td><td></td><td></td><td></td><td></td><td>23.79/1</td><td>23.79/1</td></tr>
<tr><td colspan="2">龙潭组</td><td></td><td></td><td></td><td></td><td></td><td></td><td>1.55/1</td><td>1.55/1</td></tr>
<tr><td colspan="2">孤峰组</td><td></td><td></td><td></td><td></td><td></td><td></td><td>21.10/1</td><td>20.55/1</td></tr>
<tr><td colspan="2">茅口组</td><td></td><td></td><td></td><td></td><td></td><td></td><td>22.90/1</td><td>22.90/1</td></tr>
<tr><td colspan="2">合计</td><td></td><td></td><td></td><td></td><td></td><td></td><td>367.50/7</td><td>367.50/7</td></tr>
</table>

3.4.2 测井综合解释评价

1. 技术思路

在页岩储层测井响应特征研究基础上，以鹤地 1 井测井资料和岩心分析资料为基础，应用多种数理统计方法，在地质约束条件下建立计算 TOC、含气量、孔隙度、黏土含量等关键参数的方法，对鹤地 1 井页岩气层段大隆组和孤峰组进行测井综合评价。

目前，国内页岩气测井评价还是一个崭新课题，本次研究在测井理论模型基础上，对本井实验数据进行分析研究，并结合研究区储层特征，形成大隆组、孤峰组页岩气储层的测井评价技术。研究技术方法如下。

(1) 在对钻录井、测井和实验资料分析的基础上，评价实验数据的可靠性和代表性，根据研究对实验数据进行筛选，得到可靠的基础数据，用于评价页岩储层。

(2) 通过分析钻录井、测井、岩心地化和岩心物性分析等资料，建立研究区页岩气储层的测井响应特征参数，确定页岩储层的测井定性判别方法，形成页岩储层定性(到半定量)识别图板。

(3) 通过测井信息与岩心地化物性、矿物组分与含量等实验数据进行相关性分析，优选与之匹配的敏感性测井特征曲线，建立适合研究区页岩储层地化物性、矿物组分等参数的计算模型。

(4) 通过岩心刻度测井数理建模的方法，优选测井计算地化、物性和矿物成分与含量的模型，完成单井页岩储层测井精细处理解释。

2. 页岩气测井响应特征

页岩储层电性特征研究是测井处理解释方法建模的基础，只有在对研究区页岩储层电性特征进行充分研究认知的前提下，才能合理地建立适合地区性储层特征的测井处理模型及形成该地区的测井解释评价技术。

由于鹤地 1 井大隆组页岩储层岩心具有有机质含量整体较高、脆性矿物含量高等特征，因而页岩储层在自然伽马(或伽马能谱)测井、电阻率测井、三孔隙度(声波、中子、岩性密度)测井等测井曲线(或成果图)上具有明显的响应。通过这些特征曲线的定性指示，在一定程度上也能较好地反映页岩储层的发育情况。如图 3-2 为大隆组页岩气层测井曲线图，从图中可以看出在有机质发育层段自然伽马整体增大，无铀伽马值有减小趋势，两条曲线之间的幅度差较大，三孔隙度曲线中密度曲线值变小，中子值增大，声波时差值增大，能谱曲线中铀增大，电阻率曲线表现为逐渐减小趋势。归纳总结页岩储层在常规测井曲线上具有“四高三低”特征，即高自然伽马、高铀、相对高声波时差、相对高中子、相对低电阻率、低密度、相对低无铀伽马。

3. 页岩气储层测井定性识别

正常情况下，有机碳含量越高的页岩在测井曲线上越异于普通页岩。在上述归纳总结鹤地 1 井富含有机质页岩地层测井响应特征的基础上，探索形成利用测井曲线资料定性识别优质页岩的定性评价方法。

通过研究可知，页岩气储层在常规测井曲线上表现出“四高三低”特征。如果仅仅选用单一测井曲线识别优质页岩都会影响其识别精度。因此，为快速准确识别出优质页岩储层段，可以利用上述测井曲线的综合响应特征，采用多条测井曲线组合，进行快速定性识别。

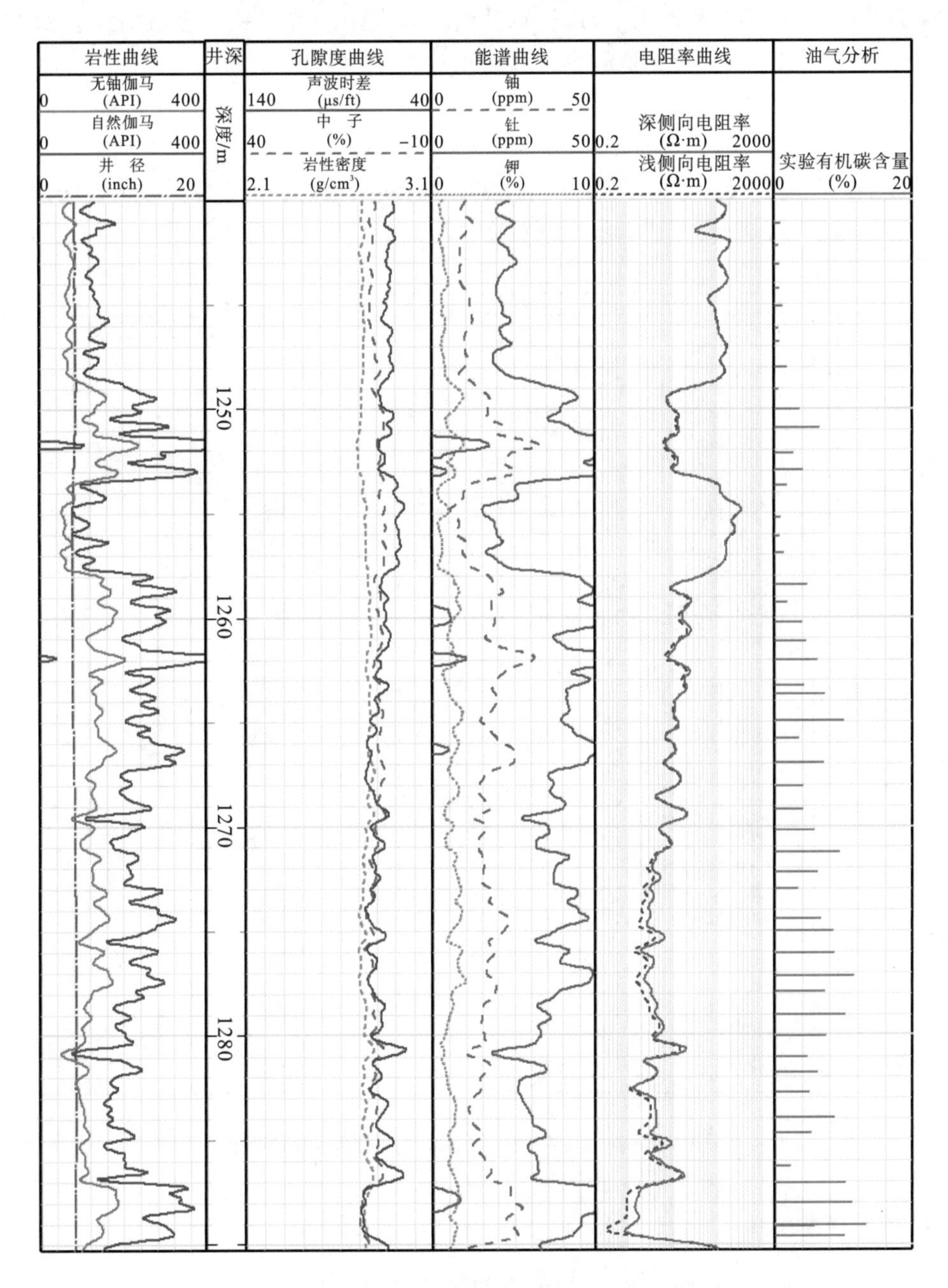

图 3-2 鹤地 1 井大隆组页岩气储层测井曲线图

中石化在涪陵页岩气田页岩储层定性识别方面的经验是利用多种测井曲线叠合方法定性识别页岩储层。通过鹤地 1 井实际应用效果，总结其中三种应用效果好的测井曲线叠合方法进行页岩储层识别(图 3-3)。

叠合曲线一(曲线叠合法)：钍钾(TH-K)叠合定性识别储层，两者叠合填充部分越宽说明地层中有机碳含量越高，越窄说明地层中有机碳含量越低。

叠合曲线二(能谱曲线比值法)：计算钍铀比值(TH/U)与钍钾比值(TH/K)，钍铀比值越小，储层相对越好，钍钾比值越小，储层相对越好。

叠合曲线三(曲线截止值法)：设定铀(U)值 12ppm 为截止值，铀值大于 12ppm[①]的层段为富含有机质的优质页岩段，如图 3-3 中右起第二道。

通过上述能谱曲线比值法、曲线叠合法以及曲线截止值法可看出，截止值法较比值法和叠合法效果更好，三种方法都能识别页岩储层。

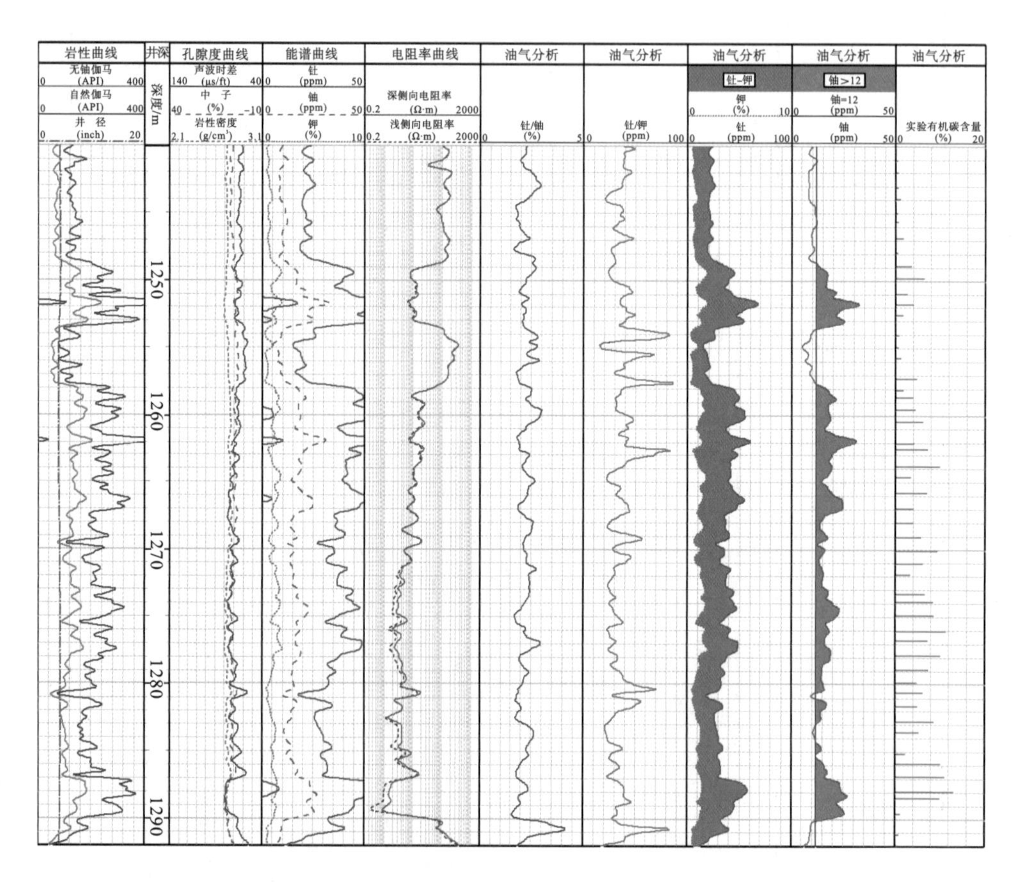

图 3-3　鹤地 1 井大隆组页岩气储层测井识别图

4. 测井模型建立

通过对本次研究的鹤地 1 井测井响应特征、页岩气储层的测井定性识别及岩心实验分

---

① 1ppm=10^{-6}。

析资料综合评价认为，本井的大隆组与孤峰组均为页岩储层发育层段，但两者之间存在较大差别，因此必须对两个层段进行分别建模以利于页岩储层相关参数的定量计算。

1) 页岩总有机碳含量计算

有机碳含量是反映页岩有机质丰度的指标，是页岩气聚集最重要的控制因素之一。目前，国内外文献资料中提及的利用不同测井响应特征估算总有机碳含量(TOC)的方法主要有：利用铀含量与 TOC 之间具有的近似线性关系估算 TOC 的自然伽马能谱法(Fertl and Rieke，1980；Fertl and Chilingar，1988)；利用总伽马强度估算 TOC 的伽马强度法(Fertl and Chilingar，1988)；利用体积密度和 TOC 经验关系估算 TOC 的体积密度法(Schmoker and Robbins，1979)；利用孔隙度和电阻率叠合的 $\Delta\log R$ 法(Passey et al.，1990)；利用常规测井曲线预测 TOC 的神经网络拟合法(Rezaee et al.，2007)等。

本次研究在对前人理论方法继承的基础上结合中石化涪陵页岩气田计算 TOC 模型建立的方法，根据鹤地 1 井页岩储层自身地质特点，建立多种 TOC 计算模型，优选出适合本地区的经验计算模型。

结合本井常规测井曲线以及实验分析 TOC 值，利用数理统计方法，建立测井计算 TOC 模型，优选出相关系数较高的模型。

图 3-4、图 3-5 分别为岩心分析 TOC 与测井敏感曲线密度、自然伽马和能谱铀的关系图版，从图中可以看出铀与岩心 TOC 相关性较好。最终优选相关系数最高的图版，即利用铀计算 TOC，计算公式为

$$\mathrm{TOC}=0.562U-2.856 \tag{3-1}$$

式中，TOC 为测井计算的总有机碳含量，%；U 为能谱测井曲线代表的铀的值，ppm。

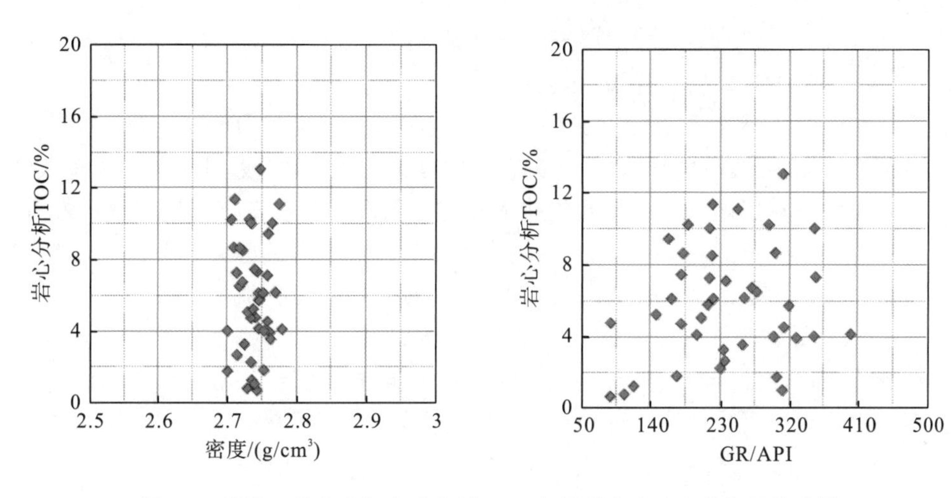

图 3-4 鹤地 1 井大隆组实验分析 TOC 与测井密度、自然伽马关系图

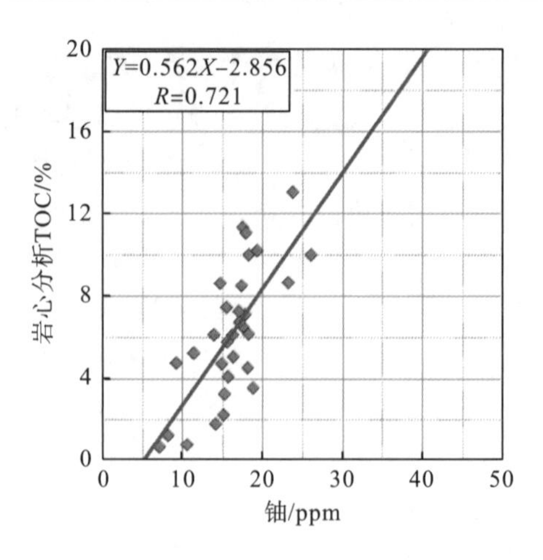

图 3-5　鹤地 1 井大隆组实验分析 TOC 与测井铀关系图

2) 页岩含气量计算

页岩含气量由吸附气、游离气和溶解气三部分构成，研究区含气量主要为吸附气和游离气。吸附气是指吸附在干酪根和黏土颗粒表面的天然气，当页岩中压力较小时，吸附机理是页岩气赋存非常有效的机理。吸附气含量受有机碳含量、压力、成熟度、温度等因素控制。游离气主要指储存于天然裂缝和粒间孔隙中的天然气，是储层中页岩气的主要存在方式，其含气量主要受地层压力、孔隙度、岩层厚度、含气饱和度、温度等因素控制。溶解气在页岩含气量构成中所占比例十分微小，在计算含气量时可忽略不计。

吸附气含量可以以实验室分析朗谬尔(Langmuir)吸附气含量为基础，进行测井建模计算，由于总含气量受到的影响因素较多，可对测井曲线进行敏感性分析，通过数理统计，建立测井敏感性曲线参数与总含气量间的关系。

(1) 吸附气含量计算。吸附态页岩气对页岩资源潜力评价尤为重要，吸附气量的主控因素包括有机质数量和有机质成熟度。页岩中固体有机质(干酪根)能够吸附大量天然气。吸附态页岩气含气量影响因素包括页岩中有机碳含量和页岩在黏土矿物表面的赋存形式和纳米孔隙的孔径分布。李剑等(2001)认为有机质对气的吸附量远大于岩石中矿物颗粒对气的吸附量，并占主导地位；Nuttall 等(2005)认为页岩中有机质为吸附气的核心载体，TOC 值的高低会导致吸附气发生数量级变化，TOC 对铀的氧化物吸附能力较强，在有机质含量高的地方往往铀值增大，因此，可以探索建立 TOC、铀等敏感曲线与吸附气含量间的关系。由于本次研究中的井没有提供地层压力与温度等分析吸附气含量的关键参数，无法准确计算岩心吸附气，导致无法进行吸附气含量建模和计算。

(2) 总含气量计算。根据美国东部密执安盆地(Michigan Basin)上泥盆统安特里姆组页岩(Antrim Shale)研究成果，Decker 等(1993)提出一个推论，即“含气量随总有机碳含量增加而增加，而总有机碳含量随页岩密度降低而增加，因此，气含量应随页岩密度降低而增加”。同时，根据中国石油化工股份有限公司勘探分公司在川东南涪陵页岩气田的研究认为，页岩气储层总含气量与密度和 TOC 含量具有较好的相关关系。因此，可尝试利用含气量与总有机碳含量和岩性密度测井值之间的关系建立鹤地 1 井页岩储层总含气量的计算方法。

图 3-6 为大隆组现场分析总含气量与测井计算 TOC 关系图。图中的两个参数相关性较好，符合总含气量用总有机碳计算的经验。可以采用测井计算的总有机碳计算总含气量，大隆组总含气量计算公式见式(3-2)。

$$C_Z=0.165\text{TOC}-0.0897 \tag{3-2}$$

式中，C_Z 为计算的总含气量，m^3/t；TOC 为测井计算的总有机碳含量，%。

影响现场总含气量的因素较多，解吸气与残余气的测量和损吸气估算的准确性都对总含气量计算有直接的影响。此外，现场取心过程中取心段的井深、井筒压力、取心时间以及取心后的保存条件等都对现场总含气量的计算有很大的影响。所以本井计算的总含气量仅供参考，但计算模型的建立思路具有共性。

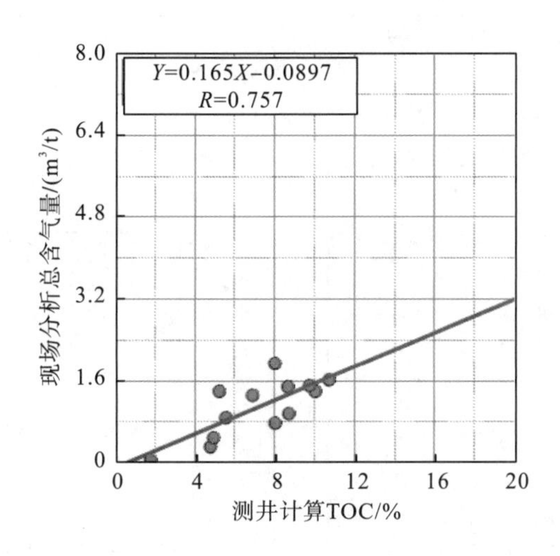

图 3-6 鹤地 1 井大隆组现场分析总含气量与测井计算 TOC 关系图

3) 黏土含量计算

对于页岩储层(页岩井段内的砂岩、致密砂岩及其他致密岩性地层除外)计算的黏土含量与测井常规意义上的泥质含量有着本质的区别。常规砂泥岩剖面计算的是岩石的泥质含量，测井解释中的泥质定义主要是指颗粒粒径小于 0.01mm 的岩石矿物，成分上一般包括黏土和细粉砂、碳酸盐岩。而页岩储层解释计算的黏土含量是指地层中的伊蒙混层、伊利石、绿泥石以及高岭石等黏土矿物总和的含量，黏土含量直接影响着储层孔隙度及储层压裂改造的效果。

利用大隆组与孤峰组两个层段的岩心分析的黏土含量分别与密度曲线、声波曲线以及测井计算的总有机碳含量(TOC)进行敏感性分析。选取相关性较好的曲线进行建模计算黏土含量。

由图 3-7 可知，岩心分析的黏土含量与测井计算的总有机碳含量之间的相关性较好，利用 TOC 建模可以计算黏土含量。两个层段的黏土含量的模型公式如下［式(3-3)为大隆组计算模型］：

$$\text{CLAY}=-2.31\text{TOC}+30.1 \tag{3-3}$$

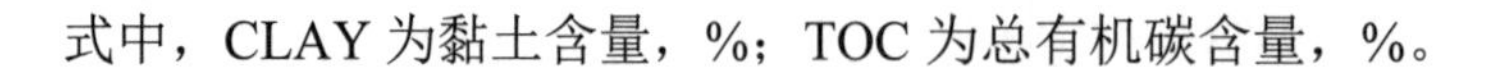
式中，CLAY 为黏土含量，%；TOC 为总有机碳含量，%。

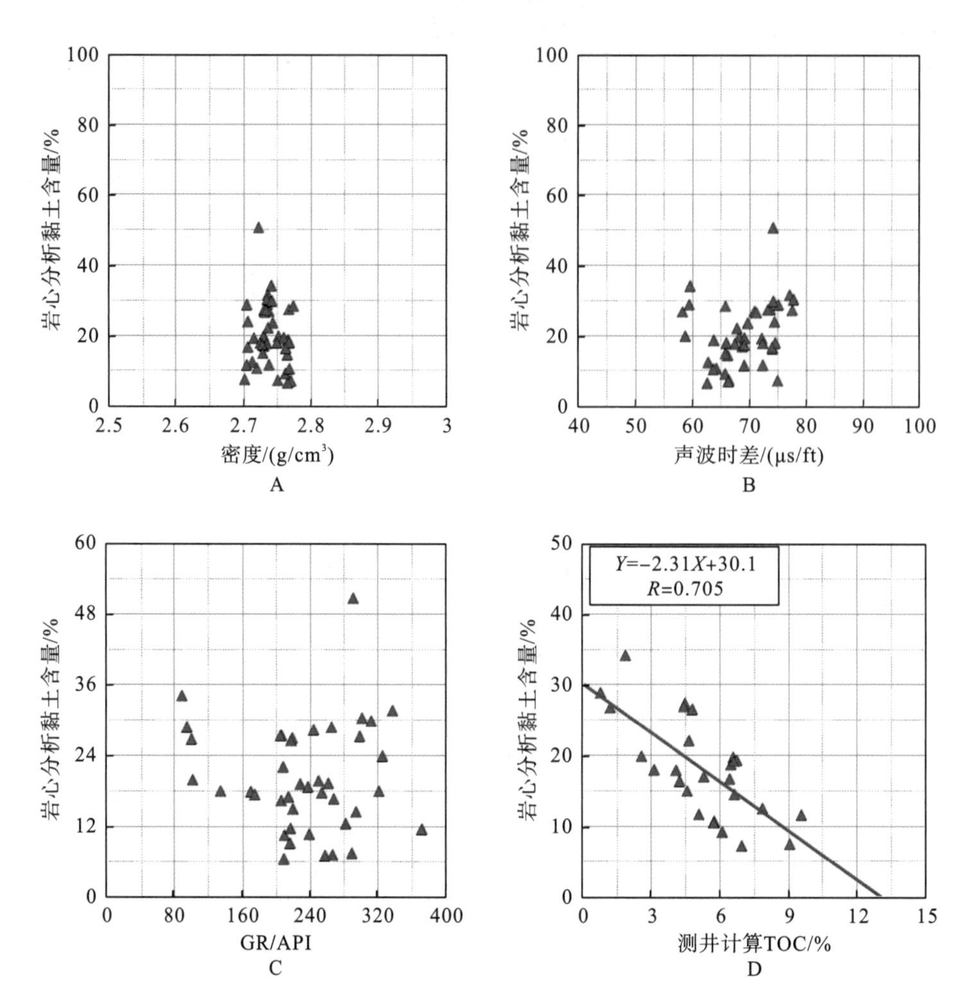

图 3-7　鹤地 1 井大隆组岩心分析黏土含量与测井密度(A)、声波时差(B)、自然伽马(C)以及测井计算TOC(D)关系图

4)孔隙度及脆性矿物含量计算

脆性矿物的成分和含量是影响后期射孔压裂改造的重要因素之一，同时页岩储层物性(孔、渗、饱)的优劣对页岩储层产能评价研究至关重要。对于页岩储层的物性参数计算，尤其是孔隙度计算，传统的常规测井孔隙度计算方法已不再适用，因此本井主要通过岩心物性分析统计结合敏感性测井信息，建立孔隙度计算方法。

(1)硅质含量计算。由图 3-8 可知，岩心分析硅质含量与密度、自然伽马和总有机碳含量之间的相关性较差，与声波时差之间的相关性相对较好。采用声波时差对硅质含量进行计算，计算公式为

$$V_{\mathrm{Si}}=2.49\mathrm{AC}-117 \tag{3-4}$$

式中，V_{Si} 为测井计算的硅质含量，%；AC 为声波时差，μs/ft。

(2)孔隙度计算。孔隙度计算的模型主要采用岩心分析的孔隙度与孔隙度曲线中的补偿中子与声波时差进行敏感性分析。由图 3-8 与图 3-9 可知岩心分析孔隙度与声波时差之间的相关性较好，可用声波时差计算大隆组的孔隙度。计算公式如下：

$$\mathrm{POR}=0.0478\mathrm{AC}-1.57 \tag{3-5}$$

式中，POR 为计算孔隙度，%；AC 为声波时差，μs/ft。

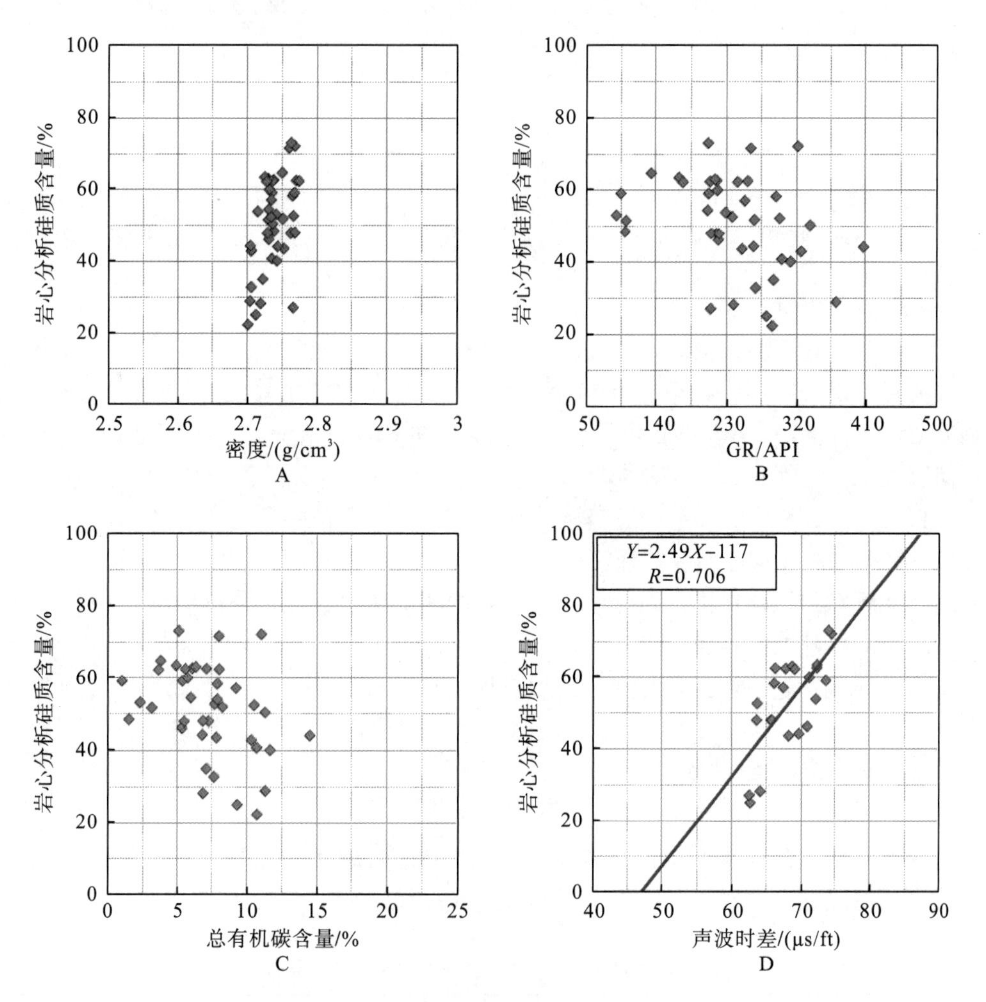

图 3-8 鹤地 1 井大隆组岩心分析硅质含量与测井密度(A)、自然伽马(B)、总有机碳含量(C)以及声波时差(D)关系图

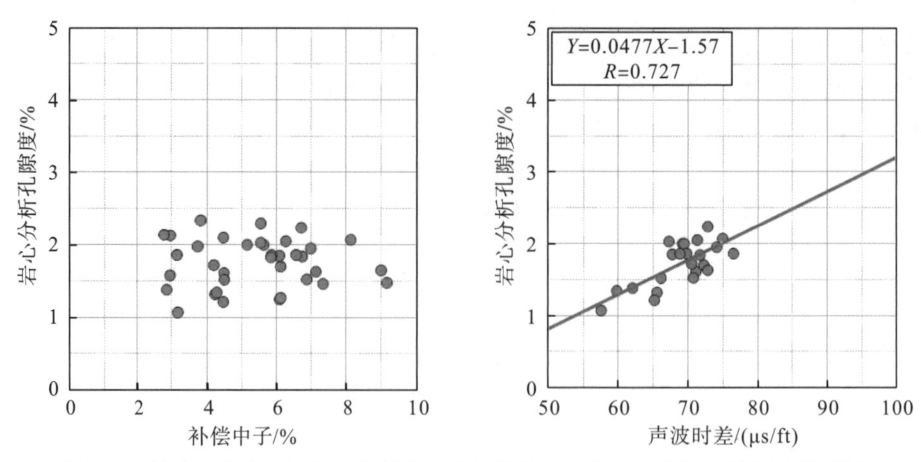

图 3-9 鹤地 1 井大隆组岩心分析孔隙度与补偿中子(左)、声波时差(右)关系图

5) 测井解释评价

综合研究区各项测井信息，参考钻井、录井、岩心(岩屑)分析实验等资料，参考中石化涪陵页岩气田 2014 年与 2015 年提交的页岩气探明储量中五峰组-龙马溪组页岩储层测井划分与评价标准，以总有机碳含量(TOC)作为测井储层分类评价的参数将页岩储层分为四种储层类型：一类气层：TOC≥4%；二类气层：2%≤TOC<4%；三类气层：1%≤TOC<2%；干层：TOC<1%。利用所确定的总有机碳含量(TOC)、页岩总含气量、页岩吸附含气量、孔隙度、黏土矿物含量等测井解释模型和计算方法，对鹤地 1 井大隆组页岩储层进行了测井精细处理解释和综合评价，对储层分布及储层解释情况进行了分析描述。

对本井测井精细解释成果进行统计，大隆组解释页岩气储层 4 层 36.9m，其中一类气层 3 层 32.8m，二类气层 2 层 4.1m，即储层均为一、二类气层。

3.4.3 钻探效果综合评价

鹤地 1 井钻探在大隆组见较好的气显示，测井综合解释以一类气层为主(表 3-3)，在埋深较浅的情况下，揭示了大隆组良好的页岩气勘探潜力。

表 3-3 鹤地 1 井页岩气储层测井解释成果表

层位	层号	深度		厚度	自然伽马	无铀伽马	深侧向电阻率	声波时差	中子	密度	铀	钍	钾	孔隙度	有机碳含量	总含气量	黏土含量	硅质含量	碳酸盐岩含量	解释结论
		m		m	API	API	Ω·m	μs/ft	%	g/cm³	ppm	ppm	%	%	%	m³/t	%	%	%	
大隆组	3	1248.8	1253.4	4.6	280.5	152.3	14.7	65.68	4.11	2.711	21.10	46.95	1.35	2.10	5.65	1.39	12.17	46.54	39.19	一类气层
	4	1257.8	1281.9	24.1	238.8	132.0	10.3	69.78	5.24	2.744	17.96	40.57	1.21	2.92	4.88	1.10	15.59	56.75	24.74	一类气层
	5	1281.9	1286.0	4.1	178.1	99.9	4.2	68.13	5.91	2.731	13.22	29.65	1.10	2.59	3.75	0.66	20.77	52.64	24.00	二类气层
	6	1286.0	1290.1	4.1	270.9	140.9	9.0	71.62	7.60	2.747	21.76	43.37	1.26	3.28	5.72	1.45	11.44	61.33	23.94	一类气层
孤峰组	7	1320.1	1335.5	15.4	360.8	181.8	8.8	74.75	8.97	2.658	29.12	55.33	1.66	2.39	10.95	1.32	20.29	55.73	20.94	一类气层

第四章　层序与岩相古地理

4.1　大隆组地层展布特征

湖北地区上二叠统大隆组主要分布在城口-鄂西海槽内部，从恩施和建始之间穿过，沿着 NNE 向延伸，发育硅质岩和泥质灰岩，厚 38～60.1m，远离鄂西南海槽地区大隆组厚度变薄，且以煤层为主(表 4-1)。

表 4-1　湖北省二叠系大隆组富有机质泥岩平面分布情况

地层	分布及厚度/m				
	鄂西南南	鄂西南北	荆门-京山	江汉平原	鄂东南
大隆组(P_3d)	2～60	0～10	5～15	/	/

鄂西南南地区的大隆组在东、南、西部均与长兴组灰岩或礁灰岩相变，在北部与川北-鄂西南北大隆组相连，岩性以黑色薄层硅质岩、碳质泥岩、灰岩为主，是鄂西南地区重要的富硒层位之一(牛志军等，2000)。蔡雄飞等(2007)研究认为，鄂东南的大隆组为薄层状黑色硅质岩，局部为灰白色硅质岩，有的含少量碳酸盐，厚度变化大，西部为 5～60m，向南、向东迅速变薄，变为不足 10m。西部建始一带为沉积中心，岩性由钙泥岩夹硅质岩向南变为碳质、泥质硅质岩，向东北变为单一的硅质岩，再向东至黄石一带变为硅质岩夹灰岩或钙泥岩。大隆组上部常见的灰岩、泥岩自西而东厚度逐渐减薄、灰岩层逐渐减少，如在建始茅草街、长边及兰鸿槽等地上段厚约 21 m，灰岩占大隆组地层厚度的 40%～60%，向东至巴东堰塘坪厚仅 9.3m，且多为薄层状，仅占该地层厚度的 20%～30%，而在长阳赵姑垭、秭归卡马石等地则未见灰岩沉积，向东仅 1m(表 4-2)。

表 4-2　湖北地区二叠系大隆组剖面及岩性特征(据蔡雄飞等改编，2007)

编号	剖面名称	岩性组合特征	厚度/m
HBP1	建始黄岩	细碎屑岩系钙质岩夹硅质岩	55.5
HBP2	建始茅草街	泥灰岩夹硅质岩	38.5
HBP3	建始布隆坪	下部硅质岩，上部泥灰岩夹碳质泥岩	23.54
HBP4	建始盐池庙	硅质岩、硅质页岩	17.24
HBP5	建始新桥	硅质岩	/
HBP6	建始蒲圻	下部硅质岩夹页岩，上部灰岩夹硅质岩	/
HBP7	建始双河口	硅质岩、硅质页岩	7.25

续表

编号	剖面名称	岩性组合特征	厚度/m
HBP8	远安谢家坡	硅质岩与钙质泥岩互层	12.96
HBP9	荆门野鸡池	硅质岩	7.55
HBP10	五峰灯草坝	下部碳泥质岩夹硅质岩，上部硅质岩夹碳泥质岩	19.36
HBP11	长阳赵姑垭	硅质岩夹碳泥质岩	7.65
HBP12	兴山大峡口	碳泥质岩夹硅质岩	2.7
HBP13	黄石二门	硅质泥岩夹碳质页岩、黏土岩、灰岩、泥质岩	9.36
HBP14	大冶凤凰山	含泥质硅质岩	8.68
HBP15	武昌五里界	上部硅质泥岩，下部水云母状泥岩	5.65

4.2 鹤峰区块地层平面展布特征

在鹤地1井单井地层划分的基础上，结合周边已有露头，开展了鹤峰区块二叠系地层综合对比研究。鹤峰区块实测的二叠系剖面有红土溪长树湾、红土溪石灰窑、容美大溪、容美七眼泉、容美墙台、燕子楠木村和燕子董家河7个剖面，除长树湾村、楠木村剖面二叠系出露相对较全，其他剖面二叠系出露均不全，但是主要目的层大隆组出露齐全。

通过与鹤峰区块野外实测剖面对比(图4-1)，二叠系区域上地层厚度整体变化不大，地层厚度为40～55m，具有较好的对比性，由南往北厚度略有增大趋势(图4-2)。最厚为53.9m，位于燕子乡董家村，最薄47.5m，位于容美镇墙台村，平均厚度50.4m，厚度分布在47.5～53.9m，变化范围6.4m，厚度较稳定。岩性总体以灰黑色含硅质碳质页岩、碳质硅质页岩为主，其次为灰岩夹层、碳质粉砂质页岩和碳质泥质粉砂岩，纵向上，往上灰质含量增加。

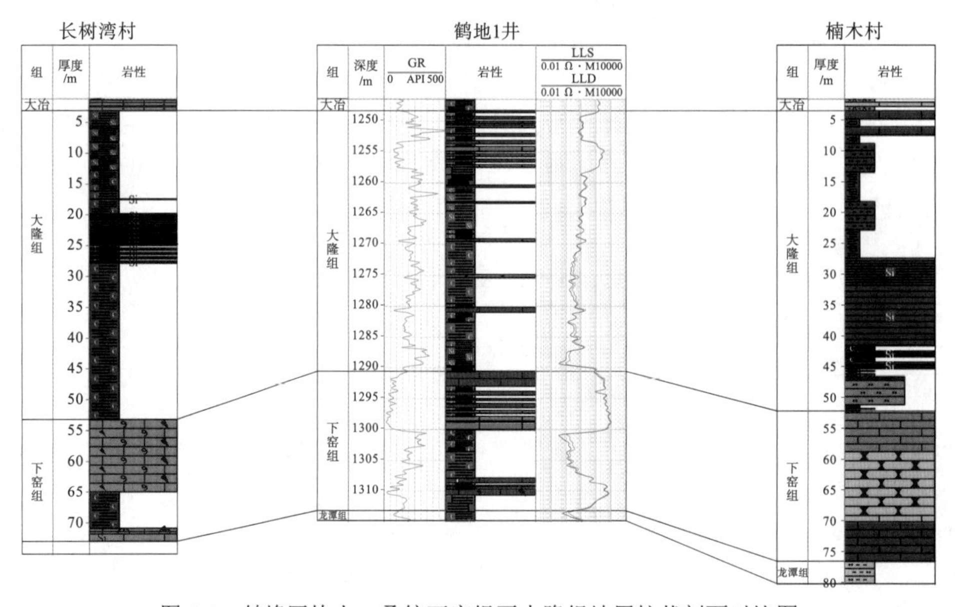

图4-1 鹤峰区块上二叠统下窑组至大隆组地层柱状剖面对比图

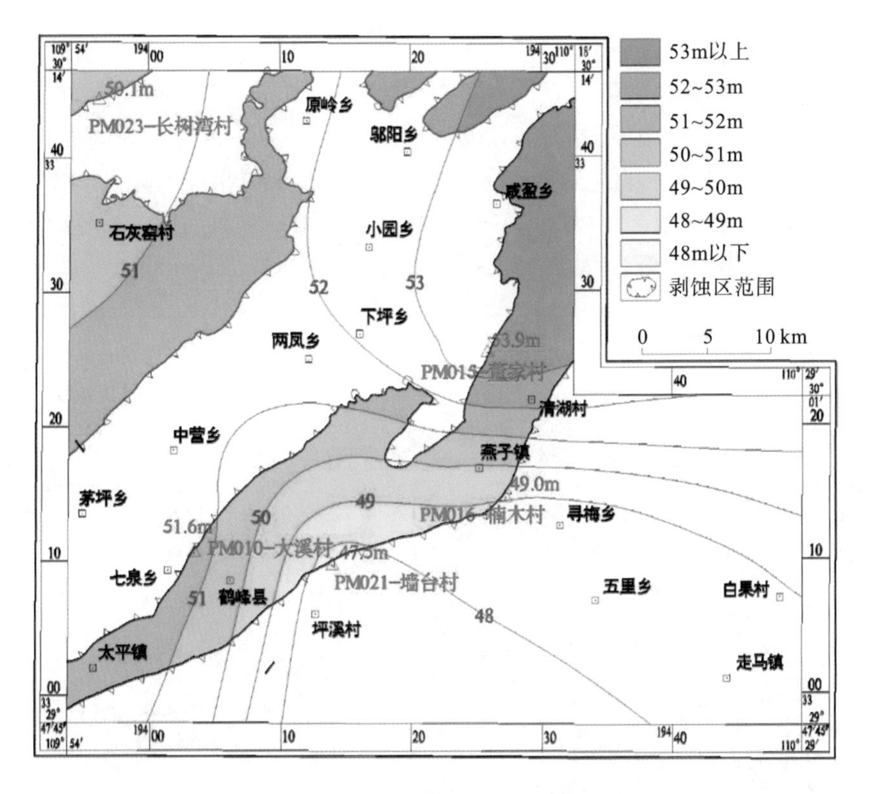

图 4-2 鹤峰区块二叠系大隆组厚度等值线图

4.3 沉积相与岩相古地理

晚二叠世早期，湖北地区岩相古地理发生明显变化，经历吴家坪期晚期海平面下降后，海平面开始上升，表现出海平面上升速率快、幅度大、范围广，在海侵时期，几乎整个湖北地区均被盆地相覆盖，主要沉积一套黑色薄层硅质岩、硅质页岩、碳质页岩，部分地区夹少量灰岩或灰岩透镜体，高水位体系域时期，海平面缓慢下降，湖北地区岩相古地理发育明显变化，自南向北发育开阔台地相、台地边缘和盆地相(图 4-3)，其中开阔台地相分布在鄂西南利川以西和宜昌-五峰一带，向南至湖南地区，主要沉积一套厚层生物碎屑灰岩，在海侵体系域时期，灰岩中夹有少量碳质页岩和硅质岩。台地边缘分布于开阔台地相以北，形成中国南方二叠纪颇具特色的鄂西南生物礁群，主要沉积一套生物碎屑灰岩，发育生物礁和斜坡相滑塌角砾岩，在鄂西南地区最为发育，以利川见天坝和黄泥塘为代表，造礁生物为海绵和水螅。

台地边缘以北为盆地相沉积，与扬子北缘被动边缘盆地相连，分布于鄂西南恩施一带以及鄂东南和鄂西南北大部分地区，前者为鄂西南盆地，后者为鄂东南-鄂西南北盆地，是大隆组分布的主体地区，该区域整个大隆组层序均沉积一套黑色硅质岩、硅质页岩和碳质页岩，灰质含量低，两个盆地的沉积环境有一点差异，鄂东南-鄂西南北盆地与扬子北缘被动边缘盆地相连，为深水盆地相，鄂西南盆地分布局限，前人对其沉积环境有较大争议，因其以黑色薄层硅质岩为主，富含菊石类和放射虫，多数人主张其为水体较深的盆地相(姚华舟和张仁杰，1996)，徐安武和芮夫臣(1991)认为其形成于水体较浅的局限台地相，殷鸿福等(1995)认为大隆组下部的菊石 *Sanyangites*、*Jinjiangoceras*、*Konglingites* 等多属游泳能力弱者，仅适于浅水的泥质海底生活。牛志军等(2000)指出大隆组下部在许多地区稳定分布一套白云岩，反映一种相对局限或半局限的环境，另外，牛志军等(2001)认为大隆组和下伏吴家坪组两种整合界面的确认否定了大隆组深水成因。

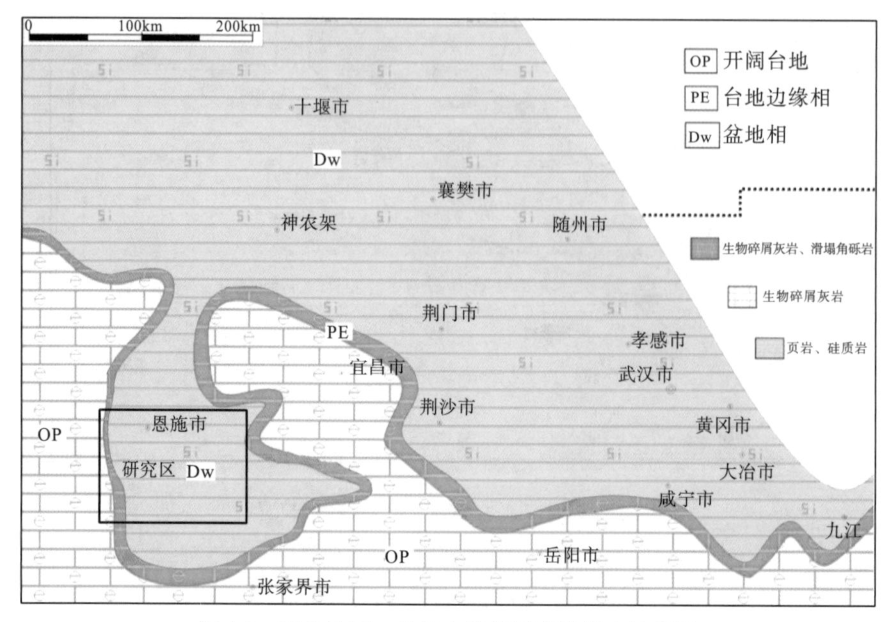

图 4-3 湖北地区二叠系大隆组层序岩相古地理图

4.3.1 沉积相划分

晚二叠世大隆组时期，鄂西南地区为镶边型碳酸盐岩台地沉积体系，根据岩石组合、沉积构造、剖面序列、生物组合等，鄂西南地区二叠系大隆组主要可划分为碳酸盐台地边缘与台地内盆地(台盆)两种亚相(图 4-4)。

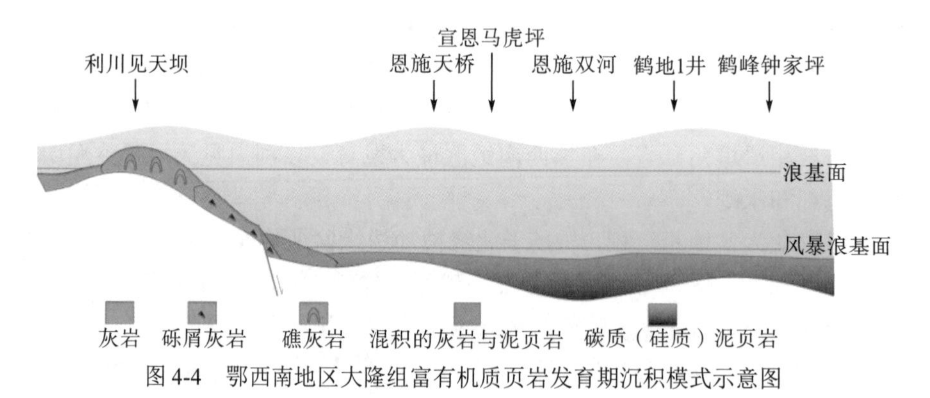

图 4-4 鄂西南地区大隆组富有机质页岩发育期沉积模式示意图

1. 台地边缘亚相

台地边缘亚相分布在研究区的西侧，呈带状分布，为长兴组沉积，岩性为深灰色、灰色厚层块状生物碎屑灰岩、礁灰岩。二叠纪是中国南方重要的成礁期，以成礁期长、礁体分布广为特征，其中鄂西南生物礁群最引人注目。鄂西南生物礁的礁体主要为海绵和藻，局部可见珊瑚礁，造礁生物为海绵、水螅、珊瑚和苔藓虫，主要黏接生物有蓝绿藻，主要附礁生物有有孔虫、腹足类和腕足类等。

2. 台盆亚相

台盆亚相在鄂西南地区分布广泛，主要沿恩施建始-鹤峰一带呈西北-东南方向分布。台盆体系通常发育于被动边缘背景或克拉通活动边缘盆地内，地理位置上位于活动型或碎裂型碳酸盐台地内或陆棚中，环境水深处于陆棚与深海盆地之间，相当于大陆斜坡的水深，处于风暴浪基面至最大浪基面之间及风暴浪基面之下，海水平静，水动力条件较弱(田景春等，2007；厚刚福等，2017)。鄂西南地区二叠系大隆组发育富有机质细粒沉积岩，大部分学者认为其属台内盆地沉积环境(牟传龙等，1997，1999；雷卞军等，2002)，是由于基底裂陷作用在华南板块北部被动大陆边缘碳酸盐岩台地内部形成的裂陷盆地，底部水体处于局限滞留环境，其向北部开口与开阔深水海盆连通。马永生等(2006a)在古地理条件分析的基础上，认为开江-梁平地区不可能出现真正意义上的海槽沉积环境，因此晚二叠世长兴期只是碳酸盐台地中相对深水的台盆沉积环境。根据放射虫古测深研究和沉积特征，鄂西南地区大隆组最大水深应在 200～300m(雷卞军等，2002；何卫红等，2015)，与陆棚斜坡的沉积水深相符，与典型的远洋盆地显然不同，故本次研究将其定为台盆相。

鄂西南地区大隆组台盆沉积以富有机质的碳质泥页岩和碳质硅质泥页岩为主，碳酸盐岩次之，偶夹粉砂岩；富有机质层段以发育菊石和硅质放射虫为特征，其他种类生物较少，伴生有底栖腕足和双壳类等；水平层理和黄铁矿亦较为发育，指示其静水还原的环境。当碳酸盐矿物或陆源粉砂含量较高(钙质或粉砂质>25%)，而有机质含量相对较低时(以TOC<2.0%为主)，显示水体相对较浅且循环较强，沉积相划分为浅水台盆相。而当碳酸盐矿物和陆源粉砂含量较少、有机质含量相对较高(TOC>2.0%)且以泥质沉积物和自生硅质沉积物为主时，显示水体相对较深且循环较弱，沉积相划分为深水台盆相。鉴于二者水深以及海水循环状态的差异，推测二者界线亦在风暴浪基面附近，类似于浅水陆棚与深水陆棚的划分。向东、南、西三个方向，鄂西南台盆沉积环境逐渐过渡为浅水碳酸盐沉积环境。

1)浅水台盆

浅水台盆是指碳酸盐岩台地斜坡或缓坡以下、风暴浪基面以上的浅水区域，局部发育风暴沉积。大隆组浅水台盆沉积以发育含不同程度碳质的泥岩、钙质泥岩、泥质粉砂岩、粉砂质泥岩、灰岩、泥质灰岩为特征，部分剖面的部分层段亦可见白云岩的分布；沉积构造以水平层理为主，偶见小型沙纹层理；可见分散或富集呈条带状的黄铁矿；菊石是主要的生物化石，且壳面光滑、壳表饰不明显，具一定游泳能力。

以恩施董家湾大隆组剖面为例(图 4-5)，其浅水台盆沉积自下而上分别为深灰色中-厚层状含钙-钙质碳质泥质粉砂岩、灰黑色薄层状碳质粉砂质泥岩夹深灰色厚层状粉砂质白云岩、灰黑色中-厚层状碳质云质粉砂岩，虽陆源粉砂和碳酸盐矿物含量较高，但具有高的有机质含量(TOC>3.0%)，显示良好的页岩气地质条件；菊石较为发育，壳面光滑、壳表饰不明显，具一定游泳能力。黄铁矿多于层面间富集呈层状或团块状。

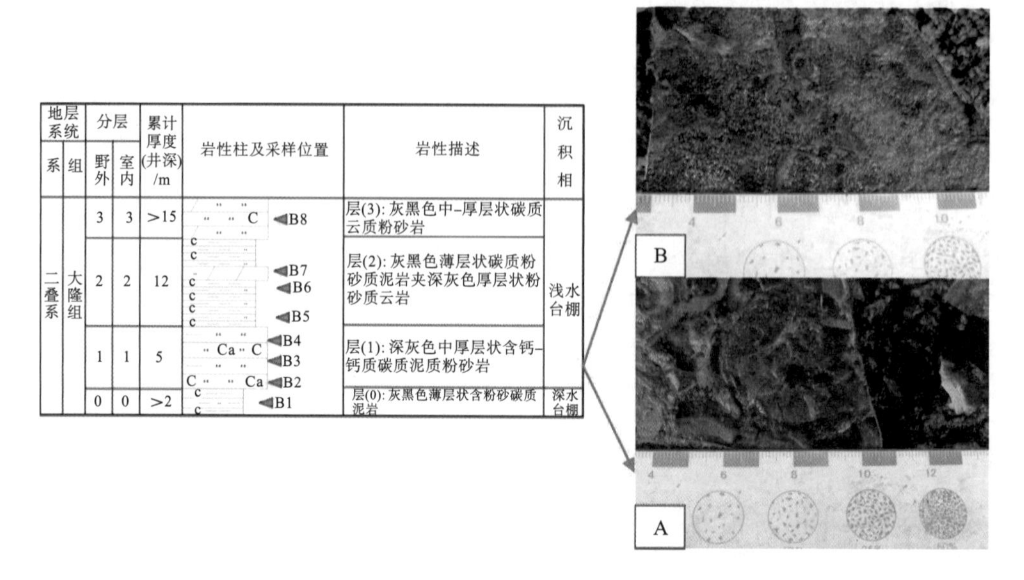

图 4-5 恩施董家湾大隆组浅水台盆沉积特征

A.壳面光滑、壳表饰不明显的菊石；B.层面间黄铁矿

2) 深水台盆

深水台盆是指位于浅水台盆外侧(风暴浪基面之下)的深水区域，波浪作用减小，静水沉积为主。大隆组深水台盆沉积以发育黑色薄-中层状碳质泥页岩、含粉砂碳质泥岩、碳质硅质泥岩、含泥碳质硅质岩为主(图 4-6，图 4-7)，具有良好的页岩气地质条件。

沉积构造以水平层理为主；黄铁矿较为发育，分散分布或富集成纹层或条带。生物以发育菊石和硅质放射虫为特征，其他种类生物较少，伴生有底栖腕足和双壳类等。在研究中发现菊石种类繁多，个体直径普遍为 2～10cm，多数壳表饰明显且呈内卷形态，以游泳能力较弱者为主(杨逢清，1992；殷鸿福等，1995；牛志军等，1999)，属于局限海生态类型(周祖仁，1985)。硅质放射虫主要发育于碳质硅质岩中，含量可高达 25%以上，以球形和椭球形为主，大小混杂，分散或富集成条带分布，高的分异度和丰度指示较深的水体(何卫红等，2015)，如此丰富的硅质放射虫的存在指示大隆组硅质岩可能以海洋生物成因为主。

以恩施双河大隆组实测剖面为例(图 4-6)，深水陆棚沉积主要为黑色薄-中层状碳质泥岩、碳质硅质泥岩、含泥碳质硅质岩，有机质含量极高，TOC 可达 10%以上，极具页岩气勘探潜力。沉积构造以水平层理为主；黄铁矿较为发育，分散分布或富集成纹层或条带，亦可见交代或吸附在菊石化石表面的现象；生物化石以多种类菊石和硅质放射虫为主，既可分散发育，亦可局部层段富集发育。

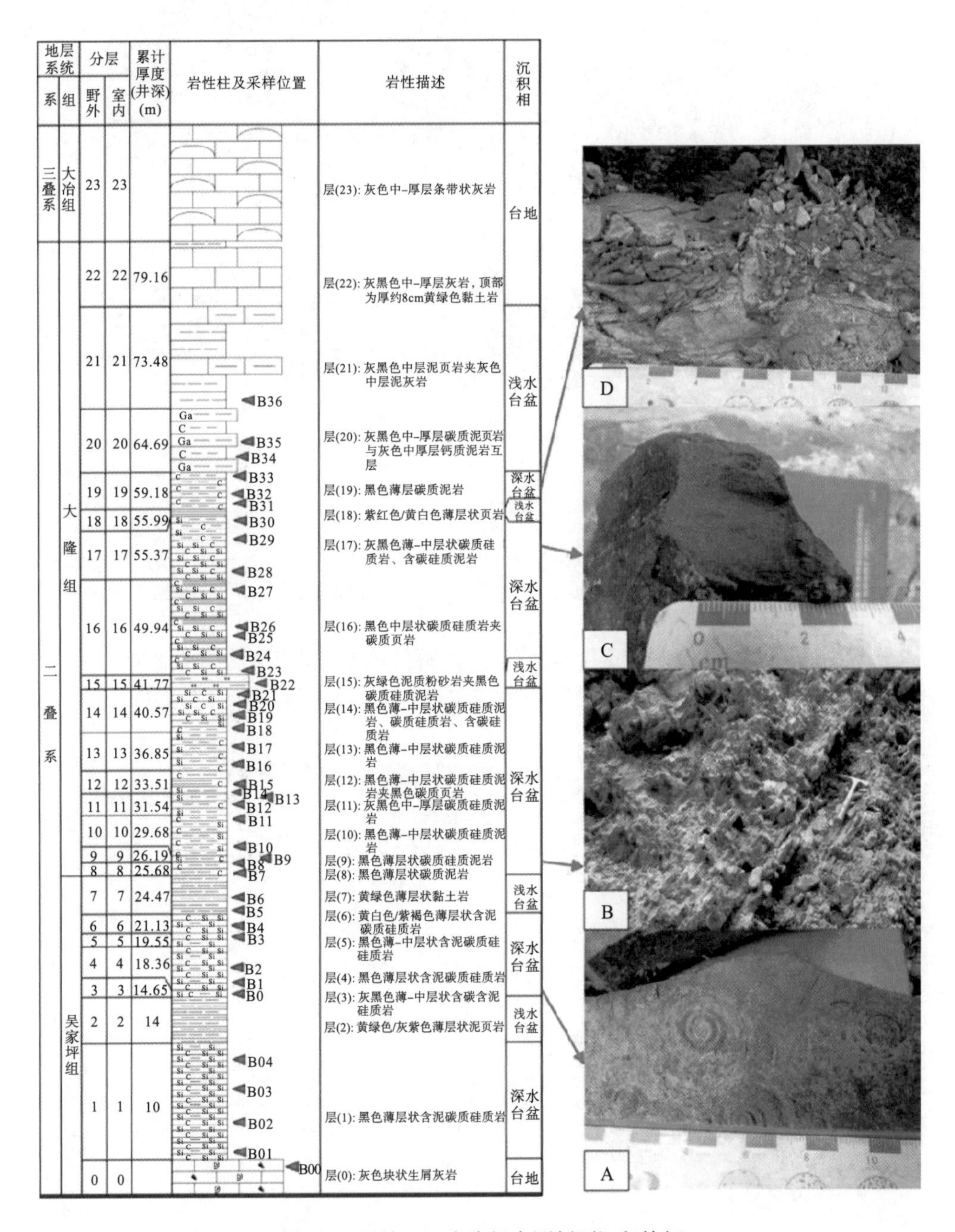

图 4-6　恩施双河大隆组实测剖面沉积特征

A.层(3)菊石发育特征；B.层(9)碳质硅质泥岩宏观特征；C.层(17)含碳硅质岩中的放射虫特征(白色小斑点)；D.层(19)碳质泥岩中富黄铁矿结核体

图 4-7 大隆组深水台盆相露头特征

A. 碳质硅质岩与碳质页岩互层，容美镇大溪村；B. 碳质硅质岩偶夹碳质页岩，容美镇墙台村；C. 碳质泥页岩(风化成土黄色)中的菊石，燕子乡董家村；D. 碳质硅质泥岩中的富放射虫条带，燕子乡钟家坪

4.3.2 岩石微相类型与特征

根据野外露头剖面及钻井剖面的观察描述及薄片鉴定，研究区大隆组富有机质页岩段(TOC>1.0%)及相应层段主要分为以下几种沉积岩相和岩石微相类型(表 4-3)。

表 4-3 鄂西南地区大隆组富有机质页岩岩石微相划分表

沉积相	沉积亚相	沉积岩相	目标层系
台盆	浅水台盆	含钙白云岩+含钙碳质白云岩+碳质泥质白云岩+含泥含粉砂白云岩	大隆组
		含碳含泥硅质灰岩+含泥微晶灰岩	
		钙质泥岩+含碳含云钙质泥岩	
		含钙碳质粉砂质泥岩+含钙碳质云质粉砂岩+含碳粉砂质泥岩	
		碳质钙质泥岩+含粉砂碳质钙质泥岩	
		泥岩+含硅质泥岩	
		含碳硅质泥岩+含灰含碳硅质泥岩+含碳泥岩	
	深水台盆	含钙碳质泥岩+含钙碳质硅质泥岩	
		含粉砂碳质泥岩+含粉砂碳质硅质泥岩+碳质粉砂质泥岩+碳质硅质粉砂质泥岩	
		碳质泥岩+碳质硅质泥岩+含泥碳质硅质岩	

1. 浅水台盆

大隆组浅水台盆发育期根据水深的大致变化依次划分了含钙白云岩+含钙碳质白云岩+碳质泥质白云岩+含泥含粉砂白云岩、含碳含泥硅质灰岩+含泥微晶灰岩、钙质泥岩+含碳含云钙质泥岩、含钙碳质粉砂质泥岩+含钙碳质云质粉砂岩+含碳粉砂质泥岩、碳质钙质泥岩+含粉砂碳质钙质泥岩、泥岩+含硅质泥岩、含碳硅质泥岩+含灰含碳硅质泥岩+含碳泥岩共7种微相组合类型。

1）含钙白云岩+含钙碳质白云岩+碳质泥质白云岩+含泥含粉砂白云岩

此种岩相类型主要分布于研究区东北部鹤地1井、恩施董家湾以及建始白杨坪等剖面，属高水位体系域中-晚期沉积。由于水体相对较浅，故其钙质、白云质含量较高，但鉴于鄂西南裂陷槽水体较为局限，循环不畅，故其有机质含量亦可较高，TOC可高达2.0%以上。岩石主要成分为粉晶白云石，粒径小于0.06mm，含量大于50%，呈他形不规则状或自形程度较好的菱形（图4-8）；碳质、泥质、石英粉砂总体均匀分布于白云石晶粒之间，由于碳质污染，难以估计含量；钙质主要为灰泥，含量小于20%，少数重结晶为粉晶级大小，分布不均匀。

2）含碳含泥硅质灰岩+含泥微晶灰岩

此种岩相类型主要见于研究区鹤峰区块鹤地1井和鹤峰七眼泉剖面，属高水位体系域晚期沉积。由于水体相对较浅，水体循环加强，其碳质含量低（TOC<2.0%），钙质含量高。岩石主要由微晶方解石组成，含10%的泥质，显示以微晶结构为主（图4-9）。含碳含泥硅质灰岩中泥晶方解石约50%，硅质呈显微隐晶质，可见条带状分布，含量约30%。泥质呈显微鳞片状。碳质呈浸染状、粒状、凝块状。含泥微晶灰岩中方解石呈他形粒状，集合体呈小球状，具有较明显的球状外形，含量约90%，粒径一般0.005～0.02mm，其间发育钙质胶结的类型，组成条带状集合体，且顺层分布，构成岩石主体。钙质小球粒间充填黑色、黑褐色的碳泥质，呈条带状、网状分布，黏土矿物重结晶作用发育，可见显微鳞片状类型。

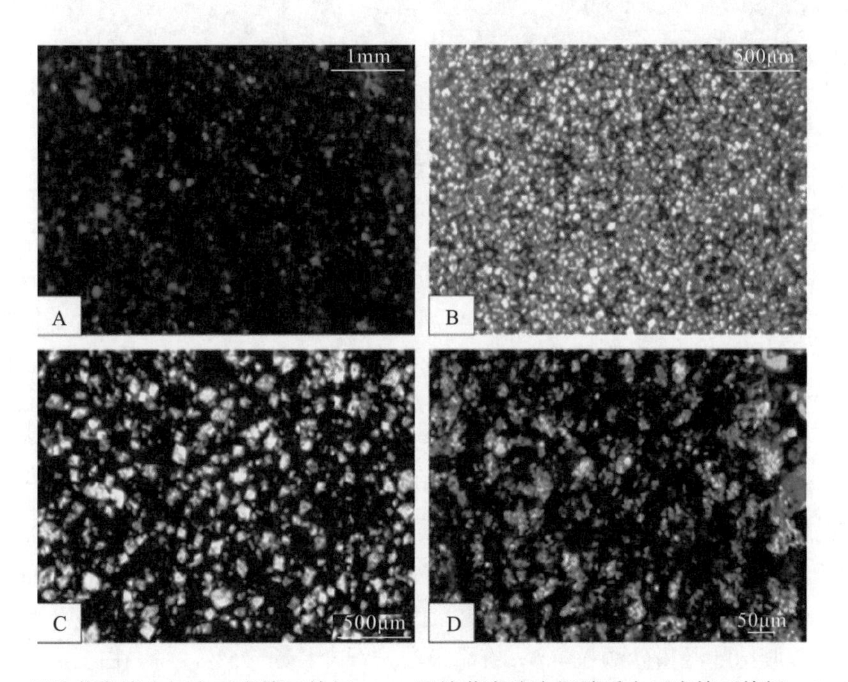

图4-8　A：恩施董家湾含钙白云岩镜下特征；B：恩施董家湾含钙碳质白云岩镜下特征；C：鹤地1井碳质泥质白云岩镜下特征；D：建始白杨坪含泥含粉砂白云岩镜下特征

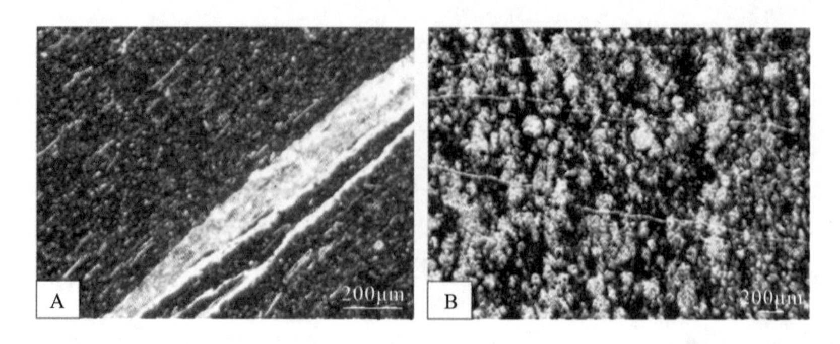

图 4-9　A：鹤地 1 井含碳含泥硅质灰岩镜下特征；B：鹤峰七眼泉含泥微晶灰岩镜下特征

3）钙质泥岩+含碳含云钙质泥岩

此种岩相类型主要见于研究区恩施双河剖面和鹤地 1 井，属高水位体系域中-晚期沉积。由于水体相对较浅，水体循环加强，其碳质含量低(TOC<2.0%)，白云石和方解石含量高。岩石总体以泥质结构为主，泥质大于 50%，以石英和黏土为主，黏土为显微鳞片状，其余为碳酸盐矿物(图 4-10)。白云石和方解石亦为泥晶级，不规则充填在陆源泥质之间，其中含碳含云钙质泥岩中，泥晶白云石约 15%，泥晶方解石约 40%，而钙质泥岩中，其泥晶方解石含量约 30%。在不染色的情况下，加之碳质污染，泥晶碳酸盐矿物与陆源泥质区分较困难。

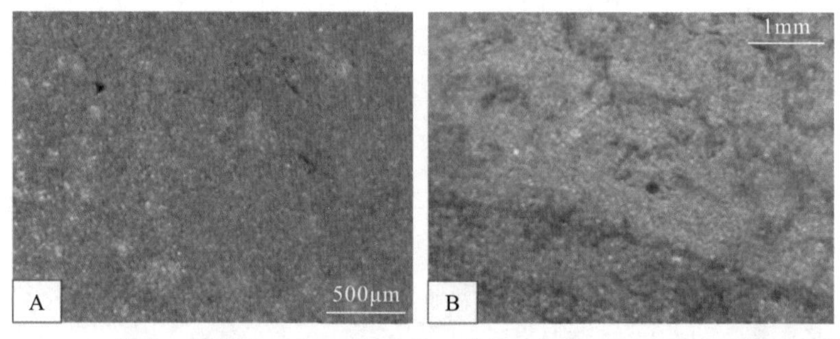

图 4-10　A：鹤地 1 井含碳云质钙质泥岩镜下特征；B：恩施双河钙质泥岩镜下特征

4）含钙碳质粉砂质泥岩+含钙碳质云质粉砂岩+含碳粉砂质泥岩

此种岩相类型主要见于研究区中西部，属高水位体系域中期沉积。由于水体相对较浅，故粉砂含量较高，亦可含有不同程度钙质和云质组分；同时在水体局限的总体条件下，其碳质含量较高(TOC>1.0%)。含钙碳质粉砂质泥岩为粉砂质泥质结构，基质支撑。泥质含量约 60%，主要为隐晶-显微鳞片状。钙质主要为泥晶方解石，含量约 15%。粉砂粒径小于 0.06mm，含量 25%，主要为石英颗粒，分选中等，次棱角状-圆状，部分球状-椭球状形态较规则的粉砂级颗粒可能为硅质放射虫。碳质均匀分布，TOC 含量大于 2.0%(图 4-11A)。含钙碳质云质粉砂岩为粉砂状结构，颗粒支撑为主。陆源粉砂粒径小于 0.06mm，含量约 50%，主要为石英，分选中等，次棱角状-圆状。钙质含量约 15%，主要为泥-粉晶方解石，微弱重结晶，胶结陆源粉砂颗粒。泥-粉晶级白云石含量约 25%，粉晶白云石多呈半自形-自形粒状。其余组分主要为碳泥质，碳质含量大于 2.0%(图 4-11B)。含碳粉砂质泥岩为粉砂质泥质结构，基质支撑。泥质约 70%，主要为隐晶-显微鳞片状。粉砂粒径小于 0.06mm，含量约25%，主要为石英颗粒，分选、磨圆中等。碳质含量为1%～2%。

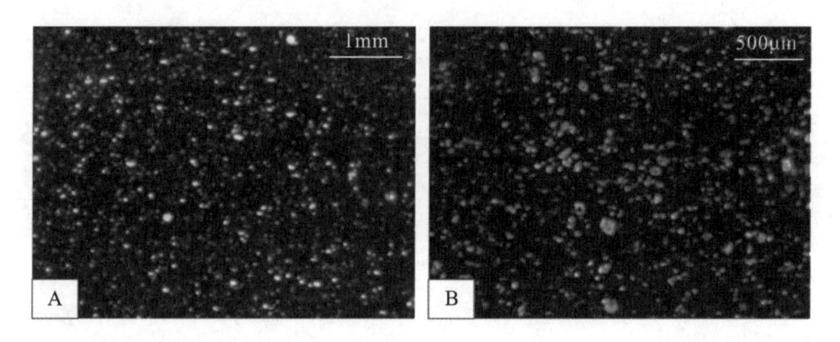

图4-11 A：恩施董家湾含钙碳质粉砂质泥岩镜下特征；B：恩施董家湾含钙碳质云质粉砂岩镜下特征

5）碳质钙质泥岩+含粉砂碳质钙质泥岩

此种岩相类型主要见于研究区恩施董家湾剖面和恩施天桥等剖面，属高水位体系域早期或海侵体系域沉积。由于水体较深，循环较弱，故有机质含量较高（TOC>2.0%），陆源粉砂较少，但仍含有一定量钙质。（含粉砂）碳质钙质泥岩总体以（含粉砂）泥质结构为主，泥质含量大于70%，显微定向构造明显（图4-12）。钙质含量约25%，以砂级球粒（放射虫？）和生屑为主，球粒大小以0.3～1mm为主，呈扁平状、椭球状和球状为主，分散分布于碳泥质基底中，生屑以长条状双壳类为主，最大可达1～2mm，定向分布。黏土矿物具有重结晶作用，呈显微鳞片状，受碳质晕染的影响，不明显。碳质呈片网状分布，与泥质等混杂分布。少量细粉砂级颗粒可能为石英颗粒，约10%。较高的碳质含量和大量放射虫的出现指示了水体较之前几种微相类型明显加深。

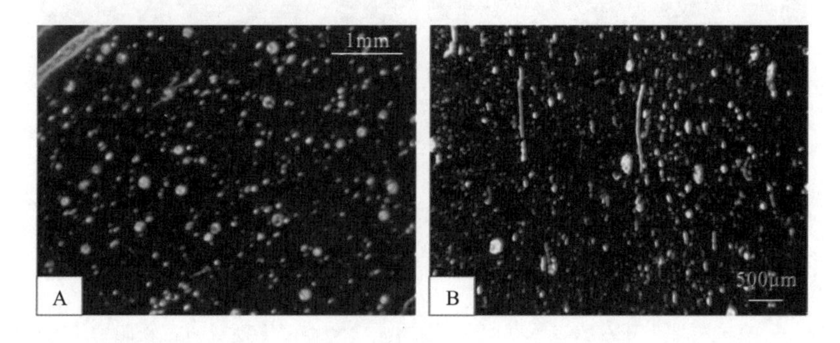

图4-12 A：恩施董家湾剖面碳质钙质泥岩镜下特征；B：恩施天桥含粉砂碳质钙质泥岩镜下特征

6）泥岩+含硅质泥岩

此种岩相类型主要见于研究区中部，属高水位体系域早-中期沉积。（含硅质）泥岩总体呈泥质结构，泥质含量大于80%，以黏土矿物和泥级石英颗粒为主，黏土矿物呈显微鳞片状（图4-13）。自生硅质含量小于20%，主要呈隐晶-微晶质充填于泥质中，碳质含量较少，呈不规则条带状或团块状。参考研究区大隆组其他微相类型特征，本微相类型组合中钙质和粉砂含量极少（<10%），且出现大量自生硅质，说明其水深较大，而碳质含量较少（TOC<1.0%），则说明水深较小。推测可能有两种原因，其一是碳质流失，其二是在盆地

充填演化中局部出现特殊古地貌。

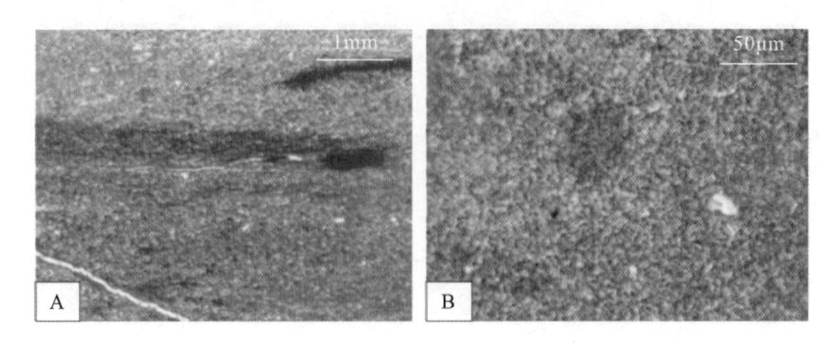

图 4-13 A：恩施双河泥岩镜下特征；B：恩施双河含硅质泥岩镜下特征

7）含碳硅质泥岩+含灰含碳硅质泥岩+含碳泥岩

此种岩相类型主要见于研究区中西部，属高水位体系域早期或海侵期沉积。总体钙质、粉砂质含量较小，而有机质含量高（1.0%<TOC<2.0%），属水体较深、循环较弱条件下的产物。（含灰）含碳硅质泥岩呈泥质结构（图 4-14A），泥质含量 60%～70%，呈显微鳞片状，定向排列。自生硅质呈显微-隐晶质，条带状分布，含量约 25%。灰质主要为泥晶方解石，粒径小于 0.03mm，与泥质混杂在一起。另有少量长石和云母定向排列。碳质呈浸染状、凝块状或条带状顺层分布。含碳泥岩呈泥质结构（图 4-14B），以显微鳞片状的黏土矿物和泥级石英颗粒为主，含量大于 90%，其他矿物含量较少，偶见黄铁矿，放射光下呈现金属光泽。碳质分布较为均匀，岩石整体颜色较暗。

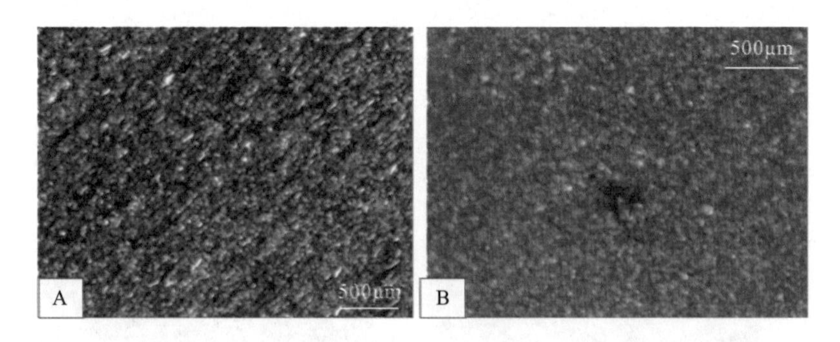

图 4-14 A：鹤地 1 井含灰含碳硅质泥岩镜下特征；B：恩施双河含碳泥岩镜下特征

2. 深水台盆

大隆组深水台盆发育期根据水深的大致变化依次划分了含钙碳质泥岩+含钙碳质硅质泥岩、含粉砂碳质泥岩+含粉砂碳质硅质泥岩+碳质粉砂质泥岩+碳质硅质粉砂质泥岩、碳质泥岩+碳质硅质泥岩+含泥碳质硅质岩共 3 种微相组合类型。

1）含钙碳质泥岩+含钙碳质硅质泥岩

此种岩相类型主要见于鹤地 1 井层序 1 高水位体系域和层序 2 海侵体系域。含钙碳质（硅质）泥岩以泥质结构为主（图 4-15），泥质含量约 70%，以黏土和泥级石英为主，黏土呈显微鳞片状；钙质约10%，为泥-粉晶方解石，微弱重结晶；自生硅质含量多小于30%，呈隐晶或微晶级(图4-15B)。碳质含量较高(TOC>2.0%)，岩石表面污浊。岩石组分具一定的定向性。较高的有机质含量以及较低的钙质和陆源粉砂含量指示其深水局限的沉积环境。

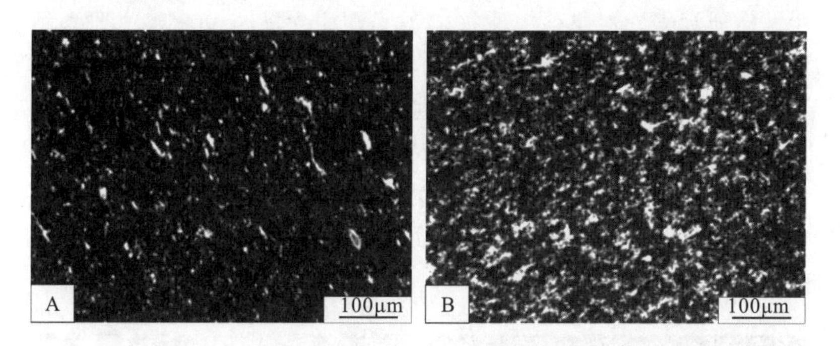

图4-15　A：鹤地1井含钙碳质泥岩镜下特征；B：鹤地1井含钙碳质硅质泥岩镜下特征

2)含粉砂碳质泥岩+含粉砂碳质硅质泥岩+碳质粉砂质泥岩+碳质硅质粉砂质泥岩

此种岩石微相组合在研究区分布广泛，属海侵期沉积。由于属深水沉积，海水循环不畅，故碳质含量较高(TOC>2.0%)。岩石呈含粉砂泥质结构或粉砂质泥质结构，基质支撑为主(图4-16)。泥质含量50%～85%，主要为黏土矿物和泥级石英，黏土矿物多呈显微鳞片状或隐晶状。本岩石微相类型组合中含10%～30%的粉砂级石英颗粒，多呈次棱角状、次圆状到圆状，分选中等-好，可定向排列富集成纹层，其可能为硅质放射虫或重结晶的自生石英。岩石中硅质含量约30%，呈斑块状分布于碳泥质基底中，呈显微晶质，集合体主要呈斑块状，斑块形状多不规则，大小为0.1～0.2mm，长轴方向似定向分布，部分薄片中可见大量粉-细砂级、球形-椭球形的硅质放射虫，经后期重结晶作用内部结构难以识别。

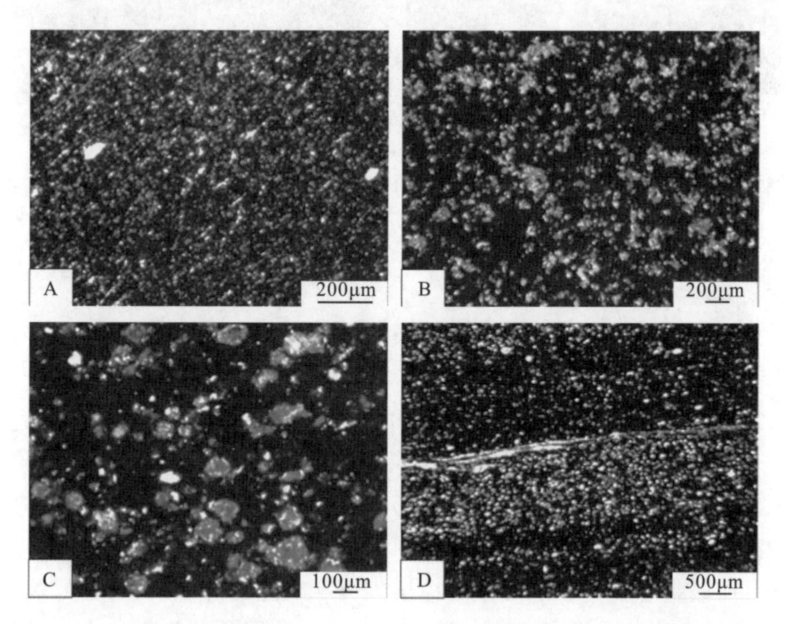

图4-16　A：鹤地1井含粉砂碳质泥岩镜下特征；B：鹤峰钟家坪含粉砂碳质硅质泥岩镜下特征；C：建始白杨坪含粉砂碳质硅质泥岩镜下特征；D：建始白杨坪碳质硅质粉砂质泥岩镜下特征

3)碳质泥岩+碳质硅质泥岩+含泥碳质硅质岩

本组岩石微相类型在研究区分布广泛，属最大海泛期沉积。由于水深达到最大，水体极度滞留缺氧，致使有机质(TOC 最大可超过 10%)和自生硅质含量较高，而陆源粉砂和钙质含量极少。碳质泥岩为泥质结构(图 4-17)，泥质含量约 90%，主要为黏土和泥级石英，由于有机质含量较高，致使岩石表面较为黑暗，难以观察。碳质硅质泥岩呈硅质泥质结构，泥质含量大于 50%，硅质含量大于 30%，二者互为消长。硅质赋存状态有两种类型，其一为隐晶-微晶质，集合体为斑杂状均匀分布在基质中；其二，除了隐晶-微晶质自生硅质外，还可见大量放射虫硅质壳，可富集成条带状。碳质主要呈不规则块状、斑杂状赋存于基质中。(含泥)碳质硅质岩主要由硅质放射虫壳体组成，含量大于 90%，放射虫多呈椭球状-球状，内部充填碳质，密集发育，其间充填碳泥质基质，含量多小于 10%。

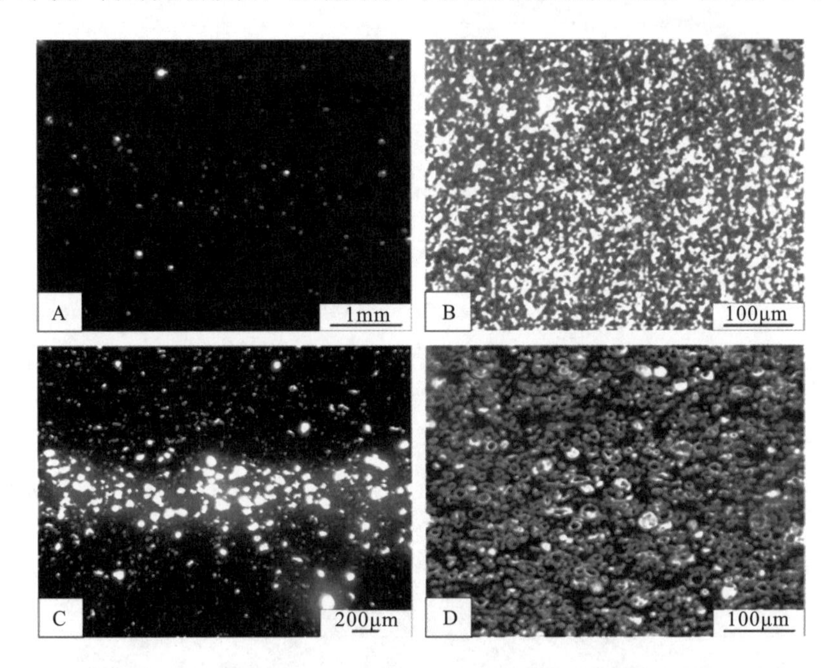

图 4-17 A：恩施董家湾碳质泥岩镜下特征；B：恩施三岔碳质硅质泥岩镜下特征；C：鹤峰钟家坪碳质硅质泥岩镜下特征；D：恩施双河含泥碳质硅质岩镜下特征

4.3.3 层序划分与对比

层序地层学完整概念的提出最早来自 1977 年出版的 AAPG 地震地层学 26 号专辑(Payton，1977)，随着在油气勘探领域广泛而成功的实践，层序地层学迅速进入了地层学实践的主流。究其根本，层序地层学与岩石地层学以及生物地层学等诸多地层学分支学科一样，是一种地层划分与对比的方法和手段。然而与其他方法不同的是，层序地层学强调在等时框架内的相关性和地层叠置关系，力求揭示在时空范围内沉积相的客观展布和演化过程，故而是目前最具客观性和等时性的地层划分和对比的方法，具有最好的相预测功能。本书正是基于这样的认识采用层序地层学方法来进行地层的划分和对比，并采用层序岩相古地理图来揭示有利相带在时空范围内的展布和演变过程。

层序地层学的概念和模式诞生于离散的被动大陆边缘，构造背景稳定，而这显然与本研究区的情况不同，大隆组形成于裂谷盆地中的大隆组，传统的层序地层模式难以应用；其次，鉴于地层以深水泥页岩为主，缺乏重力流沉积的相关标志和陆上暴露标志，其所有层序地层学界面均为相变面；再者，鉴于地层厚度较薄(数十米厚)，且地震剖面分辨率过低，同时也未做层拉平，目的层内部在地震剖面上不能有效识别不同类型的地震反射终止，也难以进行进一步的细分。故在现有资料条件下能清晰识别的层序地层学界面只有将进积和退积的沉积趋势区分开来的两个界面(已有地震剖面上常难以识别)，即初始海泛面和最大海泛面，据此将层序划分为海侵体系域(TST，向陆方向退积)和高水位体系域(HST，向海方向进积)，这也是许多学者在面对类似情况时的一贯做法。故本书中层序的识别和划分所依据的主要是露头资料和测井资料及相关分析测试，重点结合沉积相的时空演化规律，地震资料的作用有限。

层序划分的总体思路为：在厘清沉积相垂向演化的基础上进行层序界面的识别和体系域的划分；鉴于地层以深水泥页岩为主(所有层序地层学界面均为相变面)，应充分利用测井曲线及 TOC 等参数。

1. 钻井剖面、实测剖面层序划分与对比

本次研究实测了恩施双河大隆组剖面，并细致观察了鹤地 1 井大隆组钻井剖面。以鹤地 1 井大隆组钻井剖面为例，其大隆组自下而上可划分为 2 个三级层序(图 4-18)。层序 1 海侵体系域以深水台盆相灰黑色薄-中层状含粉砂碳质泥岩为主，厚约 4.5m；有机质含量极高，TOC>5.0%，黄铁矿较为发育，亦可见大量放射虫，显示其处于水体较深且缺氧滞留的环境中。测井曲线以 GR 曲线显著正偏移达到极高值、电阻率曲线显著负偏移并达到极低值为特征，与其岩石组分具有良好对应关系。层序 1 高水位体系域自下而上分别为浅水台盆相灰黑色薄层状碳质泥质白云岩、碳质白云质泥岩、深水台盆相含灰碳质泥岩、浅水台盆相含灰碳质白云岩，厚约 12m；虽然有机质含量仍然较高(TOC>5.0%)，且黄铁矿较为发育，亦可见大量放射虫，但其碳酸盐矿物含量较高且在顶部出现双壳类以及似软舌螺生物碎片，指示其较之下伏层序 1 海侵体系域发生相对海平面下降，水体变浅。测井曲线以 GR 曲线缓慢负偏移并总体处于相对低值、电阻率曲线总体正偏移且处于相对高值为特征，与其岩石组分具有良好对应关系。层序 2 海侵体系域以深水台盆相灰黑色薄层状含灰碳质硅质泥岩、碳质硅质泥岩夹硅质岩为特征，厚约 15m；总体有机质含量较高(TOC 多大于 5.0%)、钙质含量低，同时可见大量黄铁矿和放射虫，显示其处于水体较深且缺氧滞留的环境中，较其下伏层序 1 高水位体系域水体显著加深。测井曲线以 GR 曲线显著正偏移并在近顶部达到极高值为特征，与其岩石组分具有良好对应关系，电阻率曲线则以缓慢且微弱的正偏移为特征，可能与被方解石充填裂缝较为发育以及有机质含量的逐渐降低有关。层序 2 高水位体系域以大隆组顶部到大冶组底部的浅水台盆相灰色-灰黑色薄-中层状含碳含泥硅质灰岩、含碳含灰硅质泥岩、碳质泥质白云岩以及含碳云质灰质泥岩为主，鉴于其上部已不属于目标层系，故厚度未统计完全；总体有机质含量低，碳酸盐矿物含量高，放射虫未见发育，显示其水体已显著变浅，发生相对海平面下降。测井曲线变化显著，在高有机质层段，以 GR 曲线显著正偏移、电阻率曲线显著负偏移为特征，而在低有机质层段，以 GR 曲线显著负偏移、电阻率曲线显著正偏移为特征。通过正演模拟可以看出，鹤峰区块大隆组泥页岩与下伏下窑组灰岩之间界面表现为一组强波峰反射，连续性好，而大隆组与上覆大冶组灰岩之间亦为一组强波峰反射，但连续性不佳。限于分辨率，大隆组内部难以再进一步细分。

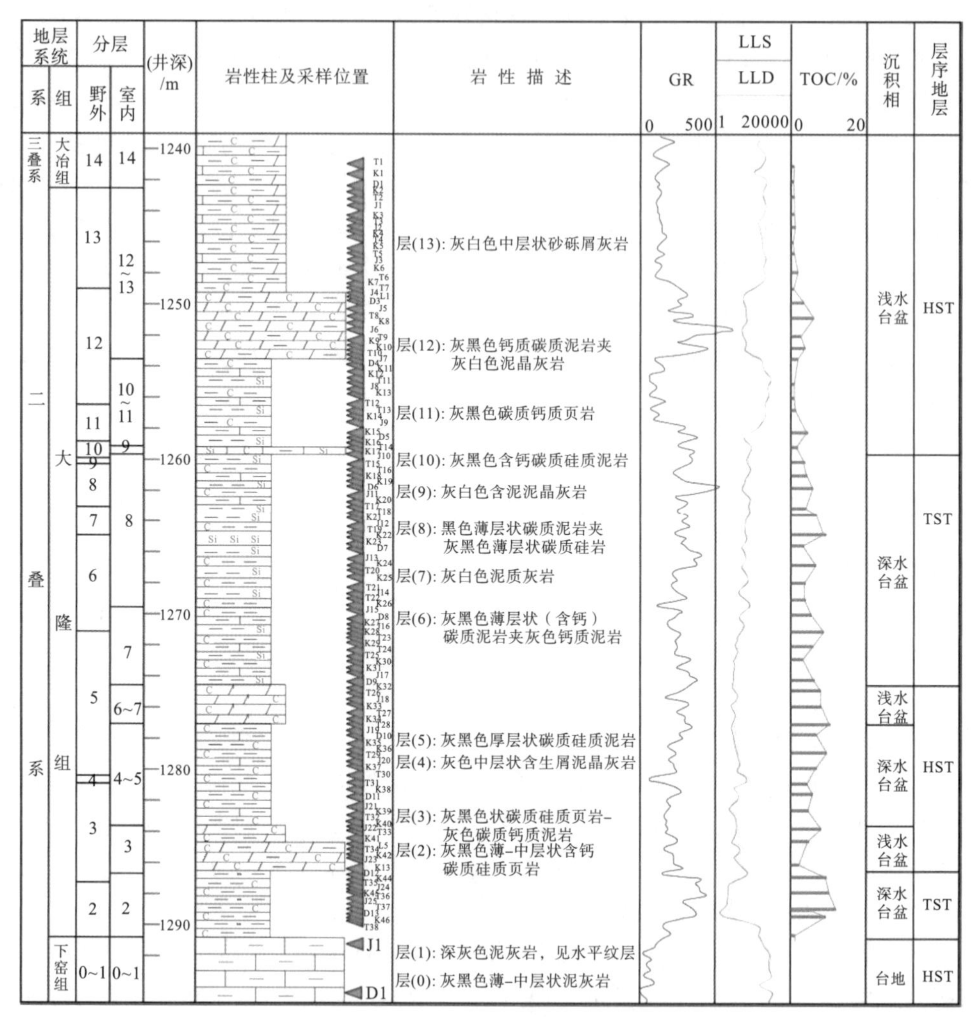

图 4-18　鹤地 1 井大隆组层序划分

恩施双河大隆组实测剖面与鹤地 1 井沉积特征有明显差异(图 4-19)。双河剖面大隆组层序 1 海侵体系域以深水台盆相黑色薄层状含泥碳质硅质岩为主，厚约 10m；其有机质含量极高(TOC>7%)，可见菊石化石、放射虫以及黄铁矿发育，指示其处于水体较深且缺氧滞留的环境中。层序 1 高水位体系域自下而上可分为三段，依次为约 4m 厚的浅水台盆相黄绿色以及灰紫色薄层状泥岩、约 7m 厚的深水台盆相黑色薄–中层状含泥碳质硅质岩以及约 3m 厚的浅水台盆相黄绿色薄层状泥岩，其中含泥碳质硅质岩具有较高的有机质(TOC>2%)，生物化石可见腕足与多种类菊石，其水体较之层序 1 海侵期应当更浅。层序 2 海侵体系域以深水陆棚相黑色薄–中层状碳质泥岩、碳质硅质泥岩、碳质硅质岩为主，厚约 35m；其 TOC 含量波动明显，但大部分层段大于 5.0%，并可见大量菊石、放射虫以及黄铁矿，指示其处于水体较深且缺氧滞留的环境中。层序 2 高水位体系域以大隆组顶部-大冶组底部的浅水台盆相灰-深灰色中-厚层状泥岩、钙质泥岩、灰岩为主，有机质含量低，可见少量菊石，黄铁矿罕见，未见放射虫，显示水体显著变浅，鄂西南裂陷槽已基本填平，进入演化的最后阶段。

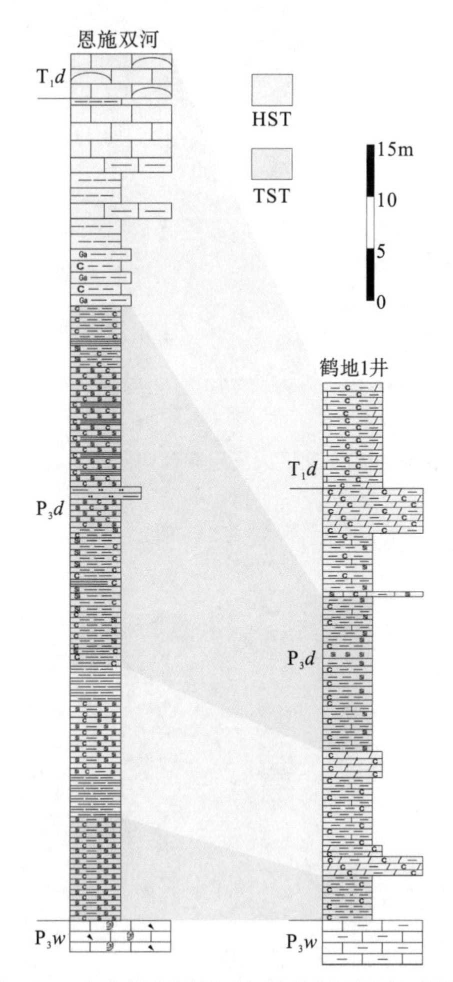

图 4-19　大隆组实测剖面与钻井剖面层序对比图

2. 研究区大隆组层序地层格架

与五峰组-龙马溪组沉积期中上扬子海盆类似，鄂西南裂陷槽内底部水体循环不畅，海水分层，其有机质的富集亦主要与水体滞留缺氧相关，故一般其水体越深则应当越滞留缺氧，其 TOC 就越高；此外，钙质(碳酸盐矿物)以及陆源粉砂的含量也指示了水体的深浅。故对于大量观察剖面来讲，在没有测井曲线标定的情况下，有机质、钙质(碳酸盐矿物)以及陆源粉砂的含量是判断水体深度和相对海平面变化的重要依据。

为了更清晰地揭示研究区大隆组的层序地层格架，本书亦分东西向(图 4-20)和南北向(图 4-21)，故选取数条序列完整、沉积特征清晰的(钻井)剖面进行了层序对比。

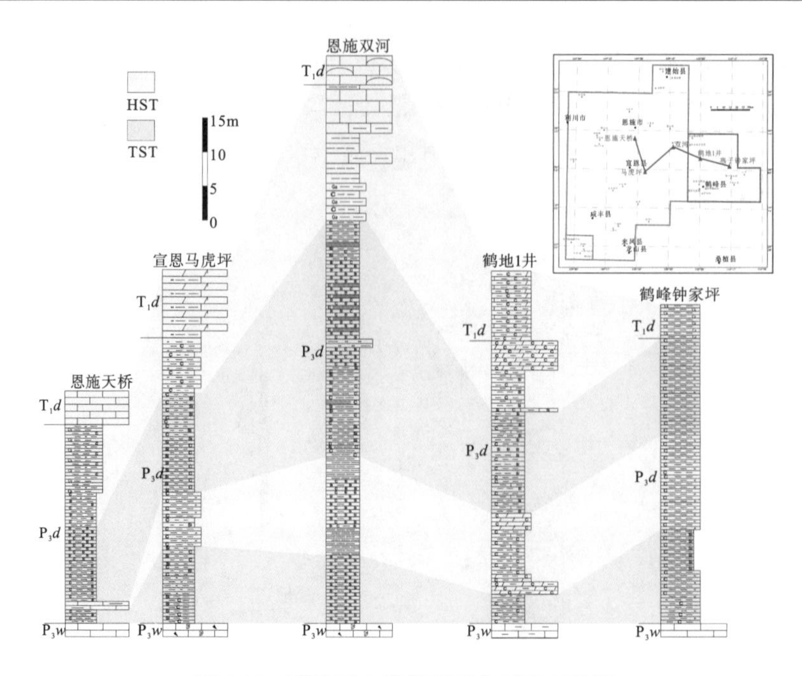

图 4-20 研究区大隆组东西向层序对比图

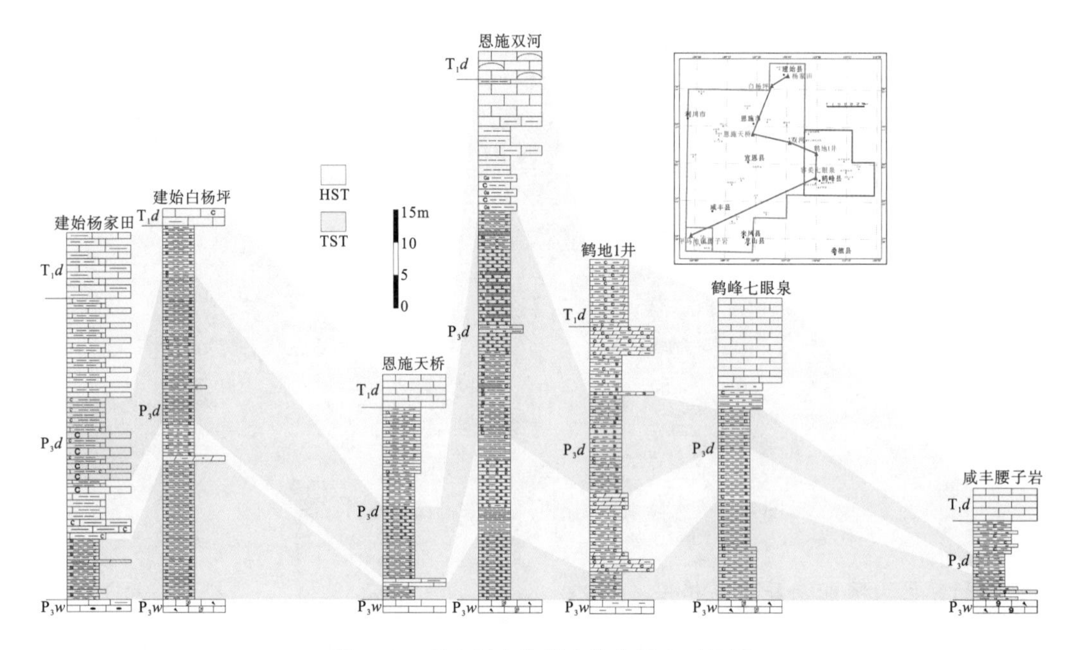

图 4-21 研究区大隆组南北向层序对比图

从西到东(图 4-20)，层序 1 海侵体系域在恩施天桥主要为深水台盆相含粉砂碳质泥岩与碳质硅质泥岩，厚约 2m；宣恩马虎坪主要为浅水台盆相含碳硅质泥岩、含粉砂泥岩以及深水陆棚相碳质硅质泥岩，厚约 11m；恩施双河剖面与鹤地 1 井上文已述；鹤峰钟家坪主要为浅水台盆相含碳粉砂质泥岩、深水台盆相碳质粉砂质泥岩与碳质硅质泥岩，厚约 14m；层序 1 高水位体系域在恩施天桥主要为浅水台盆相泥质灰岩，厚约 1.2m；宣恩马虎坪主要为深水台盆相碳质粉砂质泥岩夹碳质硅质泥岩，厚约 8m；恩施双河剖面与鹤地 1 井上文已述；鹤峰钟家坪主要为深水台盆相碳质粉砂质泥岩，厚约 14m。层序 2 海侵体系域在恩施天桥主要为深水台盆相碳质硅质泥岩、含泥碳质硅质岩，厚约 11m；宣恩马虎坪主要为深水台盆相碳质硅质泥岩与碳质页岩；恩施双河剖面与鹤地 1 井上文已述；鹤峰钟家坪主要为深水台盆相碳质粉砂质泥岩，厚约 14m；层序 2 高水位体系域在恩施天桥主要为大隆组上部的深水台盆相含粉砂碳质硅质泥岩、浅水台盆相碳质粉砂质泥岩与硅质灰岩互层以及大冶组底部的浅水台盆相灰岩，厚度大于 15m；宣恩马虎坪主要为大隆组顶部的浅水台盆相含碳粉砂质泥岩与碳质泥岩互层以及大冶组底部的浅水台盆相含灰白云岩与粉砂质泥岩互层，厚度大于 15m；恩施双河剖面与鹤地 1 井上文已述；鹤峰钟家坪主要为大冶组底部的浅水台盆相钙质泥岩，厚度大于 5m。

从北到南(图 4-21)，层序 1 海侵体系域在建始杨家田主要为深水台盆相碳质硅质泥岩夹少量泥质白云岩与灰质泥岩，厚约 10m；建始白杨坪主要为深水台盆相碳质硅质泥岩与碳质泥岩，厚约 21m；恩施天桥剖面、恩施双河剖面与鹤地 1 井上文已述；鹤峰七眼泉主要为深水台盆相碳质粉砂质泥岩与碳质硅质泥岩，厚约 15m；咸丰腰子岩主要为浅水台盆相泥质粉砂岩夹含碳泥岩与生屑灰岩、含粉砂碳质泥岩、碳质泥岩，厚约 4m；层序 1 高水位体系域在建始杨家田主要为浅水台盆相碳质钙质泥岩、碳质泥灰岩、钙质泥岩，厚约 9m；建始白杨坪主要为浅水台盆相含泥含粉砂白云岩以及深水台盆相含粉砂碳质硅质泥岩，厚约 6m；恩施天桥剖面、恩施双河剖面与鹤地 1 井上文已述；鹤峰七眼泉主要为深水台盆相碳质硅质泥岩，厚约 8m；咸丰腰子岩主要为含粉砂碳质硅质泥岩，厚约 1m。层序 2 海侵体系域在建始杨家田主要为浅水台盆相碳质灰岩与碳质钙质泥岩互层以及深水台盆相碳质钙质泥岩，厚约 12.5m；建始白杨坪主要为深水台盆相碳质硅质泥岩、含粉砂碳质硅质泥岩与碳质泥岩，厚约 22.5m；恩施天桥剖面、恩施双河剖面与鹤地 1 井上文已述；鹤峰七眼泉主要为深水台盆相碳质泥岩，厚约 6m；咸丰腰子岩主要为深水台盆相含粉砂碳质硅质泥岩，厚约 2m。层序 2 高水位体系域在建始杨家田主要为大隆组上部的浅水台盆相钙质泥岩与灰岩互层以及大冶组底部的浅水台盆相泥灰岩夹钙质泥岩，厚度大于 20m；建始白杨坪主要为大隆组顶部的深水台盆相碳质硅质粉砂质泥岩以及大冶组底部的浅水台盆相碳质泥质灰岩，厚度大于 10m；恩施天桥剖面、恩施双河剖面与鹤地 1 井上文已述；鹤峰七眼泉主要为大隆组上部的浅水台盆相泥灰岩、泥质粉砂岩夹碳质泥岩以及大冶组底部的浅水台盆相灰岩，厚度大于 20m；咸丰腰子岩主要为大隆组上部的浅水台盆相含碳粉砂质泥岩夹泥质粉砂岩以及大冶组底部的浅水台盆相灰岩，厚度大于 10m。

4.3.4　大隆组层序岩相古地理

本书编图思路为：以三级层序体系域为编图单元，采用优势相编图。与前人(传统)的岩相古地理编图方法相比，其拥有两点优势，其一，与传统地层划分对比方法相比，层序地层能在年代地层框架内更客观、等时地展示沉积趋势的变化，即相带的展布和迁移规律；其二，以三级层序体系域为编图单元，编图单元更为瞬时。

1. 层序 1 海侵体系域岩相古地理

1）全区层序 1 海侵体系域岩相古地理

有研究表明鄂西南裂陷槽是在吴家坪期中晚期扬子北缘碳酸盐岩缓坡背景下发生裂陷沉降形成的滞留盆地，最大水深为 200～300m。根据有关资料(付晓树等，2015)，层序 1 海侵期研究区西部为碳酸盐岩缓坡相，主要为灰岩、硅质灰岩夹页岩(图 4-22)；研究区中部的广大区域为深水台盆相分布区，主体为碳质泥岩、碳质硅质泥岩以及含泥碳质硅质岩；而东部的鹤峰区块内主要为含粉砂碳质泥岩、碳质硅质泥岩、碳质粉砂质泥岩。研究区最东侧的鹤峰五里乡水泉村以及燕子乡楠木村及其周缘地区为浅水台盆分布区，主要为含碳粉砂质泥岩和粉砂质泥岩。

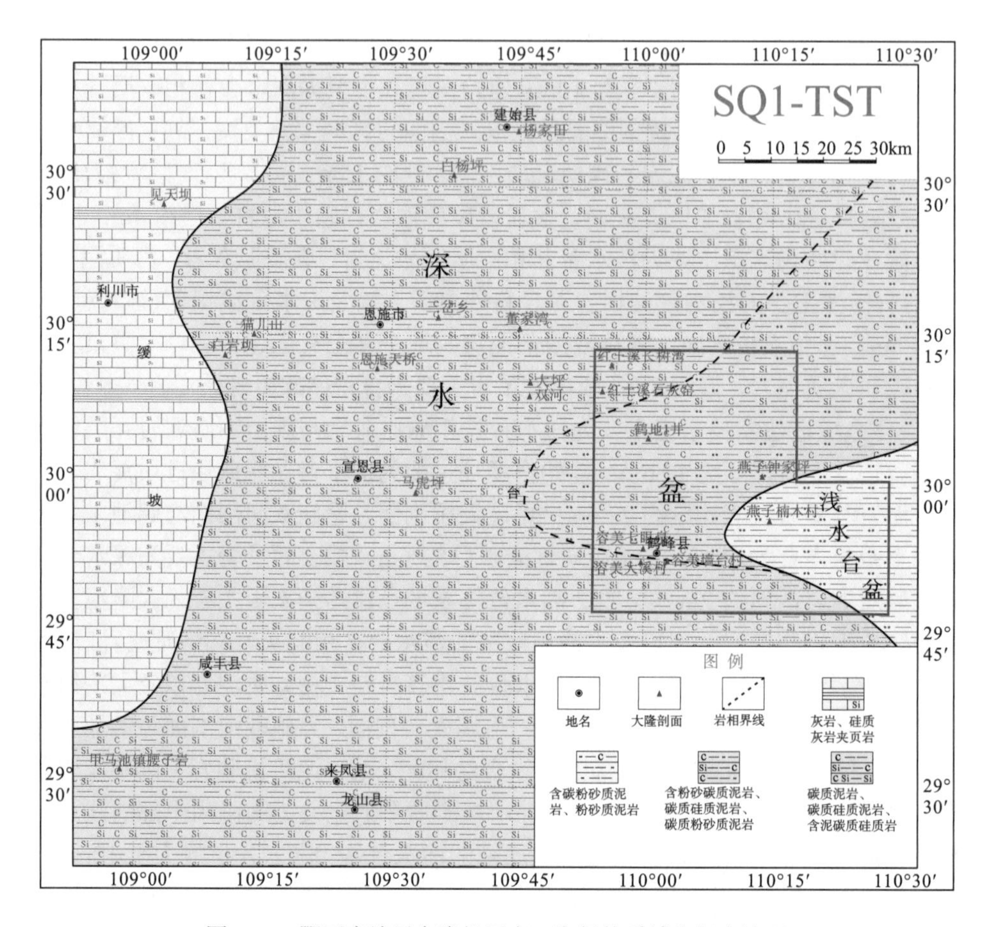

图 4-22 鄂西南地区大隆组层序 1 海侵体系域岩相古地理

2）鹤峰区块层序 1 海侵体系域岩相古地理

在综合了“湖北鹤峰页岩气勘查区块地质调查项目”中有关剖面后，编制了鹤峰区块的层序 1 海侵体系域岩相古地理图(图 4-23)。研究区东南角的鹤峰五里乡水泉村以及燕子乡楠木村及其周缘地区为浅水台盆相分布区，主要为含碳粉砂质泥岩和粉砂质泥岩。区块剩余广大地区为深水台盆相分布区，且不同区域具有岩相分异；区块西北角，即原岭乡-

石灰窑村一线北部为碳质泥岩、碳质硅质泥岩以及含泥碳质硅质岩；研究区西南部，即中营乡-五里乡一线以南为碳质泥岩、碳质硅质泥岩；剩余广大地区为含粉砂碳质泥岩、碳质硅质泥岩以及碳质粉砂质泥岩。

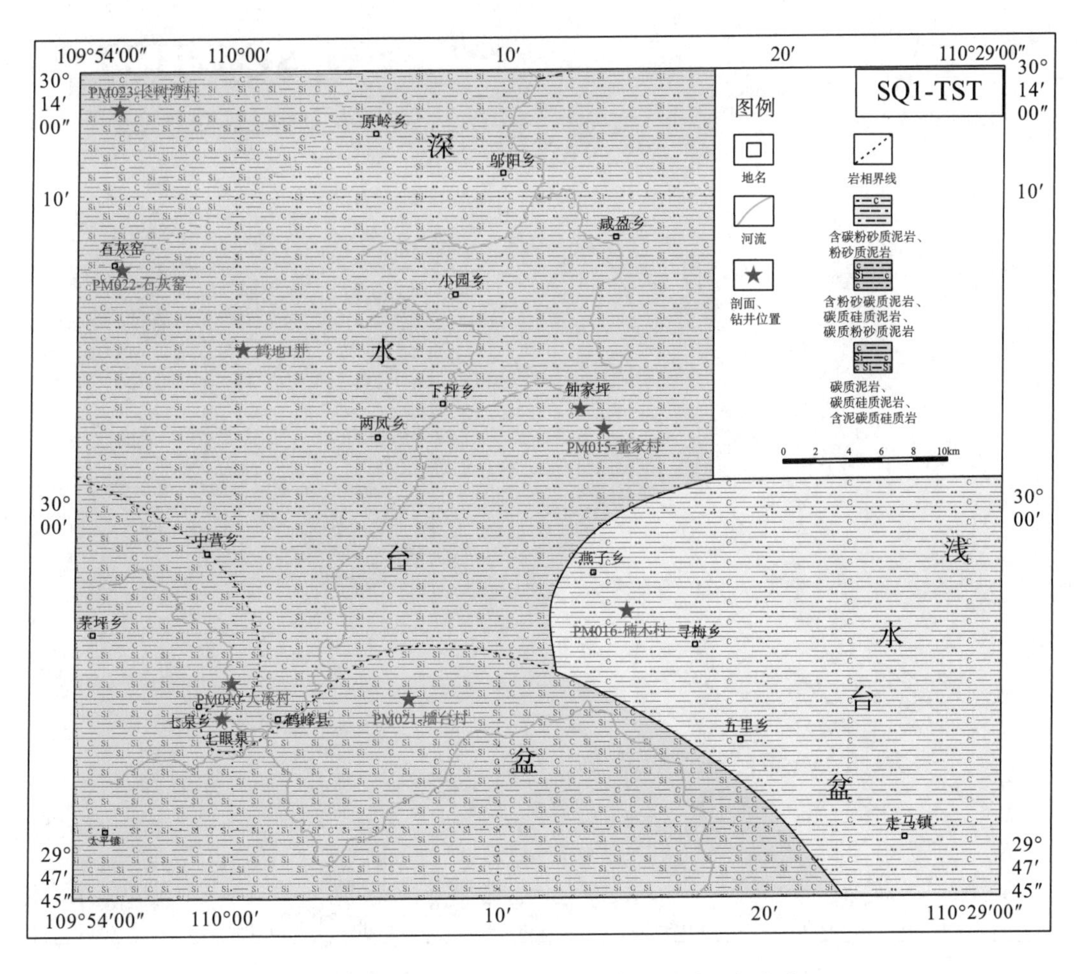

图 4-23 鹤峰区块大隆组层序 1 海侵体系域岩相古地理

2. 层序 1 高水位体系域岩相古地理

1）全区层序 1 高水位体系域岩相古地理

层序 1 高水位体系域较之下伏海侵体系域呈现出海退、水体变浅的特征。根据有关资料（付晓树等，2015），层序 1 高水位期研究区西部已从碳酸盐岩缓坡演化为镶边碳酸盐岩台地，鄂西南裂陷槽与开江-梁平裂陷槽之间有狭窄通道连通（图 4-24）。浅水台盆相发育在研究区中西部、北西部以及东南角。其中研究区西部为碳酸盐岩浅水台盆相区，主要为含生屑泥晶灰岩，其往东过渡为混积浅水台盆相区，岩性组合为泥质灰岩、钙质泥岩和泥岩；而研究区东南角浅水台盆相区为灰岩、含钙泥质粉砂岩和含碳泥质粉砂岩。深水台盆相区分布在二者之间呈北东-南西向的广大地区，主要为碳质粉砂质泥岩、碳质硅质泥岩、含泥碳质硅质岩。总体来讲，本体系域相较于下伏层序 1 海侵体系域呈现出深水台盆相区范围大幅缩减、钙质含量总体升高的特征，海退明显。

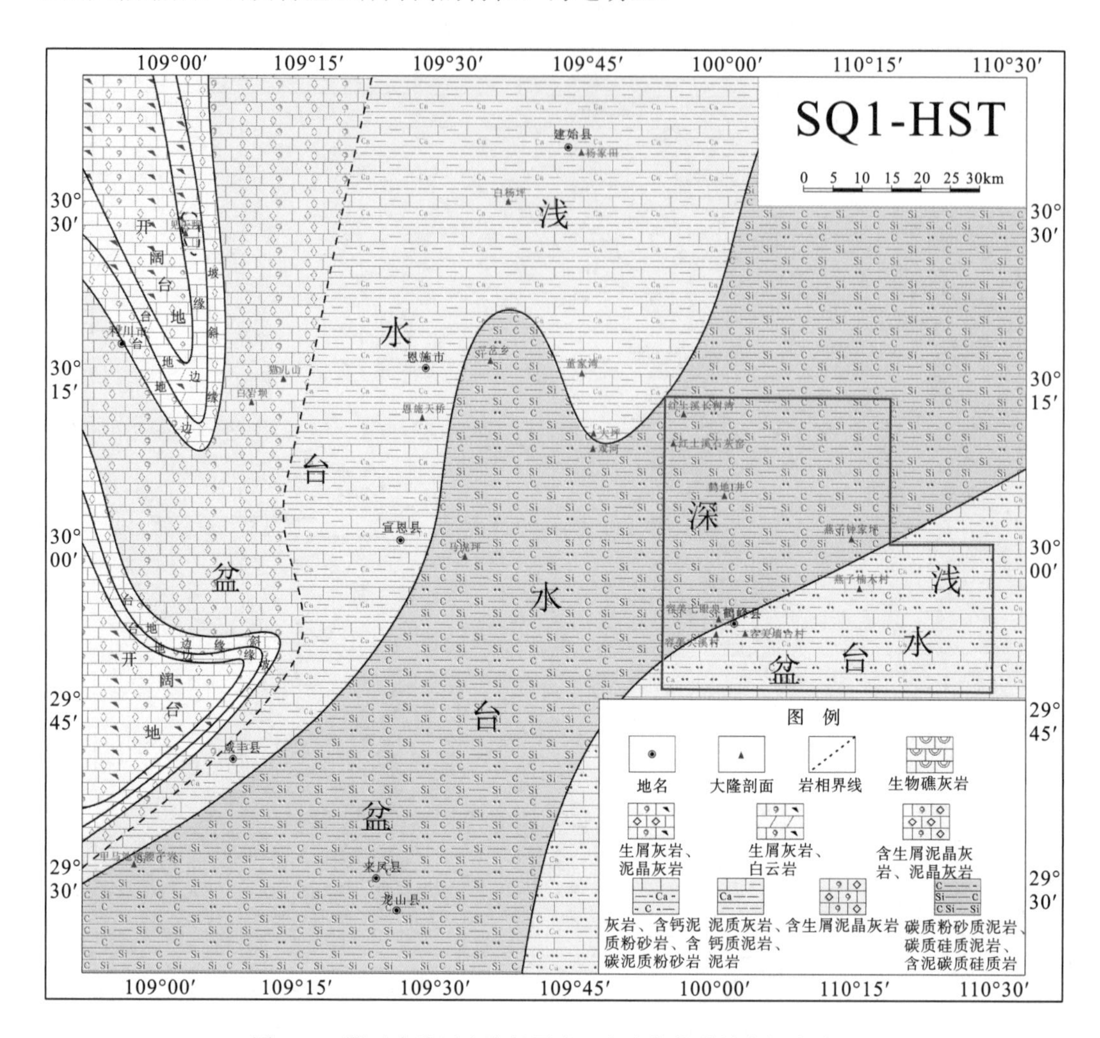

图 4-24　鄂西南地区大隆组层序 1 高水位体系域岩相古地理

2) 鹤峰区块层序 1 高水位体系域岩相古地理

在综合了“湖北鹤峰页岩气勘查区块地质调查项目”中有关剖面后，编制了鹤峰区块的层序 1 高水位体系域岩相古地理图(图 4-25)。深水台盆相分布在研究区北部和西部，主要为碳质粉砂质泥岩、碳质硅质泥岩、含泥碳质硅质岩。浅水台盆相分布在研究区东南部，主要为灰岩、含钙泥质粉砂岩和含碳泥质粉砂岩。

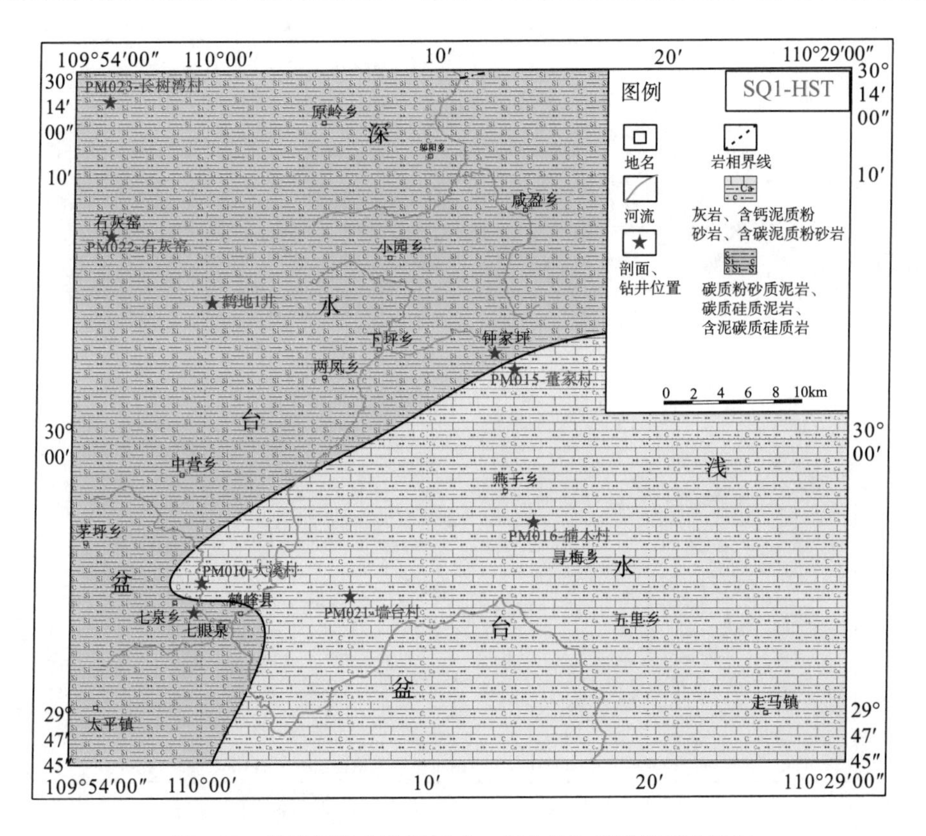

图 4-25 鹤峰区块大隆组层序 1 高水位体系域岩相古地理

3. 层序 2 海侵体系域岩相古地理

1) 全区层序 2 海侵体系域岩相古地理

层序 2 海侵体系域岩相古地理展布特征较之下伏层序 1 高水位期显著不同(图 4-26)。研究区西部仍为镶边碳酸盐岩台地相区，向东过渡为碳酸盐岩浅水台盆相区，发育含生屑泥晶灰岩。研究区北部建始县附近地区发育浅水台盆相碳质泥质灰岩和碳质钙质泥岩。研究区剩余的广大地区为深水台盆相分布区。研究区中部的广大区域主要为碳质泥岩、碳质硅质泥岩以及碳质硅质岩，向东进入鹤峰区块逐渐过渡为碳质泥岩、碳质硅质泥岩以及含钙碳质硅质泥岩，鹤峰区块东北角则为碳质粉砂质泥岩。总体来讲，较之下伏的层序 1 高水位体系域呈现出深水台盆范围显著加大，钙质、粉砂含量显著减少的特征，海侵明显。

2) 鹤峰区块层序 2 海侵体系域岩相古地理

在综合了“湖北鹤峰页岩气勘查区块地质调查项目”中有关剖面后，编制了鹤峰区块的层序 2 海侵体系域岩相古地理图(图 4-27)。鹤峰区块自西向东可分为三个岩相区，其中西部为碳质泥岩、碳质硅质泥岩、碳质硅质岩岩相区，中部为碳质泥岩、碳质硅质泥岩、含钙碳质硅质泥岩岩相区，东北部为碳质粉砂质泥岩岩相区。

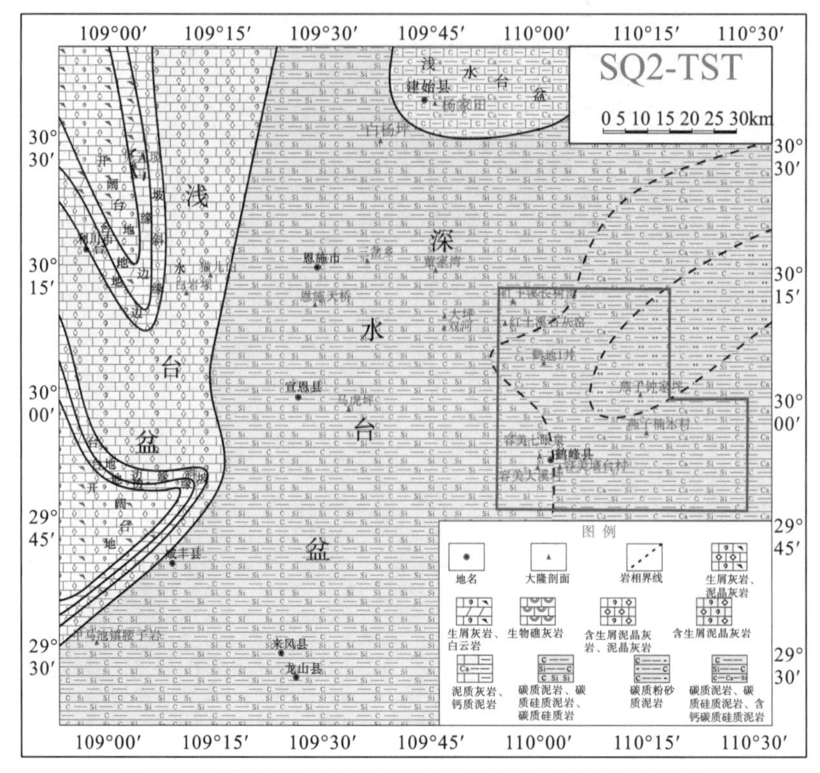

图 4-26 鄂西南地区大隆组层序 2 海侵体系域岩相古地理

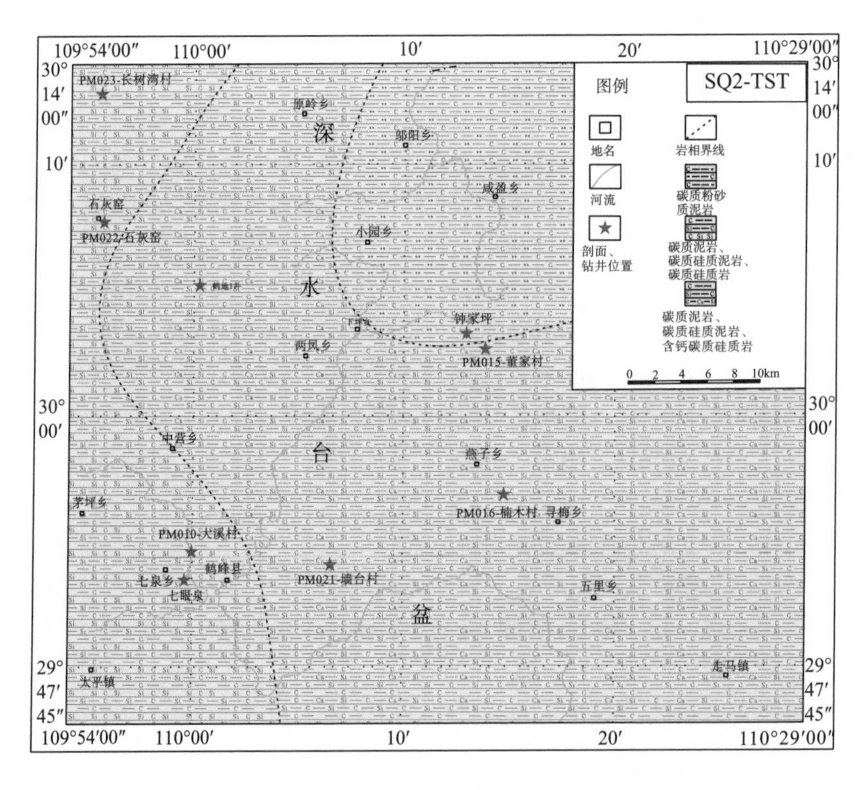

图 4-27 鹤峰区块大隆组层序 2 海侵体系域岩相古地理

4. 层序 2 高水位体系域岩相古地理

1) 全区层序 2 高水位体系域岩相古地理

层序 2 高水位期除西部碳酸盐岩台地区以及其边缘的碳酸盐岩浅水台盆区外，全区基本都被混积浅水台盆覆盖，其又根据岩性组合的不同可划分为多个岩相区(图 4-28)。来凤区块及其东北部地区为含碳粉砂质泥岩、泥质粉砂岩及灰岩；向东，恩施-宣恩-来凤一线及其周缘地区所形成的南北向狭长区域为碳质粉砂质硅质泥岩、碳质泥质灰岩；其东侧的广大区域主要为含碳粉砂质泥岩、钙质泥岩以及灰岩，其间在鹤地 1 井附近区域为泥质白云岩、含碳云质钙质泥岩，在鹤峰县城及其南部地区为灰岩、含钙泥质粉砂岩以及含碳泥质粉砂岩。显而易见，较之下伏的海侵体系域，层序 2 高水位体系域有机质含量明显降低且粉砂和碳酸盐岩矿物(尤其是后者)的含量显著升高，指示了相对海平面的大幅下降和海平面的快速变浅，值得注意的是，出于页岩气勘探的目的，本体系域主要考虑的是大隆组顶部的地层，实际上至大冶组底部，全区多以灰岩为主，碎屑岩以夹层的形式存在，水体应当更浅，指示此时鄂西南裂陷槽已基本填平。

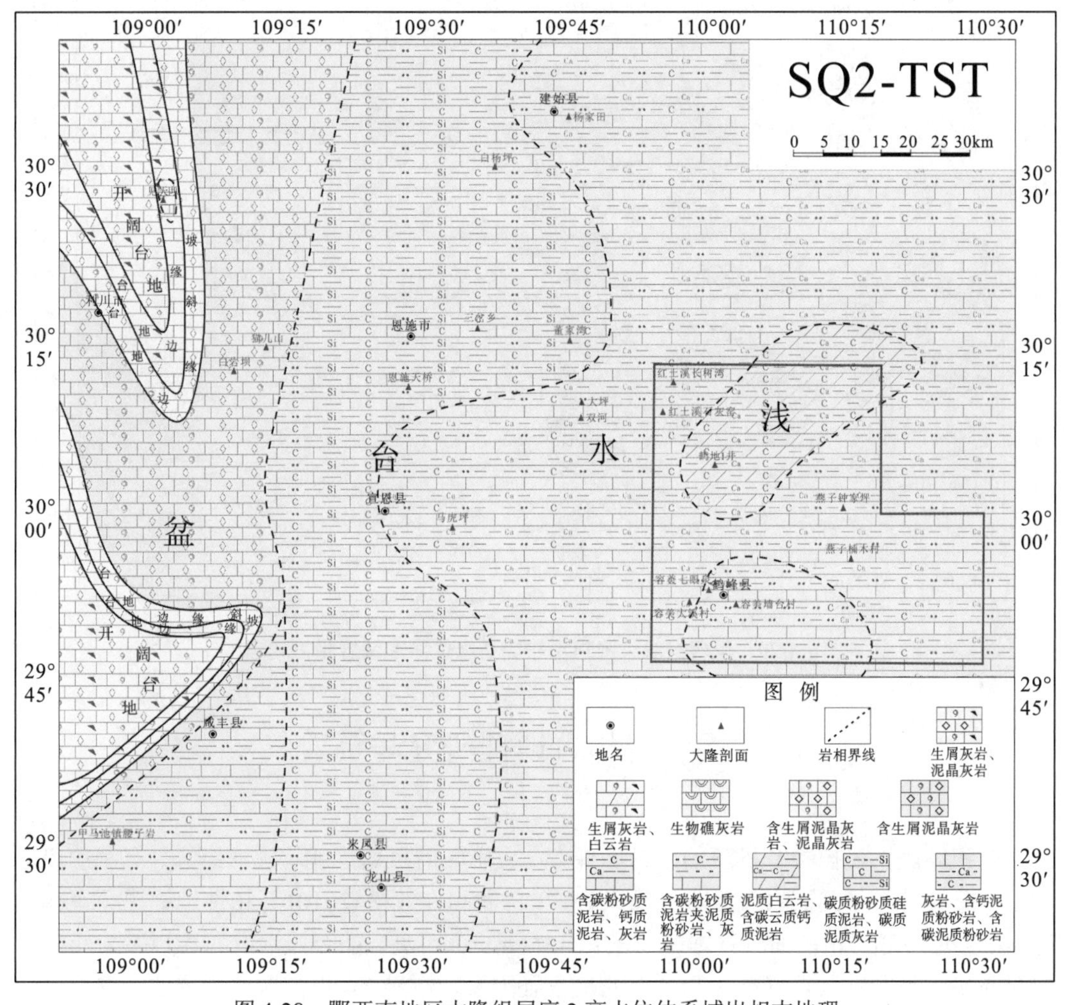

图 4-28　鄂西南地区大隆组层序 2 高水位体系域岩相古地理

2)鹤峰区块层序 2 高水位体系域岩相古地理

在综合了“湖北鹤峰页岩气勘查区块地质调查项目”中有关剖面后，我们编制了鹤峰区块的层序 2 高水位体系域岩相古地理图(图 4-29)。鹤峰区块在层序 2 高水位期亦全区覆盖浅水台盆相，可划分为三个岩相区：西南部为灰岩、含钙泥质粉砂岩以及含碳泥质粉砂岩；鹤地 1 井周缘及其东北部为泥质白云岩、含碳云质钙质泥岩；其余地区为含碳粉砂质泥岩、钙质泥岩以及灰岩。

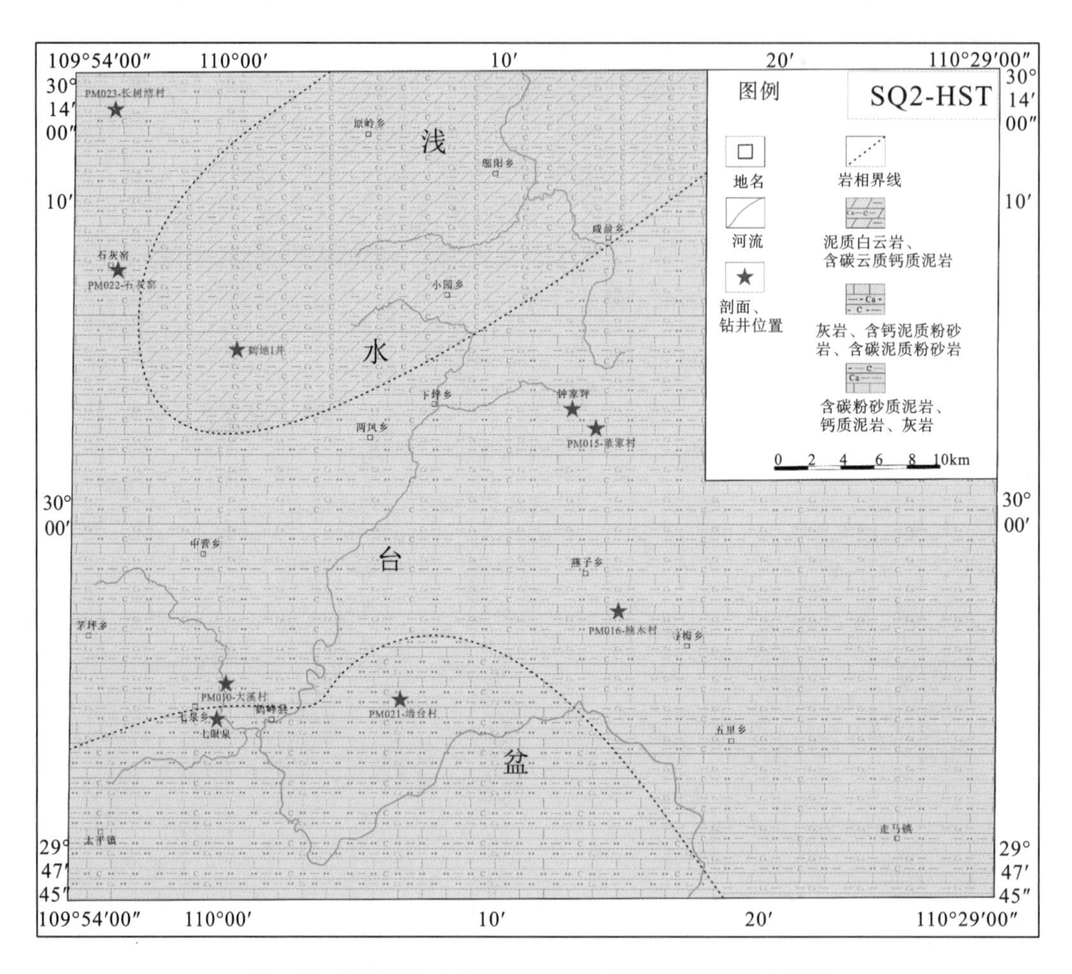

图 4-29 鹤峰区块大隆组层序 2 高水位体系域岩相古地理

4.4 层序岩相古地理研究与页岩气

沉积环境不仅控制有机质的发育和保存，也影响着页岩岩相、矿物组分、有利层段厚度以及分布等一系列页岩气基本地质条件，牟传龙和许效松(2010)开拓性地提出了“构造控盆、盆地控相、相控油气基本地质条件”的观点。可见，能否厘清沉积相以及岩相的时空分布特征是影响页岩气勘探和开发的极重要因素，这就将岩相古地理编图这一在页岩气勘探领域常被忽视的基础地质研究摆在了一个较为突出的位置上，故牟传龙等(2016a)提出“岩相古地理研究可作为页岩气地质调查之指南”的思想。

然而，时至今日，岩相古地理研究作为一项基础地质研究在矿产、能源领域的实践与应用是不充分的，其所能和所应当发挥的重要作用也常常受到忽视。究其原因，从研究实践的具体过程来讲，大致有两点，其一，岩相古地理编图是一项繁杂的工作，需要从野外到室内、从宏观到微观进行大量细致的研究，故在地学理论和技术手段飞速发展的今天，已鲜有团队将这样一项费时、费力的基础地质研究工作作为主要研究工作；其二，地层划分对比方法的选择、编图单元的选择、比例尺的选择限制了所成图件在能源、矿产勘探实践中的应用效果。

实际上，20 世纪七八十年代以来层序地层学理论的飞速发展和在能源、矿产勘探领域广泛而成功的实践为以服务于相关领域的岩相古地理编图研究注入了新的活力，层序岩相古地理编图方法应运而生(牟传龙等，1992)。理论上，我们可以编制不同级次的层序岩相古地理图，但考虑到作为一项基础地质研究，岩相古地理研究多是在勘探初期大区域上进行，故正如本章内容所展示的那样，即以三级层序体系域为编图单元，采用优势相编图是较为有效可行的。前文已述，与前人(传统)的岩相古地理编图方法相比，层序岩相古地理编图法拥有两点优势，其一，与传统地层划分对比方法相比，层序地层能在年代地层框架内更客观、等时地展示沉积趋势的变化，即相带的展布和迁移规律；其二，以三级层序的体系域为编图单元，编图单元更为瞬时。一言以蔽之，本书在时-空框架内更为精细、客观地展示了沉积相带的展布，其有利相带，即深水台盆相，分布区即是我们叠加其他评价参数的目标区域。

4.4.1　全区有利相带分布区叠合

从研究区大隆组深水台盆分布区叠合图(图 4-30)可以看出，大隆组层序 1 海侵期有利相带(深水台盆相)分布广泛，除研究区东南角以及西部地区外均为有利相带分布区；层序 1 高水位期有利相带分布区位于研究区中部，大致呈北东-南西向贯穿全区；层序 2 海侵期，除东北角建始县附近地区以及西侧大致位于东经 109°15′以西、北纬 29°45′以北的地区外均为有利相带分布区。故全区大隆组储层有利相带分布区叠合范围与层序 1 高水位期有利相带分布区基本重合，是叠加其他页岩气储层评价参数的首选区域。

4.4.2　鹤峰区块有利相带分布区叠合

从鹤峰区块大隆组深水台盆分布区叠合图(图 4-31)可以看出，大隆组层序 1 海侵期有利相带(深水台盆相)分布广泛，除研究区东南角地区外均为有利相带分布区；层序 1 高水位期有利相带分布区主要位于区块的西侧和北部；层序 2 海侵期全区为有利相带分布区；层序 2 高水位期无有利相带分布。故鹤峰区块大隆组储层有利相带分布区叠合范围亦与层序 1 高水位期有利相带分布区重合，是本区块叠加其他页岩气储层评价参数的首选区域。

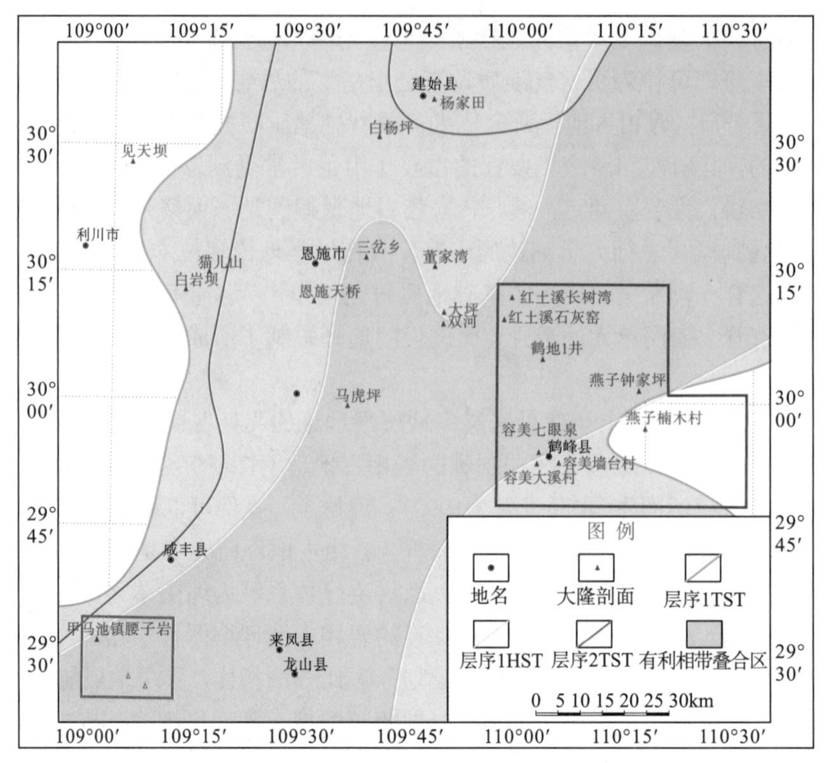

图 4-30 研究区大隆组深水台盆分布区叠合图

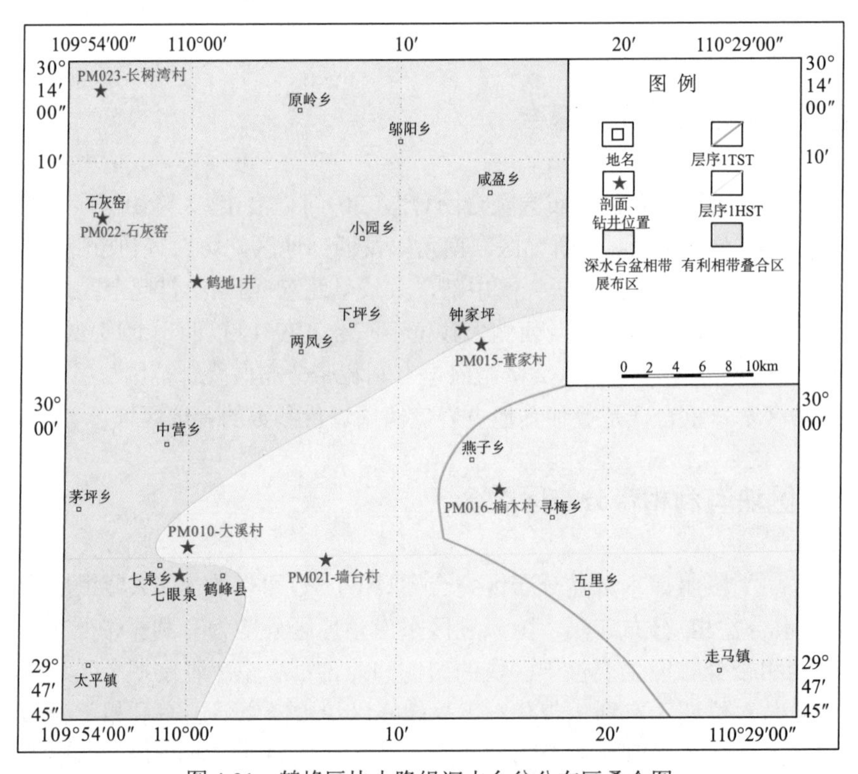

图 4-31 鹤峰区块大隆组深水台盆分布区叠合图

第五章　有机地球化学特征

页岩气有机地球化学特征一般是从有机质丰度、有机质类型和有机质成熟度三个方面进行阐述。各个指标的评价标准主要参考国土资源部2014年发布的《页岩气资源/储量计算与评价技术规范》（DZ/T 0254—2014）（表5-1）。

表5-1　页岩气层有机碳和热演化程度分类（DZ/T 0254—2014）

评价参数	特高	高	中	低
TOC/%	≥4.0	2.0～<4.0	1.0～<2.0	<1.0
R_o/%		≥2.0	1.3～<2.0	<1.3

5.1　有机质类型

有机质的类型常从不溶有机质（干酪根）和可溶有机质（沥青）的性质和组成来加以区分。干酪根类型的确定是有机质类型研究的主体，常用的方法有干酪根元素分析、干酪根显微组分分析、干酪根镜鉴、岩石热解分析等。但是无论哪种方法，均受有机质成熟度的影响，高成熟-过成熟的有机质都很难有效鉴别其有机质类型，可通过多种检测方法相互验证。

二叠系大隆组烃源岩由于陆源高等植物发育，其有机质类型以腐殖型和腐殖-腐泥型为主（胡书毅，1999）。夏茂龙等（2010）指出鄂西沉积区大隆组相烃源岩腐泥组含量为60%～80%，平均值为71.5%，镜质组含量为7%～17%，平均为11.6%，惰质组含量为11%～22%，壳质组不超过2%，属于II_1型。本书对工作区大隆组野外剖面样品进行干酪根镜检分析表明，黑色岩系中以不含树脂体的壳质组为主，主要为30%～86%，平均为63.34%；腐泥无定形体含量为6%～41%，平均为13.2%；惰质组含量为1%～20%，平均约5.52%；无结构镜质组，平均约为18.3%。干酪根类型指数范围较大，为-28.5～61.75，平均为26.0，干酪根类型以II_2型为主，其次为II_1型，局部可见少量的腐殖型（表5-2）。而鹤地1井大隆组有机质镜检分析资料表明（表5-3），有机质中腐泥组含量达85%以上，绝大部分样品在90%以上，含少量壳质组，不含镜质组和惰质组，类型指数为92.5～98.5，有机质类型为Ⅰ型，有机质类型好。另一方面，大隆组气体甲烷、乙烷碳同位素分析见表5-4。采用$\delta^{13}C_2$值-29‰作为腐殖型天然气和腐泥型天然气的界限，区内天然气$\delta^{13}C_2$值小于-29‰，主要为腐泥型天然气。鹤地1井大隆组和孤峰组岩石热解资料揭示，大隆组S2/S3值为0.02～0.1，孤峰组S2/S3值为0.04～0.05，由于演化程度高，已失去判断有机质类型的意义。

表 5-2 鄂西地区二叠系大隆组干酪根显微组分及类型统计

来样编号	地层	显微组分组含量/%					干酪根类型指数	干酪根类型
		腐泥组	树脂体	壳质组(不含树脂体)	镜质组	惰质组		
MHPP-B0-4	大隆组	22	/	55	20	3	31.5	II_2
MHPP-B1	大隆组	8	/	42	40	10	-11	III
MHPP-B3	大隆组	8	/	30	42	20	-28.5	III
MHPP-B5	大隆组	22	/	48	24	6	22	II_2
MHPP-B7	大隆组	20	/	46	26	8	15.5	II_2
MHPP-B9	大隆组	41	/	52	7	/	61.75	II_1
MHPP-B11	大隆组	15	/	50	26	9	11.5	II_2
MHPP-B12	大隆组	8	/	40	42	10	-13.5	III
MHPP-B14	大隆组	18	/	50	28	4	18	II_2
MHPP-B15	大隆组	18	/	52	26	4	20.5	II_2
ESP-B1	大隆组	8	/	56	23	13	5.75	II_2
ESP-B3	大隆组	6	/	60	28	6	9	II_2
ESP-B6	大隆组	11	/	64	20	5	23	II_2
ESP-B9	大隆组	21	/	73	4	2	52.5	II_1
ESHP-B0	大隆组	7	/	69	18	6	22	II_2
ESHP-B1	大隆组	12	/	72	10	6	34.5	II_2
ESHP-B2	大隆组	8	/	68	20	4	23	II_2
ESHP-B3	大隆组	12	/	78	8	2	43	II_1
ESHP-B7	大隆组	8	/	56	30	6	7.5	II_2
ESHP-B9	大隆组	8	/	76	12	4	33	II_2
ESHP-B11	大隆组	12	/	78	8	2	43	II_1
ESHP-B13	大隆组	18	/	78	4	/	54	II_1
ESHP-B18	大隆组	16	/	76	6	2	47.5	II_1
ESHP-B24	大隆组	8	/	86	3	3	45.75	II_1
SHP-B1	大隆组	8	/	72	16	4	28	II_2
SHP-B3	大隆组	9	/	70	16	5	27	II_2
SHP-B9	大隆组	10	/	80	8	2	42	II_1
EXP-B1	大隆组	12	/	78	8	2	43	II_1
EXP-B5	大隆组	9	/	82	8	1	43	II_1

注：“/”表示未检出。

表 5-3 鹤地 1 井大隆组有机质显微组分镜检分析统计表

地层	来样编号	深度/m	显微组分组含量/%					干酪根类型指数	干酪根类型
			腐泥组	树脂体	壳质组(不含树脂体)	镜质组	惰质组		
大隆组	HD1-DL-D3	1251.40～1251.64	92	/	8	/	/	96	I
	HD1-DL-D4	1255.03～1255.29	95	/	5	/	/	97.5	I
	HD1-DL-D5	1259.75～1260.04	95	/	5	/	/	97.25	I
	HD1-DL-D6	1263.36～1263.62	85	/	15	/	/	92.5	I
	HD1-DL-D7	1267.11～1267.38	92	/	8	/	/	96	I
	HD1-DL-D8	1271.55～1271.79	96	/	4	/	/	98	I
	HD1-DL-D9	1275.77～1276.06	95	/	5	/	/	95	I
	HD1-DL-D10	1279.26～1279.49	96	/	4	/	/	98	I
	HD1-DL-D11	1283.11～1283.38	97	/	3	/	/	98.5	I
	HD1-DL-D12	1287.66～1287.89	90	/	10	/	/	95	I
	HD1-DL-D13	1290.59～1290.59	95	/	5	/	/	97.5	I

注："/"表示未检出。

表 5-4 鹤地 1 井大隆组天然气碳同位素分析统计表

地层	来样编号	井深/m	$\delta^{13}C_{PDB}$/‰			$\delta^{13}C_2$/‰	类型
			甲烷	乙烷	二氧化碳		
大隆组	HD1-DL-J5	1252.07～1252.33	-28.3	-34.6	-22.0	<-29.00	腐泥型天然气
	HD1-DL-J9	1259.07～1259.37	-26.3	-32.3	-21.0	<-29.00	腐泥型天然气
	HD1-DL-J13	1267.47～1267.75	-25.4	-30.4	-21.5	<-29.00	腐泥型天然气
	HD1-DL-J15	1271.34～1271.55	-26.2	-33.1	-18.5	<-29.00	腐泥型天然气
	HD1-DL-J17	1275.37～1275.65	-28.8	-33.9	-21.0	<-29.00	腐泥型天然气
	HD1-DL-J19	1279.01～1279.24	-28.5	-33.4	-22.0	<-29.00	腐泥型天然气
	HD1-DL-J21	1283.45～1283.73	-28.8	-34.6	-21.2	<-29.00	腐泥型天然气
	HD1-DL-J23	1287.17～1287.45	-27.3	-34.1	-21.4	<-29.00	腐泥型天然气

干酪根组分鉴定的差异可能与测试方法及有机质的热演化程度较高有关，而干酪根碳同位素($\delta^{13}C$)依然是被公认有效的。一般来说，烃源岩干酪根碳同位素$\delta^{13}C_{干}$≤-29‰为I型，$\delta^{13}C_{干}$为-29‰～-26%为II_1型，$\delta^{13}C_{干}$为-26‰～-25‰为II_2型，$\delta^{13}C_{干}$≥-25‰为III型。干酪根碳同位素为-27.836‰～-25.663‰，平均值为-26.803‰，且小于-26‰的样品可占81%(表 5-5)，其中建始白杨坪剖面的泥页岩碳同位素分析显示，$\delta^{13}C$值分布在-27.86‰～-24.54‰，平均值为-24.36‰；恩施双河剖面干酪根碳同位素值为-28.208‰～-25.683‰，平均值为-26.79‰；恩施三岔乡剖面龙马溪组干酪根碳同位素值为-27.836‰～-25.663‰，平均值为-26.76‰。由此可见，鄂西地区二叠系大隆组黑色岩系干酪根类型以II_1为主，其次为II_2型。

表 5-5 鄂西地区二叠系大隆组有机质干酪根 $\delta^{13}C_{PDB}$ 特征

来样编号	野外命名	层位	干酪根 $\delta^{13}C_{PDB}$/‰
MHPP-B0-4	含碳硅质泥岩	大隆组	−25.875
MHPP-B1	硅质泥岩	大隆组	−26.168
MHPP-B3	含粉砂碳质泥岩	大隆组	−27.136
MHPP-B5	碳质硅质泥岩	大隆组	−27.513
MHPP-B7	含粉砂碳质泥岩	大隆组	−27.002
MHPP-B9	硅质岩	大隆组	−27.096
MHPP-B11	碳质粉砂岩	大隆组	−26.955
MHPP-B12	碳质泥岩	大隆组	−26.107
MHPP-B14	含粉砂碳质泥岩	大隆组	−27.155
MHPP-B15	钙质粉砂质泥岩	大隆组	−27.231
ESP-B1	硅质岩	大隆组	−25.663
ESP-B3	碳质硅质泥岩	大隆组	−26.755
ESP-B6	碳质粉砂质泥岩	大隆组	−27.836
ESP-B9	碳质硅质泥岩	大隆组	−26.789
ESHP-B0	含生屑含粉砂硅质泥岩	大隆组	−26.398
ESHP-B1	含粉砂碳质硅质泥岩	大隆组	−26.150
ESHP-B2	含粉砂碳质硅质泥岩	大隆组	−25.683
ESHP-B3	含粉砂碳质硅质泥岩	大隆组	−26.394
ESHP-B7	碳质泥岩	大隆组	−25.887
ESHP-B9	碳质硅质泥岩	大隆组	−27.484
ESHP-B11	碳质硅质泥岩	大隆组	−26.821
ESHP-B13	碳质硅质泥岩	大隆组	−28.208
ESHP-B18	碳质硅质泥岩	大隆组	−27.460
ESHP-B24	碳质硅质泥岩	大隆组	−27.404
SHP-B1	含碳硅质岩	大隆组	−27.006
SHP-B3	碳质硅质泥岩	大隆组	−27.499
SHP-B9	碳质硅质泥岩	大隆组	−27.351
EXP-B1	碳质硅质泥岩	大隆组	−27.427
EXP-B5	含粉砂碳质泥岩	大隆组	−26.735
HZP-B3	碳质粉砂质泥岩	大隆组	−26.98
ETP-B4	碳质泥岩	大隆组	−26.85
BY-P2lt-1	碳质页岩	大隆组	−26.12
BY-P2lt-2	碳质页岩	大隆组	−25.13
BY-P2lt-3	碳质泥岩	大隆组	−24.88
BY-P2lt-4	碳质页岩	大隆组	−24.83
BY-P2lt-5	碳质泥岩	大隆组	−24.86
BY-P2lt-6	碳质页岩	大隆组	−26.79
BY-P2lt-7	碳质页岩	大隆组	−24.92
BY-P2lt-8	碳质泥岩	大隆组	−24.70
BY-P3d-1	碳质泥岩	大隆组	−26.21
BY-P3d-2	含硅质碳质页岩	大隆组	−27.86
BY-P3d-3	含硅质碳质页岩	大隆组	−27.74
BY-P3d-4	含硅质碳质页岩	大隆组	−27.36

5.2　富有机质泥页岩有机质丰度

页岩中的有机碳是页岩气的物质来源，总有机碳含量是评价页岩气生成与赋存条件的重要指标，众多含页岩气的研究实例表明页岩气的吸附能力与页岩的有机碳含量之间存在着线性关系，因而有机碳含量是进行页岩气生成潜力及含气性评价的基本参数。评价泥页岩有机质丰度的地化指标以总有机碳含量(TOC)为主，同时岩石热解资料也可作为参考指标。由于研究区内二叠系泥页岩已达过成熟阶段，导致岩石中的可溶烃和热解烃很低，失去了参考价值，所以本书在综合分析研究 TOC 和岩石热解分析结果的基础上，以 TOC 分析结果开展泥页岩有机质丰度研究。

根据焦石坝地区页岩气勘探认识及行业标准，依据泥页岩有机碳含量高低将其划分为四个类型(表 5-6)。

表 5-6　页岩气泥页岩总有机碳含量分类表

分类	总有机碳含量(TOC)/%
特高	≥4.0
高	[2.0，4.0)
中	[1.0，2.0)
低	<1.0

鄂西南地区二叠系大隆组富有机质的黑色岩系十分发育，总有机碳含量(TOC)为0.38%～17.74%，主要分布区间为2.0%～6.0%，平均为5.51%。垂向上，总体上呈现有机质含量减少的特征，而其变化趋势也呈现向上逐渐减小再增加的特征，即有机碳含量底部较高，向上呈不均匀逐渐减少的特征，顶部又呈现相对增加的层段(图 5-1)。其中由鹤地1井大隆组全井段有机质含量可知，TOC 为0.49%～13.07%，主要分布区间为4.0%～6.0%，平均为5.14%。研究区大隆组野外露头样品的 TOC 分析 140 件(表 5-7)，其中大溪村剖面分析 10 件、董家村剖面分析 8 件、楠木村剖面分析 6 件、墙台村剖面分析 22 件、石灰窑村剖面分析 5 件、长树湾村剖面分析 5 件、杨家田剖面分析 14 件、白杨坪剖面分析 8 件、三岔乡剖面分析 6 件、天桥剖面分析 4 件、董家湾剖面分析 4 件、双河剖面分析 25 件、马虎坪剖面分析 14 件、钟家坪剖面分析 4 件、七眼泉剖面分析 5 件，由于野外采样主要是对黑色与暗色岩系进行取样，因此野外剖面计算出的有机碳含量值应比剖面上大隆组实际有机碳含量要高。

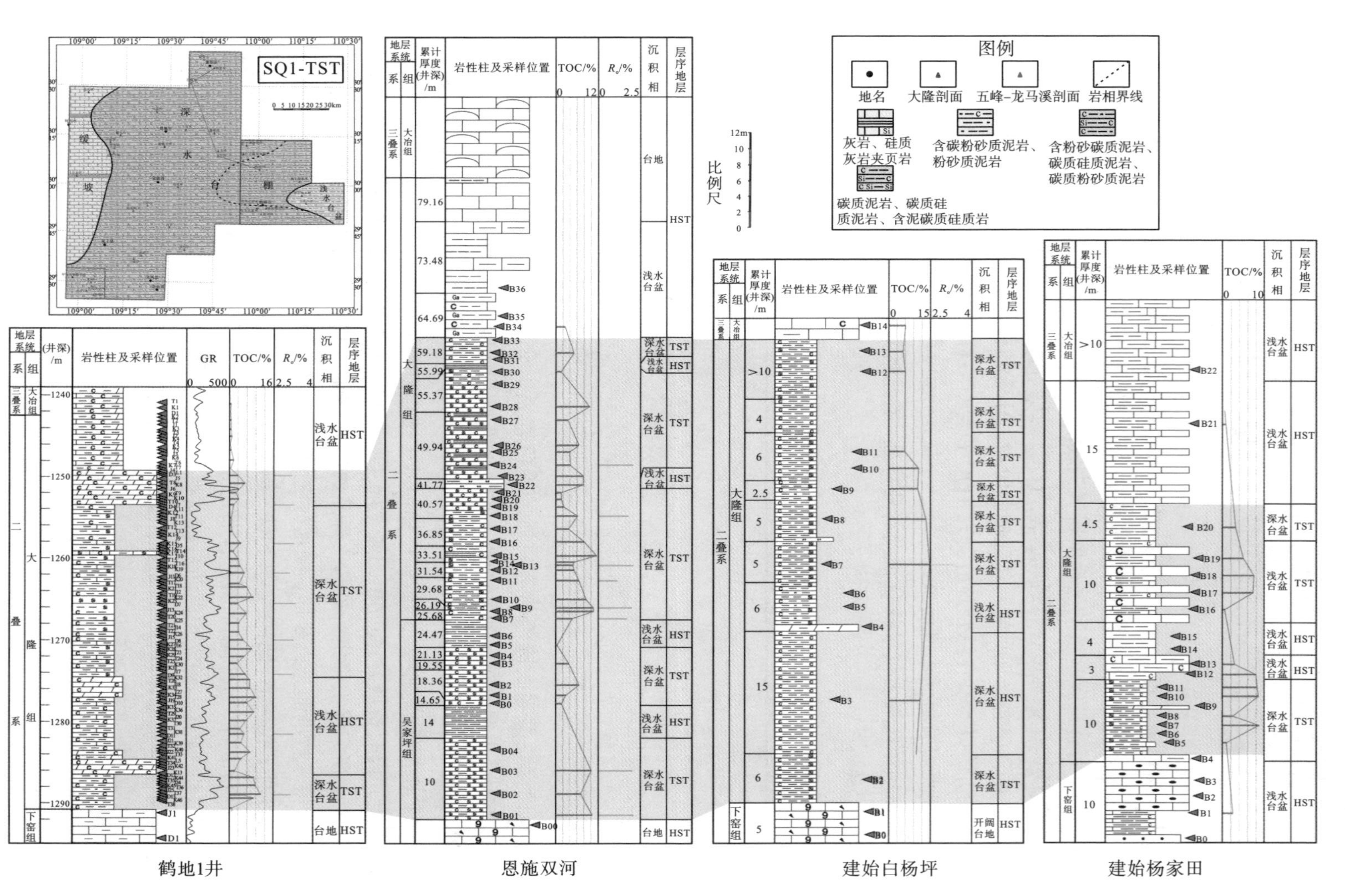

图5-1 鹤地1井-恩施双河-建始白杨坪-建始杨家田二叠系大隆组有机质垂向发育特征

表 5-7　鄂西地区二叠系大隆组有机碳含量统计表

剖面序号	样品数量	TOC/%			采样位置
		范围	集中段	平均值	
PM010	10	0.33～17.34	1.89～7.20	5.38	容美镇大溪村
PM015	8	2.57～12.71	5.87～2.17	8.39	燕子乡董家村
PM016	6	2.58～11.55	5.32～7.70	6.67	燕子乡楠木村
PM021	22	1.19～12.68	2.03～7.02	5.24	容美镇墙台村
PM022	5	4.29～16.43	5.51～9.18	8.44	红土溪乡石灰窑村
PM023	5	0.66～17.31	1.45～6.37	3.87	红土溪乡长树湾村
JYP	14	0.45～8.30	2.13～7.8	5.35	建始杨家田
JBP	8	4.09～16.30	4.07～8.20	7.34	建始白杨坪
ESP	6	2.34～9.18	3.33～4.78	4.98	恩施三岔乡
ETP	4	8.33～12.69	8.33～12.17	11.15	恩施天桥
EXP	4	3.39～7.47	3.39～4.00	4.15	恩施董家湾
ESHP	25	1.59～11.67	4.03～8.67	5.69	恩施双河
MHPP	14	1.05～14.86	3.23～9.87	7.19	宣恩马虎坪
HZP	4	5.50～7.91	5.50～7.62	6.02	鹤峰钟家坪
HQP	5	0.38～4.81	1.59～4.19	4.86	鹤峰七眼泉

分析结果表明，大隆组有机质丰度整体高-特高，总体达到好页岩气层标准，除了个别遭受风化的样品，几乎全部样品 TOC 均满足最低品位，TOC 大于 1%的样品所占比率达 97%，大于 4%的样品达 68%。其中，鹤地 1 井大隆组 TOC 大于 1%的样品所占比率为 93.1%，大于 4%的样品达 72.1%(图 5-2)。

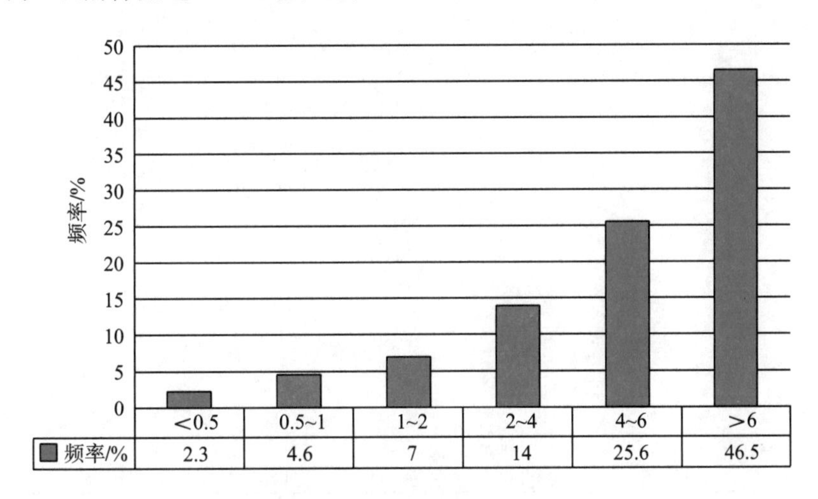

图 5-2　鹤地 1 井上二叠统大隆组 TOC 频率分布直方图

平面上，有机碳含量的展布特征应受沉积相的控制，研究区大隆组以 TOC≥2%为主，受不同地区不同体系域中发育厚度不同，以及采样密度差异的影响，大隆组全层段 TOC 含量及富有机质暗色岩系的厚度特征与不同层序体系域的沉积相展布特征有一定的差异，但是总体相关性较好。二叠系大隆组 TOC 整体分布特征为由靠近中心处向两侧逐渐减少，呈近似南东-北西向展布，TOC 总体上几乎全部大于 4%，约占全区的 90%以上(图 5-3)。TOC>1%的富有机质岩系的平面展布特征(图 5-4)与二叠系大隆组全层段有机碳含量的展布特征近似，说明二叠系大隆组有机碳含量较高，主要分布在 5.5%～9.0%，研究区西部恩施天桥剖面有机质丰度最高，TOC 平均值为 11.15%，但各剖面 TOC 多大于 2%，明显高于四川盆地五峰组-龙马溪组黑色页岩有机质丰度。TOC>1%与 TOC>2%的沉积厚度的展布特征与有机碳含量的展布特征十分相似，均是由中心处向两侧逐渐减少，其中 TOC>1%的富有机质岩系其沉积厚度主要大于 30m，大于 50m 的大隆组主要分布在恩施-鹤峰呈近北西-南东向；TOC>2%的富有机质岩系其沉积厚度主要大于 20m，其展布面积约占 70%以上(图 5-5，图 5-6)。

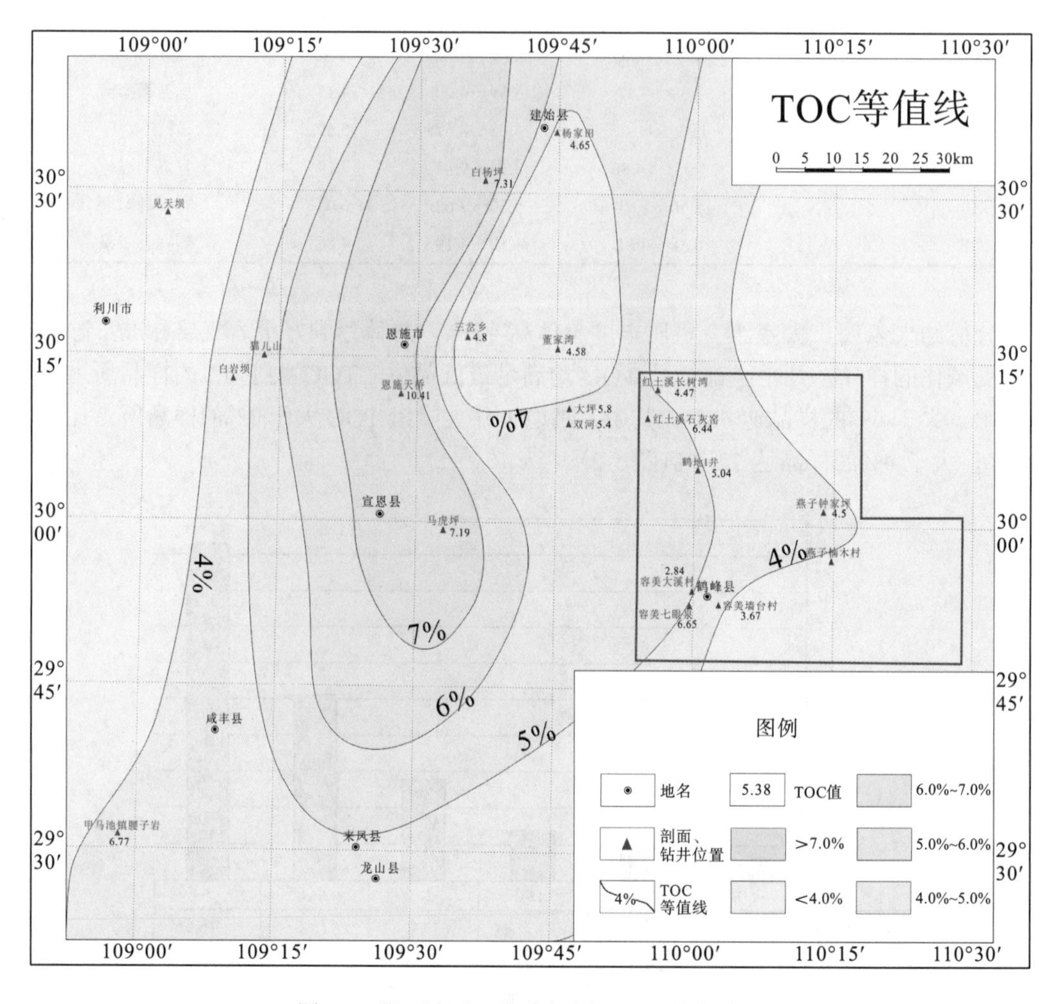

图 5-3 鄂西地区二叠系大隆组 TOC 等值线图

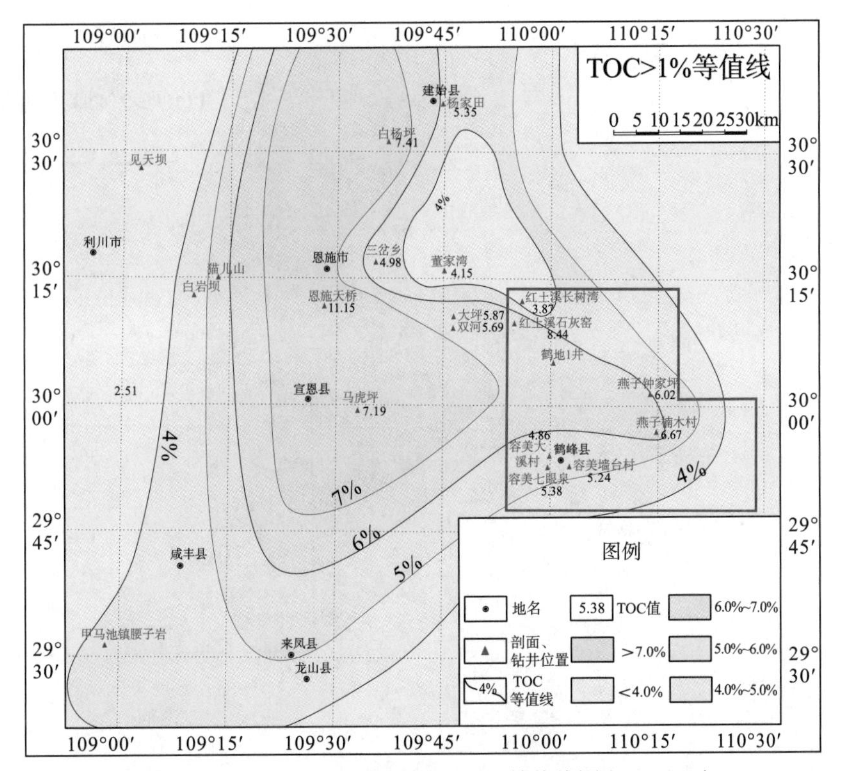

图 5-4　鄂西地区二叠系大隆组 TOC 等值线图(TOC>1%)

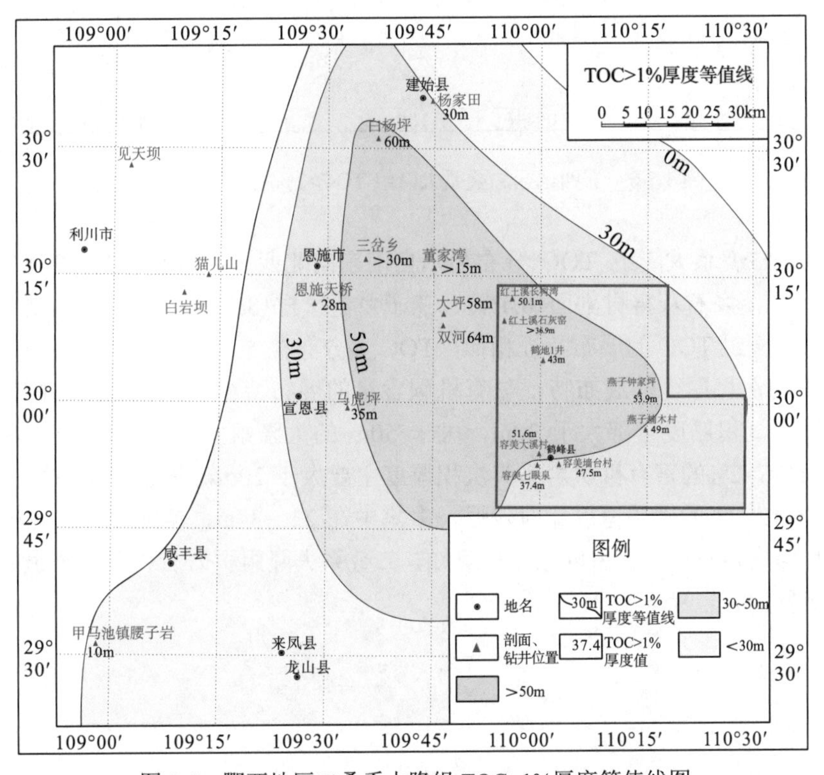

图 5-5　鄂西地区二叠系大隆组 TOC>1%厚度等值线图

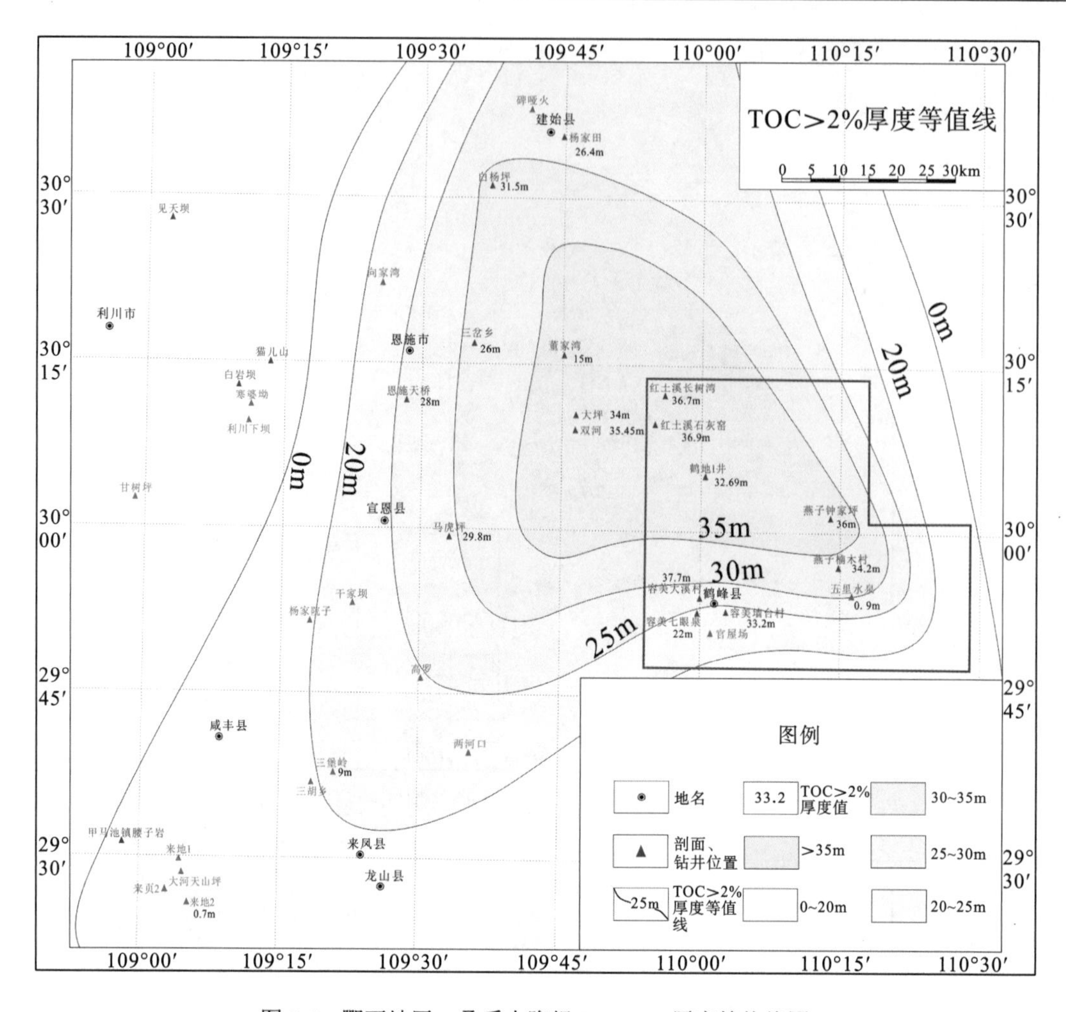

图 5-6　鄂西地区二叠系大隆组 TOC>2%厚度等值线图

鹤峰区块二叠系大隆组 TOC 分布显示自南东向北西方向逐渐增大，TOC 主要大于 4%，其中红土溪乡石灰窑村剖面(8.4%)、燕子乡董家村(8.39%)均达到 8%以上。与鄂西地区二叠系大隆组 TOC 的展布特征相似，TOC 多分布在 5.2%～6.7%(图 5-7)。TOC>1%与 TOC>2%的沉积厚度的展布特征与有机碳含量的展布特征十分相似，其中 TOC>1%的富有机质岩系沉积厚度全部大于 30m，大于 50m 的大隆组主要分布在 TOC>6%的地方(图 5-8)；TOC>2%的富有机质岩系其沉积厚度主要大于 20m，其展布面积约占 85%以上(图 5-9)，TOC>2%的地层厚度相对较厚，多集中在 22～34m，整体来说鹤峰区块有机质丰度较高且厚度相对稳定。由以上分析可知，二叠系大隆组页岩有机碳含量最高、品质最好，达到极好烃源岩标准。

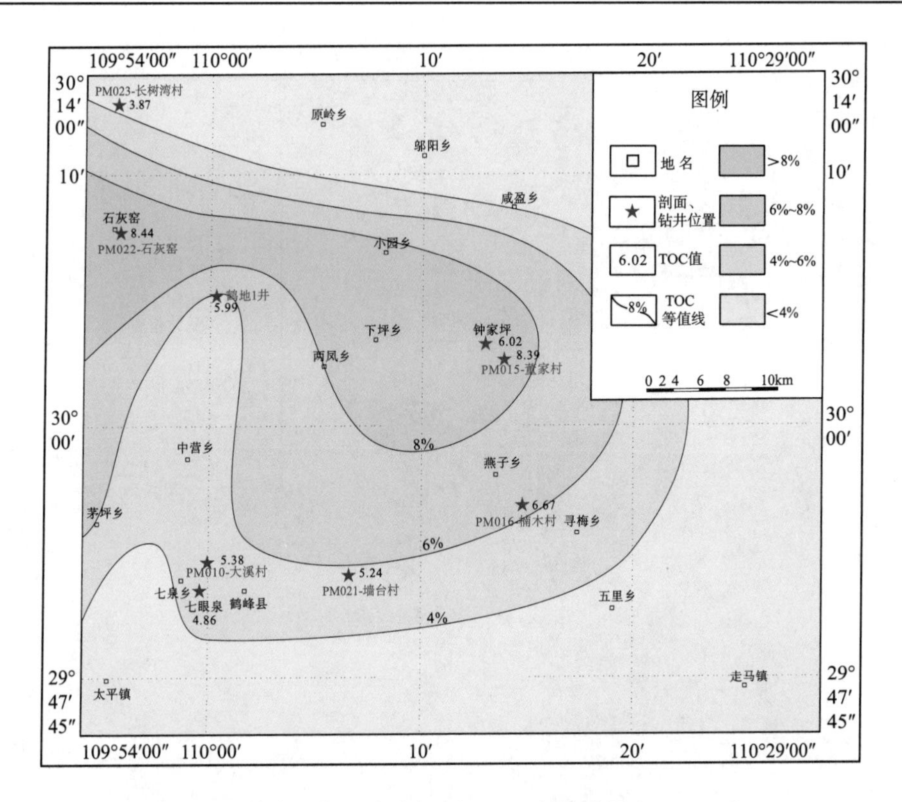

图 5-7　鹤峰区块二叠系大隆组 TOC 等值线图(TOC>1%)

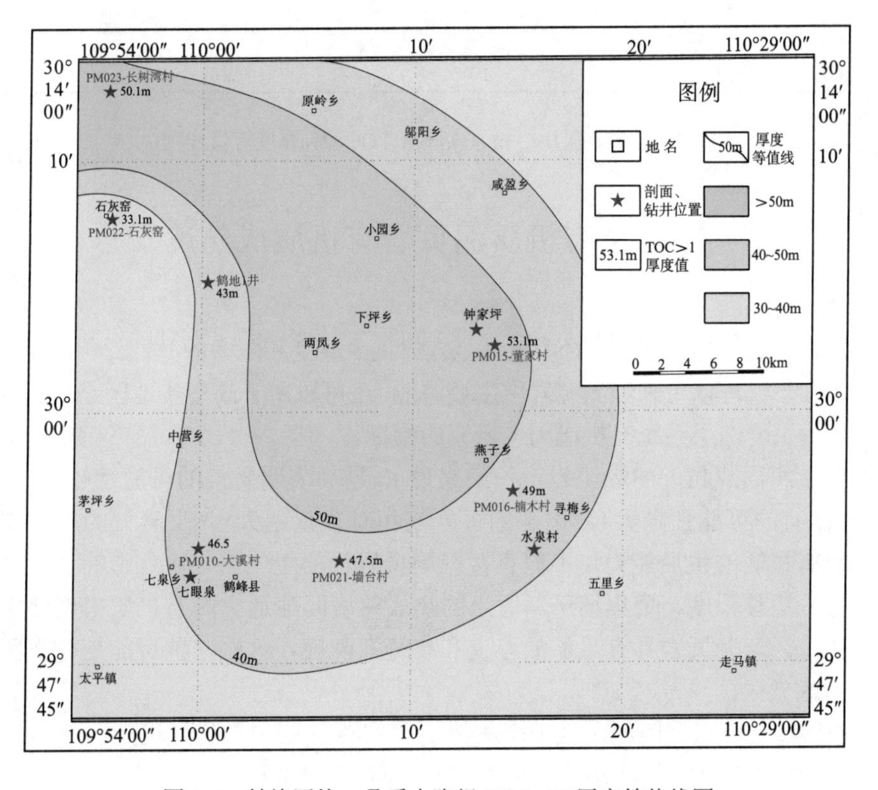

图 5-8　鹤峰区块二叠系大隆组 TOC>1%厚度等值线图

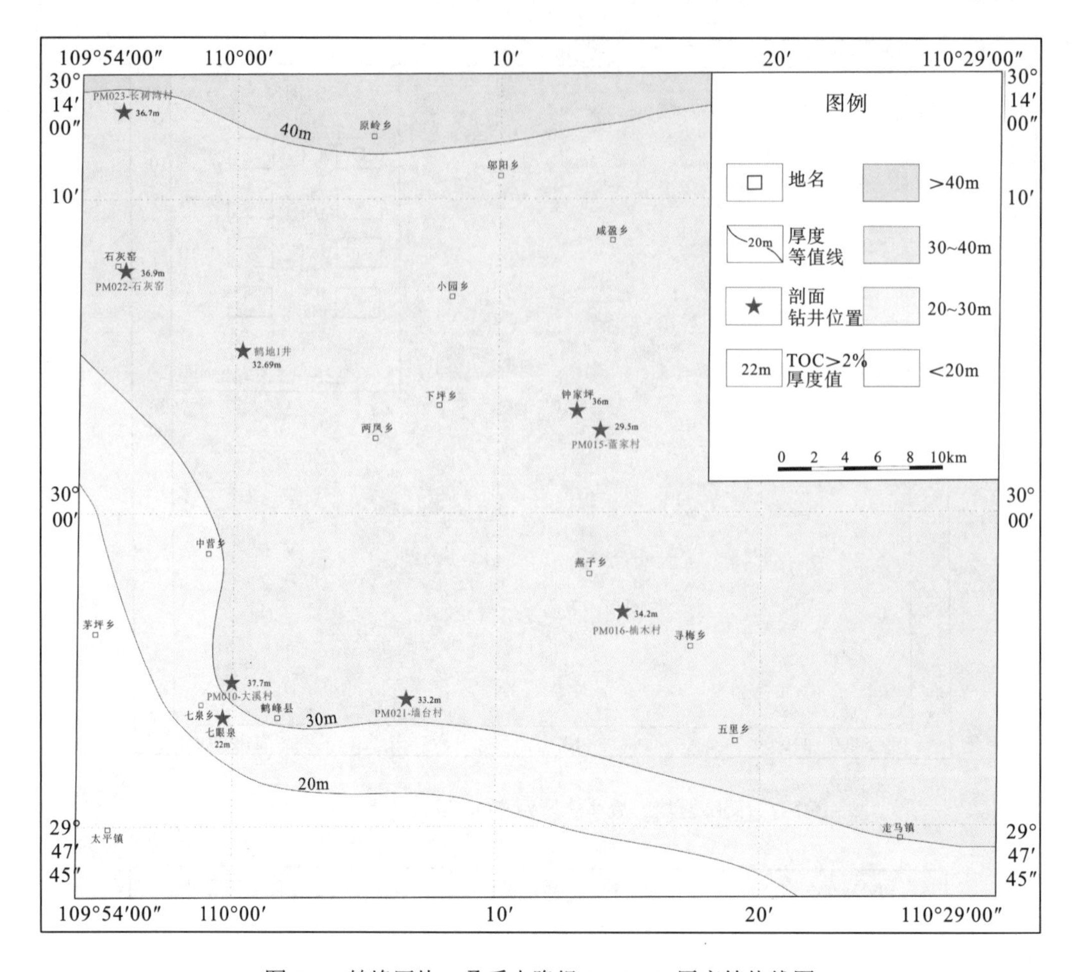

图 5-9 鹤峰区块二叠系大隆组 TOC>2%厚度等值线图

5.3 富有机质泥页岩有机质成熟度

在热成因页岩气的储层中，烃类气体是在时间、温度和压力的共同作用下生成的。干酪根的成熟度不仅可以用来预测源岩中生烃潜能，还可以用于高变质地区寻找裂缝性页岩气储层，作为页岩储层系统有机成因气研究的指标。

对于质量相同或相近的烃源岩，一般来说 R_o 越高表明生气的可能性越大(生气量越大)，裂缝发育的可能性越大(游离态的页岩气相对含量越大)，页岩气的产量越高。热成熟度控制有机质的生烃能力，不但直接影响页岩气的生气量，而且影响生烃后天然气的赋存状态、运移程度、聚集场所。适当的热成熟度匹配适宜的有机质丰度使生气作用处于最佳状态，若泥页岩具有足够的厚度和裂缝孔隙度，这些地区可能是勘探和开采页岩气的有利远景区。

鄂西南地区二叠系大隆组多处于高成熟-过成熟演化阶段，大隆组 R_o 分析共 80 样次(表 5-8)。其中容美镇大溪村分析 10 件、燕子乡董家村分析 8 件、燕子乡楠木村分析 6

件、容美镇墙台村分析 22 件、红土溪乡石灰窑村分析 5 件、红土溪乡长树湾村分析 5 件、恩施三岔乡分析 3 件、恩施董家湾分析 2 件、恩施双河分析 9 件、恩施大坪分析 3 件、宣恩马虎坪分析 7 件。分析结果表明，大隆组 R_o 均处于过成熟阶段。其中 R_o 最大值达 3.0%，最小值为 0.57%，分布范围主要集中在 2.07%～2.68%，绝大部分样品为过成熟。其镜质体反射率(R_o)数值在垂向上变化不明显，可能与其相对较薄的沉积厚度有关。

表 5-8　鄂西地区二叠系大隆组镜质体反射率统计表

剖面序号	样品数量	R_o/%			采样位置
		范围	集中段	平均值	
PM010	10	2.27～2.53	2.34～2.46	2.39	容美镇大溪村
PM015	8	2.48～2.60	2.53～2.58	2.56	燕子乡董家村
PM016	6	1.81～2.21	1.91～2.19	2.05	燕子乡楠木村
PM021	22	2.08～2.28	2.17～2.24	2.19	容美镇墙台村
PM022	5	2.58～2.70	2.61～2.68	2.64	红土溪乡石灰窑村
PM023	5	2.15～2.61	2.43～2.58	2.47	红土溪乡长树湾村
ESP	3	0.6～1.31	0.6～1.31	0.99	恩施三岔乡
EXP	2	1.79～2.00	1.79～2.00	1.90	恩施董家湾
ESHP	9	0.57～2.11	0.82～1.71	1.43	恩施双河
SHP	3	2.07～2.16	2.07～2.16	2.12	恩施大坪
MHPP	7	1.49～3.00	2.13～2.73	2.45	宣恩马虎坪

平面上，鄂西地区二叠系大隆组 R_o 整体展布趋势主要参考“湖北鹤峰、来凤咸丰页岩气区块资源潜力分析及勘探目标优选”项目与“湖北省富有机页岩地层岩相古地理与有利目标区预测”项目研究成果。分布特征为由南东往西北逐渐增大，R_o 主要分布在 2.0%～3.0%，其中北部的建始白杨坪剖面 R_o 最高，平均值为 3.35%(图 5-10)。恩施三岔乡、恩施双河和恩施董家湾剖面作为同一批次的样品，其结果可能受分析测试方法的影响，明显较低，与其他方式获得的有机质热演化程度不符。鹤峰区块二叠系大隆组 R_o 整体由南东往西北逐渐增大(图 5-11)，位于东南角处的鹤峰墙台村与楠木村的 R_o 平均值分别为 2.19% 与 2.05%，为该区块热演化程度最低的地区，但仍大于 1.3%的生气下限，由此可见，研究区二叠系大隆组有机质热演化程度较有利于页岩气的生成。

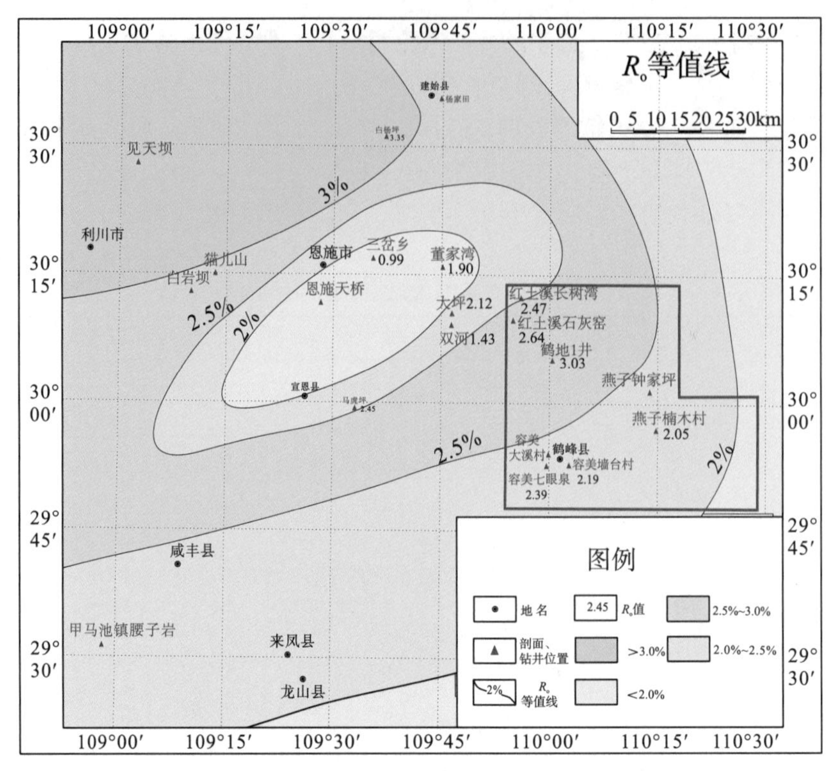

图 5-10　鄂西地区二叠系大隆组 R_o 等值线图

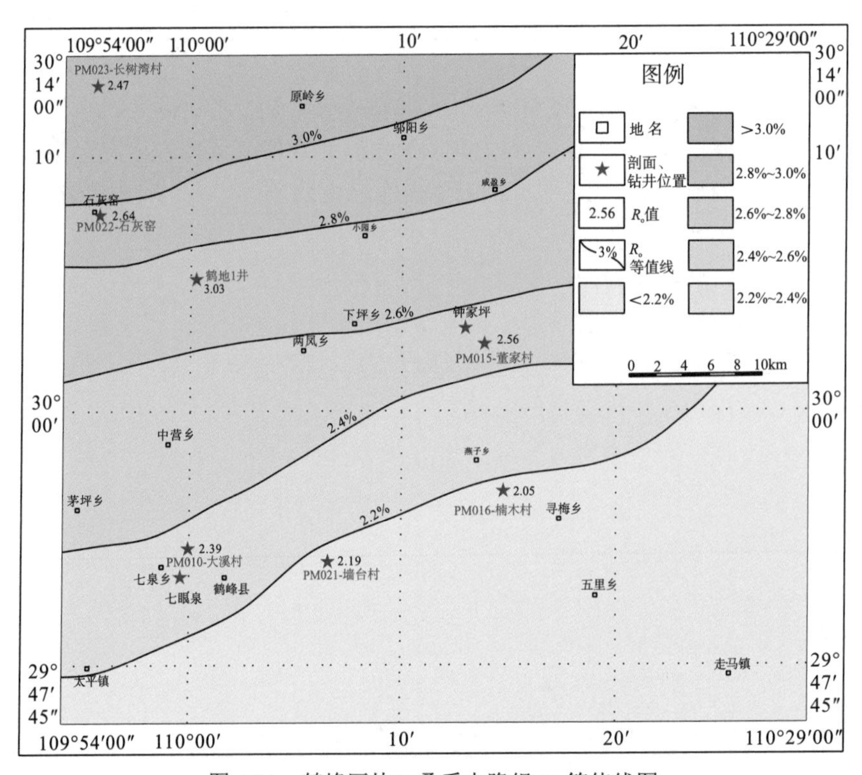

图 5-11　鹤峰区块二叠系大隆组 R_o 等值线图

第六章　鄂西南地区二叠系大隆组矿物组分及岩石学特征研究

沉积岩的原始物质组分和组构特征是控制其成岩作用的内在因素，在一定的成岩背景下，碎屑组分和沉积结构的物理、化学性质不同，直接决定了泥岩成岩作用的速率和规模，影响其孔隙演化。对于富有机质泥页岩，矿物组分影响其生烃模式和排烃效率。矿物组分研究对于页岩气地质资源评价、成藏机理分析及开发措施工艺设计等具有重要意义，也是页岩气储层描述和评价的重要指标。

施春华等(2013)综合前人的研究成果提出黑色岩系的概念，认为黑色岩系指一套深灰色-黑色的岩石组合，岩石类型多样，并以泥页岩、硅质岩、碳酸盐岩、沉凝灰岩及其变质岩为主，其中富含多种金属元素硫化物。鄂西地区二叠系大隆组主要为一套包含有碳酸盐岩、泥页岩和硅质岩(硅岩)的黑色富有机质岩石组合(牛志军等，2000；王一刚等，2006；遇昊等，2012)，并发育斑脱岩层，符合黑色岩系的概念，因此此次的研究对象为鹤峰区块二叠系大隆组黑色岩系。在页岩气的研究中，泥页岩的原始组分应为页岩储层评价时考虑的因素(Ross and Bustin，2007a)。矿物组分不仅是划分岩石类型的主要依据之一，也是识别沉积环境的重要因素之一，对于页岩气研究，矿物组分特征分析是进行页岩气地质资源评价、成藏机理分析及开发措施工艺设计等的基础(陈尚斌等，2011)。岩石学特征和岩石类型作为研究页岩气的基本要素之一，且作为页岩气藏发育的赋存载体，具有其独特的岩石学特征，识别不同的岩石类型及其特征，不仅是评价页岩含气性、渗流能力和力学性质的重要步骤(Hickey and Henk，2007)，也是评价页岩气藏形成条件、原位含气量和资源量等的关键，同时岩相作为沉积环境的重要物质表现，反映沉积环境的特征(杨振恒等，2010；牟传龙等，2016a)。

6.1　矿物组分特征

鄂西南地区二叠系大隆组暗色岩系发育的矿物组分类型较均一，而其含量在垂向上和平面上均表现为一定的非均质性。根据此次野外观测的 11 条二叠系大隆组剖面，共 140 件样品的 X-衍射分析测试结果可知，矿物组分以石英、黏土矿物为主，其次为长石和碳酸盐矿物。其中石英含量变化较大，主要为 30%～90%，约占全部样品的 93%，平均为 71.5%；黏土矿物含量变化也较大，平均为 21.7%，主要小于 50%，约占全部样品的 93.6%；长石以斜长石含量高于钾长石为特征，斜长石含量为 0%～26.1%，平均为 2.68%，钾长石含量为 0%～4.5%，平均为 0.23%；碳酸盐矿物含量局部发育，方解石含量相对白云石较高，呈垂向上明显局部发育的特征；黄铁矿总体检测到的较少，且分布局限，而在野外观测和扫描电镜下均可见到晶粒状或莓粒状的黄铁矿，可能与后期人为影响和风化作用影响造成黄铁矿晶粒脱落有关，其含量最高可达 10.6%。黏土矿物几乎全部为伊利石，局部地区、层段见少量的伊蒙混层矿物和绿泥石，共占全部样品的 1%以下。黏土矿物中不含有绿泥石不仅说明研究区距物源区远，也说明在后期成岩作用中，成岩流体中缺少亚铁离子或镁离子。结合鹤峰区块区调资料可知，其二叠系大隆组矿物组分仍以石英、黏土矿物为主，其次为长石和碳酸盐矿物。其中，石英含量为 9.7%～96.8%，平均为 60%；黏土矿物含量为 0%～44%，平均为 18.4%；长石也明显地呈现斜长石含量较高的特征，钾长石和斜长石的含量分别为 0%～2%与 0%～12.3%，平均分别为 0.26%与 5.36%；碳酸盐矿物总体含量较低，但呈局部层段富集的特征，方解石含量相对较高，为 0%～42%，平均为 8.94%，白云石含量为 0%～69.7%，平均为 6.3%。黄铁矿受后期风化作用的影响多被剥蚀殆尽，其最高为 5.4%，平均为 0.73%。

偏光显微镜下，主要呈泥质结构，其次为含粉砂泥质结构和硅质泥质结构，碎屑颗粒主要呈漂浮状分布于泥质和胶结物基底中，其含量多小于 10%，粉砂质碎屑物主要由石英颗粒组成，长石较少，见斜长石碎屑颗粒具选择性溶蚀作用，溶蚀孔内充填有机质，粒度通常小于 0.05mm；胶结物与泥质碎屑多与黑色有机质共生，胶结物包括黏土矿物、硅质、碳酸盐矿物及黄铁矿，泥质碎屑呈黑色、灰黑色或褐色团块状，主要包括泥级的石英、长石及黏土矿物(图 6-1A,B)。粉砂质碎屑主要呈棱角状、次棱角状外形，粒径一般为 0.004～0.05mm，分选较差，分布不均匀。黏土矿物主要呈隐晶状、显微鳞片状，部分重结晶，长轴方向顺层分布，片径一般小于 0.03mm，多与碳质共生组成基底。碳质呈斑块状、片状、网状，与泥质等混杂分布。硅质呈显微晶质，呈斑点状分布于泥质中，片径多为 0.03～0.5mm。并见一定量的砂屑和生屑发育，放射虫主要呈硅质，砂屑或小球粒呈钙质(图 6-1C,D)。碳酸盐矿物主要呈微细晶结构，晶形较好，多为半自形-自形晶。由奥陶系五峰组-志留系龙马溪组暗色岩系的发育可知，其中泥级碎屑物质主要是由石英、长石和黏土矿物组成，X-衍射所测石英、长石矿物的含量包括陆源粉砂碎屑和泥级基质两大类。扫描电镜下，石英、硅质、长石、伊利石和碳酸盐矿物为主要组成矿物，有机质总体含量较高，且多与自生石英、伊利石和硅质共生；局部具有黏土矿物与脆性矿物组成顺层展布的特征，岩石总体致密，孔隙、裂隙均不发育(图 6-1E,F)，而野外露头样品中受风化作用影响严重发育大量的溶蚀孔隙。

石英包括碎屑石英和硅质胶结物，碎屑石英发育很少，干净明亮，分选一般较好，磨圆较差，粒度主要为 0.01～0.03mm(图 6-2A)，局部发育大量的呈放射虫状的生物成因类型(图 6-2C,D)。扫描电镜下，发现自生和次生的石英十分发育，自生石英晶形较好，晶体大小为 2～10μm，有的可达纳米级，且多与自生黏土矿物和有机质共生，单晶状为主，晶体间充填黏土矿物和有机质(图 6-2B)。自生和次生的硅质呈不规则状为主，多与黏土矿物、有机质共生，表面干净、均匀(图 6-2C)，受到溶蚀作用影响，发育少量的溶蚀孔隙。局部层段可见硅岩发育，全部由硅质组成，短纤维状石英晶簇组成絮团状集合体，总体呈蜂窝状结构(图 6-2D)，应为化学沉淀的产物。常见不规则的硅质与较自形的石英晶粒与有机质共生，可能指示硅质和石英晶粒的形成时间较早，或者是后期在孔隙中原地胶结的特征。

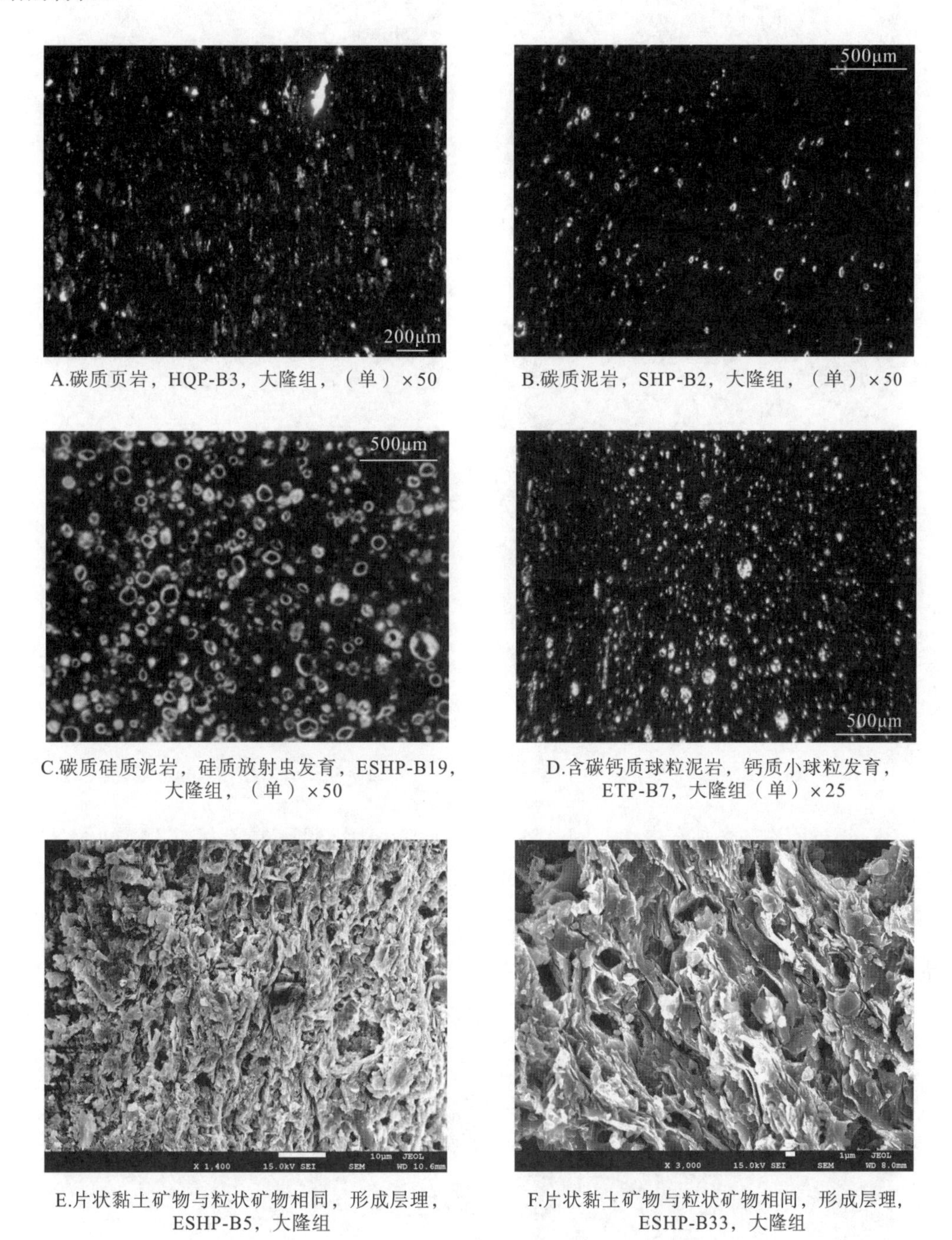

A.碳质页岩，HQP-B3，大隆组，（单）×50

B.碳质泥岩，SHP-B2，大隆组，（单）×50

C.碳质硅质泥岩，硅质放射虫发育，ESHP-B19，大隆组，（单）×50

D.含碳钙质球粒泥岩，钙质小球粒发育，ETP-B7，大隆组（单）×25

E.片状黏土矿物与粒状矿物相同，形成层理，ESHP-B5，大隆组

F.片状黏土矿物与粒状矿物相间，形成层理，ESHP-B33，大隆组

图 6-1　鄂西南地区二叠系大隆组岩石组分显微特征

A.碳质页岩，石英具溶蚀边缘，ESHP-B8，（正）×50

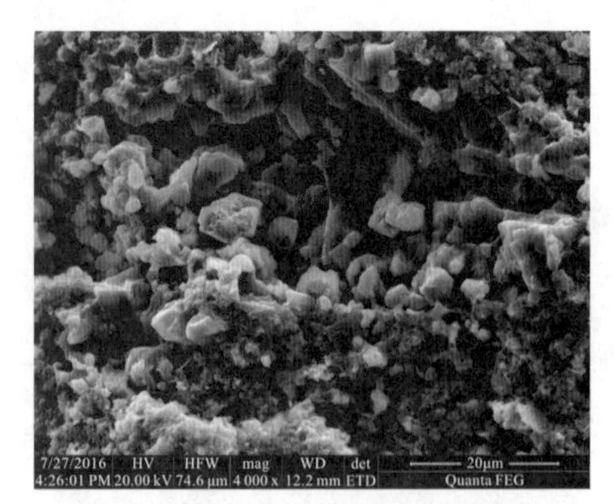

B.自生石英，并发育晶间孔，MHPP-B4，大隆组

C.球粒状硅质与伊利石共生，MHPP-B14，大隆组

D.絮团状集合体，短纤维状石英晶簇，MHPP-B10，大隆组

图 6-2　鄂西南地区二叠系大隆组石英与硅质矿物显微特征

长石分布不均匀，具有自生成因的钠长石和碎屑成因类型，粒度相对石英较大，受溶蚀作用的影响，表面较污浊，弱黏土化或部分被碳酸盐矿物交代，可见不规则的溶蚀边缘和溶蚀孔隙(图 6-3)。其中，自生成因类型具有较好的晶形，且常充填溶蚀的缝隙，指示其为后期成岩作用的产物。

A.碎屑长石及其蚀变，MHPP-B8，大隆组

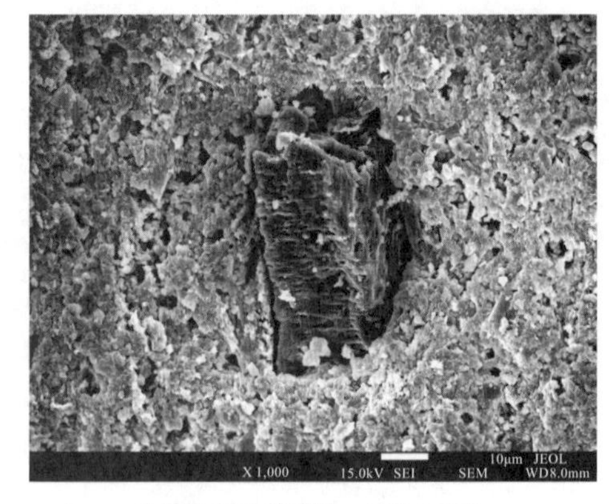

B.钠长石及其溶蚀，ESHP-B20，大隆组

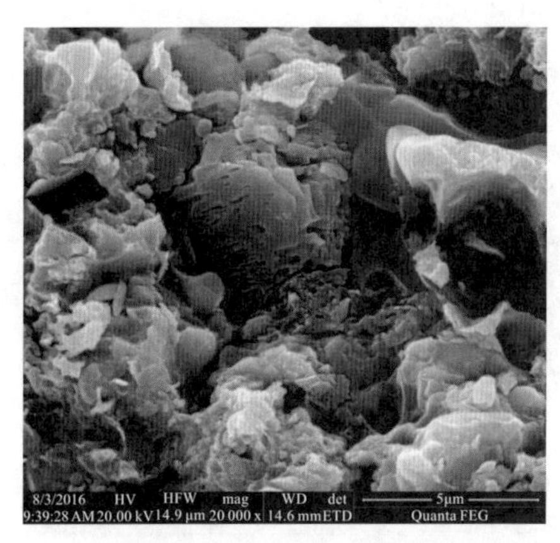

C.长石及其定向溶蚀孔，见硅质与有机质共生，ESP-B3，大隆组

D.孔缝内及边缘的钠长石，ESHP-B15，大隆组

图 6-3　鄂西南地区二叠系大隆组长石显微特征

黄铁矿普遍存在，分布不均匀，常具自形或半自形晶粒状，或呈莓粒状集合体(图 6-4A)，可见有机质与莓粒状黄铁矿共生(图 6-4B)，以及在露头样品中可见受风化作用影响造成黄体矿晶体脱落后形成的有机质铸模孔(图 6-4C)，指示其是沉积物形成早期和同生期生成的自生矿物，其晶间孔发育；晶粒状黄铁矿个体较大，单晶个体均在 5μm 以上，分散状分布，指示其为次生成因类型(图 6-4D)；莓粒状集合体大小为 5～10μm，单晶多小于 1μm，单晶个体相对五峰组-龙马溪组的莓粒状黄铁矿单晶较小，指示其沉积水体较深。

方解石和白云石局部富集，单偏光下多见亮晶，具自形、半自形晶粒状特征和不规则状充填，常交代石英、长石和填隙物。其中，局部可见致密胶结的方解石，甚至发育呈结核状，常见的晶粒状类型发育晶间孔，以及与黏土矿物和有机质共生的特征(图 6-5)。碳酸盐矿物的发育特征，主要指示其为成岩作用期的产物。

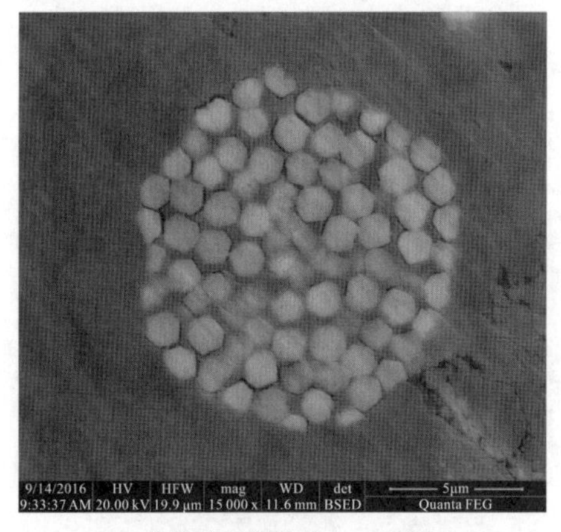

A.黄铁矿呈莓粒状，SHP-B9，大隆组

B.莓粒状黄铁矿与有机质，MHPP-B6，大隆组

C.黄铁矿在沥青体中留下的铸模孔，JYP-B8，大隆组

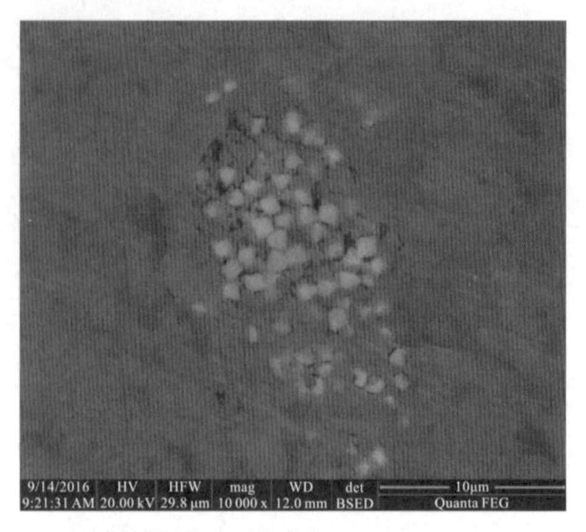

D.晶粒状黄铁矿，并发育晶间孔，SHP-B10，大隆组

图 6-4 鄂西南地区奥陶系五峰组-志留系龙马溪组黄铁矿显微特征

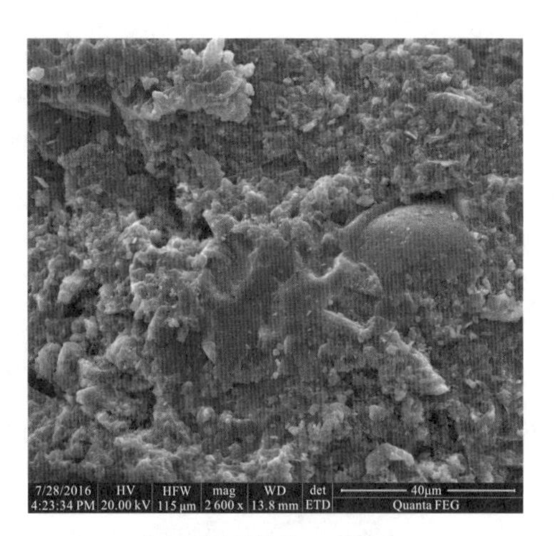

A.方解石及其结核，MHPP-B9，大隆组

B.方解石及晶间孔，MHPP-B15，大隆组

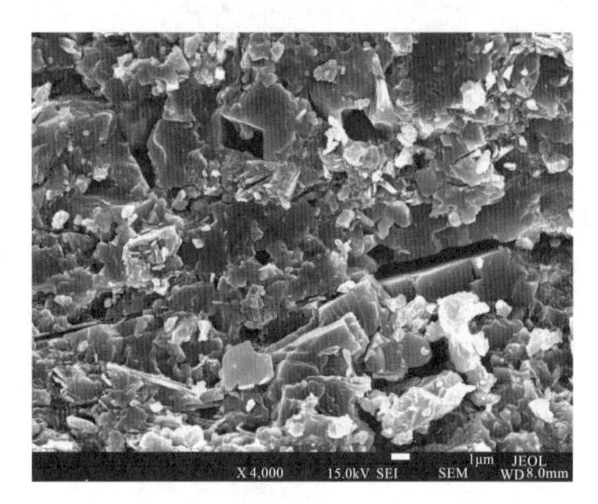

C.方解石及其溶蚀孔缝，EXP-B2，大隆组

D.方解石与伊利石共生，JYP-B5，大隆组

图 6-5 鄂西南地区二叠系大隆组碳酸盐矿物显微特征

黏土矿物以伊利石为主，通常呈片状集合体(图 6-6A～C)，主要表现为碎屑成因的类型，其中围绕原生孔隙处可见自生伊利石。蚀变成因的伊利石、绿泥石多杂乱分布，呈片状，边缘不规则状，且具有原地胶结的特征，黏附在蚀变矿物石英、长石等的表面。自生绿泥石局部发育，多呈短片状，晶体较好，受后期成岩作用影响较小，多与自生硅质和少量有机质共生(图 6-6D)。另外，在建始地区见石膏发育，呈条带状，且与方解石共生，呈切割、侵入围岩的特征，应为后期成岩作用的产物，指示碱性流体的存在，也可能指示热液流体的侵入(图 6-6E,F)。

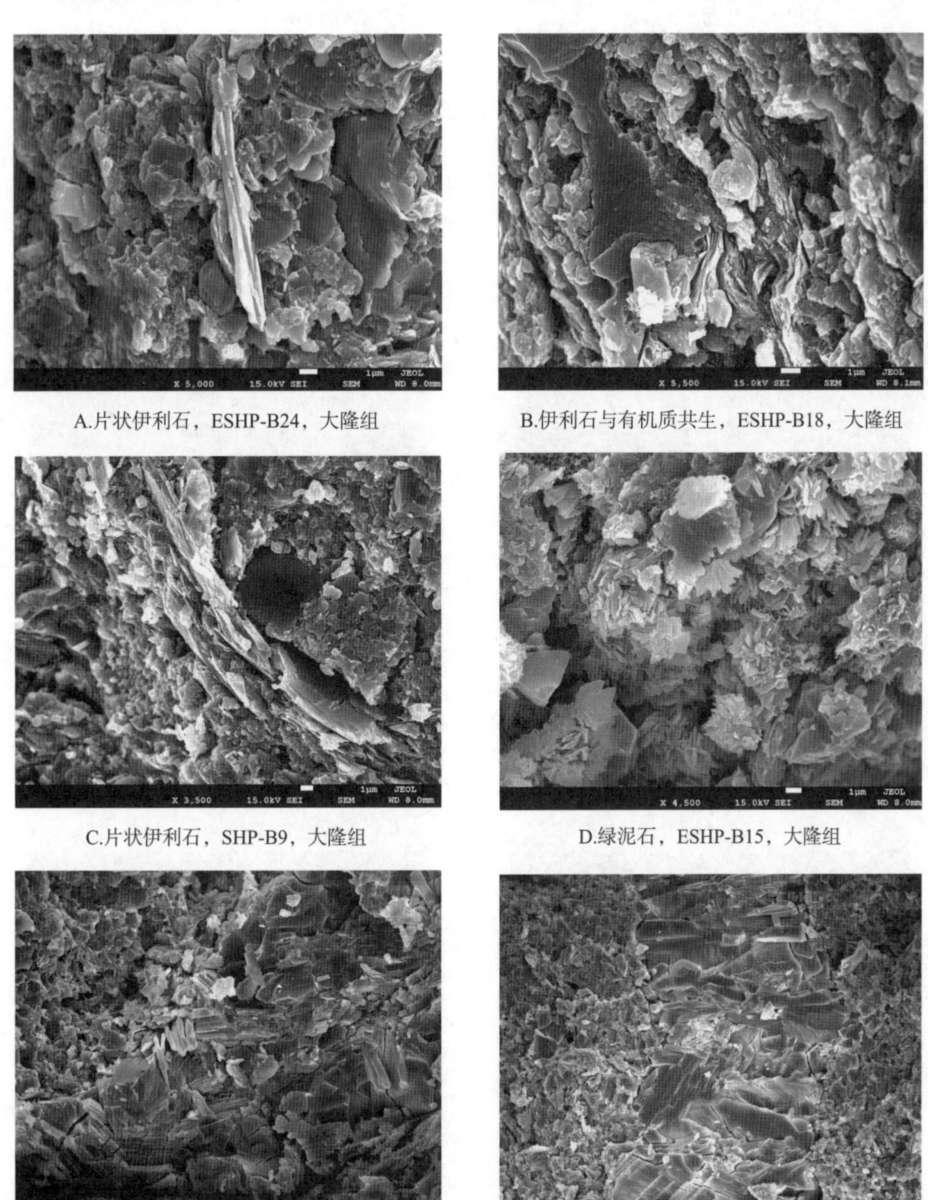

A.片状伊利石，ESHP-B24，大隆组

B.伊利石与有机质共生，ESHP-B18，大隆组

C.片状伊利石，SHP-B9，大隆组

D.绿泥石，ESHP-B15，大隆组

E.石膏，JYP-B18，大隆组

F.石膏，JYP-B19，大隆组

图 6-6　鄂西南地区二叠系大隆组黏土矿物与石膏矿物显微特征

有机质含量总体较多，显微组分为沥青质体；在抛光面样品上呈散块状、填隙状分布，有机质生烃孔发育较少；呈条带状的类型发育，应为生物碎屑体，并见其包裹自生石英和黄铁矿晶粒的特征，指示其石英和黄铁矿形成时间较早的特征；条带状有机质多与片状黏土矿物组成间层结构，指示有机质与黏土矿物均为沉积期产物，另外，发育均匀块状的有机质类型(图 6-7)。有机质表面较干净、均匀，未见广泛发育的网状微介孔，尤其是条带状、块状有机质，结构较均匀。

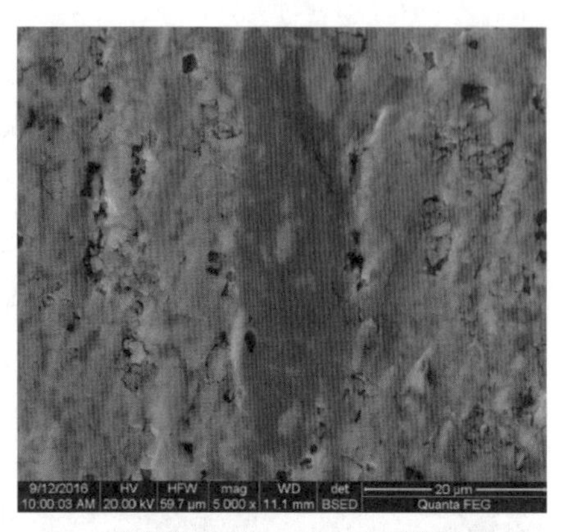

A.条带状有机质，ESP-B3，大隆组(1)

B.条带状有机质，ESP-B3，大隆组(2)

C.条带状有机质，XYP-B5，大隆组

D.长条状生屑有机质，MHPP-B5，大隆组

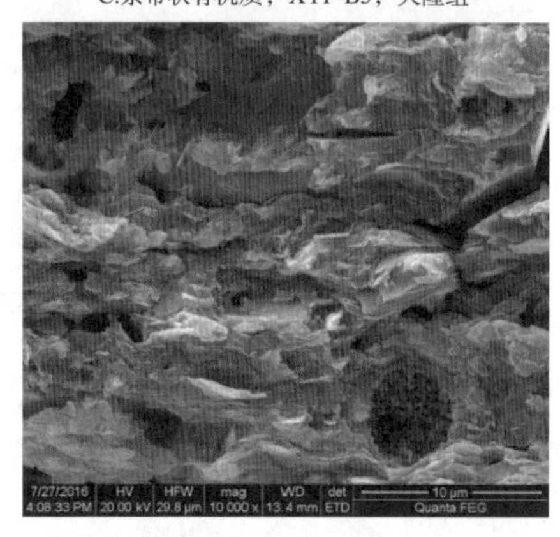

E.条带状有机质顺层理分布，MHPP-B1，大隆组

F.块状有机质，ESP-B6，大隆组

图 6-7 鄂西南地区二叠系大隆组有机质显微特征

6.2　矿物岩石类型划分

鄂西南地区二叠系大隆组总体富有机质页岩发育，其脆性矿物含量很高，总体平均为79.84%，碳酸盐矿物平均含量为11.5%，呈局部较发育的特征，总体以硅质型页岩为主，碳酸盐质型页岩少量，黏土矿物含量较低(图 6-8)。

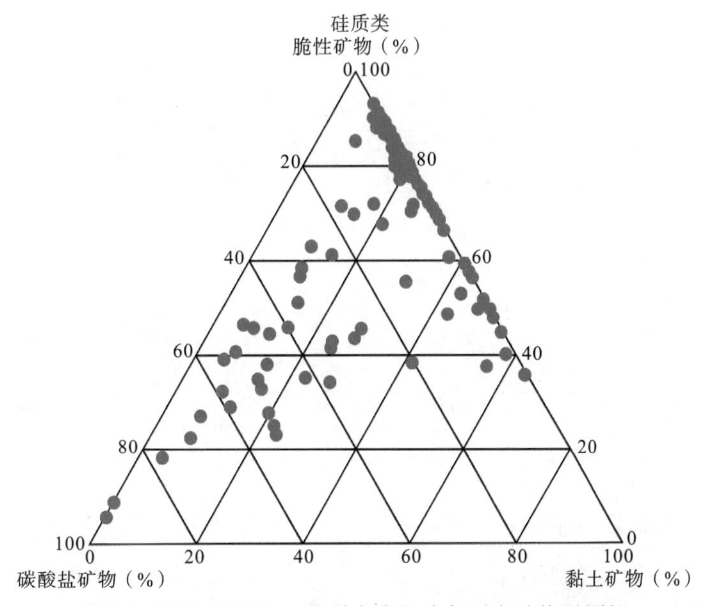

图 6-8　鄂西南地区二叠系大隆组暗色页岩矿物学图解

6.3　矿物的分布特征

根据上述岩石类型的划分依据，对碳酸盐矿物和石英+长石等矿物分别进行统计。鄂西南地区二叠系大隆组暗色岩系的石英+长石等矿物含量较高，除研究区西部二叠系长兴组发育区外，其含量主要大于 50%，越靠近沉积中心的恩施、宣恩地区其石英+长石等脆性矿物的含量越高，进一步验证了硅质具有明显的生物成因的类型(图 6-9)；碳酸盐矿物含量很少且分布不均匀，其平均含量主要小于 10%(图 6-10)，其展布特征几乎与石英+长石等脆性矿物含量的展布特征相反，指示二者具有此消彼长的关系。由此可知，石英+长石等矿物与碳酸盐矿物的含量有一定的相关性，碳酸盐矿物含量较高的区域，其石英+长石等矿物的含量多低于 50%，尤其是建始和鹤峰区块，越靠近东南侧的雪峰隆起，其碳酸盐矿物含量越高，而石英+长石含量越低。黏土矿物含量分布相对较均匀(图 6-11)，其中仅在靠近沉积中心的恩施和宣恩地区的黏土矿物含量较高，多大于 20%，而位于研究区西南角处的来凤腰子岩剖面其黏土矿物含量较低，而其石英+长石等脆性矿物的含量很高，说明此地区的沉积环境或者石英等成因与沉积中心的特征不同，进一步验证了其沉积相带的展布与其他地方的差异。

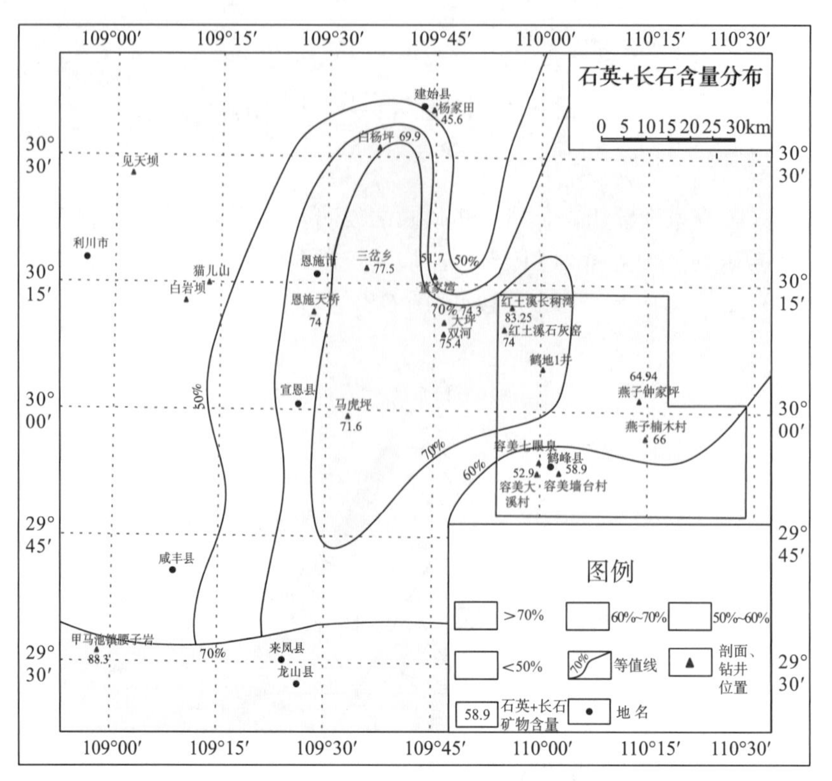

图 6-9 鄂西南地区二叠系大隆组石英+长石等脆性矿物含量分布图

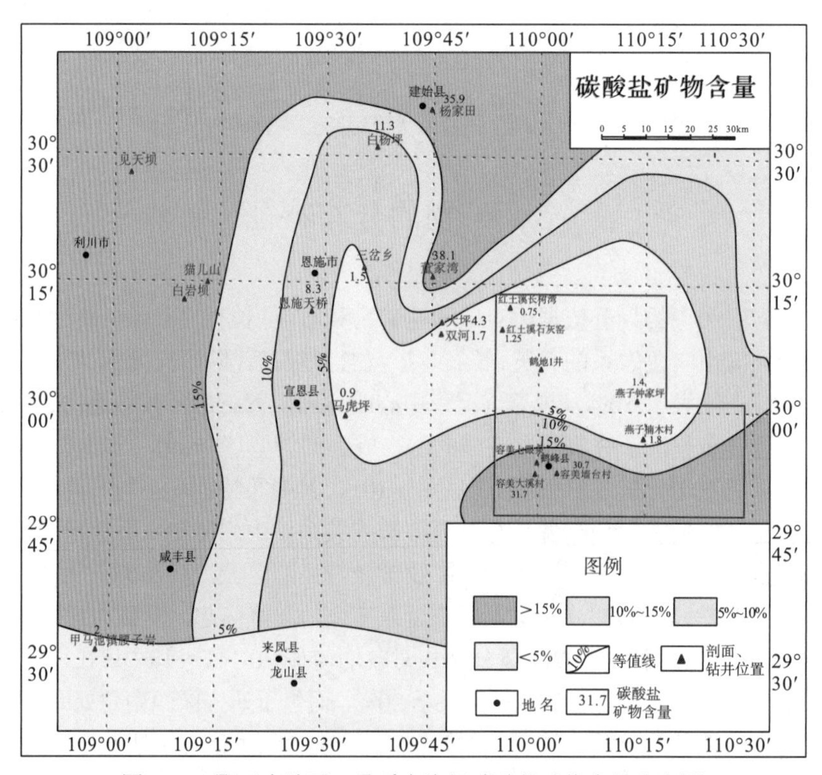

图 6-10 鄂西南地区二叠系大隆组碳酸盐矿物含量分布图

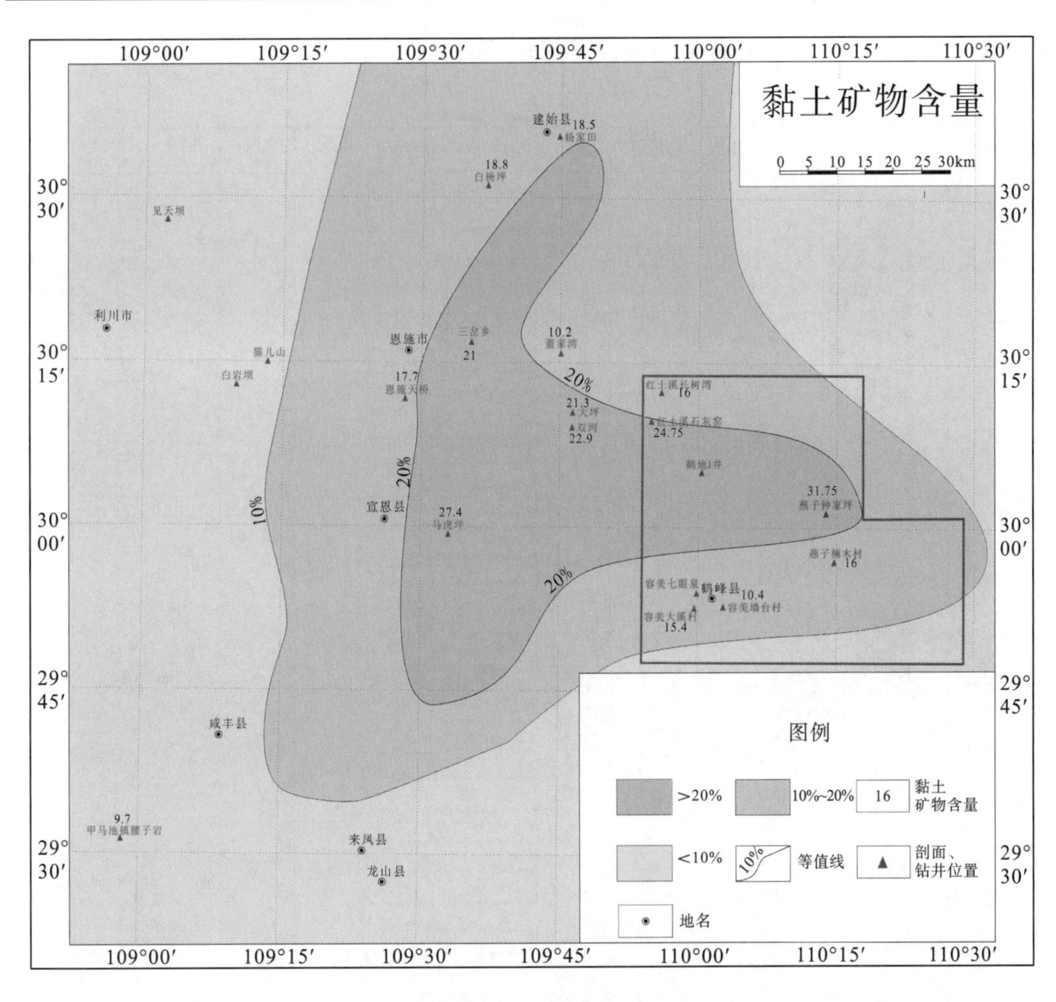

图 6-11 鄂西南地区奥陶系二叠系大隆组黏土矿物含量分布图

6.4 鹤峰区块大隆组矿物与岩石类型、沉积特征及黑色岩系的成因分析

6.4.1 矿物组分特征

鹤峰区块上二叠统大隆组黑色岩系全岩和黏土矿物成分分析结果表明，矿物组分以石英和黏土矿物为主，其次为碳酸盐矿物、斜长石和黄铁矿，其中石英含量为 49%～89%，平均可达 69.2%，黏土矿物含量为 7%～43%，平均为 23.6%，总体上脆性矿物含量高。HD1 井全井段矿物组分分析结果表明，石英含量为 20%～68.6%，平均为 43.35%，黏土矿物为 6.4%～50.7%，平均为 21.57%；碳酸盐矿物分布不均匀，含量为 0%～68.5%，除了受沉积环境的影响外，还可能受到后期方解石脉的影响，造成部分所测样品的方解石含量异常高；黄铁矿含量较高，最高可达 12.2%，平均为 5.87%(图 6-12)。黏土矿物以单一

的伊利石为主要特征，尤其是在富有机质层段，伊利石为唯一的黏土矿物类型。

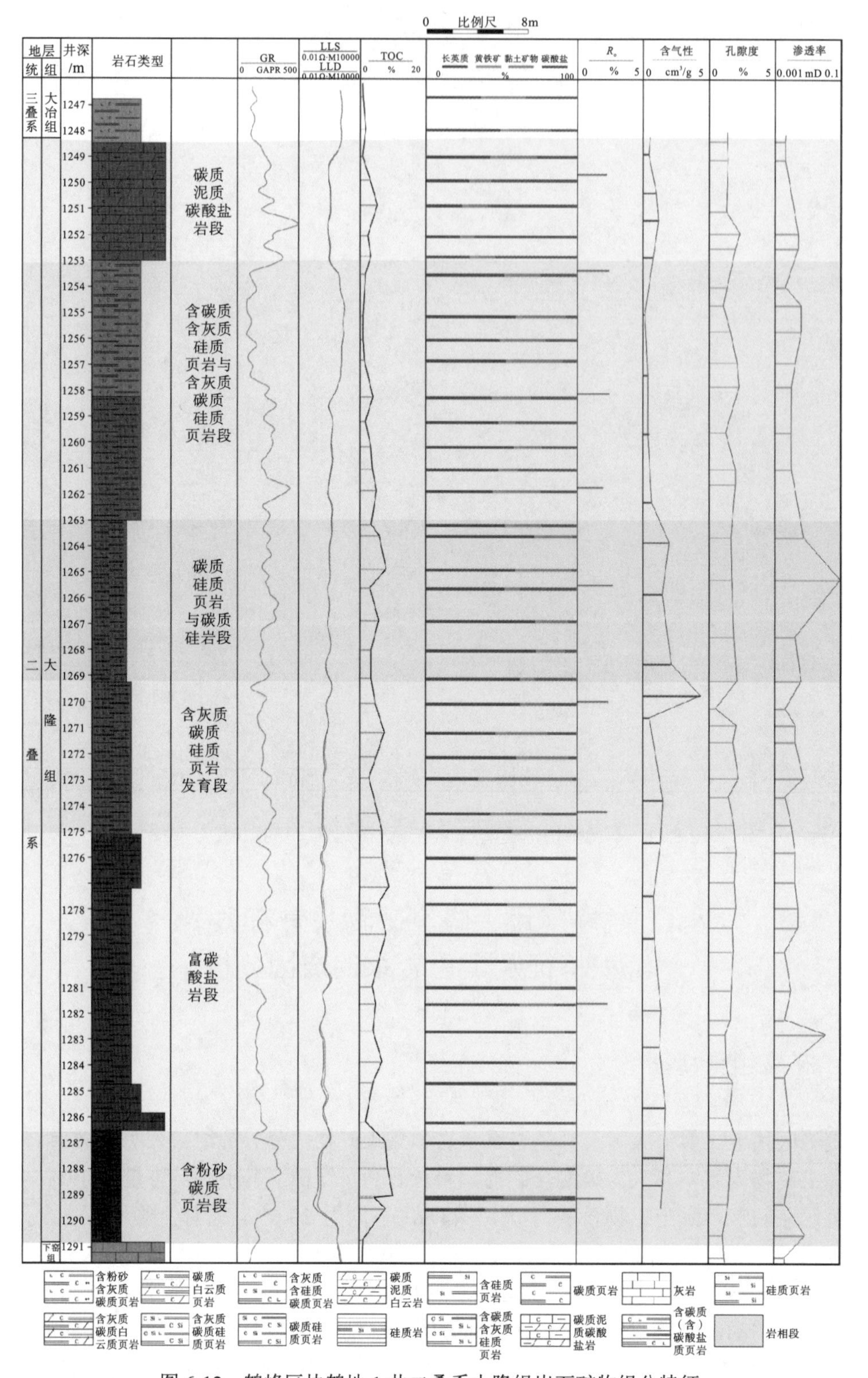

图 6-12 鹤峰区块鹤地 1 井二叠系大隆组岩石矿物组分特征

平面上，鹤峰区块二叠系大隆组暗色岩系的石英+长石等矿物含量较高，由西北向南东地区含量逐渐减少，其中长树湾剖面石英+长石等矿物的含量平均值可达83.25%，向南的大溪村和墙台村剖面其石英+长石等脆性矿物含量的平均值均小于60%(图6-13)；碳酸盐矿物含量与石英+长石等脆性矿物含量的展布特征明显相反，总体呈现由南向北逐渐减少的特征，其中长树湾剖面的碳酸盐矿物含量低于1%，而南部的大溪村和墙台村剖面的碳酸盐矿物含量平均值超过30%(图6-14)。黏土矿物含量分布不均匀(图6-15)，位于研究区东北侧的董家村剖面其黏土矿物含量较高，平均值达31.75%，总体上表现为由南向北逐渐增加的特征。黏土矿物的展布特征与沉积相展布特征不一致，可能是该地区位于台地边缘，受物源区影响距离不同的影响所致。

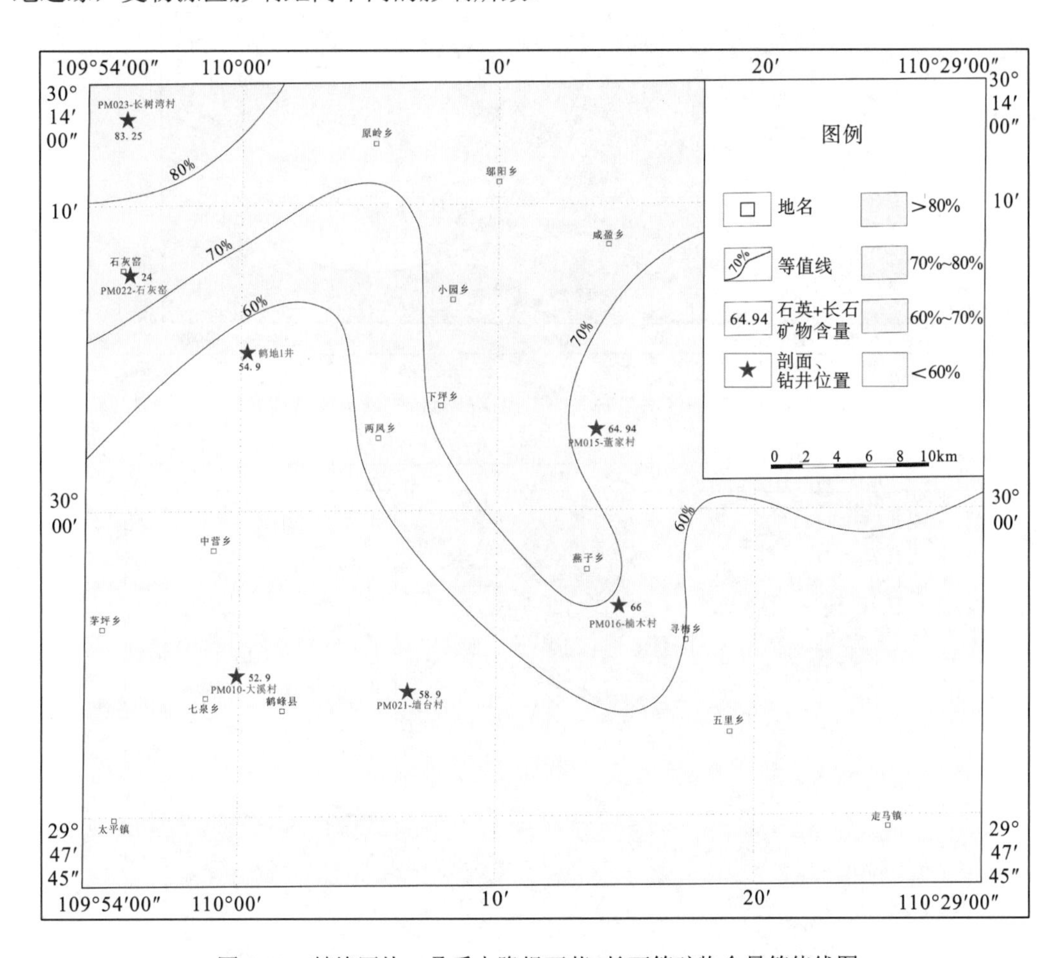

图6-13　鹤峰区块二叠系大隆组石英+长石等矿物含量等值线图

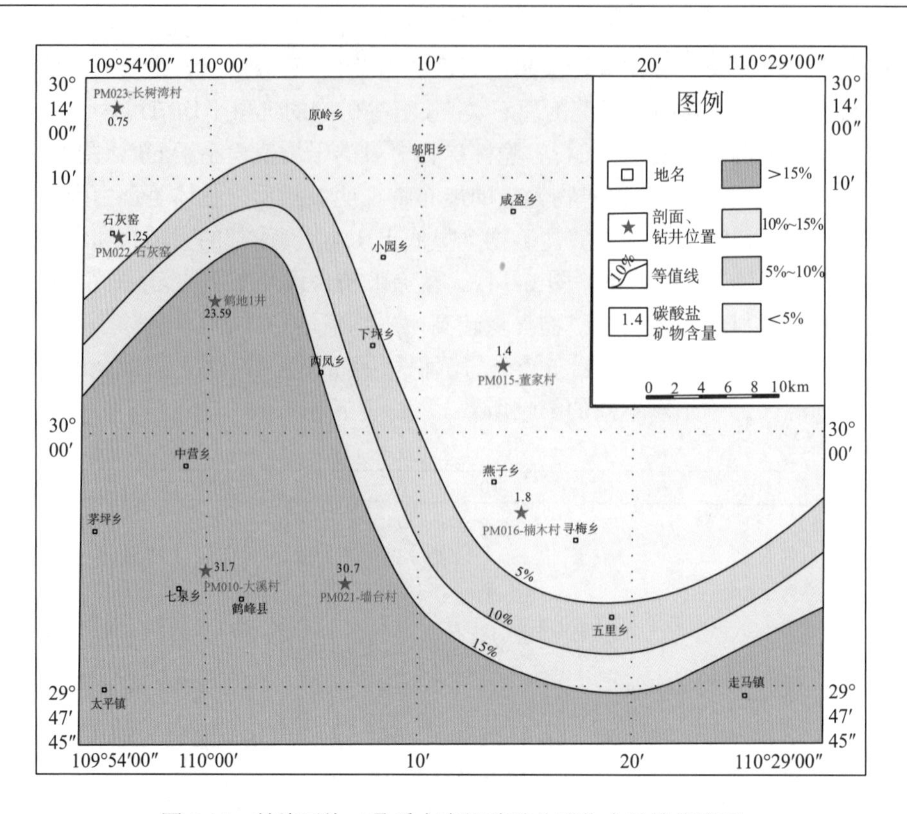

图 6-14 鹤峰区块二叠系大隆组碳酸盐矿物含量等值线图

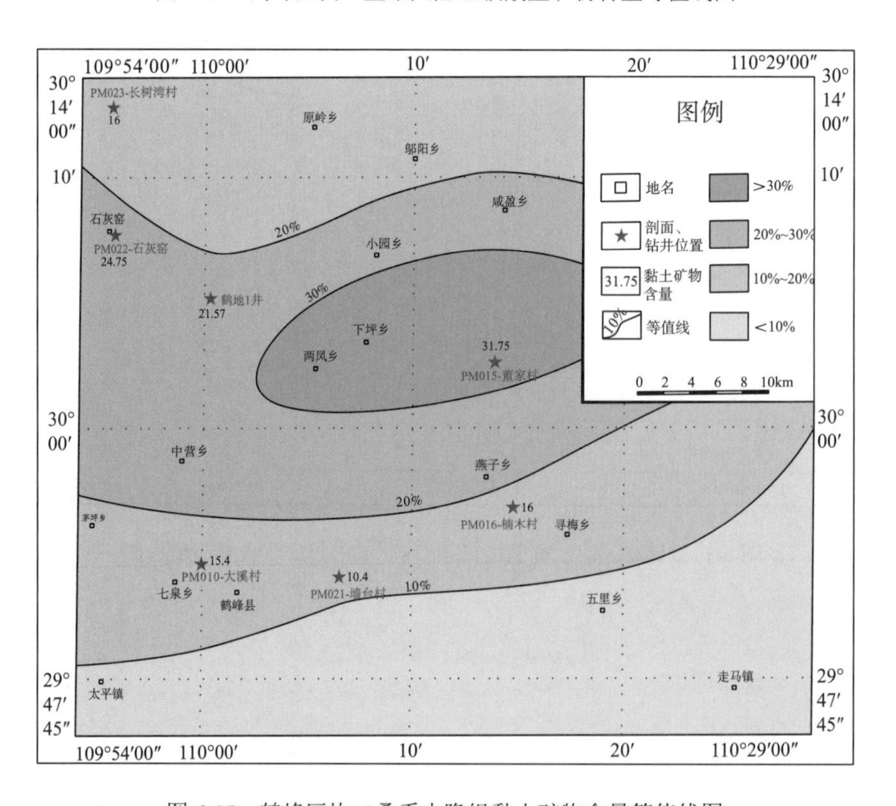

图 6-15 鹤峰区块二叠系大隆组黏土矿物含量等值线图

扫描电镜下，大隆组黑色岩系主要表现为具有一定显微层理构造的特征(图 6-16A,B)，沉积成因的伊利石与粉砂级石英颗粒(图 6-16A)及有机质条带(图 6-16B)多顺层理分布。硅质矿物具有粉砂级石英碎屑、自生和次生硅质胶结物三种类型。碎屑石英颗粒多与沉积型伊利石共生，顺层分布(图 6-16A)，其次为分散状分布的类型(图 6-16C)，粒径多小于 0.1mm，通常受溶蚀和交代作用的影响，具有溶蚀边缘和少量的溶蚀孔隙。自生和次生的硅质胶结物具有相似的结构特征，呈晶粒状和片晶状两种类型(图 6-16D)，其中片晶状的硅质胶结物主要为次生成因的类型，形成于黏土矿物转化和硅质的再胶结过程中，结构较均匀，元素组分中除 Si 和 O 外，具有少量的 Al、S、Ca、Mg 等离子。同 X-衍射的分析结果一致，黏土矿物几乎全部为伊利石，多与石英共生(图 6-16A,E)，并见少量的绢云母，指示成岩演化程度较高。黄铁矿大量发育，主要为莓粒状和晶粒集合体状，莓粒状黄铁矿具有分布在黏土矿物层间且顺层分布的类型(图 6-16B)，以及与次生黏土矿物、硅质等共生的类型(图 6-16E)，单晶大小为 0.5～1μm，且多与片状有机质共生。研究区大隆组黑色岩系中局部富集碳酸盐矿物，具有连晶状胶结物(图 6-16F)与分散状钙质碎屑的类型(图 6-16G)及自形-半自形的白云石晶粒，钙质碎屑颗粒多具有少量的溶蚀孔隙和被黏土矿物等交代的特征，连晶状胶结物结构较均匀

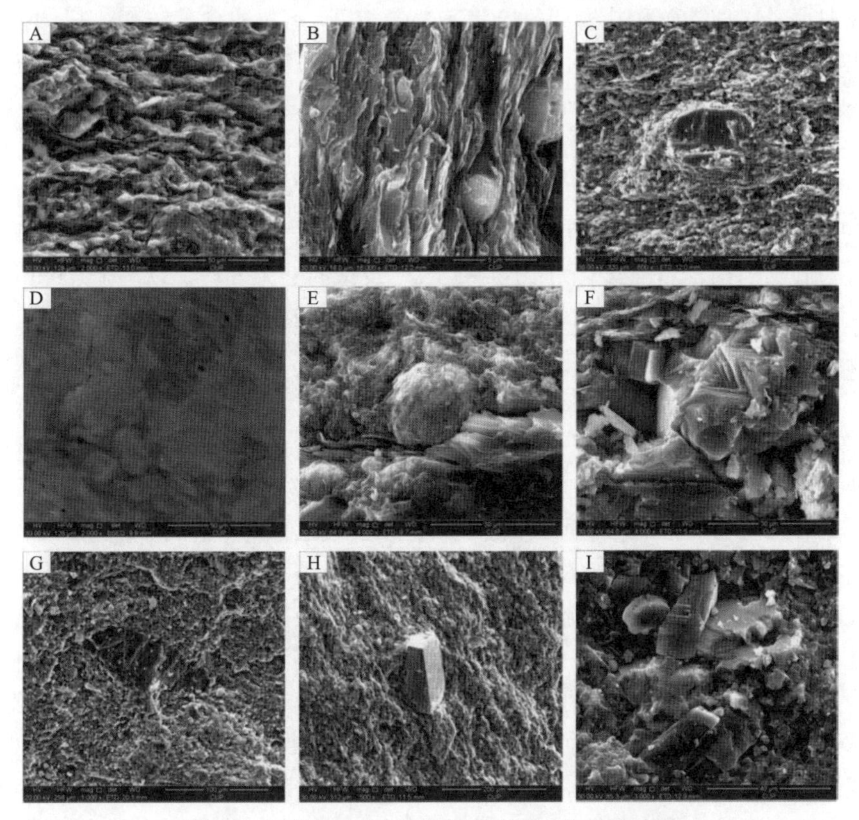

图 6-16 鹤峰区块大隆组黑色岩系矿物组分特征

A.碎屑石英颗粒与伊利石宏观发育特征,HD1-D2,1246.06～1246.31m;B.碎屑石英与伊利石、有机质和黄铁矿宏观发育特征,HD1-D5,1258.33～1258.62m;C.石英粉砂颗粒,HD1-D3,1249.98～1250.22m;D.连晶状硅质胶结物,HD1-D5,1258.33～1258.62m;E.伊利石与黄铁矿共生,HD1-D6,1261.94～1262.2m;F.方解石胶结物,HD1-D3,1249.98～1250.22m;G.灰质粉砂颗粒,HD1-D11,1281.89～1281.96m;H.长石粉砂颗粒,HD1-D10,1277.84～1278.07m;I.自生钠长石,HD1-D8,1270.13～1270.37m.

致密，应为后期成岩作用的产物。X-衍射的分析结果指出研究区二叠系大隆组黑色岩系中长石类型为斜长石，具有碎屑颗粒和自生成因两种类型，碎屑颗粒多小于 0.1mm，且部分已被溶蚀(图 6-16H)；能谱确定自生长石为钠长石，晶形较差，具有一定的晶间孔(图 6-16I)。

6.4.2 岩石类型及特征

华南地区上二叠统吴家坪组和大隆组发育大量的硅质岩(姚旭等，2013；罗进雄和何幼斌，2014)，前人研究中也大多认为鄂西南地区二叠系大隆组以硅质岩发育为特征(牛志军等，2000；田洋等，2013)。而大隆组作为长兴期岩性、岩相剧烈分异同期异相的产物，其沉积特征并不是以单一的硅质岩为主，而是具有多种沉积类型的特征(蔡雄飞等，2007)。姜在兴(2003)认为硅质岩中的“质”易与沉积岩的三级分类命名原则中的“质”字混淆，故最好采用硅岩命名。此次研究以矿物组分特征为基础，通过借用偏光显微镜对鹤峰区块二叠系大隆组黑色岩系的岩石类型进行划分，发现黑色岩系以富有机质的泥页岩为主，主要包括含粉砂碳质页岩、碳质硅质页岩、碳质(含)碳酸盐质页岩、(含)碳质泥质碳酸盐岩，总体呈现泥页岩局部夹碳酸盐岩和薄层状硅岩的特征，有机质含量较高。王一刚等(2006)通过对比城口-鄂西南海槽相区的大隆组与广元-旺苍海槽相大隆组的岩性发育特征，亦指出研究区以碳质泥页岩为主，而硅岩所占比例很低。

含粉砂碳质页岩(图 6-17A)主要分布在大隆组的底部，其下与二叠系下窑组粉细晶灰岩呈岩性突变整合接触。有机质含量高，可达 20%～30%，单偏光下呈黑色，为含粉砂泥质结构，呈显微定向构造。碳酸盐矿物总体含量较少，以小于 0.03mm 的泥晶方解石为主，在大隆组的底部局部富集，含量为 10%～20%，少量的陆源碎屑，以小于 0.05mm 的泥粉砂为主。硅质含量约 10%，以隐晶质为主，多呈小于 0.05mm 的斑点状分布。

碳酸盐矿物发育的岩石类型主要包括碳质白云质页岩(图 6-17B)、含灰质碳质硅质页岩(图 6-17C)与含灰质碳质泥质白云岩(图 6-17D)及碳质泥质泥晶灰岩。其中，含灰质碳质硅质页岩(图 6-17C)以泥质结构为主，显微纹层状构造，泥质含量达 50%以上，呈显微鳞片状，其次为硅质、方解石、碳质，硅质呈隐晶质-微晶质，受碳质晕染作用的影响，低倍镜下很难分辨，含量为 25%～35%，碳质多呈凝块状、浸染状与泥质共生，含量为 10%～20%，方解石呈泥晶结构，含量为 5%～15%。碳质白云质页岩(图 6-17B)与含灰质碳质泥质白云岩(图 6-17D)作为研究区二叠系大隆组的碳酸盐矿物含量较高的岩石类型，主要分布在中下部有机质含量较高的层段，呈泥质白云岩结构，白云石含量可达 30%～50%，自形程度较好，粉晶结构为主。有机质与泥质共生，含量为 20%～40%，总体呈现白云石含量越高，有机碳含量越低的特征。局部发育方解石，呈交代白云石和硅质的特征，含量约为 10%。方解石含量较高的类型为碳质泥质泥晶灰岩，泥晶结构，显微定向构造；以小于 0.03mm 的泥晶方解石为主，局部呈条带状分布，为后期溶蚀交代的产物，多发育交代硅质的类型。

硅质含量较高的岩石类型主要为碳质硅质页岩与硅岩，并根据岩石成分和结构的不同，将碳质硅质页岩划分为碳质生物硅质页岩(图 6-17E)与碳质硅质页岩(图 6-17F)。硅岩则包括生物硅岩与隐晶质硅岩，致密坚硬，层状分布，厚度多为 3～5cm，其中生物硅岩主要分布在大隆组的下部。生物硅质页岩和硅岩中生屑以硅质放射虫为主，杂乱分布，呈几乎完全硅化的小球状、椭球状，硅化残余中充填有机质，大小一般为0.03～0.3mm，以小于0.05mm的类型为主。硅岩呈隐晶-微晶结构，主要由硅质组成，含量约60%；其次为方解石、泥质、碳质，泥晶状方解石含量为5%～15%，泥质呈显微鳞片状，碳质与泥质共生，含量共为25%～35%。碳质硅质页岩(图6-17F)以泥质结构为主，泥质含量达50%以上，呈显微鳞片状，其次为硅质、方解石、碳质，硅质呈隐晶质-微晶质，含量为25%～35%，碳质多呈凝块状、浸染状与泥质共生，含量为15%～25%，方解石含量较低。

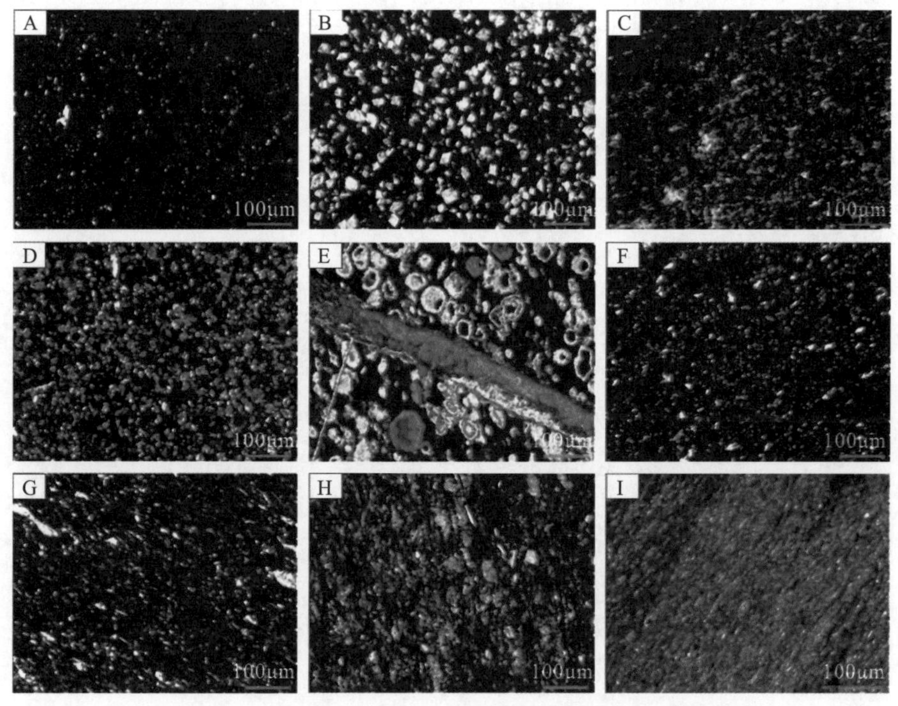

图6-17　鹤峰区块二叠系大隆组黑色岩系的岩石类型特征

A.含粉砂碳质页岩,HD1-T37,1243.1～1243.21m,正交偏光;B.碳质白云质页岩,HD1-T34,1250.94～1251.02m,单偏光;C.含灰质碳质硅质页岩,HD1-T32,1260.24～1260.34m,单偏光;D.含灰质碳质泥质白云岩,HD1-T27,1263.69～1263.78m,单偏光;E.碳质生物硅质页岩,HD1-T22,1269.17～1269.26m,单偏光;F.碳质硅质页岩,HD1-T18,1276.07～1276.17m,正交偏光;G.含硅质碳质灰质页岩,HD1-T15,1282.74～1282.76m,单偏光;H.含碳质含硅质灰岩,HD1-T14,1284.72～1284.79m,正交偏光;I.含碳质(含)碳酸盐质页岩,HD1-T2,1289.09～1289.17m,单偏光.

碳质含量相对较少的类型主要包括含硅质碳质灰质页岩(图6-17G)、含碳质含硅质灰岩(图6-17H)与含碳质含灰质页岩等。含硅质碳质灰质页岩(图6-17G)呈泥质结构，显微定向构造，方解石多呈交代粉-泥级碎屑或斑块状胶结物，长轴方向平行层理，含量约为25%；泥质呈显微鳞片状，含量约为50%，碳质呈浸染状、凝块状或条带状与泥质共生；硅质呈显微隐晶质，不规则斑块状分布，含量约为10%。含碳质含硅质灰岩(图6-17H)以微粉晶结构为主，钙质的晶形不明显，并见完全交代粉砂碎屑的类型与被钙质交代的硅质残余；硅质多呈显微晶质，并发育条带状类型，总的来说，碳酸盐矿物含量可达60%，硅质含量约为30%，有机质与泥质共生，含量约为10%。含碳质含灰质泥岩主要分布在大隆组的上部，呈泥质结构，显微定向构造；方解石为交代泥粉砂级碎屑与条带状分布，含量约为 20%；泥质呈显微鳞片状，含量约为 60%；硅质呈显微隐晶质，呈细条带状顺层分布，含量约为 5%；碳质呈浸染状、凝块状或条带状与泥质共生，顺层分布，含量约为 15%。大隆组上部还发育含碳质硅质页岩，其有机质含量较低，而硅质含量较高，呈泥质结构与显微定向构造，指示化学沉淀的硅质发育的岩石类型，其有机质含量较低。

大隆组顶部发育很薄的富有机质碳酸盐岩，并与含碳质(含)碳酸盐质页岩(图 6-17I)整合接触。含碳质(含)碳酸盐质页岩呈泥质结构与较明显的定向构造，泥质呈显微鳞片状，含量大于 70%，碳酸盐矿物以方解石为主，少量的白云石，向上碳酸盐矿物含量逐渐增加，碳质含量小于 5%，单偏光下呈褐色，应为三叠系大冶组底部的过渡型沉积岩。

6.4.3 黑色岩系的空间发育特征

6.4.3.1 垂向发育特征

鹤峰区块二叠系大隆组鹤地 1 井取样连续且密集，因此通过对鹤地 1 井大隆组全井段岩性分析，由底向上共发育 6 个岩性段(表 6-1)，分别为①含粉砂碳质页岩段、②富碳酸盐岩段(主要发育碳质白云质页岩、碳质泥质白云岩与含灰质碳质白云质页岩等)、③含灰质碳质硅质页岩发育段、④碳质硅质页岩与碳质硅岩段、⑤含碳质含灰质硅质页岩与含灰质碳质硅质页岩段以及⑥碳质泥质碳酸盐岩段。此 6 个岩性段充分反映了研究区二叠系大隆组沉积水体由底向上总体上表现为深→浅→深→浅的变化特征。其中，①含粉砂碳质页岩段碳酸盐矿物总体含量较少，以泥晶方解石为主，仅在大隆组的底部局部富集，向上大量减少，代表沉积水体逐渐加深的海侵过程；同时海侵过程中带来少量的陆源碎屑，以小于 0.05mm 的泥粉砂为主，沉积环境闭塞，形成(含灰质)含粉砂碳质页岩；在燕子乡董家村剖面、红土溪长树湾剖面等可观察到由二叠系下窑组泥晶灰岩向大隆组底部碳质页岩的过渡类型，即含碳硅质页岩与含硅质泥岩等。②富碳酸盐岩段以较高的碳酸盐矿物发育为特征，总体上为水体变浅的层段，以白云石为主，白云石晶体的自形程度较好，有机质含量由底向上逐渐增加，指示沉积水体在此小段由底向上逐渐加深的特征。③含灰质碳质硅质页岩发育段石英和黏土矿物含量相对富碳酸盐岩段增加，仍含有一定量的碳酸盐矿物，代表沉积水体开始加深的沉积层段。④碳质硅质页岩与碳质硅岩段石英矿物含量最高，黏土矿物、碳酸盐矿物含量均较低，且发育硅质放射虫与薄层硅岩，代表沉积水体最深的层段。⑤含碳质含灰质硅质页岩与含灰质碳质硅质页岩段石英含量相对减少，碳酸盐矿物开始增多，有机碳含量降低，代表沉积水体变浅的过程。⑥碳质泥质碳酸盐岩段碳酸盐矿物明显增多，石英和黏土矿物含量大量减少，代表大隆组沉积水体最浅的层段，由此至三叠系大冶组底部以含碳质(含)碳酸盐质页岩为主，有机碳含量大量减少。

由以上分析可知，二叠系大隆组黑色岩系中，不同岩石类型的矿物组分具有较大的差别(表 6-1)，大隆组除碳酸盐岩外的黑色岩系的石英含量相似，主要为 40%～55%，石英含量最高的为沉积于大隆组底部的含灰质碳质硅质页岩(1278.62～1286.14m)与中部的碳质硅质页岩、硅岩(1264.44～1270.68m)，此二者的有机碳含量也较高，且碳酸盐矿物的含量相似，均以方解石为主，不含白云石或含量很少；黏土矿物含量较高的黑色岩系主要为底部的含粉砂碳质页岩(1287.89～1293.21m)、中下部的含灰质碳质页岩(1270.68～1276.52m)与上部的含碳质含灰质硅质页岩(1254.43～1259.68m)，且由底向上总体呈现黏土矿物逐渐减少的特征，有机碳含量与黄铁矿也呈现类似减少的特征；黏土矿物含量小于20%的岩石类型主要为碳酸盐质型页岩与碳酸盐岩，其次为硅质岩，此类岩石中黄铁矿含量均小于总的平均值(5.87%)，有机碳含量也低于黏土矿物含量较高的类型。由此可见，黏土矿物作为原始沉积物质多与有机质共生，黑色岩系中的泥页岩相对碳酸盐岩和硅质岩，更有利于有机质的富集。另外，硅质含量最高的碳质硅质页岩与硅岩段有机碳含量相对碳质页岩段较低，可能指示了层状硅岩具化学沉淀成因，非完全生物成因。

表 6-1 鹤峰区块鹤地 1 井全井段不同岩石类型的矿物组分特征

序号	井深/m	样品数	岩性	TOC/%	石英/%	斜长石/%	方解石/%	白云石/%	黏土矿物/%	黄铁矿/%
T_1d	1241.13～1248.5	8	含碳质(含)碳酸盐质页岩	0.49～1.75 0.85	23.9～50.2 37.58	3.6～18.4 6.80	10.4～26.5 17.7	2.9～11.5 6.45	22.7～34.7 27.95	1.9～5.4 3.54
⑥	～1253.01	4	碳质泥质碳酸盐岩	2.66～4.02 3.43	20～23.5 21.85	2.3～5.7 4.25	27～57.9 44.48	0～41.5 15.05	7.5～12.5 10.58	1.8～5.2 3.85
⑤	～1258.26	5	含碳质含灰质硅质页岩	0.7～4.74 1.86	32.3～53.5 43.92	5.2～11.3 7.26	4.5～30.3 16.18	0～5.1 2.32	19.8～34.2 25.92	3.6～6.3 4.4
	～1263.02	4	含灰质碳质硅质页岩	1.82～6.18 4.12	32.8～51.2 41.33	7.1～11.4 8.28	18.8～39.1 29.08	0～4.4 2.75	9.2～23.6 14.45	2.1～8 4.13
④	～1269.26	7	碳质硅质页岩与碳质硅岩	3.52～10.03 5.75	42.2～68.6 56.74	3.5～10.5 6.53	2.8～37.5 14.96	0～4.1 0.59	7.1～27.4 16.29	2.2～10 4.91
③	～1275.1	6	含灰质碳质硅质页岩为主	3.27～9.45 6.66	25.5～58.4 41.87	4.3～9.5 6.26	2.5～23 14.88	0～2.7 0.45	11.7～50.7 26.25	3.3～11.4 7.75
	～1277.2	1	含灰质碳质白云质页岩	8.68	28	4.8	18.3	25.3	16.7	7
②	～1284.72	7	含灰质碳质(硅质)页岩	4.73～11.39 7.62	34.6～60.8 52.91	3.8～9.7 5.61	4.8～18.2 11.49	0～2.8 0.35	17～28.9 21	5.3～11.6 8.59
	～1286.47	2	碳质白云质页岩、碳质泥质白云岩	2.2～5.25 3.73	25.7～45.2 35.45	1.1～2.7 1.9	7.3～8.2 7.75	27～56.8 41.9	6.5～15 10.7	1.8～2.7 2.25
①	～1290.8	6	含粉砂碳质页岩	5.73～13.07 10.03	31.3～57 42	5.4～8.8 7.2	1.7～19.3 10.36	0～4.5 0.9	27.3～31.7 29.54	7.5～12.2 10.02
全井段		50		0.49～13.07 5.83	20～68.6 43.35	1.1～18.4 6.3	1.7～57.9 17.76	0～56.8 5.15	6.4～50.9 21.57	1.8～12.2 5.87

6.4.3.2 平面发育特征

鹤峰区块二叠系大隆组黑色岩系的垂向发育特征在平面上可进行有效的对比(图 6-18)，对比的标志层为富有机质的碳质页岩段(①)、以白云石为主的富碳酸盐层段(②)、发育硅质放射虫和薄层状硅岩段(④)和顶部的富有机质碳酸盐岩段(⑥)，以及各层段的相互配置关系。其中，部分地区的大隆组顶部为含粉砂的碳质页岩(例如燕子乡董家村剖面)，这可能是由于该地区靠近台盆边缘，受到较多陆源碎屑物质的供给。由此可见，鹤峰区块二叠系大隆组沉积水体，由底向上总体上表现为深→浅→深→浅的过程，并形成泥页岩与脆性矿物含量很高的碳酸盐岩相互叠置的空间配置关系，有利于后期成岩流体的改造和开发阶段的水力压裂改造。

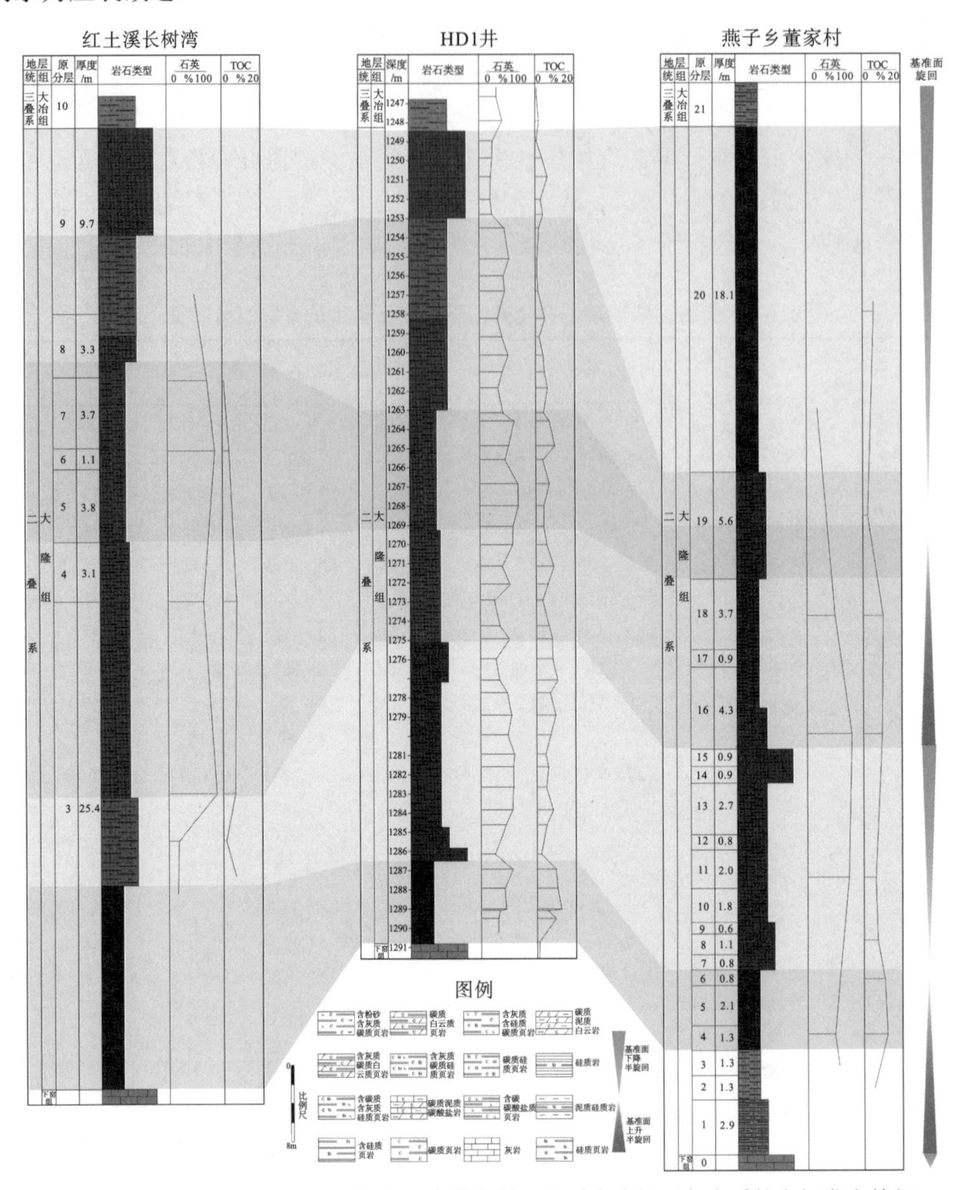

图 6-18 红土溪长树湾-HD1 井-燕子乡董家村二叠系大隆组黑色岩系的空间发育特征

6.4.4 大隆组黑色岩系地球化学分析研究

6.4.4.1 实验结果及分析

1）硫含量特征

研究区大隆组黑色岩系的有机碳含量均较高，由底向上总体呈现逐渐降低的特征。由岩矿分析可知，有机碳含量与黄铁矿呈明显的正相关性，且由底向上，黄铁矿含量也呈逐渐减少的特征。其中，在④碳质硅质页岩与碳质硅岩段，黄铁矿含量相对下伏岩性段呈现明显减少的特征，由下伏三个岩性段的平均值 8.03%，骤降至 4.41%。硫含量也表现出相应减少的特征，大隆组下部三个岩性段 SO_3 含量为 2.36%～3.75%，平均为 3.07%；至④碳质硅质页岩与碳质硅岩段，两个样品的 SO_3 含量分别为 0.73%与 1.5%(表 6-2)。SO_3 与 TFe_2O_3 含量呈明显的正相关性，相关系数为 0.89，说明大隆组黑色岩系中铁质矿物和硫化物均以黄铁矿为主。

2)主量元素特征

大隆组黑色岩系的元素组分变化较大(表 6-2，图 6-19)，主要成分为 SiO_2、CaO、Al_2O_3、TFe_2O_3 与 MgO，此 5 种成分的总含量为 56.71%～88.45%，平均为 70.79%。其中，SiO_2 含量最高，为 2.29%～79.33%，平均为 37.92%；CaO 含量次之，为 1.28%～52.5%，平均为 23.5%；Al_2O_3 的含量较低，为 0.25%～8.81%，平均为 4.18%。SiO_2 的含量表明研究区大隆组未能表现出硅质岩或硅岩大量发育的特征，这同岩矿分析结果一致。海相页岩的主量元素 SiO_2、Al_2O_3 和 CaO，基本可以与石英或富含 SiO_2 的脆性矿物、黏土矿物和碳酸盐 3 种矿物组分相对应(Ross and Bustin，2009a)，同岩矿分析结果一致，研究区大隆组黑色岩系总体表现为脆性矿物含量较高的特征。

大隆组黑色岩系主量元素含量在不同岩性段存在明显差异(表 6-2)，底部的①含粉砂碳质页岩段 SiO_2 的含量最高，Al_2O_3 含量也较高，而 CaO 含量最低，说明大隆组底部陆源碎屑物质较高，这与海侵初期陆源碎屑物质较高相耦合。而岩矿分析结果表明，大隆组黑色岩系的硅质具有生物成因、次生成因和碎屑成因三种类型，石英矿物含量与 TOC 呈一定的正相关性，表明生物成因硅质的发育。大隆组下部三个岩性段 SiO_2 含量为 32.37%～79.33%，平均为 60.15%；上部三个岩性段 SiO_2 含量为 2.29%～72.99%，平均为 28.39%，说明硅质与有机碳含量之间具有一定的正相关性，进一步验证了生物成因硅质的发育。采用 Ross 和 Bustin(2009a)提出的过量 Si 的计算方法，可知研究区大隆组黑色岩系中发育来自陆源碎屑的过量 Si，过量 SiO_2 含量为 3.19%～63.13%，平均为 23.19%，占总 SiO_2 含量的 27.62%～81.1%，平均为 53.03%，总体呈现由底向上减少的特征，下部三个岩性段最高。且由于大隆组下部三个岩性段的 TOC 含量也较高(最高为 13.07%)，以及 Ti/Al 值较均一，为 0.015～0.057，平均为 0.041，说明其过量硅具有生物成因类型。

同时，SiO_2 与 Al_2O_3 含量呈一定的正相关性，相关系数为 0.68，而 SiO_2、Al_2O_3 与 CaO 含量均呈明显的负相关性，相关系数分别为-0.96 与-0.74(表 6-2)，且大隆组黑色岩系由底向上 $SiO_2+Al_2O_3$ 含量总体呈现减少的趋势，至三叠系大冶组又呈现快速增加的特征。另外，TFe_2O_3 与 TiO_2 含量也呈现相应的趋势，由此说明，大隆组黑色岩系中含有一定量的陆源碎屑成因硅质，且在沉积过程中，陆源碎屑物质逐渐减少，至大冶组又逐渐增加。受采样密度的影响，大隆组④碳质硅质页岩与碳质硅岩段样品的 CaO 与 MgO 含量最高，而 SiO_2、Al_2O_3、TFe_2O_3 与 SO_3 的含量相对最低，说明碳酸盐矿物应为沉积期自沉淀的产物，非成岩产物。由此可推断，研究区二叠系大隆组沉积的一定时期，水体中富含 Ca、Mg 离子，陆源碎屑物质与碳酸盐矿物共生，水体应较浅。

表 6-2 鹤地 1 井二叠系大隆组黑色岩系主量元素含量特征(%)

样品	层位/岩性段	平均 TOC/%	SiO_2	Al_2O_3	TFe_2O_3	CaO	MgO	Na_2O	K_2O	TiO_2	MnO	P_2O_5	SO_3
HD1-B0	P_3x	0.64	49.75	10.41	3.55	14.00	1.38	1.08	2.36	0.40	0.17	0.13	5.84
HD1-B1	P_3d①	10.03	65.00	8.49	3.63	3.25	0.70	1.12	1.81	0.27	0.03	0.43	3.43
HD1-B2			79.33	4.60	2.53	1.55	0.44	0.65	0.90	0.17	0.02	0.03	2.80
HD1-B5	P_3d②	6.67	71.46	6.40	2.95	1.28	0.85	0.63	1.38	0.24	0.01	0.03	2.36
HD1-B7			58.43	7.40	3.62	7.83	0.70	1.20	1.41	0.30	0.02	0.44	3.75
HD1-B9			32.37	3.26	1.79	18.85	10.75	0.35	0.65	0.12	0.15	0.04	2.90
HD1-B10	P_3d③	6.66	54.32	5.69	2.12	13.85	0.68	1.32	0.81	0.20	0.02	0.09	3.18
HD1-B11	P_3d④	5.75	32.21	1.82	1.02	22.40	11.45	0.26	0.12	0.08	0.08	0.03	1.50
HD1-B13			30.33	1.61	0.57	27.90	7.36	0.45	0.14	0.05	0.06	0.12	0.73
HD1-B14	P_3d⑤	2.99	48.65	7.12	2.78	12.57	1.64	2.15	0.81	0.34	0.03	0.10	3.03
HD1-B16			7.30	1.52	0.50	49.30	0.88	0.25	0.18	0.02	0.06	0.03	0.90
HD1-B17			11.56	4.19	1.45	43.50	1.03	1.04	0.44	0.05	0.09	0.02	2.80
HD1-B19			72.99	4.00	1.64	8.66	0.51	0.76	0.61	0.16	0.02	0.04	2.46
HD1-B20			40.20	4.17	2.65	18.65	7.58	0.54	0.70	0.13	0.16	0.05	2.18
HD1-B21			28.33	3.09	2.08	29.60	5.02	0.42	0.54	0.10	0.15	0.09	2.72
HD1-B22			2.29	0.25	0.23	52.50	1.44	<0.01	0.04	0.01	0.03	0.04	0.38
HD1-B23			23.87	1.70	1.01	28.60	9.03	0.20	0.34	0.05	0.03	0.04	1.35
HD1-B24	P_3d⑥	3.43	48.76	6.66	2.13	14.75	0.72	1.04	1.24	0.17	0.01	0.11	1.74
HD1-B25			8.63	1.34	1.10	47.20	1.12	0.25	0.22	0.04	0.21	0.04	1.85
HD1-B26			36.09	8.81	6.52	19.31	0.9	1.26	1.74	0.24	0.06	0.07	12.50
HD1-B27			6.23	1.54	1.66	48.50	0.99	0.37	0.22	0.04	0.26	0.06	2.78
HD1-B28	T_1d	0.85	22.02	5.39	3.13	34.90	1.54	0.42	1.21	0.17	0.22	0.06	4.35
HD1-B29			6.30	2.51	0.94	48.00	1.95	0.06	0.55	0.12	0.03	0.02	0.66
HD1-B30			56.07	13.31	4.32	7.55	2.34	1.06	3.01	0.46	0.07	0.11	4.20
HD1-B31			58.05	13.53	4.61	5.68	2.11	1.02	3.07	0.44	0.06	0.08	5.13
HD1-B32			57.78	14.10	3.83	6.85	1.92	1.14	3.11	0.38	0.05	0.12	3.43
HD1-B33			60.17	15.26	4.16	2.56	2.25	0.95	3.49	0.49	0.04	0.08	4.97

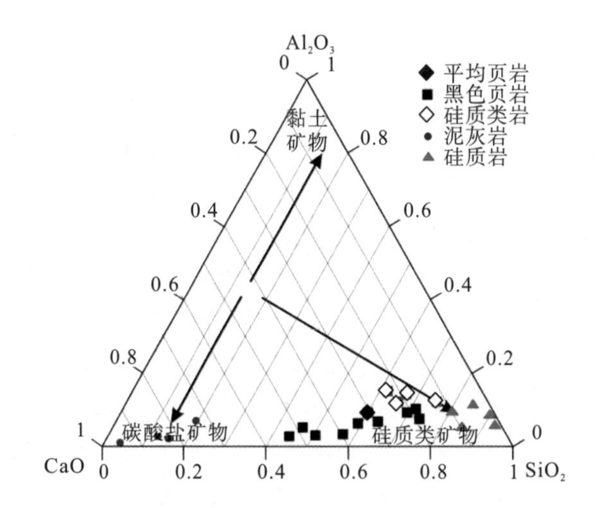

图 6-19 鄂西南地区二叠系大隆组页岩元素含量三角图解

表 6-3 表明大隆组页岩大多富 K，较高的 K 元素含量通常与黑色页岩中含量较高的云母和伊利石有关，部分受钾长石的影响；元素 Si、Al、Ti 和 K 主要与石英和黏土矿物有关，Fe 元素范围为 0.5%～3.53%，较高的铁含量与含铁硫化物有关。通过 TOC 与页岩主量元素相关性分析表明，TOC 与 SiO_2 (R=0.38)、P_2O_5 (R=0.17) 呈正相关，P 是生物必需营养元素，而 TOC 与 Si 呈良好正相关表明 SiO_2 可能与生物有关。对比黑色页岩，碳酸盐岩样品具有较高的 CaO 含量和较低的 SiO_2 与 Al_2O_3，高 CaO 含量样品通常富集贝类生物化石或方解石化石，CaO 与 SiO_2 含量呈明显的正相关性，可能进一步指示 SiO_2 具有一定量的成岩作用类型。页岩中较低的 K 元素含量，表明斜长石占据了长石类型的主要地位。而表 6-2 中所示，Na 元素含量值低于地壳页岩平均值，表明斜长石含量相对于泥页岩较低。

表 6-3　鄂西南地区二叠系大隆组主量元素与 TOC 相关性分析

	TOC	SiO_2	Al_2O_3	Fe_2O_3	CaO	MgO	Na_2O	K_2O	TiO_2	MnO	P_2O_5
TOC	1										
SiO_2	0.38	1									
Al_2O_3	−0.08	0.63	1								
Fe_2O_3	−0.13	0.55	0.90	1							
CaO	−0.33	0.96	−0.70	−0.65	1						
MgO	−0.24	−0.3	−0.35	−0.15	0.10	1					
Na_2O	0.11	0.43	0.62	0.39	−0.44	−0.53	1				
K_2O	−0.06	0.61	0.97	0.88	−0.67	−0.33	0.42	1			
TiO_2	−0.07	0.64	0.95	0.91	−0.72	−0.26	0.61	0.91	1		
MnO	−0.63	−0.31	0.18	0.43	0.19	0.34	−0.3	0.22	0.23	1	
P_2O_5	0.17	0.35	0.46	0.39	−0.39	−0.26	0.40	0.47	0.43	−0.19	1

3) 微量元素特征

根据岩性段的划分，大隆组黑色岩系中微量元素的发育具有一定的规律性(表 6-4)。Mo、U、Ni、V、Cr 及 Sr、Zn、As 与 Sb 等均表现为相对上下地层较富集，且由下向上总体上逐渐减少，主要表现为下部三个岩性段相对更加富集的特征。

(1) Mo 含量在大隆组的下部三个岩性段中较稳定，为 26.70～118.50μg/g，平均为 52.15μg/g，而④碳质硅质页岩与碳质硅岩段 Mo 含量明显降低，为 14.10μg/g、8.36μg/g，且由此向上 Mo 含量表现为大幅度的波动，最高可达 996μg/g，最低为 1.28μg/g。

(2) U 含量在大隆组的下部三个岩性段中较高，为 6.00～35μg/g，平均为 16.15μg/g，而在④碳质硅质页岩与碳质硅岩段降低为 7.30μg/g、5.30μg/g，且由此向上也表现为大幅度的波动，最高可达 84.36μg/g，最低为 15.99μg/g。

(3) Ni 含量总体表现为由下向上逐渐减少的特征，在大隆组下部三个岩性段相对较富集，含量为 77.90～235.00μg/g，平均为 157.73μg/g，在④碳质硅质页岩与碳质硅岩段 Ni 含量显著降低为 35.80μg/g、20.50μg/g，且由此向上 Ni 含量亦表现为较大幅度的波动，最高为 148.50μg/g，最低为 5.10μg/g。

(4) V、Cr 含量也表现出总体上由下向上逐渐减少的特征，在大隆组的下部三个岩性段中含量较高，分别为 447.00～1220.00μg/g 与 119.00～302.00μg/g 与 745.83μg/g，平均为 207.00μg/g，而④碳质硅质页岩与碳质硅岩段中 V 与 Cr 含量明显降低，分别为 93.00μg/g、33.00μg/g 与 38.00μg/g、21.00μg/g，且由此向上二者含量表现为相似的大幅度波动，最高可分别达 832.00μg/g 与 148μg/g，最低分别为 10.00μg/g 与 4μg/g。

(5) Cu 含量与上下地层相差不大，总体上表现为由底向上显微减少的特征，在下部三个岩性段中含量较高，为 43.50～94.40μg/g，平均为 76.78μg/g，而④碳质硅质页岩与碳质硅岩段 Cu 含量明显降低，为 13.10μg/g、17.00μg/g，且由此向上 Cu 含量表现为较大幅度的波动，最高可达 75.70μg/g，最低为 4.90μg/g。

(6) Sr 含量相对上下地层均较富集，但在大隆组的底部两个岩性段中含量较低，为 181.50～1200.00μg/g，平均为 5553.50μg/g，其上部层段 Sr 含量相对明显增高，为 687.00～1850.00μg/g，平均为 1287.47μg/g，且在④碳质硅质页岩与碳质硅岩段表现出最高值。

(7) Zn 含量总体表现为由下向上逐渐减少的特征，在大隆组下部三个岩性段相对较富集，含量为 75.00～185.00μg/g，平均为 119.00μg/g，而④碳质硅质页岩与碳质硅岩段 Zn 含量显著降低，为 42.00μg/g、25.00μg/g，且由此向上 Zn 含量表现为较大幅度的波动，最高为 161.00μg/g，最低为 6.00μg/g。

(8) As 与 Sb 元素相对上下地层也明显较富集，其含量分别为 0.80～24.70μg/g 与 0.15～6.21μg/g；同样表现出在下部三个岩性段更加富集的特征，其元素含量分别 10.0～24.70μg/g 与 2.68～6.21μg/g。

Th、Sc、Ba 及 Co 元素相对上下地层含量较低，但总体仍表现为在大隆组下部三个岩性段含量较高，而在④碳质硅质页岩与碳质硅岩段明显降低，且在上部两个岩性段含量差别较大。

(1) 碎屑成因的 Th、Sc 在大隆组的下部三个岩性段中含量相对较高，分别为 2.37～6.05μg/g 与 4.30～8.60μg/g，平均分别为 4.46μg/g 与 6.12μg/g，在④碳质硅质页岩与碳质硅岩段 Th 与 Sc 含量明显降低，分别为 1.40μg/g、1.33μg/g 与 2.40μg/g、2.00μg/g，且由此向上表现为大幅度的波动，最高可分别达 9.86μg/g 与 9.00μg/g，最低分别为 0.22μg/g 与 1.10μg/g。

(2) Ba 含量在大隆组的下部三个岩性段中相对较高，为 70.00～190.00μg/g，平均为 125.00μg/g，在④碳质硅质页岩与碳质硅岩段 Ba 含量均明显降低，为 20.00μg/g，且由此向上亦表现为较大幅度的波动，最高可达 190.00μg/g，最低为 10.00μg/g。沉积物中的 Ba 具有来自陆源碎屑和自身水体中的生物成因类型，仅来源于生物作用的 Ba 可用于指示水体表层的古生产力，其中生物 Ba 的计算公式引自李艳芳等(2015)与 Zhao 等(2016)，由表 6-4 可知，鹤地 1 井大隆组黑色岩系中生物 Ba 相对总体 Ba 含量呈显微减少的特征，来自陆源碎屑的含量均小于 0.05%，因此大隆组黑色岩系中 Ba 以生物 Ba 为主，来自陆源碎屑的类型可忽略不计。

(3) Co 含量总体呈现向上减少的特征，在大隆组的下部三个岩性段中含量相对较高，为 6.90～15.20μg/g，平均为 11.33μg/g，在④碳质硅质页岩与碳质硅岩段 Co 含量明显降低为 3.00μg/g、2.40μg/g，且由此向上亦表现为较大幅度的波动，最高可达 1.10μg/g，最低为 10.10μg/g。

表 6-4　鹤地 1 井二叠系大隆组黑色岩系微量元素特征

样品	层位/岩性段	测试结果/(μg/g)														计算结果					
		Mo	Ni	Sc	Sr	Th	U	V	Ba	Co	Cr	Cu	Zn	As	Sb	Ni/Co	V/Cr	U/Th	V/(V+Ni)	DOP_T	Ba_{XS}/(μg/g)
HD1-B0	P_3x	0.51	185.00	10.70	1000.00	8.27	3.40	66.00	200.00	16.60	50.00	66.50	169	8.5	3.97	11.15	1.32	0.41	0.26	0.90	199.96
HD1-B1	P_3d①	51.60	235.00	7.60	360.00	5.67	19.70	477.00	190.00	15.20	220.00	94.20	174	19.3	5.95	15.46	2.17	3.47	0.67	0.93	189.97
HD1-B2		40.30	143.00	4.60	200.00	3.22	6.00	698.00	100.00	10.60	188.00	58.00	185	15.2	3.93	13.49	3.71	1.86	0.83	0.87	99.98
HD1-B5	P_3d②	118.50	163.50	6.00	181.50	4.30	35.00	1220.00	140.00	12.30	243.00	86.40	87	24.7	4.64	13.29	5.02	8.14	0.88	0.92	139.97
HD1-B7		31.00	196.50	8.60	826.00	6.05	16.70	845.00	160.00	15.10	302.00	94.40	113	22.1	6.21	13.01	2.80	2.76	0.81	0.96	159.97
HD1-B9		44.80	77.90	4.30	1200.00	2.37	10.90	447.00	70.00	6.90	119.00	43.50	75	10.0	2.68	11.29	3.76	4.60	0.85	0.84	69.99
HD1-B10	P_3d③	26.70	130.50	5.60	1510.00	5.15	8.60	788.00	90.00	7.90	170.00	84.20	81	12.1	3.76	16.52	4.64	1.67	0.86	0.91	89.98
HD1-B11	P_3d④	14.10	35.80	2.40	1230.00	1.40	7.30	93.00	20.00	3.00	38.00	13.10	42	3.6	0.90	11.93	2.45	5.21	0.72	0.73	19.99
HD1-B13		8.36	20.50	2.00	1850.00	1.33	5.30	33.00	20.00	2.40	21.00	17.00	25	2.4	0.52	8.54	1.57	3.98	0.62	0.61	19.99
HD1-B14	P_3d⑤	443.00	148.50	8.20	845.00	4.63	49.80	811.00	100.00	10.10	148.00	75.70	80	16.2	4.01	14.70	5.48	10.76	0.85	0.98	99.97
HD1-B16		17.80	8.90	1.30	1390.00	1.86	5.70	42.00	20.00	1.20	6.00	5.90	13	0.8	0.34	7.42	7.00	3.06	0.83	0.92	19.99
HD1-B17		13.95	5.10	3.10	1060.00	5.35	8.70	165.00	50.00	1.10	4.00	9.00	42	5.7	0.72	4.64	41.25	1.63	0.97	0.96	49.98
HD1-B19		23.30	64.90	4.00	687.00	2.68	2.80	100.00	80.00	9.10	61.00	50.40	48	10.8	3.05	7.13	1.64	1.04	0.61	0.82	79.98
HD1-B20		1.28	33.80	4.90	890.00	3.25	2.50	30.00	90.00	5.40	17.00	24.40	30	3.9	1.62	6.26	1.76	0.77	0.47	0.41	89.98
HD1-B21		3.23	24.40	3.80	1500.00	2.72	5.10	26.00	70.00	3.90	14.00	21.80	25	5.1	1.44	6.26	1.86	1.88	0.52	0.66	69.99
HD1-B22		19.15	5.90	1.10	1480.00	0.22	2.30	49.00	10.00	1.40	5.00	4.90	6	<0.2	0.15	4.21	9.80	10.45	0.89	0.77	10.00
HD1-B23		53.90	24.70	2.20	1400.00	1.35	7.70	186.00	50.00	3.00	21.00	13.90	20	2.6	0.38	8.23	8.86	5.70	0.88	0.66	49.99
HD1-B24	P_3d⑥	996.00	124.00	6.10	1360.00	6.92	84.30	832.00	130.00	8.90	87.00	72.50	76	15.1	1.35	13.93	9.56	12.18	0.87	0.97	129.9716
HD1-B25		40.60	12.50	1.90	1590.00	1.21	4.40	77.00	40.00	2.60	13.00	21.00	11	2.7	0.22	4.81	5.92	3.64	0.86	0.84	39.99
HD1-B26		171.00	83.40	9.00	1390.00	9.86	17.30	442.00	190.00	9.70	80.00	75.20	161	16.3	2.35	8.60	5.53	1.75	0.84	0.97	189.96
HD1-B27		2.33	23.90	2.00	1130.00	1.29	1.30	10.00	40.00	3.70	6.00	14.30	14	1.3	1.21	6.46	1.67	1.01	0.29	0.85	39.99
HD1-B28	T_1d	2.57	54.70	6.00	818.00	4.08	2.00	46.00	170.00	10.60	22.00	39.30	42	2.9	1.08	5.16	2.09	0.49	0.46	0.71	169.98
HD1-B29		0.38	6.50	4.40	1180.00	2.43	1.80	21.00	110.00	2.90	9.00	10.80	20	1.4	0.31	2.24	2.33	0.74	0.76	0.36	109.99
HD1-B30		2.18	97.30	13.40	399.00	10.30	4.10	142.00	370.00	16.60	99.00	91.80	108	6.5	2.50	5.86	1.43	0.40	0.59	0.49	369.95
HD1-B31		10.05	131.50	13.10	324.00	12.05	5.30	200.00	390.00	20.90	128.00	120.50	132	10.7	4.50	6.29	1.56	0.44	0.60	0.56	389.94
HD1-B32		4.40	91.20	10.90	371.00	15.50	4.80	101.00	350.00	16.20	56.00	78.90	90	8.2	3.06	5.63	1.80	0.31	0.53	0.45	349.94
HD1-B33		2.11	123.50	13.80	183.00	12.30	4.20	203.00	410.00	23.90	125.00	118.50	140	10.0	4.95	5.17	1.62	0.34	0.62	0.49	409.94

4）稀土元素

由稀土元素分析可知（表 6-5），鹤地 1 井二叠系大隆组黑色岩系稀土元素总量（∑REE）为 3.62～157.38μg/g，平均为 61.01μg/g，明显比北美页岩稀土总量（200.21μg/g）低，说明大隆组沉积过程中受陆源碎屑物质的影响较小。研究区大隆组黑色岩系的 LRRE/HREE 值为 4.49～8.52，平均为 6.48，相对北美页岩 LRRE/HREE 值（7.44）较小。经北美页岩标准化计算，获得的 δEu 为 0.72～3.01，平均为 1.19，总体表现为不明显的负异常到较明显的正异常，仅最顶部样品值为 3.01，除此之外④岩性段的 δEu 值最高，为 1.85。δCe 为 0.92～1.10，平均为 0.99，总体上 Ce 异常不明显。La_S/Yb_S 值为 0.57～1.26，平均为 0.93，局部数值较小。北美页岩标准化 REE 的分布整体上呈近似水平状分布（图 6-20）。

Eu、Ce 和 Y 异常的计算公式，转引自 Li 等（2015），采用将分析结果进行北美页岩标准化的方法：

$$\delta Eu=2Eu_S/(Sm_S+Gd_S)$$
$$\delta Ce=2Ce_S/(La+Pr_S)$$
$$\delta Y=2Y_S/(Dy_S+Ho_S)$$

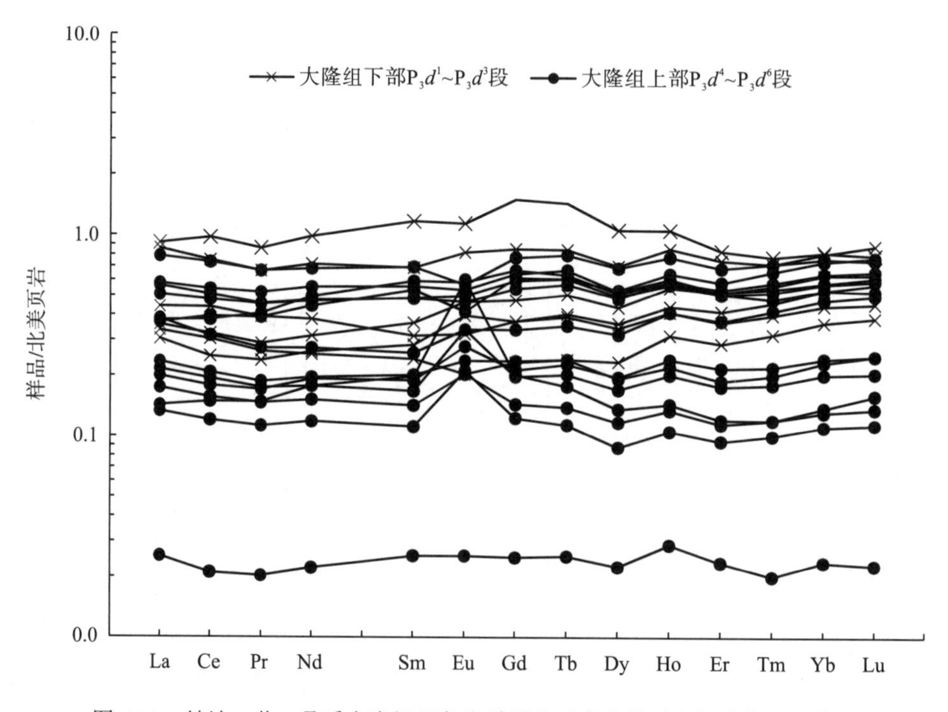

图 6-20 鹤地 1 井二叠系大隆组黑色岩系稀土元素北美页岩标准化配分模式

表 6-5　鹤地 1 井二叠系大隆组黑色岩系稀土元素特征

样品号	测试结果/(μg/g)															计算结果						
	La	Ce	Pr	Nd	Sm	Eu	Gd	Tb	Dy	Ho	Er	Tm	Yb	Lu	Y	ΣREE	LREE	HREE	LREE/HREE	La_S/Yb_S	δEu	δCe
HD1-B0	34.3	73.3	6.60	23.1	5.16	0.90	4.97	0.78	4.99	1.11	3.23	0.52	3.31	0.50	36.4	162.77	143.36	19.41	7.39	0.98	0.83	1.15
HD1-B1	28.80	64.70	6.79	26.60	6.91	1.35	7.82	1.14	6.15	1.10	2.84	0.39	2.44	0.35	36.90	157.38	135.15	22.23	6.08	1.11	0.86	1.10
HD1-B2	10.60	20.20	2.09	6.90	1.43	0.24	1.21	0.19	1.36	0.33	0.98	0.16	1.09	0.17	10.50	46.95	41.46	5.49	7.55	0.92	0.86	1.01
HD1-B5	13.90	29.10	3.10	10.30	1.86	0.38	1.94	0.31	2.00	0.43	1.25	0.20	1.32	0.20	13.00	66.29	58.64	7.65	7.67	0.99	0.94	1.05
HD1-B7	27.10	49.90	5.25	19.40	4.07	0.97	4.44	0.67	4.08	0.89	2.55	0.36	2.41	0.39	32.10	122.48	106.69	15.79	6.76	1.06	1.07	0.98
HD1-B9	11.30	21.50	2.28	8.50	2.16	0.55	2.47	0.40	2.54	0.57	1.76	0.28	1.88	0.28	21.50	56.47	46.29	10.18	4.55	0.57	1.11	1.00
HD1-B10	9.60	16.60	1.88	7.10	1.68	0.47	1.94	0.32	2.11	0.46	1.42	0.23	1.58	0.25	16.90	45.64	37.33	8.31	4.49	0.57	1.21	0.92
HD1-B11	6.30	11.90	1.35	5.20	1.12	0.33	1.11	0.18	1.14	0.25	0.74	0.11	0.72	0.11	9.20	30.56	26.20	4.36	6.01	0.83	1.39	0.96
HD1-B13	6.80	12.90	1.38	4.80	0.99	0.40	1.03	0.16	0.99	0.21	0.60	0.09	0.60	0.09	7.80	31.04	27.27	3.77	7.23	1.07	1.85	0.99
HD1-B14	17.70	33.70	3.62	12.90	2.86	0.55	2.82	0.45	2.82	0.61	1.82	0.29	1.91	0.29	18.40	82.34	71.33	11.01	6.48	0.87	0.91	0.99
HD1-B16	12.10	21.00	2.17	7.40	1.53	0.40	1.76	0.28	1.86	0.43	1.27	0.21	1.41	0.22	14.70	52.04	44.60	7.44	5.99	0.81	1.13	0.96
HD1-B17	16.00	31.90	3.59	12.70	2.88	0.59	3.09	0.48	3.09	0.67	1.98	0.33	2.20	0.34	23.10	79.84	67.66	12.18	5.56	0.69	0.92	1.00
HD1-B19	7.40	13.80	1.48	5.30	1.19	0.28	1.23	0.19	1.12	0.23	0.64	0.10	0.69	0.11	6.90	33.76	29.45	4.31	6.83	1.01	1.08	0.98
HD1-B20	11.60	26.20	3.08	12.00	3.15	0.49	3.19	0.48	2.88	0.59	1.72	0.26	1.70	0.26	17.10	67.60	56.52	11.08	5.10	0.64	0.72	1.04
HD1-B21	11.90	25.30	3.22	13.40	3.49	0.69	3.48	0.50	2.97	0.61	1.73	0.24	1.58	0.23	22.60	69.34	58.00	11.34	5.11	0.71	0.93	0.97
HD1-B22	0.80	1.40	0.16	0.60	0.15	0.03	0.13	0.02	0.13	0.03	0.08	0.01	0.07	0.01	0.70	3.62	3.14	0.48	6.54	1.08	1.01	0.92
HD1-B23	5.50	10.40	1.16	4.10	0.84	0.24	0.75	0.11	0.68	0.14	0.39	0.06	0.41	0.07	4.90	24.85	22.24	2.61	8.52	1.26	1.42	0.97
HD1-B24	18.20	35.90	4.10	14.90	3.28	0.63	3.34	0.53	3.05	0.63	1.77	0.27	1.72	0.27	17.60	88.59	77.01	11.58	6.65	1.00	0.89	0.98
HD1-B25	4.20	8.00	0.89	3.20	0.66	0.25	0.64	0.09	0.51	0.11	0.32	0.05	0.33	0.05	3.90	19.30	17.20	2.10	8.19	1.20	1.80	0.98
HD1-B26	24.80	48.80	5.26	18.40	4.10	0.67	4.03	0.63	3.99	0.81	2.33	0.36	2.27	0.33	24.30	116.78	102.03	14.75	6.92	1.03	0.77	1.01
HD1-B27	4.50	9.90	1.17	4.80	1.17	0.71	1.05	0.14	0.79	0.15	0.41	0.06	0.39	0.06	5.20	25.30	22.25	3.05	7.30	1.09	3.01	1.02
HD1-B28	14.10	27.10	3.02	10.90	2.24	0.63	1.88	0.27	1.60	0.33	0.91	0.14	0.90	0.14	10.50	64.16	57.99	6.17	9.40	1.48	1.44	0.98
HD1-B29	9.40	20.90	2.35	8.60	1.89	0.39	1.64	0.24	1.50	0.31	0.86	0.13	0.85	0.13	8.20	49.19	43.53	5.66	7.69	1.04	1.04	1.05
HD1-B30	29.30	60.50	6.25	21.30	3.96	0.68	3.35	0.49	2.91	0.61	1.77	0.27	1.73	0.26	17.50	133.38	121.99	11.39	10.71	1.60	0.88	1.06
HD1-B31	31.40	63.20	6.65	21.10	3.64	0.63	3.00	0.49	2.96	0.59	1.89	0.29	1.93	0.29	16.90	138.06	126.62	11.44	11.07	1.53	0.89	1.03
HD1-B32	32.00	62.50	6.36	20.90	3.70	0.73	3.02	0.45	2.84	0.58	1.80	0.29	1.90	0.28	16.90	137.35	126.19	11.16	11.31	1.59	1.02	1.03
HD1-B33	36.40	71.30	7.03	22.00	3.43	0.61	2.67	0.44	2.78	0.60	1.88	0.32	2.10	0.32	16.80	151.88	140.77	11.11	12.67	1.63	0.94	1.05

6.4.4.2. 讨论

1. 陆源碎屑特征

陆源碎屑矿物多以石英、长石和黏土矿物为主，因此矿物中难溶元素 Ti、Si、Zr、Th 与 Al 已被广泛用作指示陆源碎屑供给的指标(Murphy et al.，2000；Tribovillard et al.，2006)。对微量元素含量进行分析时，常利用来源于陆源且在成岩过程中稳定的 Al 元素，对样品中的微量元素含量进行标准化(Tribovillard et al.，2006)。研究区大隆组黑色岩系总体受陆源碎屑物质的影响较小，由鹤地 1 井二叠系大隆组陆源碎屑指示元素与 TOC 含量垂向分布特征可以看出(图 6-21)，Ti、Zr、Th 和 Al 具有相似的变化趋势，总体呈现与 TOC 的相关性不明显的特征，Si 含量与有机碳含量呈一定的正相关性，说明其具有一定的生物成因类型或与生物作用有关的产物；Si/Al 与 Ti/Al 的变化趋势具有一定的差异，也说明 Si 的自生组分较高。而在大隆组底部的①含粉砂碳质页岩段，Si 含量与其他反映陆源碎屑供给的指标呈相反的趋势，且与 TOC 呈明显的正相关性，可能指示在大隆组海侵初期，生物成因硅质较发育。大隆组中部的④碳质硅质页岩与碳质硅岩段，其硅质含量最高，Si/Al 值明显较高，反映出此段陆源碎屑硅质含量较低，且发育大量的硅质放射虫，而 TOC 含量相对不高，结合各元素 Al 标准化值曲线变化趋势与有机碳含量相关性较弱，推测认为古生产力可能不是控制 TOC 发育的最主要因素。Ti、Si、Zr、Th 与 Al 各元素总体呈现从底部向上至④碳质硅质页岩与碳质硅岩段含量逐渐降低，至顶部其含量则呈明显较大幅度波动的特征，反映出大隆组沉积早期沉积环境较稳定，而中晚期沉积环境变化较大。

2. 氧化还原条件

一些微量元素，例如 U、V、Mo 及 Cr、Co 等元素，在氧化环境下比在还原环境下表现出更强的可溶性，造成其在还原环境下较富集，作为对氧化还原环境敏感的指标元素，对其沉积环境进行判断(Tribovillard et al.，2006)。氧化还原条件的地球化学识别指标，主要选用 Tribovillard 等(2006)、林治家等(2008)与 Baioumy 和 Lehmann(2017)提出的海相沉积氧化还原环境的地球化学识别指标中的微量元素和稀土元素指标，包括 U 含量、U/Th、V/Cr、Ni/Co、V/(V+Ni)和 DOP 指标。

1)微量元素指标分析

沉积岩中部分微量元素来自陆源碎屑物质，而用于沉积环境判别的元素应主要为其自生类型(Tribovillard et al.，2006；Pi et al.，2013)。通过对比微量元素与 Al 或 Ti 的相关性，可判断出沉积岩中陆源碎屑的相对含量(Tribovillard et al.，2006)。分析发现，鹤地 1 井大隆组黑色岩系 Al 与 Ti 的相关系数较高，为 0.92，而常用的氧化还原环境敏感元素含量与 Al 元素的含量均主要呈正相关性，尤其是 Ba、Co、Cu、Ni、Pb 与 Zn 含量与 Al 元素的含量的相关系数大于 0.8，说明其来源可能与陆源碎屑物质相关。这也可能是由于大隆组黑色岩系中陆源碎屑物质相对较低，和/或部分 Al 元素来自自生黏土矿物。但相对来讲，与受陆源碎屑物质影响较强的 Co 和 Cr 与 Al 的相关系数高，氧化还原指标元素 U、V 和 Mo 元素与 Al 的相关系数较低。因此，对鹤地 1 井大隆组黑色岩系氧化还原环境的判断，相应的微量元素指标仍具有一定的有效性，而 Al 元素标准化的方法则仅能作为参考。用于判断古环境的微量元素多来自细粒富有机质的硅质沉积物或沉积岩，其富集程度的判别

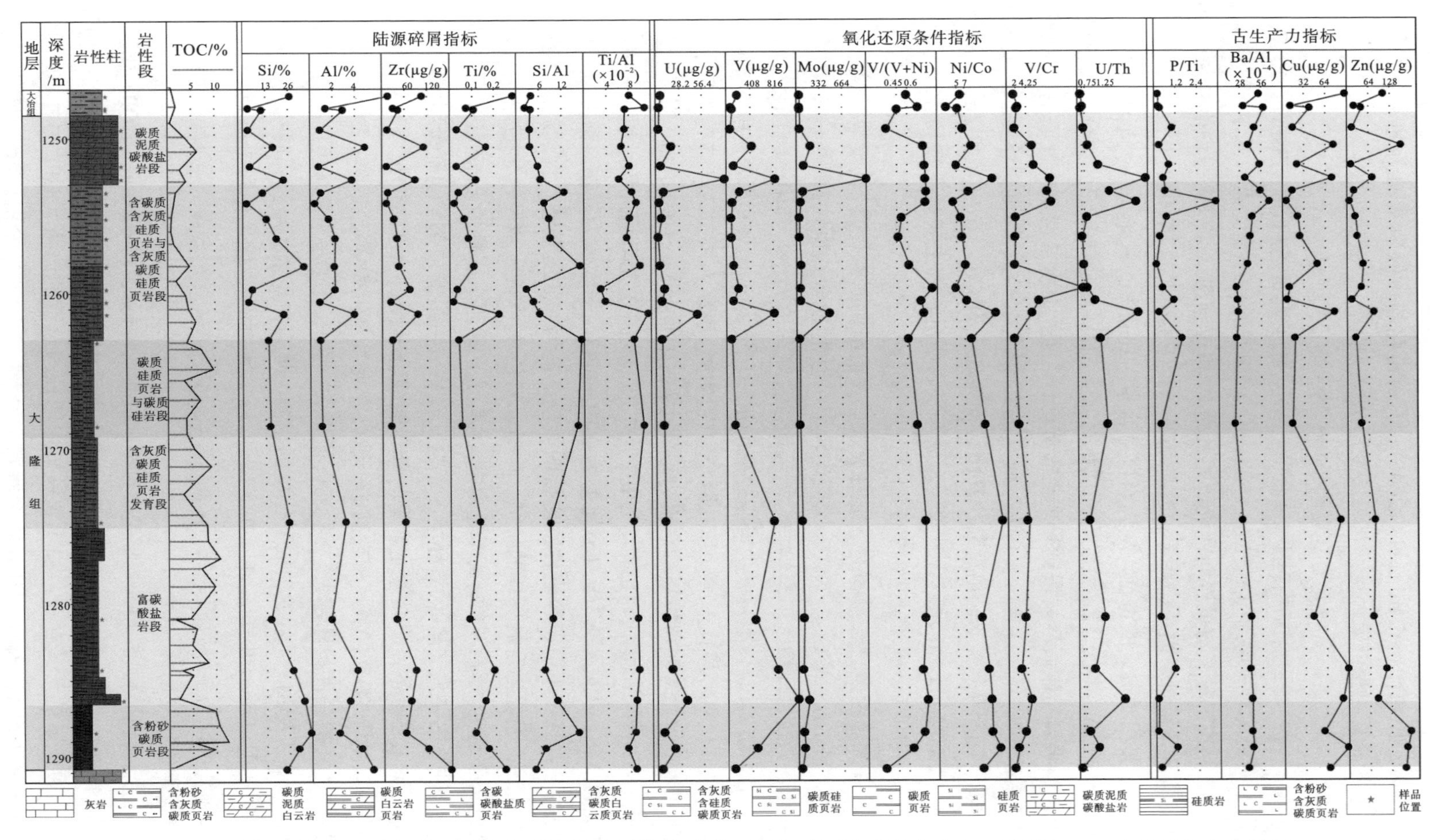

图6-21　鹤地1井二叠系大隆组黑色岩系陆源碎屑指示元素、氧化还原元素及古生产力元素与TOC含量垂向分布特征

多与平均页岩对比(Tribovillard et al.，2006)，其标准化的数值为 Wedepohl (1971)提出的平均页岩中各元素的含量值，标准化手段采用 Al-标准化，公式为

$$EF_{元素X}(元素富集因子)=(X/Al_{样品})/(X/Al_{平均页岩})$$

当 $EF_{元素X}>1$，则元素 X 相对于平均页岩富集，相反则贫乏(Tribovillard et al.，2006)。鹤地 1 井大隆组黑色岩系中 Cr、Mo、Ni、U、V 和 Cu、Zn 等元素，其 EF 值均大于 1 (表 6-6)，指示其相对平均页岩均富集。尤其是 U 和 V 元素，其 EF 平均值分别达 19.57 与 10.31，显示其相对平均页岩明显富集的特征。而 Ba 元素的 EF 值为 0.32～1.25，平均为 0.66，显示其相对贫乏的特征。从元素自身含量对比可知，鹤地 1 井大隆组黑色岩系中 Mo、Ni、Cr、U、V 和 Cu、Zn 元素均呈现相对富集的特征，且底部三个岩性段最为富集，至④碳质硅质页岩与碳质硅岩段则呈现显著降低的特征，而上部两个岩性段呈现含量变化较大、频繁波动的特征。综合分析可知，研究区大隆组黑色岩系的沉积环境应主要为缺氧的还原环境，上部两个岩层段出现氧化环境。而亲硫元素 Co、Ni、Cu 和 Zn 在还原环境中富集，V、U、Mo 及 Cu 元素含量较高，进一步表明沉积物主要是在贫氧且富含 H_2S 的底层水体中沉淀的(Lezin et al., 2013)。

鹤地 1 井大隆组黑色岩系相对下窑组灰岩与大冶组钙质泥页岩，其反映氧化还原条件的 U/Th、V/(V+Ni)、V/Cr 与 Ni/Co 比值均较大，自生 U 含量也较高(表 6-4，图 6-21)，表现为大隆组为缺氧环境，下窑组与大冶组均以富氧环境为主。其中，U/Th 值为 0.77～12.18，平均为 4.28，总体上反映大隆组缺氧的沉积环境，下部①～④岩性段 U/Th 值均大于 1.25，反映其厌氧环境；上部⑤和⑥两个岩性段中，表现为以贫氧环境为主，在⑤含碳质含灰质硅质页岩与含灰质碳质硅质页岩段的中部 HD1-B19 与 HD1-B20，以及大隆组最顶部的 HD1-B27 样品，其 U/Th 值均为 0.75～1.25，反映在大隆组沉积后期，沉积环境呈厌氧-贫氧的变化。大隆组 V/(V+Ni) 比值为 0.29～0.97，平均值为 0.76，整体上表现为以贫氧环境为主，且在下部四个岩性段比值明显较高，为 0.62～0.88，仅顶部的 HD1-B27 样品值为 0.29，表现为富氧环境的特征。同时，V/Cr 与 Ni/Co 值及自生 U 含量也具有相似结果，总体表现为大隆组以缺氧环境为主，尤其是下部四个岩性段全部表现为厌氧环境，上部两个岩性段主要为贫氧-厌氧环境，靠近三叠系大冶组的顶部呈现富氧环境。

从反映氧化还原条件的微量元素垂向分布能够看出(图 6-21)，U/Th、V/Cr、V/(V+Ni) 和 Ni/Co 等指标与 TOC 含量具有较高的一致性，尤其是沉积环境波动较大的⑤和⑥岩性段，反映氧化还原条件指标越大，则 TOC 值越大，总体表现为缺氧环境控制有机质的丰度。同时，V、U 及 Mo 元素的曲线变化特征相似，此三种元素受陆源碎屑物质影响较小，主要为自生类型(Tribovillard et al.，2006)，且与 TOC 曲线变化具相同的趋势，进一步说明氧化还原环境控制有机质的丰度。

2) 黄铁矿矿化度指标分析

研究古氧化还原环境常用的指标是黄铁矿矿化度(degree of pyritization，DOP) (Raisewell and Berner,1986)，通过硫化物分析表明，黑色岩系中铁质矿物以黄铁矿为主，假定所有的硫元素以黄铁矿的形式存在，由于黄铁矿中的铁与总铁的比值 DOP_T 与 DOP 值相近(Raisewell and Berner，1986)，因此，此次研究对全岩样品的 S 与全铁(TFe) 含量进行 DOP_T 值计算，计算公式(Rimmer，2004)：

表 6-6　鹤地 1 井二叠系大隆组黑色岩系元素富集因子(EF)特征

样品号	Si	Ba	Ca	Ce	Cr	Cu	Fe	K	Mg	Mo	Na	Ni	P	Pb	Th	Ti	U	V	Zn
HD1-B0	1.26	0.56	13.95	1.2	0.91	2.43	2.60	1.60	0.90	0.33	1.43	4.48	1.09	1.66	1.09	0.89	1.50	0.84	2.93
HD1-B1	2.02	0.66	4.14	1.2	4.90	4.23	3.34	1.50	0.58	40.44	1.80	6.98	4.34	1.56	0.92	0.75	10.66	7.41	3.70
HD1-B2	4.55	0.64	3.80	0.7	7.71	4.79	4.31	1.39	0.65	58.14	1.92	7.82	0.42	2.04	0.96	0.89	5.98	19.97	7.24
HD1-B5	2.94	0.64	2.23	0.7	7.13	5.11	3.63	1.52	0.94	122.34	1.41	6.40	0.51	2.41	0.92	0.91	24.95	24.98	2.44
HD1-B7	2.08	0.61	11.19	1.1	7.35	4.63	3.84	1.32	0.64	26.53	2.26	6.37	5.06	2.00	1.07	0.96	9.87	14.34	2.62
HD1-B9	2.62	0.63	57.69	1.1	6.86	5.06	4.22	1.42	24.12	90.87	1.59	5.99	1.18	2.15	1.00	0.94	15.27	17.98	4.13
HD1-B10	2.52	0.46	25.53	0.4	5.54	5.53	2.89	1.00	0.83	30.59	3.32	5.67	1.43	2.15	1.22	0.87	6.80	17.90	2.52
HD1-B11	4.67	0.32	123.40	0.9	3.88	2.70	4.23	0.43	45.31	50.65	2.19	4.88	1.67	1.63	1.04	1.06	18.11	6.62	4.09
HD1-B13	4.97	0.36	172.85	1.2	2.42	3.95	2.77	0.59	32.72	33.91	4.35	3.15	6.71	1.28	1.12	0.89	14.85	2.65	2.75
HD1-B14	1.80	0.39	18.58	0.8	3.75	3.86	3.02	0.80	1.58	394.73	4.21	5.02	1.29	1.25	0.85	1.14	30.64	14.33	1.93
HD1-B16	1.27	0.38	310.58	2.1	0.74	1.46	2.50	0.80	3.75	76.72	3.50	1.45	2.00	1.20	1.66	0.38	16.96	3.59	1.52
HD1-B17	0.73	0.35	103.99	1.2	0.18	0.82	2.70	0.76	1.68	22.27	3.89	0.31	0.65	1.21	1.77	0.30	9.59	5.22	1.82
HD1-B19	4.81	0.58	23.44	0.5	2.85	4.74	3.22	1.08	0.86	38.26	2.71	4.04	1.10	2.01	0.91	1.00	3.17	3.26	2.14
HD1-B20	2.54	0.63	45.73	1.1	0.77	2.22	4.93	1.19	13.08	2.03	1.94	2.04	1.11	1.96	1.07	0.76	2.74	0.95	1.29
HD1-B21	2.42	0.67	96.76	1.4	0.86	2.71	5.18	1.26	11.44	7.00	2.20	2.01	2.70	2.43	1.22	0.82	7.64	1.12	1.47
HD1-B22	2.42	1.02	1800.00	0.8	3.27	6.45	6.67	0.91	34.58	440.23	4.67	5.14	16.00	8.41	1.05	0.93	36.51	22.34	3.74
HD1-B23	3.70	0.84	167.37	1.0	2.26	3.02	4.52	1.40	37.91	204.24	2.09	3.55	2.53	2.39	1.06	0.86	20.15	13.98	2.06
HD1-B24	1.93	0.54	22.72	0.9	2.31	3.88	2.47	1.32	0.75	930.75	2.20	4.39	1.52	2.22	1.34	0.63	54.39	15.42	1.93
HD1-B25	1.70	0.82	334.72	0.9	1.72	5.61	6.04	1.17	5.41	189.19	3.65	2.21	3.24	5.11	1.17	0.81	14.16	7.12	1.39
HD1-B26	1.08	0.60	22.32	0.9	1.61	3.06	5.65	1.37	0.73	121.33	2.08	2.24	0.86	2.29	1.45	0.67	8.48	6.22	3.10
HD1-B27	1.07	0.72	285.97	1.0	0.69	3.32	7.96	0.96	4.19	9.45	4.35	3.68	3.53	2.10	1.08	0.73	3.64	0.80	1.54
HD1-B28	1.08	0.90	65.13	0.8	0.75	2.71	4.49	1.62	1.94	3.09	1.36	2.49	1.08	1.48	1.02	0.74	1.66	1.10	1.37
HD1-B29	0.66	1.25	177.38	1.3	0.66	1.59	2.85	1.59	5.22	0.98	1.04	0.63	1.04	4.77	1.30	1.09	3.20	1.07	1.40
HD1-B30	1.11	0.81	6.07	0.8	1.40	2.61	2.58	1.61	1.24	1.08	1.09	1.83	0.72	1.43	1.06	0.81	1.40	1.40	1.45
HD1-B31	1.13	0.83	4.44	0.8	1.75	3.32	2.67	1.59	1.06	4.83	1.04	2.39	0.56	1.99	1.20	0.75	1.76	1.90	1.72
HD1-B32	1.08	0.72	5.30	0.7	0.75	2.12	2.11	1.59	0.93	2.06	1.13	1.62	0.75	1.63	1.50	0.67	1.55	0.94	1.14
HD1-B33	1.04	0.80	1.86	0.8	1.57	2.99	2.64	1.65	1.05	0.93	0.88	2.06	0.49	1.84	1.12	0.75	1.28	1.77	1.67

$$DOP_T=(55.85/64.16)\times S/TFe$$

大隆组黑色岩系的 DOP_T 值较高，为 0.41～0.98，平均为 0.83，主要表现为缺氧的环境。其中下部三个岩性段 DOP_T 值相对较高，为 0.84～0.96，反映其沉积环境为无氧气存在和有 H_2S 出现的厌氧水体；④碳质硅质页岩与碳质硅岩段则表现为无 H_2S 出现的厌氧环境；整个大隆组仅顶部的 HD1-B20 的 DOP_T 值较小，为 0.41，表现为含氧的正常海水环境。整体上，大隆组 DOP_T 值与 TOC 值的变化特征近似，进一步反映出其氧化还原环境与有机质的丰度有关。

总的来说，大隆组缺氧的还原环境控制了有机质的富集，沉积早期环境相对较稳定变化，均为贫氧且富含 H_2S 的还原环境，而中晚期则呈现明显的贫氧-缺氧环境的波动变化特征。从沉积构造背景得知，二叠世中晚期，在张应力作用下，鄂西南地区受拉张裂隙作用影响，形成台地内的局限海槽，三面环台一面与大洋相通的局限环境，限制了沉积水体的循环，形成了大隆组缺氧的底层水体环境。因此，缺氧的环境是大隆组黑色岩系 TOC 含量较高的保障与前提。另外，缺氧还原元素和指标与 TOC 呈一定的正相关性，而通过前面的分析可知这些元素受陆源碎屑物质影响较强，由此推断，研究区大隆组黑色岩系中有机质可能具有外源的类型。

3. 古生产力分析及上升流作用

上升流是受地形、季风或大洋环流等作用而产生的深层水向上涌升的一种洋流，将海底低温、富溶解硅和营养盐的海水带到表层，从而促进了表层水体生物的大量发育，提高了原始海洋生产力(张尚峰等，2012；季少聪等，2017)。二叠纪是全球上升流强烈活动的高发期(Lv and Qu，1990)，研究区大隆组碳-硅细粒岩组合及底栖生物与富有生物共生的特征，表明其可能受到上升流的影响，而季少聪等(2017)指出上升流造成的最明显特征就是高的古生产力。古生产力指标的判断主要是依据 Tribovillard 等(2006)与沈俊等(2014)提出的地球化学元素判别方法，主要对 P、Ba、Ni、Cu、Zn 等反映沉积水体原始生产力的元素进行分析。

古生产力可由 TOC、有机 P 和生物 Ba 来估算(Tribovillard et al.，2006；Calvert and Pedersen，2007)，而 Schoepfer 等(2015)通过详细论述 TOC、P 和 Ba 与古生产力的关系，指出受沉积速率及陆源碎屑物质的稀释率等影响，对古生产力的判断应主要应用 TOC、P 和 Ba 的相对富集关系而非总量。TOC 是反映古生产力大小最直接的指标(Pedersen and Calvert，1990；Canfield，1994；Zonneveld et al.，2010)。研究区大隆组黑色岩系 TOC 最大值为 13.07%，平均为 5.83%，绝大多数样品的 TOC＞2.0%，反映出其古生产力较高的特征。

初始生产力的变化对有机质的富集起着关键性的作用(Wei et al.，2012)，海洋表层初级生产力直接控制了到达沉积物表面有机质的多少。P 和 Ba 是关键营养元素，浮游生物可以直接吸收 P 和 Ba，并随着生物遗体降解赋存在沉积岩中，二者可以作为初级生产力的指标(Tribovillard et al.，2006；沈俊等，2014)。由于陆源碎屑物质会带来有机质，所以为排除陆源碎屑影响常用 P/Ti 或 Ba/Al 指标来作为生产力替代指标(Algeo et al.，2011)。当底层水体为还原条件时，在细菌的作用下，P 会从有机质优先流失到海水中，导致高生产力海域沉积物中 P 含量的降低(沈俊等，2014)。鹤地 1 井大隆组黑色岩系 P 与 Al 的相关系数为 0.55，说明具有相当一部分的有机质是外源的。而 P 的富集受氧化还原环境的影响，在大隆组缺氧富硫的底层水中，不利于有机 P 在沉积物中富集。由此，鹤地 1 井大隆组黑色岩系中 P/Ti 指标与 TOC 含量相关性很差。但生物 Ba 在还原环境下易流失，而在氧化条件下具有高的保存率，因此在使用 Ba 元素作为古生产力指标替代元素时应考虑水体氧化还原条件(沈俊等，2014)。而大隆组 Ba_{XS} 的含量较低，全岩总 Ba 仅为 10～190μg/g，且大隆组的 Ba 几乎全部为生物 Ba，进一步说明大隆组沉积环境主要为硫化的缺氧环境。虽然 P 和 Ba 在缺氧环境中多发生迁移而难以在沉积物中保存(Ross and Bustin，2009b)，但是仍可对初始古生产力的相对大小有一定的反映。

U、V、Ni、Cu 和 Zn 主要是随着有机质沉积而保存在沉积物中(Piper and Perkins，2004；Tribovillard et al.，2006)。它们在还原条件下会以硫化物形式保存，因此在还原环境下，Cu、Ni 和 Zn 也是初级生产力替代指标(Tribovillard et al.，2006；Piper and Calvert，2009；沈俊等，2014)。在缺氧的还原环境中，经过有机质的蚀变，释放出的 Cu 和 Ni 多进入黄铁矿晶格中(Algeo and Maynard，2004；Piper and Perkins，2004)，因此，在缺氧环境下，Cu 和 Ni 可以作为反映古生产力的替代指标，其效果比常用的古生产力指标 P 和 Ba 更好(Tribovillard et al.，2006；Zhao et al.，2016)。

Tribovillard 等(2006)、Ross 和 Bustin(2009)均提出原始沉积物中的 P 和 Ba 在还原环境中多发生迁移，而残留在沉积物中的较少，对古生产力的判断存在误差，因此采用过量硅来判断还原环境中的古生产力(Ross and Bustin，2009)。总的来看，位于大隆组底部的①含粉砂碳质页岩段，其最下部的古生产力较高，向上明显降低，指示海侵初期富养物质较富集，Si 含量也最高，为 35.11%～63.13%；②～④岩性段的局部古生产力较高，相应地 TOC 值略微增大，总体上古生产力与 TOC 呈一定正相关性，Si 含量也较高，为 20.89%～48.93%，平均为 31.16。而大隆组上部的⑤和⑥岩性段，古生产力指示元素与 TOC 亦呈弱的正相关性，Si 含量变化与 TOC 呈一定的正相关性，而 P/Ti、Ba/Al 与 P、Cu、Zn、Ba 的趋势呈相反的特征。总体来看(图 6-21)，大隆组黑色岩系中 P、Cu、Zn、Ba 的变化趋势较为相似，P/Ti 变化较明显，具有多个峰值，Ba/Al 曲线变化较为平缓，与 P、Cu、Zn、Ba 不同，而反映古生产力的指标与 TOC 值的相关性不明显，说明 P、Ba、Cu、Zn 等古生产力指标元素在大隆组缺氧环境下对古生产力的判断存在较大的误差，仅作为参考。研究区大隆组黑色岩系中过量 Si 与 TOC 具有明显的正相关性，由此可见，较高的古生产力应是造成研究区大隆组黑色岩系发育的充分条件之一。另外，从元素富集因子可以看出，HD1-B17 作为鹤地 1 井大隆组唯一呈 Si 相对不富集的样品，其 EF_{Si} 值为 0.73，而相应地反映古生产力及氧化还原条件的 Cu、Ni 和 Cr 的 EF 值均呈现相对不富集的数值，而反映陆源碎屑成分的 Th 的 EF 值最高，由此可进一步验证，研究区大隆组黑色岩系中硅质具有明显的生物成因类型，且古生产力是影响其发育的重要因素。

研究区大隆组总体同时表现为缺氧的环境与较高的有机质丰度的特征，缺氧的环境与高有机质丰富具有相互促进的关系，为了区分二者形成的时间及关系，则需要考虑自生黄铁矿的发育(Tribovillard et al.，2006)。通过岩矿分析发现，研究区大隆组黑色岩系中发育大量的自生黄铁矿集合体；同时，由底向上下窑组、大隆组与大冶组的 Fe/Al 平均值分别为 0.44、0.72 与 0.56，则大隆组相对上下地层较高的 Fe/Al 值，说明大隆组缺氧的沉积环境在有机质沉积之前便已存在(Tribovillard et al.，2006)。而较高的TOC说明大隆组应具有较高的古生产力，同时受到缺氧环境的影响，造成其保存较好。缺氧环境应是受半局限的台内盆地控制，而大隆组出现这种高生产力的现象可能与当时华南板块处于赤道上升流附近有关，但不同剖面因受氧化还原和后期改造作用的影响，保存下来的有机质含量可能会有很大的差别(沈俊等，2014)。晚二叠世大隆组时期华北板块北部勉略洋盆扩张，表现为古特提斯洋东支打开，鄂西南海盆的大地构造环境有利于上升流的发育，在元素富集特征上上升流一般富集Cd，贫Co、Mn(Sweere et al., 2016)，大隆组页岩很好地符合了这一元素分布特征，尤其是Cd元素(平均为5.1μg/g)相对上下地层(均小于1.0μg/g)明显富集，且Co元素平均为6.68μg/g，相对上下地层(主要大于10.0μg/g)明显贫乏，反映了上升流对大隆组沉积物的影响作用。尤其是大隆组下部三个岩性段更加富集Cd、P，贫Mn元素，反映了在大隆组沉积早期，上升流带来了深层海水中的大量营养物质，促进了生物的繁盛，具有较高的生产力；同时上升流具有缺氧的特性，进一步加剧了大隆组底部水体缺氧，有利于有机质的保存，最终造成大隆组下部有机质丰度较高的特征。

鄂西南地区二叠系大隆组硅质放射虫发育可作为验证上升流发育的证据之一，而在岩矿分析中，发现硅质放射虫在④碳质硅质页岩与碳质硅岩段最为发育，其Si元素含量也较高。同时，岩矿与地化分析结果均表明大隆组底部的①含粉砂碳质页岩段发育大量的生物硅质，另外，岩矿分析表明大量的微晶石英集合体呈充填黑色岩系中微孔隙的特征。由此推断，大隆组下部的三个岩性段，原始沉积物中应发育大量的生物硅质，在成岩过程中发生了硅质溶蚀再胶结的作用，造成原始生物轮廓消失，并形成Si元素含量高的富硅页岩或碳酸盐岩。

4. 热液作用影响指标

Jiang等(2006，2007)研究指出贵州与湖南地区的寒武系牛蹄塘组，受热液与海水的混合流体影响，形成了富集微量元素的黑色页岩。研究区大隆组黑色岩系中U、V、Mo、Ni、Cr、Cu、Zn等元素均相对平均页岩明显富集，富集因子平均值分别为5.73、10.31、144.48、4.17、3.34、3.86与2.67。Marching等(1982)指出As和Sb元素富集是热水沉积物区别于正常沉积物的重要标志，研究区大隆组As和Sb元素相对上下地层富集，其下部相对更加富集，由此推断，研究区大隆组黑色岩系可能受到热液作用影响，造成其微量元素明显富集，且下部受热液作用影响较强。Ba/Sr值在正常海相沉积岩中小于1，在现代海底热水沉积物中大于1，其值越大反映其受热水作用的程度越高(Marching et al.，1982；Peter and Scott，1988)。大隆组Ba/Sr值均小于1，总体反映正常海相沉积岩的特征，而底部①含粉砂碳质页岩段与②富碳酸盐岩段中Ba/Sr值较高，平均为0.41，最高为0.77，位于②富碳酸盐岩段的最底部；其上岩性段Ba/Sr值主要小于0.1，平均为0.058，说明大隆组底部层段可能受到低温热液的影响。

Eu正异常的特征常在还原性的热水及海相热水沉积物中发育(Murray et al., 1991；Douville et al.，1999；Owen et al.，1999)。古热水系统中沉积形成的硅质岩或细碎屑岩具有轻稀土相对于重稀土更富集和Eu的正异常的特点，而Ce异常特征很少能够被完整地保存下来(Murray et al., 1991；吕志成等，2004)。同时，徐晓春等(2009)研究认为Y正异常反映了石台地区早寒武世黑色岩系具有海相热水溶液沉积特征。研究区大隆组黑色岩系，同贵州和湖南地区的寒武系牛蹄塘组下部黑色页岩的 REE 结果相似(Jiang et al.，2006；Li et al.，2015)，呈现出 Eu 正异常和 Y 正异常及弱的 Ce 负异常的特征，说明其受到了海水和低温热液的混合水体影响。鹤峰区块大隆组黑色岩系轻稀土比重稀土更富集，Eu 呈波动性弱正异常，Ce 不显示异常，可能说明其局部受一定的低温热液的影响。海相热水沉积的 LREE/HREE 比值较小，北美页岩标准化曲线近于水平或左倾，而正常海洋碎屑岩沉积 LREE/HREE 比值大，北美页岩标准化后明显右倾(李胜荣和高振敏，1995)。研究区大隆组黑色岩系样品经北美页岩标准化后部分曲线呈近水平状，Zn-Ni-Co 图解中绝大多数样品落入海底热水沉积的范围(图 6-22)，稀土元素配分模式和 Zn-Ni-Co 图解都表明有海底热水混入。这里所谓的热水是指热的海水，是热的介质水与海水充分混合，甚至热水的主体就是海水(李胜荣和高振敏，1995；高振敏等，1997)。

以上这些特点与其处于活动大陆边缘古地理环境沉积物无 Eu 亏损一致(赵振华，1993)。REE 总量具有随着海水深度的增加而升高的特点(杨兴莲等，2008)，Ce 异常值用来反映古水深与古海平面的变化(徐晓春等，2009)，而研究区 REE 总量与 Ce 异常值无正相关性，且 Ce 异常受 La 异常、陆源碎屑、后生成岩作用和实验方法等多种因素影响(林治家等，2008)，说明大隆组黑色岩系 Ce 异常值判断沉积环境具不确定性，而其 REE 总量较低，说明沉积海水深度较浅，属浅海环境。扬子地区晚二叠世大隆组就是在板内引张条件下形成的(徐跃通，1997)，而构造引张作用正是热水沉积硅质岩形成的必要条件(Rona，1978)。程成等(2015)也指出海底热液的混入可能与地壳拉张、裂陷有关，二叠纪华南处于拉张背景中，基底断裂的重新活动和新的断裂的产生，既为大隆组黑色岩系的形成和保存提供了有利的地形条件，又为热水活动提供了必需的通道。

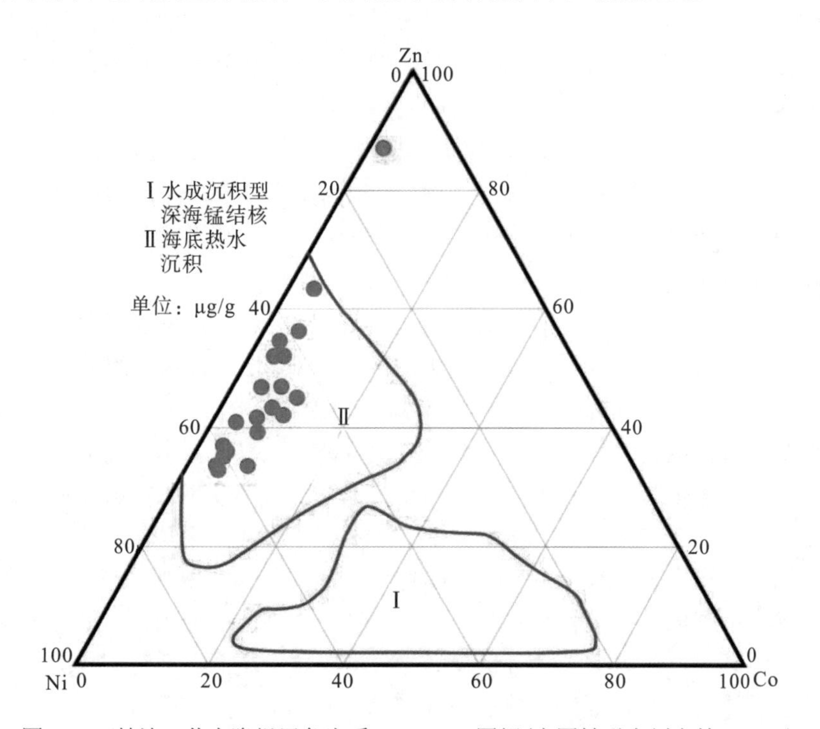

图 6-22　鹤地 1 井大隆组黑色岩系 Zn-Ni-Co 图解(底图转引自刘安等，2013)

另外，沉积岩中全岩 REE 总量包括陆源碎屑成因和自生成因两种类型，并以前者为主，只有碳酸盐岩等化学沉积岩中的 REE 主要来自海水中(Shields and Stille,2001)。研究区大隆组黑色岩系 REE 总量与 Al_2O_3 含量呈明显的正相关性，相关系数为 0.9，结合其标准化后的 REE 形态近似水平状分布的特征，说明 REE 主要来自陆源碎屑物质，而其弱的 Ce 异常以及明显的 Y 异常，说明其也受到海水作用的影响。因此，由稀土元素分析可知，鹤峰区块大隆组黑色岩系稀土元素主要来自陆源碎屑物质，沉积水体应受海水和局部低温热液流体的影响。

6.4.5 黑色岩系及矿物组分成因初探

中上扬子地区二叠系大隆组作为富有机质的黑色岩系，被研究者普遍认为是有利的页岩气发育层段(王一刚等，2001；付小东等，2010；遇昊等，2012；罗进雄和何幼斌，2014)。与已经取得页岩气突破的四川盆地下古生界志留系龙马溪组相比(牟传龙等，2016b)，其岩石类型中碳酸盐岩、硅质岩较发育，矿物组分中黏土矿物和陆源碎屑颗粒含量较低；而与正逐步加强研究的陆相页岩气层段相比，其黏土矿物含量较低，而有机质含量却明显优于此二类岩层，因此，从岩石类型、矿物组分特征出发，可以为探索研究区二叠系大隆组黑色岩系的成因提供依据。

6.4.5.1 有机质发育特征

结合总有机碳含量(TOC)对富有机质黑色岩系及矿物组分的成因分析，已经取得了一定的效果(王秀平等，2015)。鹤峰区块二叠系大隆组黑色岩系的 TOC 最大值为 13.07%，最小为 0.49%，平均值为 5.83%，具备较好的页岩气勘探潜力。其中 TOC 大于 1%的样品占总样品的 93.1%，TOC 大于 2%的样品占总样品的 86.1%，TOC 大于 4%的样品可达 72.1%。垂向上，大隆组 TOC 含量由下向上总体减小，TOC 大于 2%的样品以含粉砂碳质页岩、(含)灰质碳质(硅质)页岩、碳质硅质页岩为主，这几类岩石类型几乎占了 HD1 井大隆组全井段约 80%的地层，主要分布在大隆组的中下部，由此可见，研究区二叠系大隆组呈现高-特高的有机碳含量特征。

根据鹤峰区块二叠系大隆组有机碳的发育特征，以页岩气评价过程中有机碳含量的划分标准(李玉喜等，2012；李延钧等，2013)为参考，将鹤地 1 井大隆组的有机碳含量划分为四类(表 6-7)。其中，有机碳含量大于 5%的矿物组分相差不大，表现为随着碳酸盐矿物含量的增加，有机碳含量降低，且黏土矿物含量越高，有机碳含量越高，进一步说明黑色岩系中泥页岩更有利于有机质的发育。有机碳含量小于 5%的矿物组分特征相似，均以碳酸盐矿物含量相对较高为特征，尤其是白云石含量明显高于有机碳含量大于 5%的类型，且硅质含量较低。鹤峰区块二叠系大隆组矿物组分特征总体表现为，碳酸盐岩矿物含量越高，则有机碳含量越低；在碳酸盐矿物含量较低且变化不大的前提下，随着石英含量的增加，有机碳含量越高，而黏土矿物含量越高，有机碳含量越高。通过矿物组分的分析，鹤峰区块黑色岩系中总体呈现黏土矿物含量越高有机碳含量越高的特征，因此指示了沉积水体越深有机质越富集。

表 6-7　鹤峰区块二叠系大隆组黑色岩系矿物组分与 TOC 的关系

TOC	石英/%	斜长石/%	方解石/%	白云石/%	黄铁矿/%	黏土矿物/%
>10%	31.3～57	5.4～9.7	1.7～19.3	仅一件 2.8%	7～12.2	22.1～31.7
	45.5	7.5	8.73		9.91	27.96
5%～10%	20.7～68.2	2.7～11.4	2.5～57.9	0～27	2.7～11.6	11.7～30.4
	47.18	5.78	16.19	3.68	7.08	20.08
2%～<5%	20～68.6	1.1～11.3	2.9～55	0～56.8	1.8～11.4	6.4～50.7
	39.88	5.95	24.8	9.65	4.42	15.3
<2%	17.4～53.5	3.3～18.4	4.5～42.3	0～15.4	1.9～5.4	9.2～34.2
	38.99	6.44	19.41	5.86	3.49	25.81

6.4.5.2　黄铁矿

值得注意的是，大隆组发育的主要矿物组分中，唯有黄铁矿与有机碳含量之间表现为明显正相关的关系，二者的相关系数为 0.72。在岩石类型的研究中，也表现为黄铁矿含量越高，有机碳含量越高的特征(表 6-1)。沉积岩中莓粒状黄铁矿在氧化和缺氧海洋环境中形成的机理不同，其粒径分布特征分析是恢复古海洋的氧化还原状态行之有效的方法之一(常华进和储雪蕾，2011；遇昊等，2012)。研究区二叠系大隆组黄铁矿以莓粒状集合体为主，单晶大小多为 0.5～1μm，集合体大小以 3～10μm 为主，莓粒状集合体甚至呈顺层分布的条带状，条带宽多小于 1cm，延伸较好；其次，晶粒状呈分散状或呈集合体以及结核状分布，晶体大小为 1～3μm，集合体与结核的大小多为厘米级。根据 Wilken 等(1996)的研究表明，缺氧环境下形成的莓粒状黄铁矿粒径较小(<5μm)，富氧水体中形成的类型粒径较大，因此研究区二叠系大隆组黑色岩系的沉积环境具有缺氧水体的特征。黄铁矿与 TOC 成正比，说明沉积环境为缺氧的以及沉积物稀释率较低的水体(Hackley，2012)。黄铁矿的产出状态指示其为局限流通还原环境的特征(Loucks and Ruppel，2007；黄保家等，2012)，同时结合高的有机碳含量能独立用于缺氧条件的识别，由此可见，鹤峰区块二叠系大隆组黑色岩系的发育特征主要受控于缺氧还原沉积环境。

6.4.5.3　石英

石英作为鹤峰区块二叠系大隆组黑色岩系的重要和主要组分，其含量为影响其脆性的主要因素之一，且不同的成因类型，不仅反映了富有机质黑色岩系的成因，同时对确定其岩石类型及沉积环境具有重要的指示意义。二叠系大隆组石英具陆源碎屑与胶结物两种结构。Ross 和 Bustin(2008)指出富有机质页岩中由于重结晶作用，原始硅质沉积结构不能分辨，而硅质和 TOC 具协方差关系，因此认为具有有机成因。鹤峰区块二叠系大隆组黑色岩系石英与有机碳含量、黄铁矿含量均呈弱的正相关性(图 6-23)，说明石英具有一定的生物成因类型，但并非为主要类型。

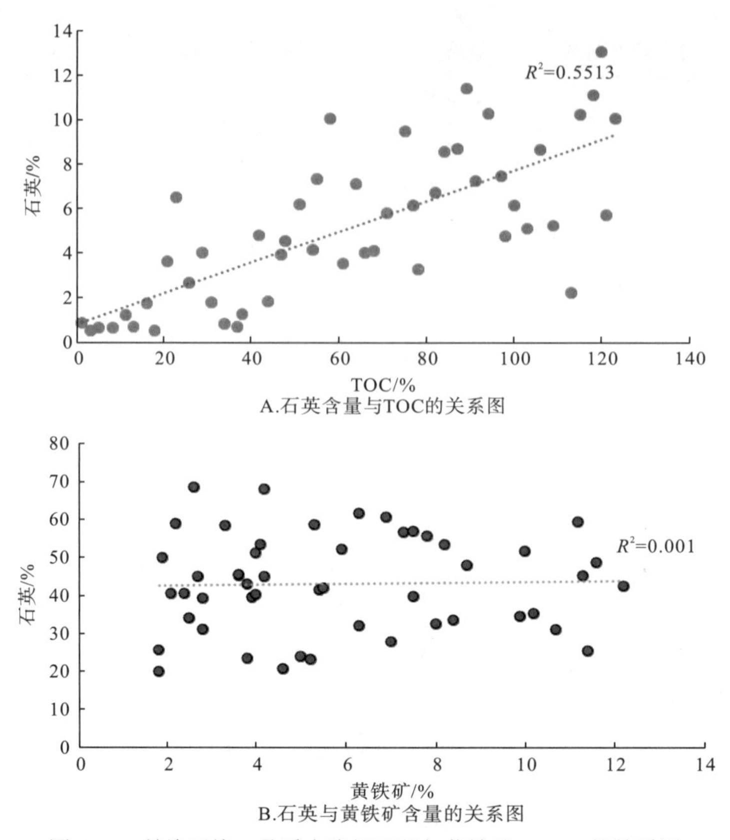

图 6-23 鹤峰区块二叠系大隆组石英与黄铁矿、TOC 的关系图

由鹤地 1 井大隆组岩石类型、矿物组分特征与有机碳含量的相关性分析可知(表 6-1，表 6-7)，泥质含量较高的含粉砂碳质页岩有机碳含量最高，其次为碳质硅质页岩和硅质岩。硅质胶结物以隐晶质-微晶石英为主，可见明显的片晶状胶结物，其中 Thyberg 和 Jahren(2011)研究认为片晶状和斑块状硅质胶结物主要形成于蒙皂石的伊利石化过程中，并可作为泥页岩致密成岩的介质，促使页岩页理和各向异性的形成。页岩中伊利石转化所需的钾离子除水介质提供少部分外，主要由钾长石等富钾矿物随深度增加、温度升高溶解提供(李娟等，2012)。因此，考虑到研究区大隆组矿物组分中不含有风化稳定性较强的钾长石而只含有少量的斜长石，以及黏土矿物几乎全部为伊利石，且大隆组表现为较高的热演化程度(R_o值为 2.01%～2.71%，平均为 2.36%)，根据 Boles 和 Franks(1979)提出的蒙皂石转化过程与 Kamp(2008)提出的石英溶蚀理论，认为大隆组在达到晚成岩-低级变质阶段的成岩过程中形成了一定量的次生石英。总的来说，鹤峰区块二叠系大隆组黑色岩系中硅质具有生物成因的类型，但应以次生成因为主，这也就解释了硅质含量最高的④碳质硅质页岩与硅岩段的有机碳含量相对碳质页岩段较低的原因。同时，付小东等(2011)也提出高有机质丰度的硅岩是热水活动与生物沉积共同作用的结果，因此层状暗色硅岩常富有机质而纯化学沉淀作用形成的燧石层却很低。

6.4.5.4 白云石及斜长石

鹤峰区块大隆组黑色岩系中白云石较发育，晶形较好的白云石与有机质共生，其成因具有重要的指示意义。通过分析可知，鹤峰区块二叠系大隆组黑色岩系的发育特征主要受控于缺氧还原沉积环境。陈永权等(2009)提出深海硫酸盐还原带是一个有利于白云石沉淀的区域，深海白云石的一个重要识别标志是其通常与黄铁矿共生，因此此类白云岩可能为深海沉积物。Hickey 和 Henk(2007)、Abouelresh 和 Slatt(2012)认为巴尼特(Barnett)页岩中钙质含量较高的类型(主要为含白云石页岩和白云质页岩)是沉积水体较浅所致，白云石晶体的自形程度较好，为富有机质页岩发生成岩作用的产物。鹤峰区块白云石主要发育于大隆组的中下部(靠近底部)和顶部(富碳酸盐矿物段)，其有机质含量均较高，且垂向上几乎都有不同程度的分布(表 6-1)，因此指示研究区大隆组白云石的分布可能受一定水体变浅的影响，而自形程度较好的晶粒白云石的广泛分布，说明其应主要为成岩作用的产物。牛志军等(2001)指出此类自形程度较好的白云石的形成，与海平面下降、沉积物暴露于大气环境和大气淡水参与成岩作用有关。然而，研究区大隆组晶粒白云石多受到溶蚀作用、交代作用的影响，且多与黄铁矿共生，说明其形成时间较早，应不晚于早成岩阶段。由此可见，研究区大隆组黑色岩系白云石应为成岩作用的产物，形成于早期的成岩阶段。而多呈条带状的铁白云石应为后期成岩作用的产物，其在偏光显微镜下以他形晶为主，多为交代作用的产物。

与自形程度较高的晶粒白云石一样，研究区二叠系大隆组黑色岩系中斜长石的发育也具有重要的指示意义。矿物组分中，长石仅发育斜长石，且包括碎屑成因和自生成因两种类型。钾长石在风化过程中稳定性高于斜长石，在沉积岩中其含量也高于斜长石(姜在兴，2003)。罗平等(2001)也提出细粒碎屑岩中斜长石很容易风化或被溶解，一般很难保存，其含量应微乎其微。通过对硅质特征的分析，大隆组黑色岩系中长石的发育特征应与其成岩过程中黏土矿物的转化有关。自生斜长石主要为钠长石，且受到溶蚀作用的影响。自生钠长石的充填作用反映了热异常的存在，可能与热水活动有关(罗平等，2001)。钟大康等(2015)通过总结热水沉积作用的特征，指出低温型热水形成的主要矿物类型包括钠长石、铁白云石等。塔东古城地区奥陶系碳酸盐岩中自生钠长石形成于由浅海底部的热液烟囱流体上升带入的碱性岩浆作用，受海水的稀释作用，未导致强烈的热液改造作用(邵红梅等，2015)。因此，结合自生硅质、成岩早期形成的自形程度较高的晶粒白云石与自生钠长石的发育，推断鹤峰区块二叠系大隆组黑色岩系在沉积过程中可能受到低温热水作用的影响。秦建中等(2010)通过对四川盆地上二叠统海相优质页岩的超微有机岩石学特征研究，发现其沉积水体较正常海水偏咸偏碱性，提出这可能是受热水作用的影响。

6.4.5.5　硅岩及其成因初探

中上扬子地区二叠系大隆组硅岩发育，硅岩层不仅是许多重要矿种的赋存层位，也是重要的含矿层系(林良彪等，2010)。由于硅岩结构致密，抗风化能力强，成分以 SiO_2 为主，且形成于特定的地质与地球化学条件，常常能够提供有关沉积盆地和构造活动的重要信息(Murray et al.，1991；姚旭等，2013)。硅岩是指自生硅质矿物含量大于 50%，SiO_2 含量大于 70%的化学沉积岩(冯彩霞和刘家军，2001；崔春龙，2001)，姜在兴(2003)甚至认为硅岩中自生二氧化硅的含量可达 70%～80%。由鹤峰区块矿物组分特征(表 6-1，表 6-7)可知，研究区硅岩发育较少，黑色、灰黑色薄层的夹层分布于碳质硅质页岩中，单层厚度一般小于 10cm。层状硅岩普遍含有硅质放射虫和其他微体漂浮生物，没有底栖生物(卓皆文等，2009，田洋等，2013)。二叠纪地层富硅质沉积物具有全球性，作为典型的大陆边缘型层状硅岩，多数研究表明其沉积环境闭塞局限、滞留缺氧(姚旭等，2013)。关于鄂西南地区二叠系大隆组硅岩的形成环境，研究者较一致地认为形成于裂陷槽较深水的还原环境(王一刚等，2006；卓皆文等，2009)。硅质的来源与生物作用或热水作用密切相关，陆源风化(海水来源)在为硅质沉积提供硅源的过程中起次要作用(姚旭等，2013)。

鹤峰区块二叠系大隆组黑色岩系中层状硅岩主要发育于碳质硅质页岩与碳质硅岩段(④)，位于大隆组的中上部，这与李红敬等(2015)提出的层状硅岩主要发育于大隆组中上部，与页岩和薄层灰岩共生相耦合。二叠纪硅质生物繁盛的原因一直是争论的焦点，或与富硅富营养的上升流有关，或与海底火山活动的热水硅质有关，至今未有定论(姚旭等，2013)。对于大隆组硅岩的成因也存在较大的分歧，大部分研究者认为与生物成因有关，受热水影响较小(遇昊等，2012；李红敬等，2015；周新平等，2009)。而付小东等(2011)指出中上扬子地区石英含量极高的硅岩，其石英主要来自生物沉积和热水导致的 SiO_2 化学沉淀。林良彪等(2010)也发现重庆石柱地区吴家坪组生物成因为主的硅岩也受到一定的热水影响。扬子地台北缘大隆组层状硅质岩的沉积环境均主要为大陆边缘，其形成可能与上升流的活动有关，且部分地区存在热水成因硅质岩，和/或受热水影响硅质岩往往沿同沉积断裂分布，同沉积断裂可能为热水提供了热源、硅质及下渗通道(程成等，2015)。吴胜和等(1994)认为上升洋流与水平洋流活动等为中下扬子地区二叠系层状硅岩的形成提供了重要的硅源，而海底局部性火山及热水活动所提供的硅相对来说较为次要。最后，硅质岩的发育作为上升流发育的判定标志之一(吕炳全等，2004；李双建等，2008)，进一步指出研究区二叠系大隆组黑色岩系成因受到上升流的影响。

鹤峰及其邻区二叠系大隆组薄层状硅岩局部发育，扫描电镜下呈絮团状石英晶簇的特征(图 6-2D)，矿物组分以石英、石英+斜长石以及石英+斜长石+黏土矿物的组合为主(表 6-7)，如前所述其有机碳含量比大隆组总体有机碳含量低，且石英含量越高有机碳含量越低，进一步指出其石英矿物应是以化学沉淀为主。

对于大隆组硅质岩的成因，大部分研究者认为与生物成因有关。遇昊等(2012)通过对恩施市南郊赵家坝村剖面大隆组硅质岩的采样分析，对硅质岩常量元素、微量元素及稀土元素进行综合研究(表 6-8)，利用 Al/(Al+Fe+Mn)、Al/(Al+Fe)、Mn/Ti、Ce/Ce*、$(La/Ce)_N$ 等指标分析认为，鄂西南盆地硅质岩主要是生物成因，与热水沉积关系不大。

对大隆组全岩硅同位素分析发现(表 6-9)，其硅同位素值具有明显的分级现象，以0.3‰～0.5‰与 1.0‰～1.5‰为主，据张艳妮等(2014)总结的不同来源硅的 ^{30}Si(‰)特征，说明二叠系大隆组中硅质具有沉积成因、低温流体中自沉淀和热液成因等来源。结合鹤峰区块二叠系大隆组黑色岩系岩石类型特征及矿物组分特征与成因分析，认为研究区层状硅岩具有生物成因和自生化学沉淀成因两种类型，其形成与局限滞留的还原环境有关，并在沉积过程中受到上升流作用的影响造成有机质富集以及与同生断裂作用有关的热水的影响(图 6-24)。与同生断裂有关的热水的上涌，应主要造成沉积水体碱性增强，形成大量的自生白云石和少量的自生钠长石，同时造成大隆组先沉积的生物硅质发生溶蚀再胶结，并促使有机质的热演化作用，对页岩气无不利影响。

表 6-8　赵家沟剖面大隆组硅质岩 TOC、$\delta^{34}S$、S/C 及主微量元素数据表(遇昊等，2012)

样品号	地层厚度/m	TOC/%	^{34}Spy/%	S/C	SiO_2/%	TiO_2/%	Al_2O_3/%	Fe_2O_3/%	MnO/%	MgO/%	CaO/%	Na_2O/%	K_2O/%	P_2O_5/%	LOI	U/10^{-6}	V/10^{-6}	Mo/10^{-6}	Ni/10^{-6}	Cu/10^{-6}	Ba/10^{-6}	Zr/10^{-6}	Th/10^{-6}	Al/(AL+Fe+Mn)	Al/(Al+Fe)	Mn/Ti	U/Th	V/(V+Ni)
ZJ-01	0.00	0.05	−26.34	1.74	9. 39	0.01	0.31	0.31	0. 12	1. 14	48.56	0.01	0.01	0.02	39. 52	2.62	7.53	6.37	10.2	1.41	14.8	23.2	0.38	0.42	0.50	12.0	6.85	0.42
ZJ-02	0.60	1.10	−25.47	0.01	92.06	0.10	2.25	1.61	<0.01	0.21	0.14	0.1	0.46	0.15	3.02	10.79	255	24. 5	42.6	10.8	111	47.7	2.04	0.58	0.58	0.00	5.30	0.86
ZJ-03	1.40	142	−30.36	0.00	92.26	0.07	2.03	0.70	<0.01	0.23	0.15	0.11	0.33	0.05	4.28	9.27	376	27.6	40.0	27.4	75.8	39.1	1.40	0.74	0.74	0.00	6.63	0.90
ZJ-04	4.60	12.37	−26.36	0.00	55.25	0.62	14.32	3. 12	<0.01		0.19	0.46	3.56	0.35	21.42	36.87	1120	18.7	189	155	356	379	16.81	0.82	0.82	0.00	2.19	0.86
ZJ-05	4.95	11.28	−26. 86	0.00	60.83	0.48	12.41	3.26	0.01	0.51	0.11	0.21	3.09	0.14	18.96	20.48	756	41.9	160	215	453	297	12.71	0.79	0.79	0.02	1.61	0.83
ZJ-06	5.35	12.51	−27.88	0.00	71.43	0.33	8.09	0.48	<0.01	0.51	0.07	0.11	1.86	0.04	17.03	20.67	1999	3.99	112	51.6	200	212	6.99	0.94	0.94	0.00	2.96	0.95
ZJ-07	5.95	7.96	−36.53	0.06	78.45	0.26	5.61	0.89	<0.01	0.42	0.26	0.31	1.29	0.01	12.89	20.63	1492	66.2	69.5	16.6	219	99.3	2.89	0.86	0.86	0.00	7.14	0.96
ZJ-08	7.15	4.91	−31.07	0.01	86.59	0.16	4.09	0.58	0.01	0.28	0.12	0.46	0.66	0.02	7.36	5.50	713	31.7	59.9	20.2	158	64.6	1.75	0.87	0.88	0.06	3.14	0.92
ZJ-09	7.80	6.64	−32.98	0.05	80.83	0.26	5.40	0.54	<0.01	0.43	0.16	0.44	1.13	0.02	11.06	9.01	1499	60.3	54.0	16.7	169	138	4.21	0.91	0.91	0.00	2.14	0.97
ZJ-10	9.05	11.63	−33.52	0.02	78.72	0.21	4.73	0.62	<0.01	0.30	0.12	0.44	1.02	0.15	13.87	10.43	1579	52.7	61.9	19.6	147	90.2	3.07	0.88	0.88	0.00	3.39	0.96
ZJ-11	10.25	13.49	−33.77	0.04	64.49	0.45	10.81	0.55	<0.01	0.67	0.11	0.73	2.48	0.03	19.48	24.19	1787	23.4	94.3	15.9	268	147	10.44	0.95	0.95	0.00	2.32	0.95
ZJ-12	11.45	17.84	−31.00	0.00	65.68	0.42	6.09	0.34	<0.01	0.43	0.21	1.11	1.53	0.02	24.72	29.30	2508	23.7	135	12.3	185	136	5.21	0.95	0.95	0.00	5.63	0.95
ZJ-13	15.75	7.84	−24.24	0.00	84.07	0.14	3.11	0.20	<0.01	0.26	0.56	0.38	0.59	0.01	10.83	15.04	1004	21.8	173	5.11	88.9	55.5	2.34	0.94	0.94	0.00	6.43	0.85
ZJ-14	18.85	6.45	−23. 76	0.00	87.44	0.11	2.72	0.34	<0.01	0.16	0.05	0.43	0.46	0.02	8.40	13.89	773	120	53.3	27.7	82. 2	63.3	3.56	0.89	0. 89	0.00	3.90	0.94
ZJ-15	19. 45	8.18	−25.67	0.01	83.01	0.21	4. 11	0.22	<0.01	0.24	0.04	0.4	0.93	0.01	11.14	10.82	938	301	58.2	6.87	124	75.5	3.46	0.95	0.95	0.00	3.13	0.94
ZJ-16	21.1	6.02	−31.90	0.02	87.04	0.10	2.51	1.11	<0.01	0.16	0.07	0.41	0.47	0.03	8. 33	10.16	500	146.5	65.9	31.5	83.8	54.3	2.44	0.69	0.69	0.00	4.16	0. 88
ZJ-17	22.40	2.73	−34.25	0.20	66.65	0.12	2. 95	1.06	0.02	0.55	12.96	0.48	0.52	0.18	13.98	6.50	226	25.0	58.5	46.6	62.7	36.9	3.84	0.73	0.74	0. 17	1.69	0.79
ZJ-18	25.10	3.78	−34.23	0.15	60.88	0.15	3.48	1.09	0.02	1.24	14.69	0.83	0.48	0.06	16.55	11.51	442	25.6	65.9	53.6	85.2	55.4	3.45	0.76	0.76	0. 13	3.34	0.87
ZJ-19	27.15	7.10	−33.50	0.14	74.03	0.42	8.08	2.02	<0.01	0.59	0.07	0.48	1.70	0.02	12.95	13.36	652		85.9	42.5	254	198	7.15	0.80	0.80	0.00	1.87	0.88
ZJ-20	31.30	2.60	−32.78	0.14	30.15	0.10	2.28	1.04	0.01	0.21	34.97	0.54	0.22	0.10	29.71	12.82	224	59.1	61.4	51.7	51.3	35.8	1.98	0.68	0.69	0. 10	6. 47	0.79
ZJ-21	34.75	0.50	−30.17	0.44	9.04	0.05	1.57	1.01	0.04	0.49	47.18	0.11	0.23	0.05	37.98	6.78	78.8	28.9	12.6	10.9		16.7	1.68	0.60	0.61	0.80	4.04	0.86
ZJ-22	36.85	1.26	−36.85	0.57	57.36	0.28	8.51	1.90	0.03	0.76	14.5	0.35	2.13	0.07	13.91	6.04	135	10.7	93.7	69.5	290	97.8	8.78	0.82	0.82	0.11	0.69	0.59
ZJ-23	37.75	0.44	−30.92	1.41	47.74	0.30	8.86	1.75	0.06	0.81	19.92	0.5	2.17	0.21	17.64	10.32	119	7.41	65.5	53.0	308	86.0	9.08	0.83	0.84	0.20	1. 14	0.65
ZJ-24	39.40	0.15	−28.48	2.21	6.94	0.08	2.25	1.21	0.23	1.37	47.27	0.14	0.43	0.08	38.62	2.15	26.2	1.74	25.6	19. 8	82.0	22.0	2.50	0.61	0.65	2. 88	0.86	0.51
ZJ-25	41.30	0.28	−34.37	1.52	40.77	0.21	6. 13	2.66	0. 11	1.98	24.11	0.45	1.40	0.07	22.10	4.19	72.4	1.17	30.3	37.3	219	68.8	7.19	0.69	0.70	0. 52	0.58	0.71
ZJ-26	44.10	0.41	−35.53	1.00	59.06	0.17	4.91	2.51	0.08	1.22	16.06	0.51	0.99	0.05	14.71	4.77	66.9	3.75	40.3	28.7	167	60. 1	6.73	0.65	0.66	0.47	0.71	0.62

表 6-9 鹤峰及邻区二叠系大隆组硅同位素及硅岩特征

TOC 与矿物组分					硅同位素	
样品号/剖面名称	TOC/%	石英/%	斜长石/%	黏土矿物/%	样品号	^{30}Si/‰
B12-2/燕子乡楠木村	2.58	96.8	3.2	0	HD1-B1	0.490
					HD1-B2	0.449
B6-1/红土溪长树湾	3.54	87	5	7	HD1-B5	0.340
					HD1-B7	0.069
B20/恩施双河	1.63	98.5	1.5	0	HD1-B9	0.182
					HD1-B11	1.141
B21/恩施双河	1.7	100	0	0	HD1-B13	1.038
					HD1-B14	1.069

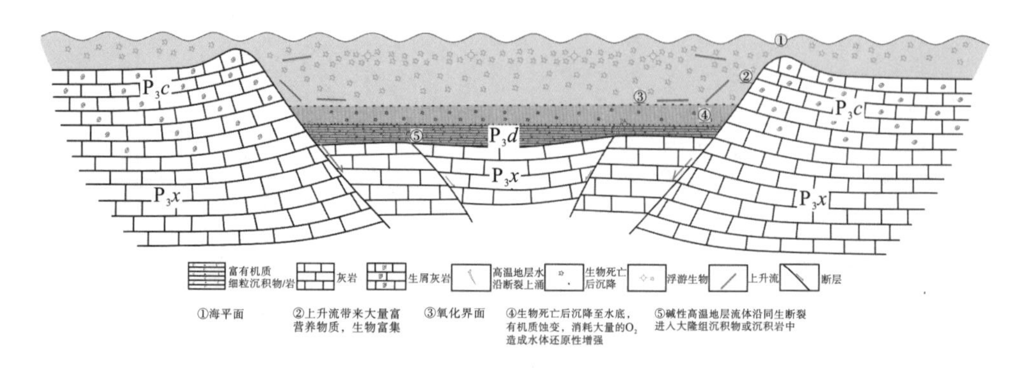

图 6-24 研究区二叠系大隆组黑色岩系沉积模式图

6.4.5.6 大隆组黑色岩系成因初探

有关沉积水体的深度，生态学研究的结果表明，习于深水(冷水)生活的放射虫个体较大，多为球形，其囊壁厚而简单；习于表水(温水)生活的放射虫个体较小，且多呈圆盘或长圆形，便于浮游，其囊壁薄而多层(姜在兴，2003)。田洋等(2013)在鄂西南利川黄泥塘二叠纪吴家坪组观察到多圈层网格结构的放射虫，虫室被微晶石英充填，大小约 0.05mm。而大隆组下部的多个菊石种属为游泳能力弱者，仅适于浅水的泥质海底生活(殷鸿福等，1995)。由此可见，研究区二叠系大隆组指示其沉积水体相对较浅。吴胜和等(1994)从放射虫形态、相序、沉积特征和现代缺氧环境的沉积水深方面探讨，认为中上扬子地区二叠系贫氧水体的深度不大于 300m，无氧水体的深度一般大于 100m，但尚未深至碳酸盐补偿深度(carbonate compensation depth，CCD)。同时，与四川盆地龙马溪组一样，二叠系大隆组主要形成于半封闭的滞留环境(王一刚等，2006)，因此岩石中钙质含量无疑是反映水深和沉积环境的重要指标。鹤峰区块二叠系大隆组钙质含量主要为 10%～25%(表 6-8)，由于深海盆地水深通常大于碳酸盐补偿面而以黏土质页岩沉积为主，钙质含量低于 10%，陆棚区钙质含量一般低于 50%，且随着水深的增加而降低(王玉满等，2015)，因此研究区大隆组应属于浅海陆棚沉积区。

水体缺氧是鄂西南地区有机质富集的主控因素。李牛等(2011)通过对四川广元地区上二叠统大隆组岩石地球化学特征的分析，认为缺氧环境是影响其有机质富集的首要因素，上升流的发育和局限沉积盆地是大隆组中部烃源岩发育的主要原因。局限滞留的深水环境下有机质富集可能主要与上升流造成的分层水体有关(吴胜和等，1994)，因此鹤峰区块二叠系大隆组黑色岩系的形成很可能也受到了上升流的影响。同时，蔡雄飞等(2011)指出中上扬子北缘地区大隆组沉积过程中受多次上升洋流作用，促进了有机质生产力的激增。沈俊等(2014)也指出华南地区大隆组出现高生产力的现象可能与当时华南板块处于赤道上升流附近有关。另外，巴尼特页岩岩相类型(Bowker，2007)与研究区大隆组黑色岩系相似，巴尼特页岩主要生油气层沉积于缺氧且具有强烈上升流的海水中(Hill et al.，2007)。由此可见，鹤峰区块二叠系大隆组沉积过程中很可能受到了上升流作用的影响。

大隆组黑色岩系矿物组分以石英为主，低的石英和黏土矿物含量与高的碳酸盐矿物有关。Loucks 和 Ruppel(2007)指出受沉积环境的控制巴尼特页岩中普遍发育的碳酸盐胶结物为早成岩阶段的产物，且成岩转化的微晶石英是硅质泥岩的主要成分，远远多于碎屑石英。同沃思堡(Fort Worth)盆地的北部和西部地区一样，研究区东、西、南三面为浅水碳酸盐沉积物，无法提供这种不成熟的陆源碎屑(石英+长石)，由于距物源区很远，所以仅有黏土和粉砂级碎屑沉积下来。秦建中等(2010)认为四川盆地上二叠统海相页岩的矿物组分以石英及碳酸盐等为主，粉砂含量较高而黏土矿物含量不高，其硅质和钙质类矿物多含一定量的有机质，它们形状不规则，非陆源搬运而来。鹤峰区块二叠系大隆组黑色岩系的岩石类型、矿物组分与北美巴尼特页岩相似，黏土矿物也主要为伊利石(Bowker，2007)，巴尼特页岩中最优质产区为含 45%石英和仅含有 27%黏土矿物的层段(Bowker，2003)，因此推断，研究区大隆组黑色岩系的形成应与上升流有关，且有利于页岩气的富集。

另外，中上扬子地区同沉积断裂发育(吴胜和等，1994；程成等，2015)，同生断裂作用造成了碱性的地下热水上涌，促使次生的硅质生成与自生硅质的沉淀，以及较自形白云石的结晶，还有少量的斜长石生成，并促使黏土矿物发生转化，由于成岩系统开放，黏土矿物的转化与钾长石的溶蚀作用相辅相成，促使钾长石的完全溶蚀与伊利石、绢云母的形成。二叠系硅质发育特征可能主要是受热水作用的影响，既有自身矿物成岩转变过程中生成的硅质，也有上升洋流作用形成的生物成因的硅质，以及来自热水中的硅质，在研究区二叠系大隆组黑色岩系中，以上三种成因的硅质含量应依次降低。

综上所述，鹤峰区块二叠系大隆组黑色岩系岩石类型并非以硅岩为主，而是以碳质硅质页岩、碳质(含碳酸盐质)页岩为主，夹薄层的硅岩和碳酸盐岩；硅质具有生物成因和次生成因的主要类型，可能以后者为主，而碎屑成因类型较少。黑色岩系的形成主要是受被碳酸盐台地三面围限的滞留的台盆相还原环境的控制，同时沉积过程中受到上升流作用的影响造成有机质富集，以及与同生断裂作用有关的热水的影响。

第七章　鄂西南地区二叠系大隆组成岩作用研究

7.1　成岩作用与成岩矿物

7.1.1　压实作用

鄂西南地区二叠系大隆组以碳质硅质泥岩和碳质泥岩为主，泥质含量也较高，总体抗压实能力较弱，受强烈压实作用的影响，岩石较致密(图 7-1A,B)。在同生-早成岩阶段，受上覆水体和沉积物的影响，发育的黏土矿物、有机质等呈定向分布，成层性好(图 7-1C,D)，生屑、碎屑颗粒含量高的部分抗压实能力较强，颗粒与泥质之间呈凹凸接触，粒度较大且质软的条带状有机质等成分发生明显的挤压变形。

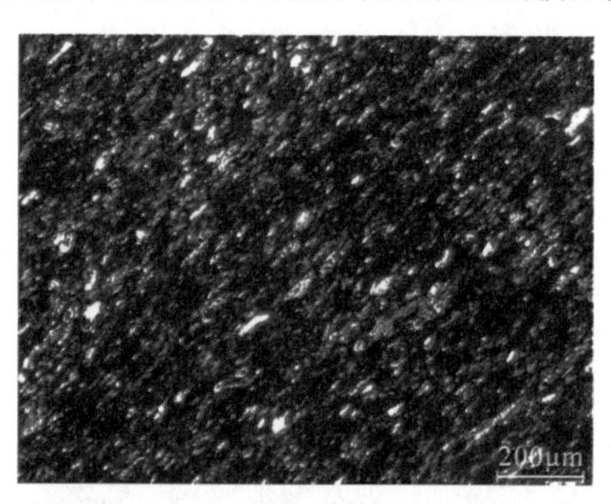

A.压实作用，含硅质碳质泥岩，HD1-T21，大隆组，1269.51~1269.61m，(单)×50

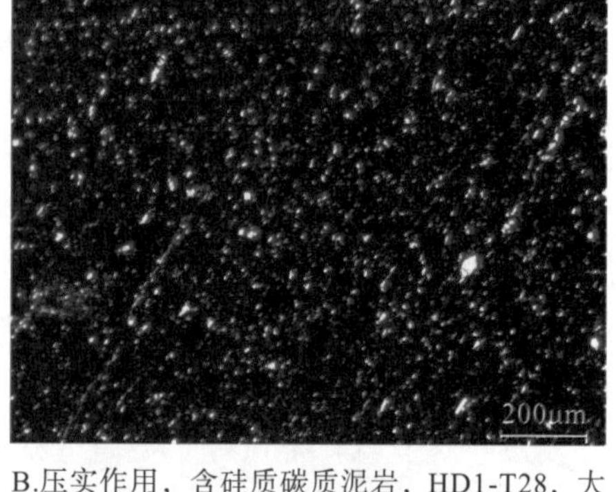

B.压实作用，含硅质碳质泥岩，HD1-T28，大隆组，1278.62~1278.69m，(正)×50

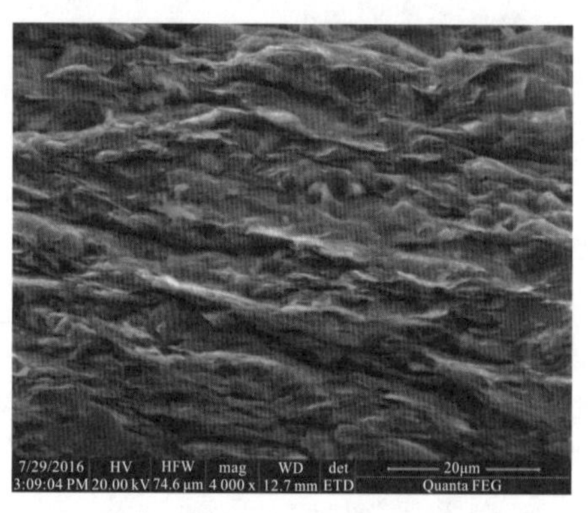

C.压实作用较强，层理清晰，岩石致密，HDI-B11，1268.6m

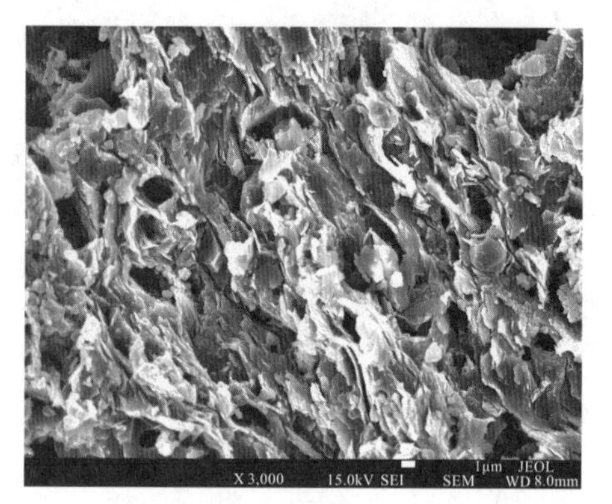

D.碎屑颗粒与伊利石呈凹凸接触，ESHP-B33，大隆组

图 7-1　鄂西南地区二叠系大隆组黑色岩系机械压实作用

7.1.2　胶结作用

胶结作用主要包括硅质胶结、黏土矿物胶结、碳酸盐胶结和黄铁矿的形成，其中以硅质胶结最为发育。碎屑岩中的硅质胶结物可有多种来源，根据鄂西南地区二叠系大隆组黑色岩系中矿物组分的特征，其内源硅质主要来自硅质生物的溶解、黏土矿物的转化、长石等硅酸盐矿物的溶解，外源成因可能与后期热液作用有关。碎屑沉积物中的硅藻、放射虫、硅质海绵以及其他分泌氧化硅的生物骨骼，在沉积后将很快溶解，溶解作用一直进行至水中非晶质氧化硅饱和为止，因此海相沉积物孔隙水中的二氧化硅，大部分是由硅藻、放射虫、硅质海绵以及其他非晶质氧化硅骨骼的溶解所提供的(赵澄林和朱筱敏，2001)。

鄂西南地区二叠系大隆组黏土矿物含量主要为20%～30%，且几乎全部为伊利石，结合钾长石含量很低与热演化程度较高的特征，说明研究区大隆组在黏土矿物转化过程中应产生一定量的硅质，且硅质呈微晶石英和片晶状胶结物，并见呈小球粒的类型，多与有机质和黏土矿物共生(图 7-2A～D)。其中，充填于溶蚀孔隙中的自生石英的类型，指示其为成岩后期的产物。硅质胶结在成岩演化过程中发育时间较长，具有形成于沉积-同生阶段的纤维状硅质晶体，又有广泛发育的自形程度较好的硅质晶粒及其集合体。根据对黑色岩系中硅质的成分分析，发现含有较多的 Al^{3+} 及 C，验证了其次生和生物成因特征(图 7-2E,F)。在鄂西南地区二叠系大隆组暗色岩系中广泛发育硅质放射虫，放射虫生物化石几乎全部由硅质充填，进一步指示了研究区大隆组硅质发育生物成因类型。

自生黏土矿物全部为伊利石，黏土质胶结物的形成与硅质胶结物紧密相关，均为黏土矿物转化过程中的两个产物，同时产生晶间孔和黏土矿物层间微孔隙。受同生-早成岩阶段压实作用的影响，孔隙水大量减少，硅质、黏土矿物原地胶结，且常共生(图 7-2E,F)。黏土矿物的转化与有机质的生烃演化息息相关，自生片状黏土矿物多与有机质共生，分布于原生粒间孔中(图 7-2C,D)。

A.自生石英与黏土矿物共生，HD1-2，947m

B.溶蚀缝中的自生硅质，HQP-B1，大隆组

C.硅质与绿泥石共生，ESHP-B24，大隆组

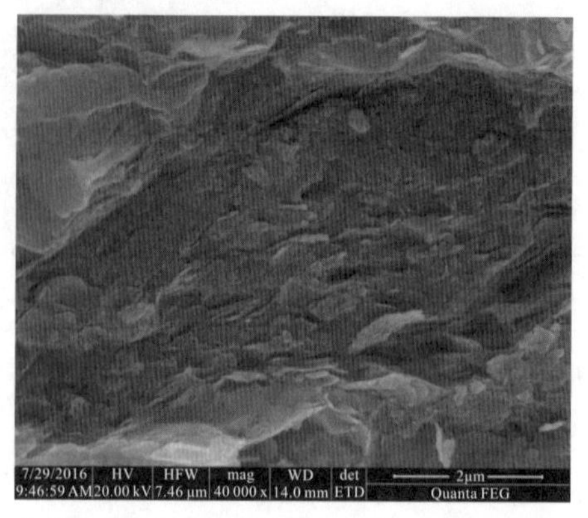

D.自生伊利石与有机质共生，HD1-B2，1288.38m

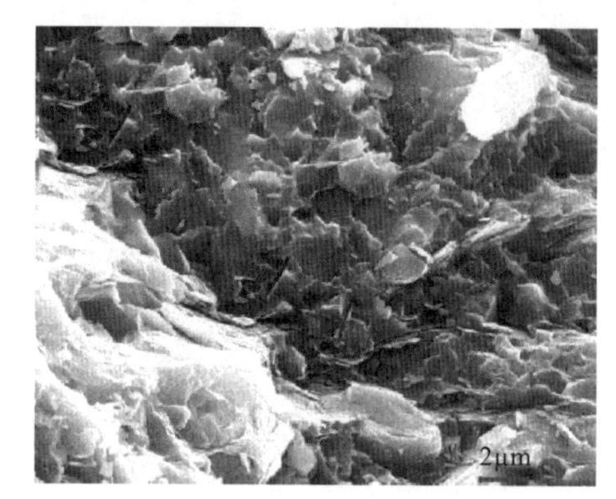

E.硅质，HD1-D9，1275.77~1276.06m

F.硅质，HD1-D12，1287.66~1287.89m

图 7-2　鄂西南地区二叠系大隆组硅质与黏土矿物胶结作用

研究区二叠系大隆组黑色岩系中广泛分布黄铁矿，呈分散晶粒状和莓粒状集合体分布，并以莓粒状为主，晶型较好(图 7-3)；莓粒状黄铁矿集合体在研究区大隆组均有发育，并见少量的石膏和菱铁矿，说明其沉积水体较正常海水偏咸、偏碱性，沉积环境为分层水体下部及沉积界面以下的强还原环境。黄铁矿晶粒多与有机质共生，既有黄铁矿晶粒间充填有机质的类型，也发育有机质包裹黄铁矿微晶的类型(图 7-3C,D)，指示黄铁矿的形成与有机质的富集关系密切。并见黄铁矿与片状自生黏土矿物共生的类型，指示黄铁矿具有较好的晶间孔隙，被后期黏土矿物充填。

碳酸盐胶结物发育在大隆组黑色岩系中呈垂向上局部富集的特征，包括同生-早成岩阶段与晚成岩阶段的产物两种类型。原始沉积物的孔隙水中富含 Ca^{2+}、CO_3^{2-}，在碱性流体发育的同生–早成岩阶段中易形成早期碳酸盐胶结物，颗粒呈悬浮状，研究区此类方解石胶结物含量较少，可能与后期溶蚀作用有关；后期成岩过程中，随着有机酸的生成量减少和被消耗，地层流体转化为碱性，发生碳酸盐矿物的胶结、交代作用，其中方解石和白云石的晶形较好，以粉晶-细晶为主，且铁白云石较发育，表现为碳酸盐矿物与有机质共生的特征，进一步指示出碳酸盐矿物应为同生-早成岩的泥晶类型，是后期溶蚀、胶结作用下的产物，其形成与沉积水体的特征有关，即受沉积环境的控制，也就造成了研究区大隆组垂向上碳酸盐矿物的非均质性。偏光显微镜下，早期碳酸盐胶结物较均匀地分布在沉积物的周围或与泥质共生，与后期发生交代、胶结作用形成的碳酸盐矿物区分(图 7-4A～E)。因此，研究区大隆组黑色岩系中碳酸盐胶结物以早期成岩作用成因为主，晶形较好，多形成于早成岩阶段。另可见少量的自生钠长石晶体分布于粒间孔中，应为成岩后期胶结物(图 7-4F)。

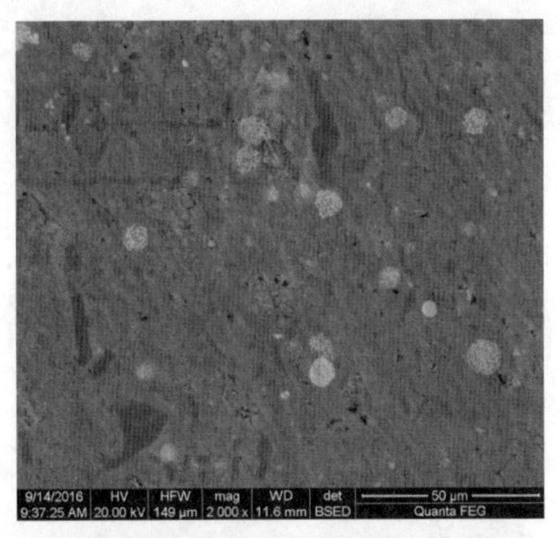

A.莓粒状黄铁矿富集，SHP-B9，大隆组

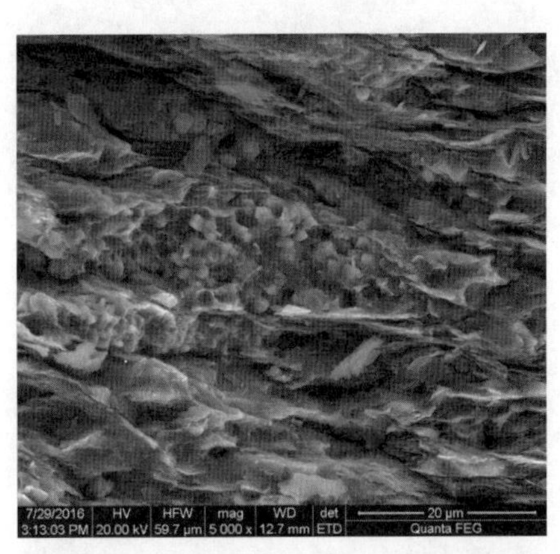

B.透镜状晶粒状黄铁矿，HD1-B11，1268.6m

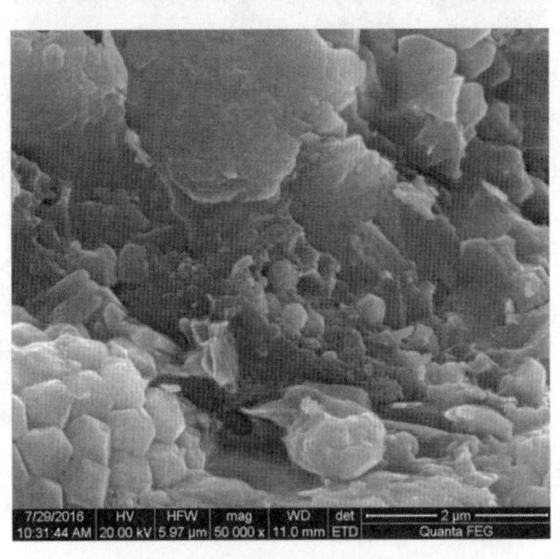

C.有机质与黄铁矿交互共生，HD1-B6，1285.13m

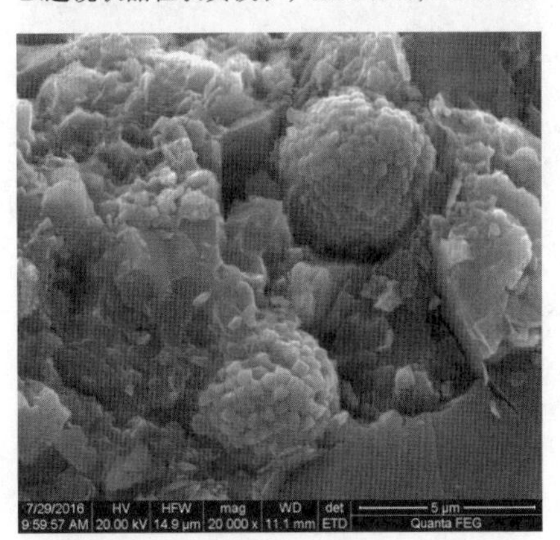

D.莓粒状黄铁矿与硅质、有机质共生，HDI-B8，1281.8m

图 7-3　鄂西南地区二叠系大隆组黄铁矿胶结作用

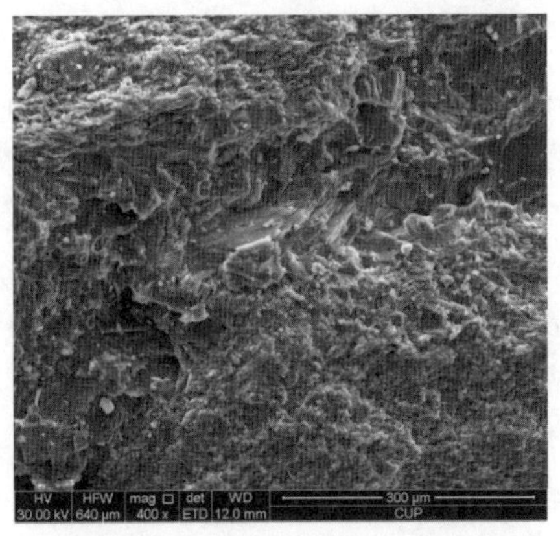

A.碳酸盐条带，指示后期胶结作用的发生，HD1-D3，大隆组，1251.40~1251.64m

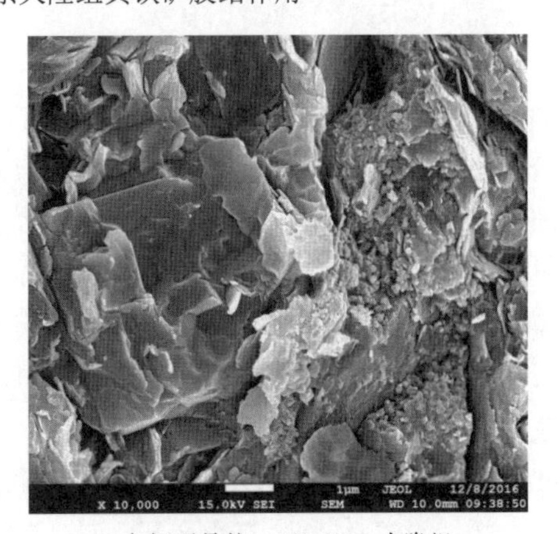

B.方解石晶粒，JYP-B5，大隆组

C.早期碳酸盐胶结物与泥质共生，碳酸盐矿物发育溶蚀孔隙，HD1-B7，1284.38m

D.方解石胶结物及晶间孔发育，MHPP-B15，大隆组

E.有机质与方解石交互共生，HD1-B17，大隆组，1260.37m

F.自生钠长石，见晶间孔，HD1D8，大隆组，1271.55~1271.79m

图 7-4　鄂西南地区二叠系大隆组碳酸盐胶结作用

7.1.3　溶蚀作用和交代作用

鹤地 1 井中二叠系大隆组溶蚀作用发育很弱，可见少量的碳酸盐矿物、石英和长石的部分溶蚀，发育少量的溶蚀孔隙(图 7-5A,B)。其中，碳酸盐矿物和长石的溶蚀应与成岩过程的酸性流体有关，由于沉积水体相对正常水体偏咸、偏碱性，则其发育相对较晚，应与有机酸的大量生成有关；石英的溶蚀作用较难进行，多与偏碱性的高温、高压的环境有关，其应形成于晚成岩阶段，多与铁白云石的沉淀伴生。溶蚀作用对页岩气储层的形成贡献有限。从长石和碳酸盐矿物的弱溶蚀作用以及较强烈的硅质胶结和伊利石广泛发育来看，较强偏碱性的成岩流体未能发育。

交代作用发育也较少，仅见局部发育的长石蚀变为伊利石的特征，蚀变伊利石黏附在长石的表面，并产生少量的残余孔隙(图 7-5C～F)。

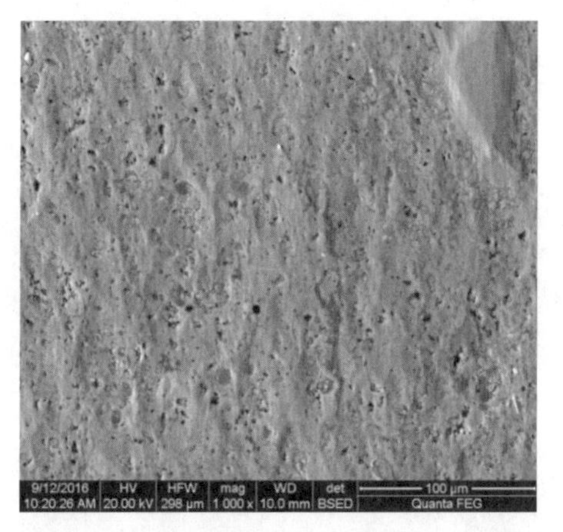

A.露头样品中溶蚀孔较发育，ESHP-B1，大隆组

B.岩心样品，溶蚀作用不发育，致密，HD1-B1，1289.45m

C.碎屑长石并发生蚀变，HD1-B14，1261.38m

D.长石蚀变形成绿泥石，MHPP-B8，大隆组

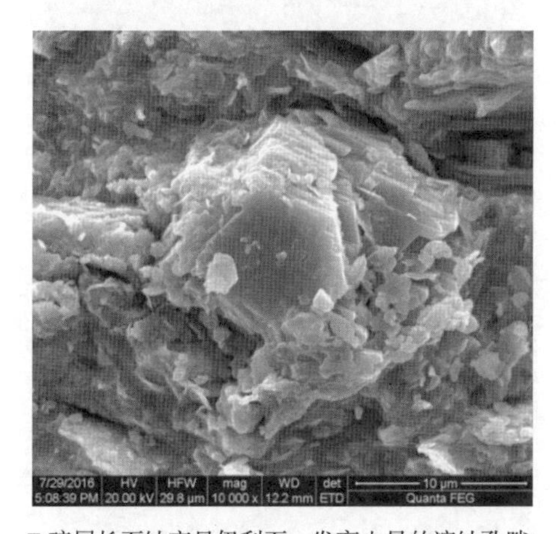

E.碎屑长石蚀变呈伊利石，发育少量的溶蚀孔隙，HD1-2，947m

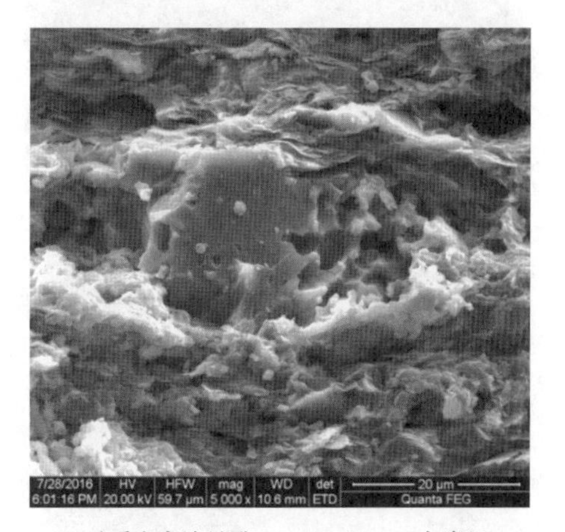

F.硅质发育溶蚀孔，MHPP-B16，大隆组

图 7-5　鄂西南地区二叠系大隆组溶蚀、交代作用

7.1.4　有机与无机成岩作用的关系及特征

鄂西南地区二叠系大隆组有机质主要呈三种赋存形式(图 7-6)：①碎屑颗粒周围，与黏土矿物和硅质共生，呈散块状与条带状；②充填在放射虫化石的残余孔隙中；③充填于黄铁矿晶间孔中。以第一种赋存类型最为发育，代表原始沉积类型。有机质在整个演化过程中不断生成有机酸，有机酸脱羧产生的 CO_2 控制了水溶液中的 pH，使之利于溶蚀作用的进行(穆曙光和张以明，1994)。而研究区酸性溶蚀作用发育较弱，这可能与以下几个原因有关：①沉积水体和早期成岩流体呈碱性，有机酸被中和；②碎屑长石和早期形成的碳酸盐矿物含量较低，造成酸性溶蚀作用不发育；③有机质的成烃演化过程发生较快，有机酸的形成被快速、大量产生的烃类物质和压实作用的脱水作用排驱，造成岩石矿物组分受酸性成岩流体的影响较小。其中，碳酸盐为主的灰岩或白云岩中，均可见少量的溶蚀孔隙，未广泛发育，由此可见，以上三种原因均有可能出现，也很有可能是三种因素的叠加，造成现今的储集性。考虑到烃类在孔隙中的聚集有效地抑制了成岩作用的继续进行(罗静兰等，2001)，因此有机质快速的生烃演化产生大量的烃类物质可能是造成无机成岩作用发育较弱的最重要原因。由此可见，成岩过程中，烃类物质的持续排出有利于页岩气储层中水-岩反应的进行，而后期排烃停止后，孔隙内被大量的烃类充填，造成水-岩反应的终止。

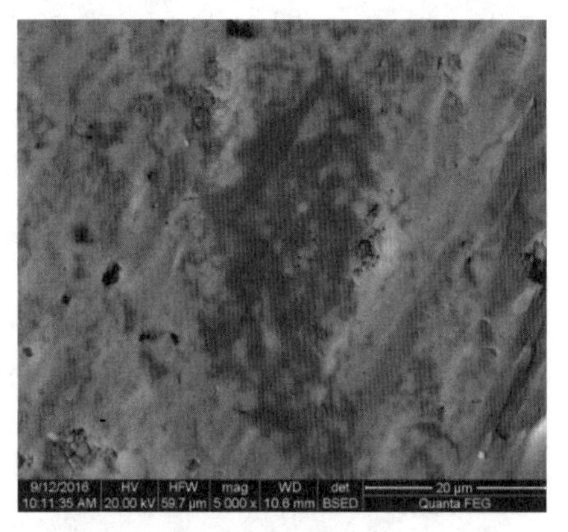

A.有机质填隙状分布于粒间孔中，ESHP-B2，大隆组

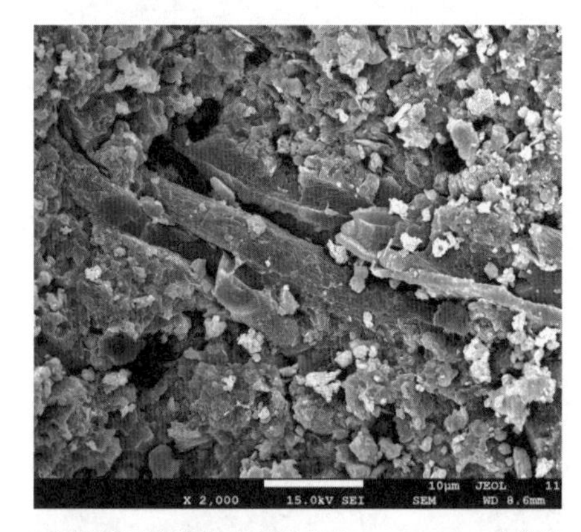

B.有机质呈条带状与泥质共生，ETP-B4，大隆组

C.有机质分布于粒间孔中，ESHP-B18，大隆组

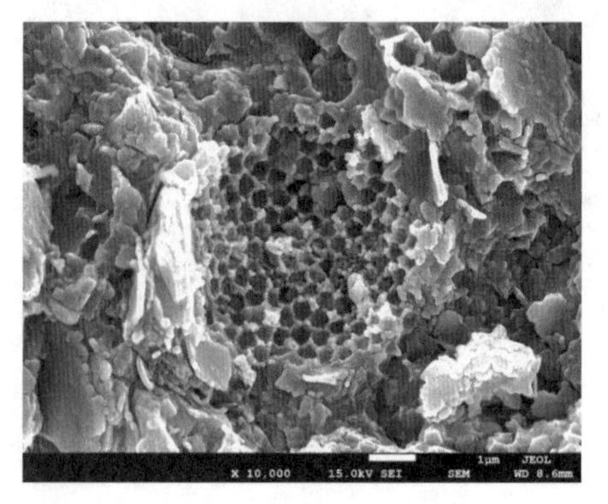

D.有机质充填在黄铁矿晶粒间，ESHP-B24，大隆组

E.泥晶灰岩，方解石晶间充填有机质与硅质，HD1-B9，1281m

F.有机质充填晶间缝隙，SHP-B3，大隆组

图 7-6　鄂西南地区二叠系大隆组有机质赋存特征

鄂西南地区二叠系大隆组的总有机碳含量(TOC)为0.47%～13.07%，主要大于2.0%；有机质以II_2型干酪根为主，其次为II_1型。分析发现川东北地区二叠系长兴组气田与建南二叠系气田的气源主要为二叠系的碳酸盐岩和泥质岩(李爱荣等，2015；董凌峰等，2015)，因此可以借鉴研究区周缘地区二叠系天然气钻井分析，对研究区二叠系大隆组的埋藏史和生烃史进行分析。通过对比川东北地区、四川盆地及邻区建南气田志留系、二叠系烃源岩的演化史，可以发现奥陶系-志留系烃源岩经历了早期浅埋藏阶段后与上覆二叠系烃源岩近乎同时进入生油窗和生气窗(徐国盛等，2009；吴群和彭金宁，2013；黄金亮等，2012；董凌峰等，2015)。中、上二叠统厚度不大，与$P_{1\text{-}2}$烃源岩成熟度演化相似，在早三叠世晚期进入生油门限，在印支期基本处于成熟早期，于燕山期早侏罗世晚期达到生油高峰，在中侏罗世处于残留原油大量裂解生气、高成熟(湿气)阶段，晚侏罗世-早白垩世处于过成熟(干气)早期阶段，之后进入过成熟晚期(吴群和彭金宁，2013)，受燕山运动的影响，地层快速抬升，生气停止(图7-7)。相对于志留系龙马溪组，二叠系大隆组有机质的生烃演化发生较迅速，几乎在进入成岩阶段就开始进行生烃作用，且根据埋藏史和生烃史来看，大隆组的有机质热演化程度应稍弱于下伏的奥陶系五峰组-志留系龙马溪组。其生烃演化过程与志留系龙马溪组的演化特征极其相似，沉积演化总体表现为阶段性快速埋深-快速抬升的特点，具有演化历史复杂、热成熟度较高、生烃时间早等特征。其中，研究区二叠系大隆组有机质的热成熟演化过程与燕山期构造演化匹配较好，其中生气高峰与早燕山末的强烈褶皱变形期相吻合，这可能是造成其气藏保存条件较差的主要原因之一。

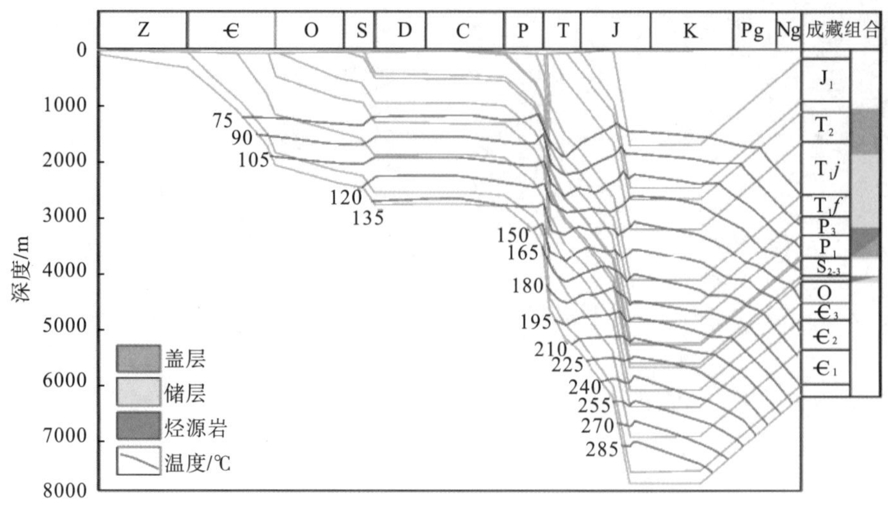

图 7-7 建南气田建深 1 井埋藏与生烃史(董凌峰等，2015)

7.2 成岩序列

7.2.1 成岩阶段划分依据

对鄂西南地区二叠系大隆组成岩阶段的划分依据也主要包括四个方面：自生矿物分布与形成顺序、黏土矿物特征、岩石的结构构造特点和有机质的成熟度。主要依据有：①研究区大隆组黑色岩系厚度主要为 30～100m，现今埋深主要为 200～3500m，由埋藏史和生烃演化史可以看出，同下古生界烃源岩相似，研究区二叠系烃源岩在白垩纪以后埋深最大，超过 5000m，志留系-侏罗纪古地温梯度主要为 2.5～3.5℃/hm(王洪江和刘光祥，2011)，说明其最高古地温达 170℃以上，成岩演化已达到晚成岩阶段。②大隆组黑色岩系中有机质的等效镜质体反射率为 0.51%～3.13%，主要分布在 2.0%～3.0%(表 7-1)，平均为 2.06%，不同地区检测到的等效镜质体反射率差别较大，反映研究区二叠系大隆组成岩演化已达晚成岩阶段，未进入低级变质阶段。其中鹤地 1 井二叠系大隆组黑色页岩成熟度为 2.01%～2.71%，平均为 2.36%，均处于过成熟阶段，表明大隆组黑色岩系有机质成熟度处于高-过成熟阶段，相当于成岩作用的晚成岩阶段。③有机质的最高热解峰温(T_{max})可能受黏土矿物的催化作用的影响，变化范围较大，为 302～599℃，平均为 470℃，鹤地 1 井大隆组 T_{max} 为 467～583℃，平均为 511℃，也说明其有机质已演化到过成熟的阶段，对应于晚成岩阶段。④黏土矿物 X-衍射定量分析结果显示，大隆组黑色岩系的黏土矿物组合以伊利石(I)为主，少量的绿泥石+伊利石(C+I)组合，黏土矿物组合特征表明，成岩演化已达到晚成岩阶段，均已进入有机质生烃演化的干气阶段；个别样品中检测到伊/蒙混层矿物，且伊/蒙混层矿物(I/S)中蒙皂石(S)的含量为 0～15%，以小于 10%为主(表 7-1)。⑤伊利石结晶度为 0.27°～0.63°Δ2θ(20 件)，全部指示其成岩阶段为晚成岩阶段，烃类成熟至过成熟晚期未达变质阶段，为成烃的干气阶段，其中大于 0.42°Δ2θ 的有 16 件，结合其黏土矿物组合以伊利石为主的特征，进一步说明其成岩作用主要演化至晚成岩阶段早期，个别样品指示其热演化程度相对较高，达到晚成岩阶段的晚期，可能是受局部热异常作用的影响，这与黑色岩系成因分析的认识相符合。综上所述，研究区二叠系大隆组黑色岩系成岩演化已达到晚成岩阶段，但相对研究区下伏奥陶系五峰组-志留系龙马溪组，其热演化程度相对较低，整体属于正常埋深演化过程。

表 7-1　鄂西南地区二叠系大隆组黑色岩系成岩阶段划分依据

划分标志	样品数/件	分布范围/主要类型	平均值/次要类型	最高成岩阶段
镜质体反射率(R_o)	100	0.51%～3.13%	2.06%	晚成岩阶段
最高热解峰值(T_{max})	41	302～599℃	470℃	晚成岩阶段
黏土矿物组合	176	伊利石(I)	少量绿泥石+伊利石(C+I)；极少绿泥石+伊/蒙混层+伊利石(C+I/S+I)；	晚成岩阶段
蒙皂石 S 含量比	176	0～15%	<10%为主	晚成岩阶段
伊利石结晶度	20	0.27°～0.63°Δ2θ	>0.42°Δ2θ(16 个样品)为主	晚成岩 A 期为主，局部层段达晚成岩 B 早期

7.2.2　成岩演化与成岩序列

页岩气储层中无机与有机成岩作用是同步进行、相互影响的，根据上述成岩矿物组合及成岩现象，结合有机质演化特征、矿物反应关系以及成岩环境特征等，综合确定了鄂西南地区二叠系大隆组黑色岩系的成岩序列及演化特征(图 7-8)。研究区二叠系大隆组黑色岩系作为海相有利烃源岩，其沉积环境主要为台地内深水盆地相，富含有机质，并广泛发育黄铁矿及少量的菱铁矿，表明其沉积于厌氧-缺氧的还原环境，沉积水体较正常海水偏咸、偏碱性。成岩流体受沉积水体的影响，原始孔隙水偏咸、偏碱性。

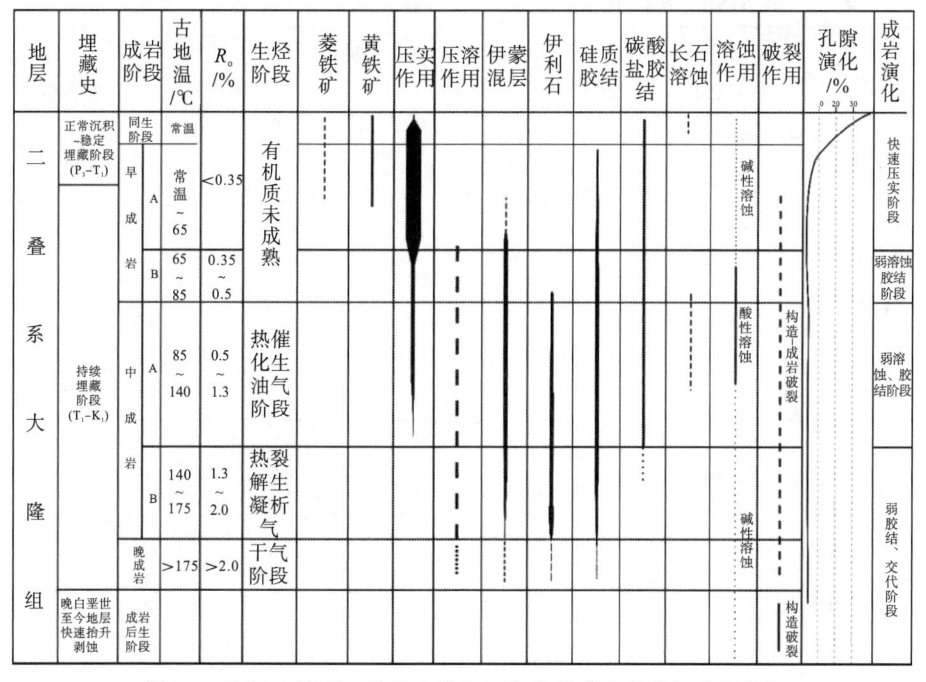

图 7-8　鄂西南地区二叠系大隆组黑色岩系成岩序列与成岩演化

研究区二叠系大隆组在还原的沉积水体中富集Fe^{2+}、Mg^{2+}的条件下，黏土矿物中未广泛发育绿泥石，指示其沉积环境距物源区较远，陆源碎屑中很难保留绿泥石。同时，中下扬子区在二叠纪受上升流和水平洋流的作用，促使硅质生物的大量繁殖(程成等，2015)，并在同生阶段碱性环境下较好地保存下来。

在晚成岩阶段，研究区大隆组岩系主要处于过成熟早期，生成大量的干气，水-岩反应基本停止。在K^+充足的情况下，伊/蒙混层矿物基本消失，黏土矿物组合表现为全部为伊利石(I)的特征。二叠系大隆组中现今的钾长石含量很少，同时钠长石化作用的发生，使得成岩流体中K^+供应较充足，造成黏土矿物转化较彻底。受大量干气形成对孔隙流体的驱使影响，自生矿物很难大量生成，自生石英多保留了较自形的晶面体特征。

总体来说，按照成岩环境特征，结合地层埋藏史(徐国盛等，2009；吴群和彭金宁，2013；黄金亮等，2012；董凌峰等，2015)，鄂西南地区二叠系大隆组黑色岩系主要经历了四个阶段的成岩演化过程(图 7-8)：①埋藏初期的快速压实阶段，对应于同生-早成岩 A 期；②埋藏早期的弱碱性弱溶蚀-胶结阶段，发生于早成岩 B 期；③埋藏中期的弱碱性-弱酸性弱溶蚀、胶结阶段，硅质、黏土矿物与碳酸盐矿物胶结作用发育，与中成岩 A 期的热催化生油气阶段相匹配；④深埋期-快速抬升阶段的弱碱性弱胶结、交代阶段。

鹤峰区块位于研究区的东南处，其岩石类型及矿物组分主要受沉积环境影响，与研究区其他地区大隆组呈现一定的差异。与下古生界地层一样，在相同的构造背景及构造作用影响下，与鄂西南的其他地区相比，未表现出明显的异常；同时，有机质热演化程度、黏土矿物特征以及成岩矿物组分等(表 7-2)，均反映出鹤峰区块二叠系大隆组表现出与整个研究区相似的成岩作用、成岩演化序列，因此不再赘述。

表 7-2 鹤峰区块与鄂西南地区二叠系大隆组暗色岩系成岩阶段划分依据对比表

划分标志	鹤峰区块/除鹤峰区块外的鄂西南地区			
	样品数/件	分布范围/主要类型	平均值/次要类型	最高成岩阶段
镜质体反射率(R_o)	76/24	1.49%～3.13%/0.57%～3.13%	2.32%/2.84%	低级变质
最高热解峰值(T_{max})	13/28	467～583℃/302～599℃	512℃/428℃	晚成岩阶段
黏土矿物组合	69/107	均为伊利石(I)	少量绿泥石+伊利石(C+I)；极少绿泥石+伊/蒙混层+伊利石(C+I/S+I)	晚成岩阶段
蒙皂石(I)含量比	69/107	均为 0～15%	<10%为主	晚成岩阶段
伊利石结晶度	5/15	0.36°～0.53°Δ2θ/0.27°～0.63°Δ2θ	>0.42°Δ2θ 为主	晚成岩 A 期为主，局部层段达晚成岩 B 早期

第八章　鄂西南地区二叠系大隆组储集性特征

8.1　储集物性特征

储层物性特征是影响页岩气勘探与开发的重要因素。传统的油气勘探和开发中，由于其孔隙度和渗透率极差，页岩通常作为烃源岩，一般不作为储层。常规油气藏勘探认为页岩为烃源岩和盖层，但对于页岩气勘探，页岩既是烃源岩和盖层，也是重要的储集层。页岩气主要以吸附状态赋存于页岩微孔隙的内表面上及以游离状态存在于页岩的孔隙和裂隙中。而在页岩气勘探和开发当中，页岩的孔隙度和渗透率直接决定了页岩开采的经济价值，物性参数也是页岩地质评价中重要的评价指标。页岩作为储层孔隙度较低，一般小于4%，在页岩孔隙中可以充填较多游离气。游离气含量与孔隙体积一般具有较好的正相关性，相关研究表明孔隙度为 0.5%的页岩游离气约占 5%，而孔隙度为 4.2%的样品游离气含量可达 50%(周守为等，2013)。

利用脉冲衰减法对野外露头样品的孔、渗分析表明，鄂西南地区二叠系大隆组野外实测剖面岩石物性特征总体表现为低孔超低渗(表 8-1)。其中泥页岩孔隙度为 1.72%～3.41%，平均为 2.59%，以 1%～3%为主；渗透率为 0.00003～0.02166mD，平均为 0.0053mD。鹤峰区块二叠系大隆组实测剖面暗色泥页岩样品氦气法分析孔隙度为 1.45%～3.59%，平均为 2.18%，为低孔-特低孔；渗透率为 0.00017～0.00385mD，平均为 0.000679mD，为特低渗。野外剖面分析测试结果显示，长树湾村剖面孔隙度为 1.45%～2.96%，平均值为 2.06%；石灰窑村孔隙度为 1.8%～2.06%，平均为 1.93%；大溪村孔隙度为 1.59%～4.26%，平均值为 2.48%；墙台村孔隙度为 1.46%～3.01%，平均值为 2.14%；楠木村孔隙度为 1.8%～3.59%，平均值为 2.39%；董家村孔隙度为 1.81%～2.9%，平均值为 2.29%。可见鹤地区块大隆组页岩孔隙度较低，普遍为 1.0%～2.5%(表 8-2，图 8-1)。另外，从渗透率统计结果来看，野外剖面大隆组测试渗透率值普遍较低，平均为 0.57nD(表 8-2)。平面上，鹤峰区块大隆组孔隙度、渗透率整体分布稳定，属于低孔-特低渗储层，孔隙度平均在 2%，呈现北西-南东方向逐渐升高的趋势，而渗透率则呈相反的特征，由北西-南东方向逐渐降低(图 8-2，图 8-3)。

通过对比野外剖面样品(表 8-2)、钻井岩心样品的物性分析结果(图 8-4)，结合扫描电镜分析，进一步确定了野外剖面样品受风化作用影响造成长石、碳酸盐矿物溶蚀作用强烈，溶蚀孔隙显著增加，以及黄铁矿集合体发生氧化，形成大量的铸模孔，使得其原孔隙结构和特征发生明显的变化，因此，鄂西南地区二叠系大隆组储集物性的分析应以钻井岩心资料为基础和根本，在确定储集性发育特征和成因的基础上，对研究区页岩气储集性进行分析。

表 8-1 鄂西南地区野外剖面样品物性分析结果

序号	来样编号		岩性	渗透率/mD	孔隙度/%
1	HD1-B7	大隆组	碳质硅质泥岩	0.00266	2.13
2	HD1-B10	大隆组	碳质硅质泥岩	0.00143	2.14
3	MHPP-B5	大隆组	碳质硅质泥岩	0.00034	2.17
4	ESP-B6	大隆组	碳质硅质泥岩	0.00017	1.78
5	ESHP-B0	吴家坪组	含生屑硅质泥岩	0.00003	1.85
6	ESHP-B1	吴家坪组	碳质硅质泥岩	0.00003	1.72
7	ESHP-B3	吴家坪组	碳质硅质泥岩	0.01004	2.45
8	ESHP-B9	大隆组	碳质硅质泥岩	0.01154	2.68
9	ESHP-B11	大隆组	碳质硅质泥岩	0.00103	2.58
10	ESHP-B13	大隆组	碳质硅质泥岩	0.02166	3.12
11	ESHP-B24	大隆组	碳质硅质泥岩	0.00234	2.85
12	JBP-B10	大隆组	碳质硅质泥岩	0.00639	3.28
13	JBP-B11	大隆组	碳质硅质泥岩	0.00668	3.02
14	JBP-B13	大隆组	碳质硅质泥岩	0.00647	3.04
21	JBP-B8	大隆组	碳质硅质泥岩	0.00611	3.26
15	JYP-B8	吴家坪组	碳质硅质泥岩	0.00753	3.41
16	JYP-B12	吴家坪组	含碳钙质泥岩	0.00582	2.53
依据标准	SY/T 5336—2006				

表 8-2 鹤峰区块野外地质剖面和探井大隆组孔渗统计表

剖面和井号	位置	样品数量	孔隙度/%	渗透率/nD
			最小值～最大值/平均值	最小值～最大值/平均值
PM010	鹤峰县容美镇大溪村	13	1.59～4.26/2.48	0.21～0.78/0.53
PM015	鹤峰县燕子乡董家村	8	1.81～2.9/2.29	0.47～0.67/0.56
PM016	鹤峰县燕子乡楠木村	10	1.8～3.59/2.31	0.37～0.75/0.54
PM021	鹤峰县容美镇墙台村	23	1.46～3.01/2.11	0.17～1.04/0.48
PM022	恩施市红土溪乡石灰窑	5	1.8～2.06/1.93	0.39～0.67/0.50
PM023	恩施市红土溪乡长树湾村	5	1.45～2.96/2.06	0.42～0.78/0.64
鹤地 1	鹤峰县红土乡韭菜坝村	48	1.04～2.34/1.69	0.3～8.3/3.57

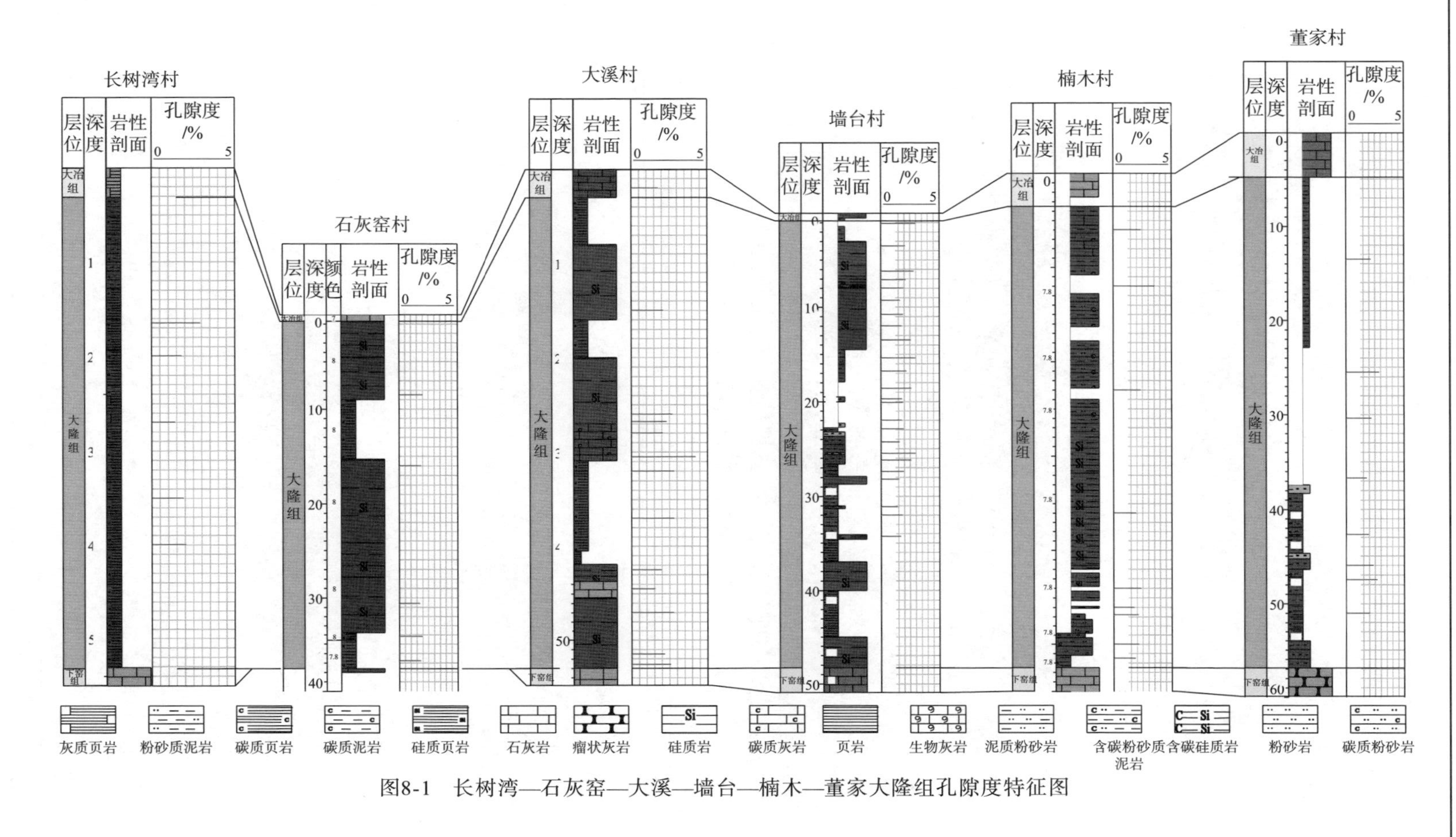

图8-1　长树湾—石灰窑—大溪—墙台—楠木—董家大隆组孔隙度特征图

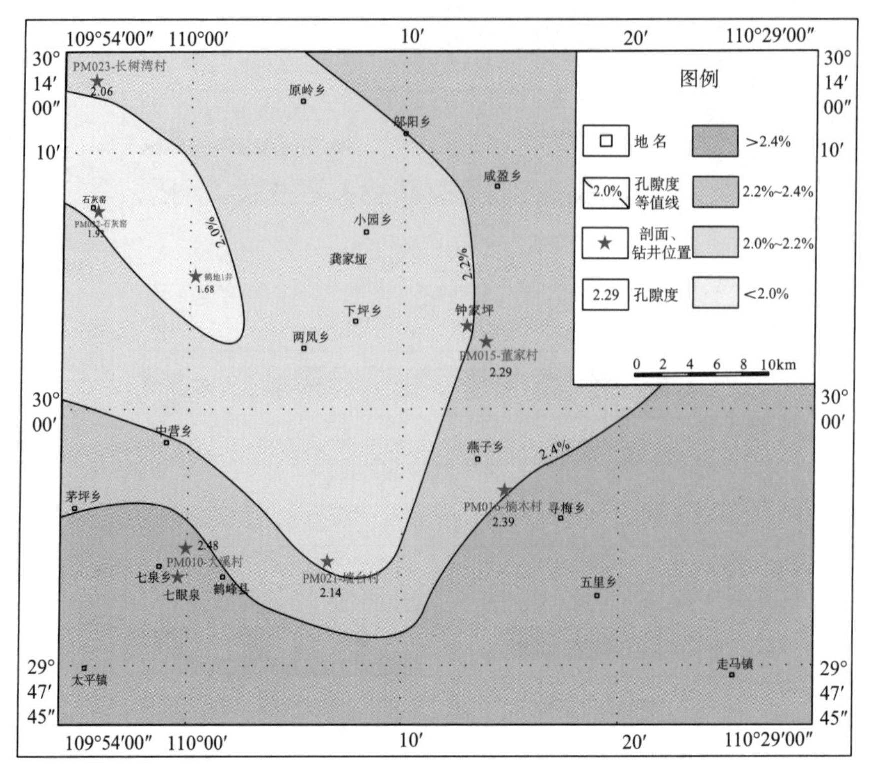

图 8-2 鹤峰区块二叠系大隆组野外剖面孔隙度展布图

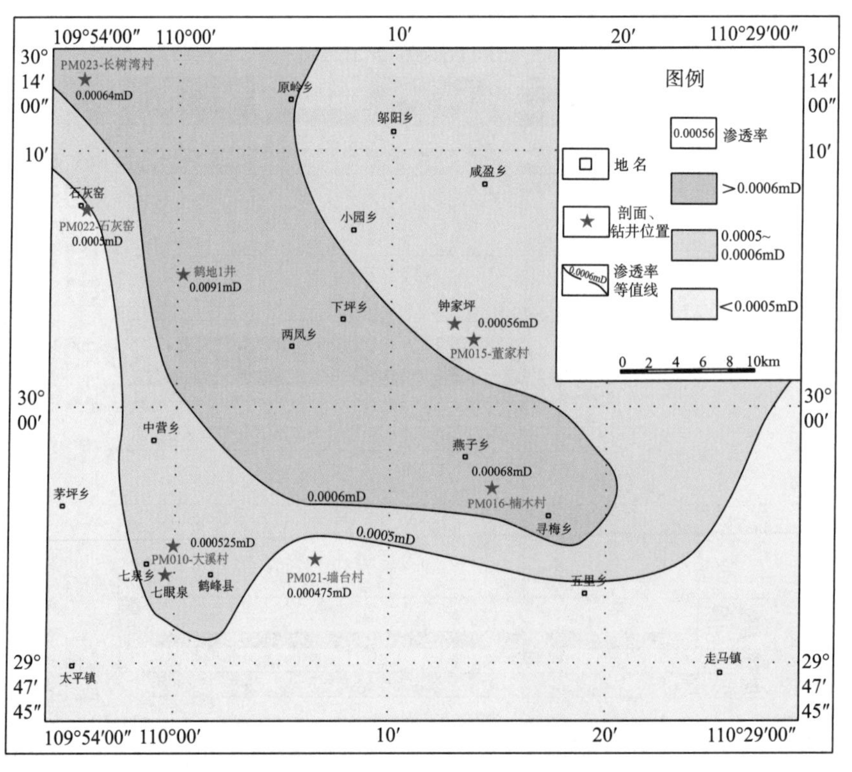

图 8-3 鹤峰区块二叠系大隆组野外剖面渗透率展布图

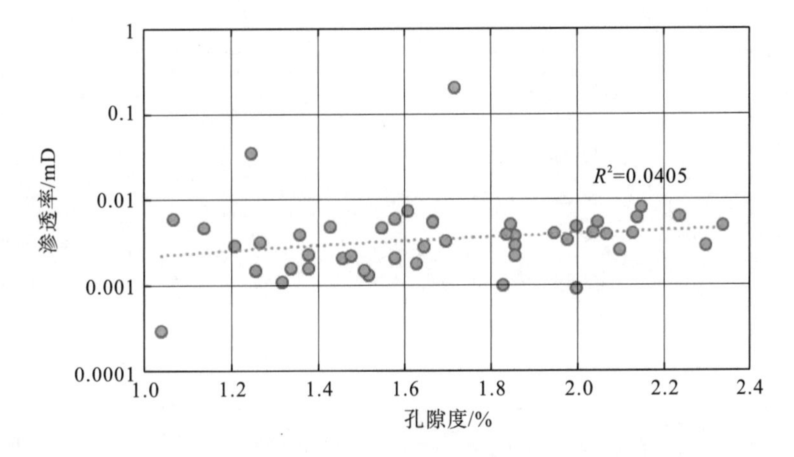

图 8-4　鹤地 1 井二叠系大隆组孔隙度、渗透率特征(去除异常数据)

通过氦吸附实验，鹤地 1 井垂向上共对 40 件样品进行了孔隙度和渗透率分析，结果表明，大隆组页岩孔隙度为 0.45%～2.34%，平均为 1.69%；渗透率为 0.0009～0.2099mD，平均为 0.0091mD。孔隙度测试结果低于野外样品测试结果，而渗透率分析结果则高于野外测试样品(表 8-3)。这可能是由于野外剖面样品受风化作用的影响，造成溶蚀孔隙增加，而溶蚀作用产生的黏土矿物增加导致孔隙堵塞。从孔隙度以及渗透率的直方图可以看出(图 8-5)：孔隙度小于 1%的样品占 1.5%，孔隙度位于 1%～2%的样品比例较高，约占 67%，孔隙度大于 3%和小于 1%的样品数量均较少；渗透率位于 0.002～<0.004mD 与 0.004～0.006mD 两个区间的频率相近，约各占 25%，位于 0～<0.002mD 的频率约为 5%，大于 0.006mD 的频率最高，约占 44%，可能主要是由于裂缝导致较高的渗透率。

表 8-3　鹤峰区块大隆组样品物性测试数据表

样品编号	深度/m	孔隙度/%	渗透率/mD
HD1-DL-K1	1242.79～1242.98	1.58	0.0021
HD1-DL-K2	1244.25～1244.45	1.43	0.0049
HD1-DL-K3	1245.50～1245.66	1.67	0.0056
HD1-DL-K5	1248.09～1248.21	1.26	0.0015
HD1-DL-K7	1250.14～1250.32	1.38	0.0023
HD1-DL-K8	1252.77～1252.90	1.32	0.0011
HD1-DL-K9	1253.63～1253.79	2.34	0.0050
HD1-DL-K10	1254.23～1254.33	2.00	0.0049
HD1-DL-K11	1255.66～1255.77	1.34	0.0016
HD1-DL-K12	1256.39～1256.53	1.07	0.0060
HD1-DL-K13	1257.38～1257.53	1.58	0.0060
HD1-DL-K14	1258.61～1258.77	2.13	0.0041
HD1-DL-K15	1259.51～1259.68	2.30	0.0029
HD1-DL-K17	1261.24～1261.41	1.21	0.0029

续表

样品编号	深度/m	孔隙度/%	渗透率/mD
HD1-DL-K18	1262.64～1262.77	1.98	0.0034
HD1-DL-K19	1263.23～1263.36	2.00	0.0009
HD1-DL-K21	1265.29～1265.42	1.61	0.0075
HD1-DL-K23	1266.90～1267.01	1.72	0.2099
HD1-DL-K25	1269.10～1269.19	1.86	0.0038
HD1-DL-K26	1270.77～1270.91	2.14	0.0063
HD1-DL-K27	1271.83～1271.96	0.45	0.0018
HD1-DL-K28	1272.51～1272.62	2.04	0.0042
HD1-DL-K29	1273.14～1273.26	1.84	0.0040
HD1-DL-K30	1274.53～1274.66	2.24	0.0065
HD1-DL-K31	1275.22～1275.31	1.46	0.0021
HD1-DL-K32	1276.30～1276.45	1.86	0.0029
HD1-DL-K33	1277.36～1277.49	2.07	0.0040
HD1-DL-K34	1278.47～1278.62	1.95	0.0041
HD1-DL-K35	1279.50～1279.62	2.05	0.0055
HD1-DL-K36	1280.27～1280.43	1.85	0.0052
HD1-DL-K37	1281.15～1281.25	1.86	0.0022
HD1-DL-K38	1282.66～1282.77	1.70	0.0033
HD1-DL-K39	1283.80～1283.92	1.63	0.0018
HD1-DL-K40	1284.34～1284.43	1.25	0.0357
HD1-DL-K41	1285.45～1285.55	1.27	0.0032
HD1-DL-K42	1286.20～1286.35	1.83	0.0010
HD1-DL-K43	1287.52～1287.66	1.52	0.0013
HD1-DL-K44	1288.34～1288.46	2.10	0.0026
HD1-DL-K45	1289.32～1289.45	1.65	0.0028
HD1-DL-K46	1290.84～1291.01	1.48	0.0022

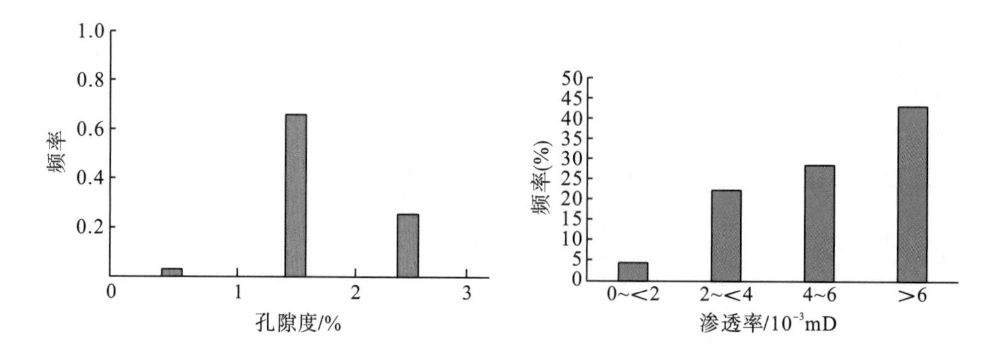

图 8-5 鹤峰区块二叠系大隆组页岩孔渗分布特征

由表 8-3 可知，仅 HD1-DL-K23 和 HD1-DL-K40 的渗透率值较大，孔隙度和渗透率值分别为 1.72%、0.2099mD 与 1.25%、0.0357mD，其余 38 件样品的渗透率均小于 0.02mD，说明鹤地 1 井二叠系大隆组黑色岩系的微裂缝和构造裂缝不发育。垂向上，鹤地 1 井大隆组孔隙度和渗透率与深度变化未见明显相关性，但 1225～1260m、1260～1280m 段孔隙度、渗透率随深度增加呈弱的负相关(图 8-6)，而孔隙度和渗透率之间表现为弱的正相关性(图 8-4)。从分布规律看，鹤地 1 井大隆组孔隙度主要分布在 1%～3%范围内，渗透率主要分布在 0.001～0.01mD 范围内，属于低孔-特低渗储层，与野外剖面测试结果相似。

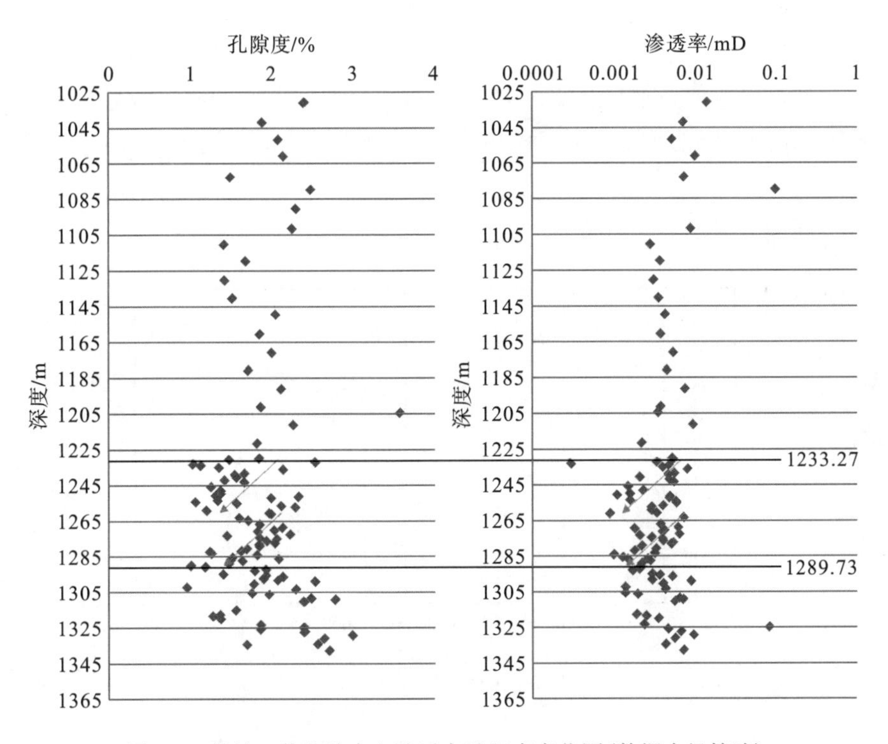

图 8-6 鹤地 1 井孔隙度和渗透率随深度变化图(数据未经筛选)

由上可知，鄂西南地区二叠系大隆组富有机质岩系的孔渗比四川盆地与北美地区页岩气层系孔渗低，物性较差，不利于页岩气富集和成藏，这很可能与后期构造作用有关。

8.2 孔隙结构特征

利用低温氮气吸附实验对 HD1 井黑色岩系的孔隙结构特征进行了分析。氮气吸附法测试的孔径范围为 1.5～400nm，能对微-中孔的发育情况进行详细地描述，可以弥补高压压汞法不能测试小于 3.6nm 的孔隙结构的缺陷，但由于受仪器测量范围的限制，其对大于 400nm 的孔隙并不能精确地测量，另外该方法能对页岩的比表面积和孔体积进行测量。总孔体积为 4.925×10^{3}～$22.23\times10^{-3}cm^3/g$，平均为 $13.24\times10^{-3}cm^3/g$；BJH 最可几孔径为 3.82～

3.847nm，平均为 3.831nm。页岩的孔体积分布曲线显示(图 8-7)，孔径 r 为 3～5nm 的中孔对孔体积值贡献最大；在累积曲线图上，样品的孔径 r＜5nm 时，累积曲线很陡；而 r≥5nm 时，累积曲线逐渐平缓。这说明中孔提供了大多数的孔体积。比表面积较大，为 2.276～23.1m^2/g，平均为 8.63m^2/g，焦石坝地区五峰组-龙马溪组一段样品的 BET 比表面积为 8.4～33.3m^2/g，平均为 18.9m^2/g。杨建等(2009)测定的四川盆地上沙溪庙组致密砂岩储层的 BET 比表面积为 1.06～3.25m^2/g，平均为 2.13m^2/g。对比鹤地 1 井、焦石坝五峰组-龙马溪组一段和四川盆地致密砂岩储层的比表面积可知，鹤地 1 井页岩比表面积大，这为页岩气体的吸附提供了非常有利的条件，同时鹤地 1 井大隆组泥页岩的储集条件比焦石坝地区龙马溪组差。

HD1 井泥页岩比表面积和总孔体积呈良好的正线性相关(相关系数为 0.86)，反映了小于 5nm 的微孔和中孔是页岩比表面积的主要贡献者，构成了气体吸附的主要场所。

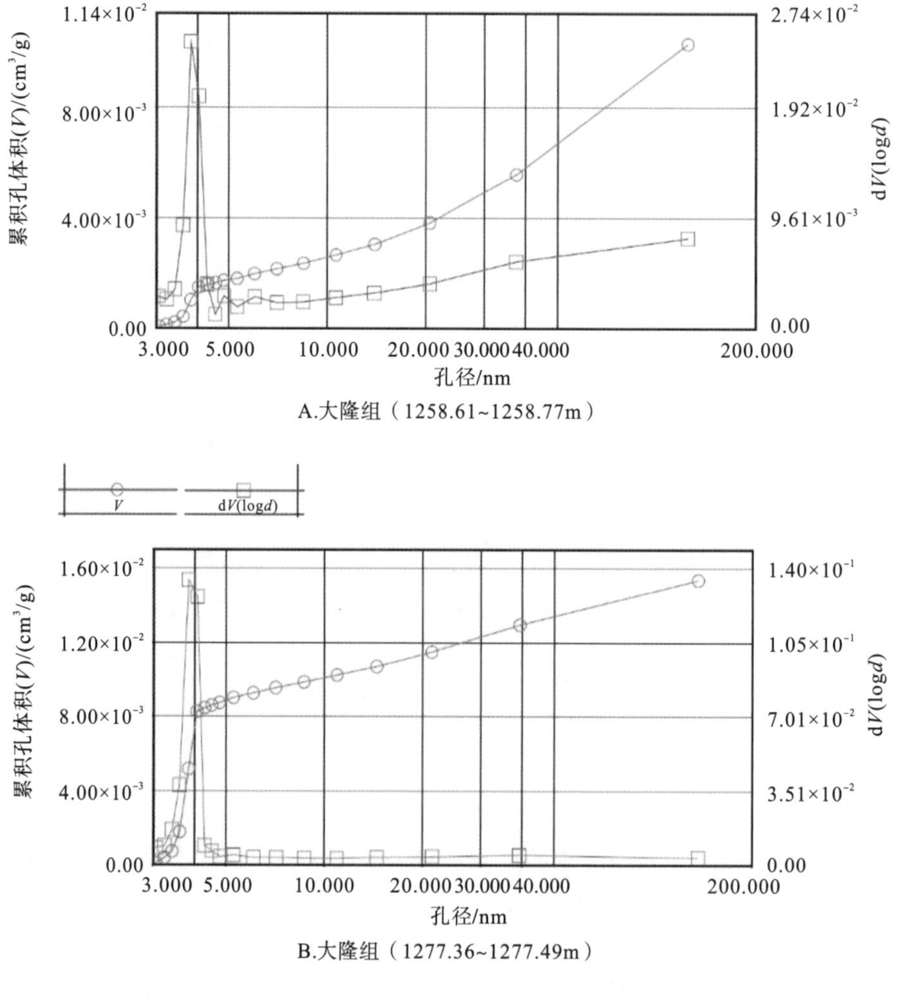

图 8-7 HD1 井大隆组黑色岩系孔径分布曲线图

8.3　储集空间特征

页岩储层具有矿物组分复杂、颗粒粒度小、非均质性强、岩性致密的特点。在页岩储层中发育有机质孔隙、粒内孔隙、粒间孔隙、微裂缝等纳米-微米级孔隙，这些微孔隙-微裂缝构成了页岩储层中重要的储集空间，对页岩气的储存和运移发挥着重要作用(Loucks et al.，2009; Liang et al.，2014)。对泥页岩储层进行研究是页岩气储层评价的主要内容，也是页岩气富集理论研究的基础。本次研究通过定性和定量两种手段对区内页岩的储集空间进行表征。定性描述主要借助于氩离子抛光技术和场发射扫描电镜技术，定量表征则利用氮气吸附实验技术。

根据国际纯粹与应用化学联合会(International Union of Pure and Applied Chemistry，IUPAC)的分类标准，孔隙直径小于 2nm 的称为微孔隙(micropores)，2～50nm 的为中孔隙(mesopores)，大于 50nm 的为宏孔隙(macropores)(Rouquerol et al.，1994)。根据对孔隙成因的分析，Loucks 等(2009，2012)与 Slatt 和 O'Brien(2011)分别发现其主要的孔隙为有机质生烃演化形成的粒内孔和粒间孔、莓状黄铁矿晶间孔、絮状矿物的粒间孔、矿物和碎屑颗粒的粒内溶孔以及微裂缝等。

8.3.1　页岩孔隙定性表征

依据于炳松(2013)提出的页岩气储层孔隙分类方案，结合鹤峰区块二叠系大隆组黑色岩系中储集空间发育特征，将孔隙类型划分为岩石基质孔与裂缝两大类，共 11 种类型。

有机质孔隙和粒间孔隙及黄铁矿集合体的晶间孔隙为主要的孔隙类型，其次为粒内和粒间溶蚀孔与黏土矿物层间孔(图 8-8)。根据形态特征有机质孔可划分为化石体腔孔(图 8-8C)和有机质生烃孔(图 8-8A,B)，化石体腔孔主要与局部富集的硅质放射虫等生物化石有关，有机质生烃孔是随着有机质热演化程度的进行，在有机质内部裂解生烃残留形成的大量蜂窝状的纳米级孔隙。有机质生烃孔不仅提供吸附气和游离气重要的储集空间，同时作为页岩储集空间的一大特色和重要组成部分，这些微孔隙大多为不规则的圆形或椭圆形，极大地提高了页岩的吸附能量力。矿物基质孔以粒间孔隙为主，以粒间骨架孔(图 8-8C,D)和凝絮成因孔(图 8-8C,D)为主，其次为局部富集的方解石晶间孔(图 4E)和少量的硅质和钠长石晶间孔(图 8-8F)。粒内孔隙中以碳酸盐矿物(图 8-8E,G)和石英、长石的粒内溶孔最发育，其次为黏土矿物层间微孔隙(图 8-8H)，研究区大隆组黑色岩系中黄铁矿集合体发育，其晶间孔多被有机质充填(图 8-8H)，见少量黄铁矿集合体中晶间微孔不均匀分布。

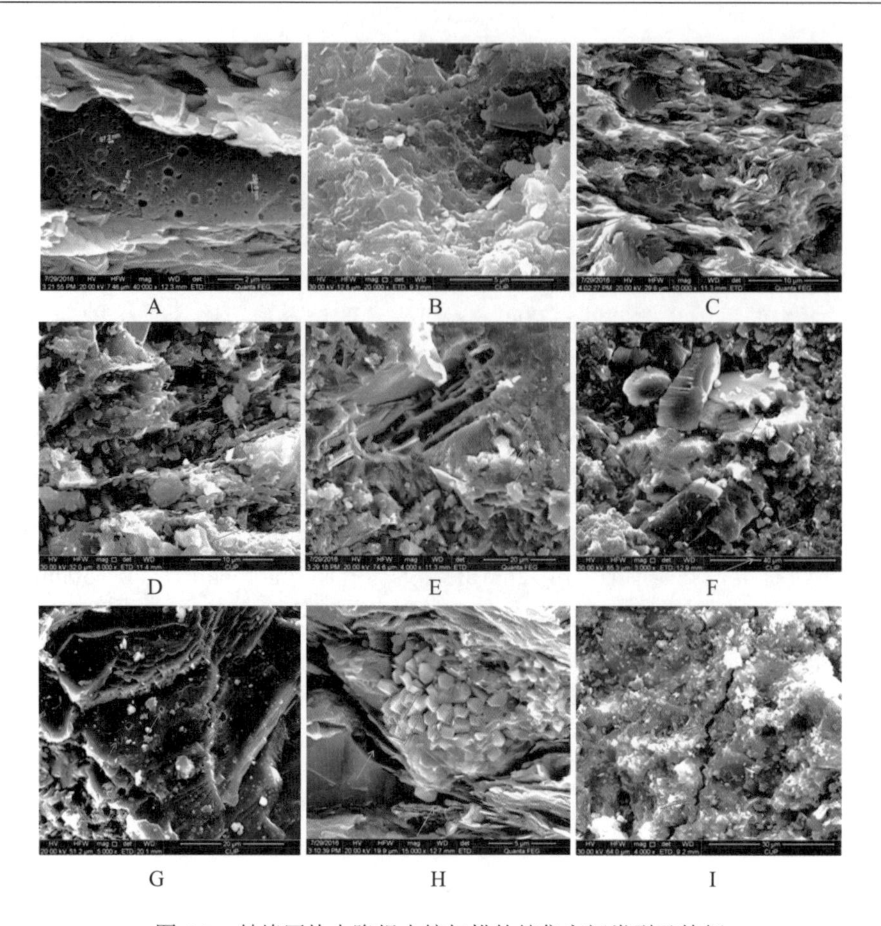

图 8-8 鹤峰区块大隆组电镜扫描的储集空间类型及特征

A.有机质生烃孔，HD1-B12，1268.6m；B.有机质生烃孔，HD1-D9，1275.77～1276.06m；C.黏土矿物凝絮孔(红色箭头)与粒间孔(绿色箭头)，HD1-B15，1261.38m；D.黏土矿物凝絮孔(红色箭头)与粒间孔(绿色箭头)，HD1-D3，1251.4～1251.64m；E.方解石晶间孔(红色箭头)与溶蚀孔(绿色箭头)，HD1-B13，1263.08m；F.钠长石晶间孔(红色箭头)与粒间孔(绿色箭头)，HD1-D8，1271.55～1271.79m；G.方解石粒内溶蚀孔，HD1-D11，1283.11～1283.38m；H.黄铁矿集合体晶间孔(红色箭头)与粒间孔(绿色箭头)，HD1-B12，1268.6m；I.微裂缝，HD1-D9，1275.77～1276.06m。

鄂西南地区奥陶系五峰组-志留系龙马溪组的页岩气矿权区为来凤咸丰区块，共有来地1井、来页1井、来地2井与来页2井四口页岩气钻井。其主要发育浅水陆棚相的富有机质细粒沉积物，矿物组分以石英、黏土矿物为主，其次为长石和碳酸盐矿物；主要呈细粉砂-泥质结构，碎屑颗粒含量多为15%～50%，岩石类型主要为碳质(含)粉砂质页岩、含碳含泥(质)粉砂岩、含泥粉砂岩及含碳粉砂质页岩；有机质类型主要为腐泥型干酪根(Ⅰ型)，有机质热演化均处于过成熟阶段，总有机碳含量(TOC)为0.24%～6.04%，主要分布区间为1.0%～2.0%，平均为1.57%；来地1井龙马溪组页岩孔隙度为0.056%～3.15%，平均值为0.795%；渗透率为0.00018～1.16 mD，平均值为0.076mD，比大隆组好；与大隆组相似，储集空间均以有机质孔为主，其次发育少量的粒内溶孔和层间微孔隙。总体来说，鄂西南地区奥陶系五峰组-志留系龙马溪组页岩气物质基础和储集物性均相对于四川盆地较差，却优于物质基础较好的大隆组，因此为了更加形象、客观地论述其物性特征，将研究区二叠系大隆组与五峰组-龙马溪组物性特征进行对比分析。

1. 有机质孔

岩石中保存下来的有机物质（如低等藻类絮团）后期埋藏成岩时受地下温度、压力升高的影响，有机质在裂解生烃的转化过程中内部逐渐变得疏松多孔，这些孔隙成为烃类气体的储集场所。研究发现，有机质孔与其他孔隙主要有三点不同之处：①孔径多为纳米级，为页岩气的吸附和储集提供更多的比表面积和孔体积；②与有机质密切共生，可作为联系烃源与其他孔隙的介质；③有机质孔隙具备亲油性，更有利于页岩气的吸附和储集。总之，这种孔隙非常有利于页岩气的赋存，有机质孔发育与有机质类型和有机质演化程度密切相关。有机物质的粒子有多种尺寸和形状，总是与层理平行延伸，沿刚性颗粒挤压。有机物颗粒的最小测量直径为0～10nm。我们还观察到部分有机物颗粒长度达几百纳米。大隆组页岩TOC为0.45%～13.37%，平均为5.03%。

有机质孔是有机质热演化过程中排烃作用形成的孔隙（Jarvie et al.，2007；Loucks et al.，2009；Lu et al.，2015），这表明有机质孔隙和有机质类型相关。通常情况下海洋来源的Ⅰ型、Ⅱ型干酪根比陆地型（Ⅲ型）干酪根可能形成更多的有机质孔（Loucks et al.，2012）。有机质孔隙和热成熟的关系仍然存在一定的争议，Valenza等（2013）认为，较高的热成熟度可以形成更多的表面积和孔体积，但是孔隙平均孔径减少；Bernard等（2012a, b）认为，只有样品在生气窗范围才含有有机质孔隙。然而，Reed等（2014）通过对成熟干酪根研究认为有机质孔形式不仅发育在干酪根，而且在固体沥青和沥青中。我们通过电镜观察也在沥青中发现有大量的孔隙。所以在有机质热演化过程中，烃类的生成和运移会产生有机质孔隙。

有机质孔为纳米级孔隙范围，多见于有机质内部，在有机质颗粒之间较为少见。利用场发射电镜观察未经氩离子抛光的样品，可以在三维空间观察有机质孔隙的立体展布特征以及连通性。在电镜下发现有机质内部结构复杂，有机质孔隙发育，孔隙呈蜂窝状，孔隙直径以纳米级孔隙为主。通过对样品的观测，发现有机质孔隙可以连接形成三维孔隙网络（图8-9A）。有机质颗粒中多存在较小的孔隙，其直径小于5mm，很难在有机物质中找到大的有机质颗粒物孔。部分学者认为有机质孔隙生成于生气窗（Bernard et al.，2012a, b），所以高成熟有机质孔隙比低成熟度有机质具有更强的有机质孔隙生成潜力，但部分学者认为在生油阶段，也会产生有机质孔隙（Reed et al.，2014），成熟度越高，孔隙体积和比表面积越大，孔隙直径均值一般会减小。

鹤峰区块有机质孔均很发育，有机质在页岩中存在形式多样，页岩样品经氩离子抛光后，可以在平面上清晰地观察到有机质和有机质孔隙的大小、形态以及分布特征（图8-9A,C,E）。有机质埋藏过程中可与黏土矿物同沉积或充填于黄铁矿等矿物颗粒中，以上有机质中均可发育大量有机质纳米孔。电镜下发现在部分有机质中有机质孔隙不发育，部分学者认为有机质孔隙发育于干酪根中。研究区有机质成熟度普遍大于2%，成熟度较高，残留较多的沥青质，扫描电镜研究结果表明，沥青质可以发育较多的孔隙。结合本区较高的有机质含量，认为有机质孔为本区最重要的孔隙类型，广泛发育的有机质孔提供了较大的孔径和比表面积，为天然气吸附提供了空间场所。

鹤峰区块二叠系大隆组有机质孔均较发育，是吸附空间的重要组成。鹤峰区块虽然有机碳含量较高，但是有机质孔隙相对发育程度较差(图 8-9)，由图可以看出大隆组有机质表面孔隙密度较低，同时孔隙之间的相互连通性也较差。相对于鄂西南地区奥陶系五峰组-志留系龙马溪组，后者有机质孔较发育(图 8-9B,D,F)。由图可发现鄂西南地区奥陶系五峰组-土留系龙马溪组有机质表面孔隙密度较大，孔隙成三维空间发育，具有较好的孔隙连通性。大隆组发育连通性较差的有机质孔可能是影响大隆组孔隙度较低的一个重要原因。

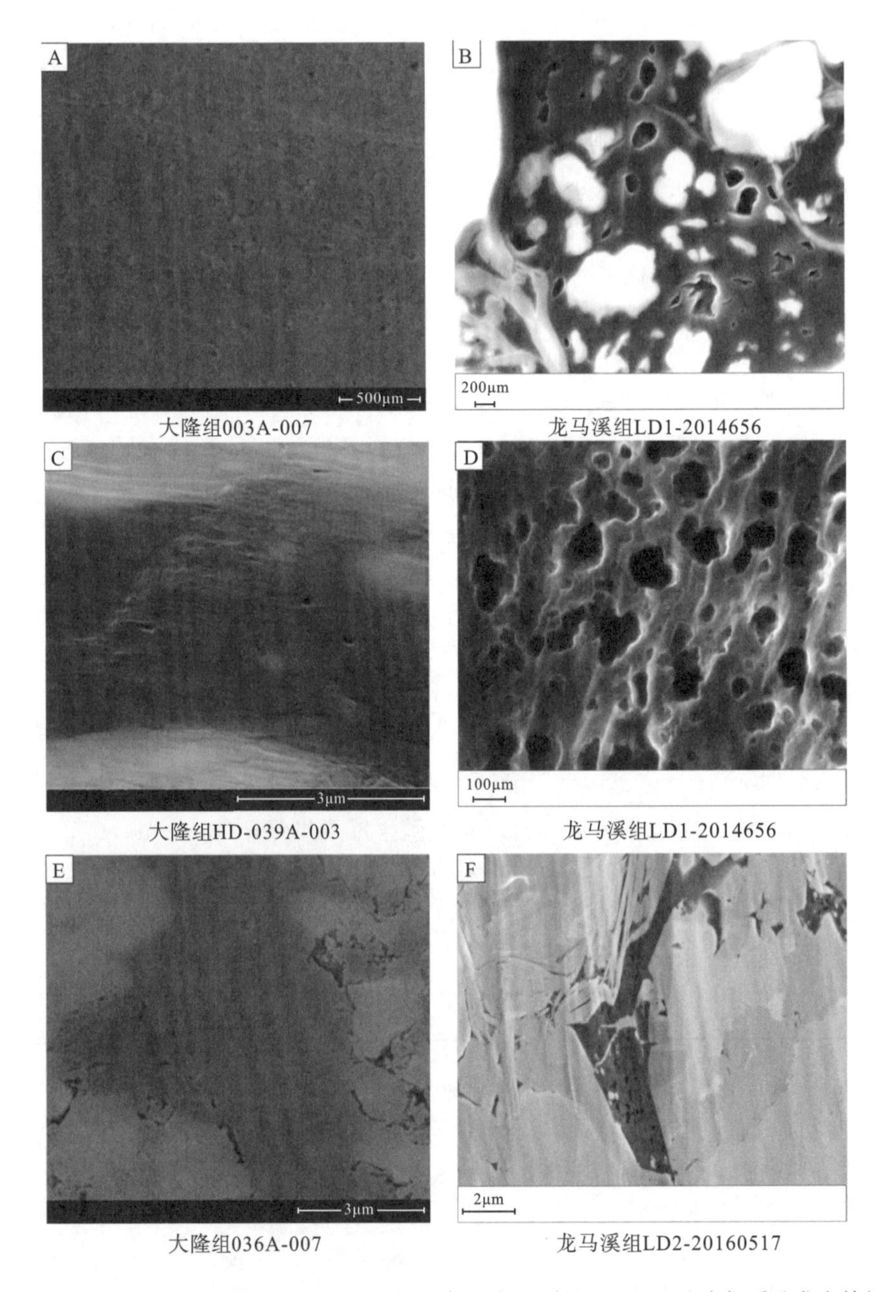

图 8-9　鄂西南地区大隆组(A、C、E)与五峰组-龙马溪组(B、D、F)有机质孔发育特征

2. 粒间孔

显微镜观察鹤峰区块页岩，发现泥质岩粒间孔和粒内孔孔隙结构和类型相似，因此在孔隙定性表征方面统一表述。

粒间孔隙在泥岩形成于浅埋藏阶段中大量发育，可以形成有效的孔隙网络(Velde, 1996; Milliken and Reed, 2010)，但是随着压实作用和成岩作用的进行，粒间孔隙会急剧减少(Loucks et al., 2012)。粒间孔隙通常可在晶粒间、晶体之间观察到，如石英、长石、方解石和黏土絮凝等。利用扫描电子显微镜，我们可以观察到颗粒有机质、方解石、石英和黏土矿物之间发育粒间孔。有机质与矿物颗粒之间发育的粒间孔有时较难观察到，研究区可以发现黄铁矿和有机质之间的孔隙(图 8-10A)；石英与有机质之间的粒间孔，孔隙平行于矿物边缘，多较为平整(图 8-10B)，由于数量较少，因此不是主要的孔隙类型；研究区黄铁矿形成于还原条件，在黄铁矿颗粒与石英、方解石等矿物之间发育有大量的矿物颗粒粒间孔(图 8-10C)，为重要粒间孔类型。

石英粒间孔隙在硅质页岩、硅质混合型页岩中发育，粒径以 100～400nm 为主，部分可达微米级，分布于石英颗粒边缘，多呈狭缝状分布，可能为原生粒间孔隙的残余(图 8-10C)。

研究区片状矿物如黏土矿物等可形成粒间孔，黏土矿物沉积过程中容易发生絮凝作用，形成具纸房结构孔隙(图 8-10E)。此外，生物颗粒粒间孔也是本区发育的类型(图 8-10D)，但这些粒间孔在扫描电镜下较难观察，为次要孔隙类型。

方解石之间粒间孔隙总是沿方解石边缘分布，孔径范围为 1～50mm(图 8-10F)，主要在钙质岩相中发育。碳酸盐矿物在成岩过程中不稳定，会发生不同程度的重结晶，在重结晶过程中可以产生次生孔隙。此外，有机质热演化过程当中，会释放有机酸，溶蚀方解石，促进重结晶作用的发生。研究区内方解石粒间孔隙发育相对较少，形状不规则，在钙质页岩、钙质混合型页岩中较为发育，多位于自形方解石或者白云石晶体边缘，孔隙直径可达 1μm(图 8-10F)。

上述粒间孔观察分析表明，脆性矿物如长石、石英和方解石等矿物颗粒之间的孔隙为主要粒间孔类型，大多数原生孔隙和粒间孔受成岩作用和矿物成分影响较大。

3. 粒内孔

页岩粒内孔最早是在研究自生矿物晶体时发现的。然而，哪种粒内孔占据主要地位通常很难确定。粒内孔主要包括：①黄铁矿粒内孔(图 8-11A,B)；②生物颗粒体腔孔(图 8-11C)；③长石、方解石等矿物颗粒表面溶蚀孔；④黏土和云母矿物颗粒解理粒内孔。

黄铁矿由许多小的黄铁矿晶体组成，通常在缺氧海洋环境中形成。黄铁矿晶体孔隙直径范围为 25～325nm，由于黄铁矿较发育，因此数量较多的黄铁矿颗粒粒间孔可提供一定量的储集空间。生物也可以形成粒内孔，如孢子破碎后内部没有被充填而形成的粒内孔隙(图 8-11C)，但数量较少。长石、方解石粒内孔隙多是有机酸溶解形成的，孔隙形状较规则，通过 SEM 对孔隙大小进行测算，发现最大孔隙直径可达 3mm(图 8-11D)。黏土和云母矿物颗粒发展压裂粒内孔隙，孔隙通常为长条状，孔隙宽度通常小于 100 nm，长度可达数十微米。

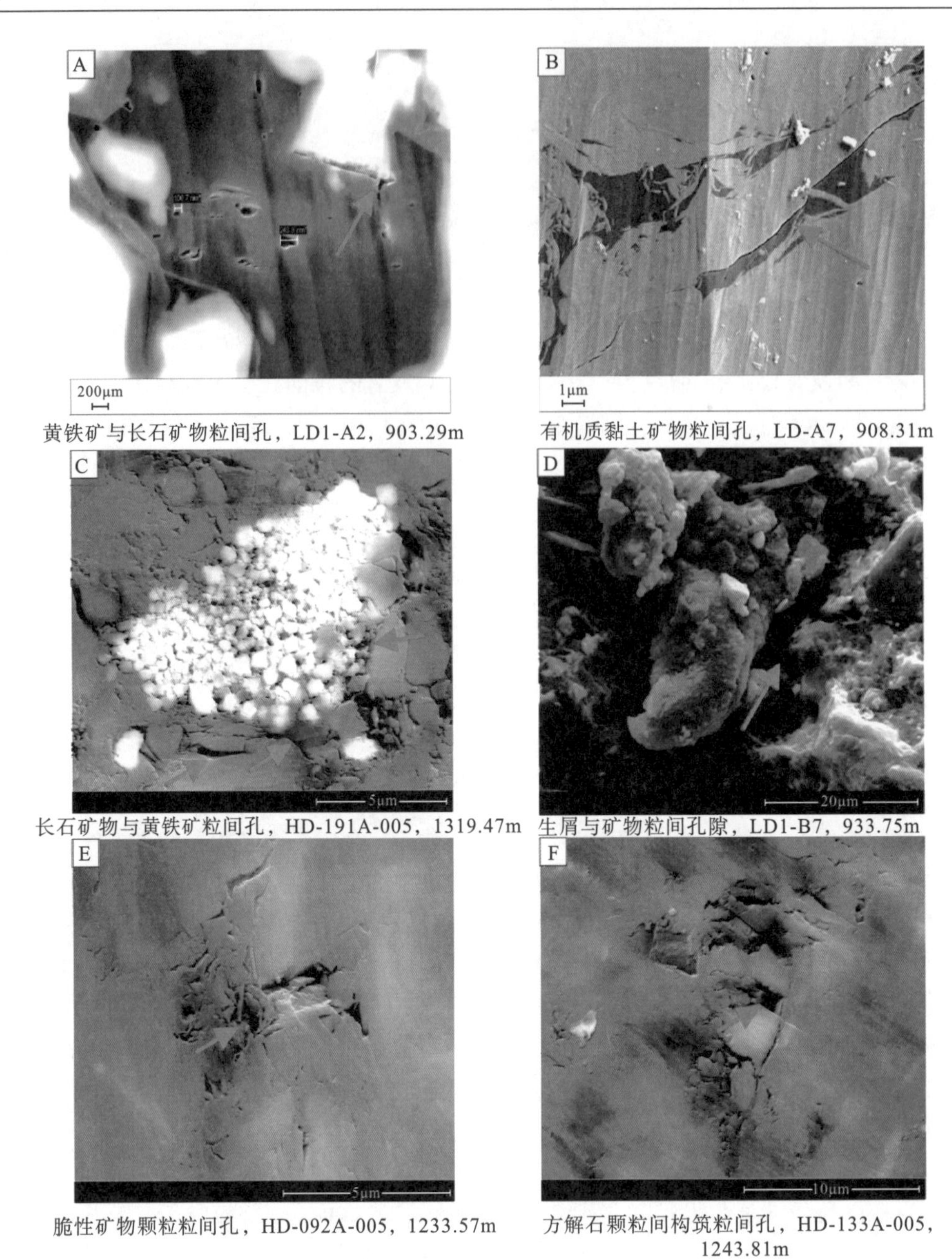

A 黄铁矿与长石矿物粒间孔，LD1-A2，903.29m

B 有机质黏土矿物粒间孔，LD-A7，908.31m

C 长石矿物与黄铁矿粒间孔，HD-191A-005，1319.47m

D 生屑与矿物粒间孔隙，LD1-B7，933.75m

E 脆性矿物颗粒粒间孔，HD-092A-005，1233.57m

F 方解石颗粒间构筑粒间孔，HD-133A-005，1243.81m

图 8-10　鄂西地区大隆组与五峰组-龙马溪组页岩粒间孔发育特征

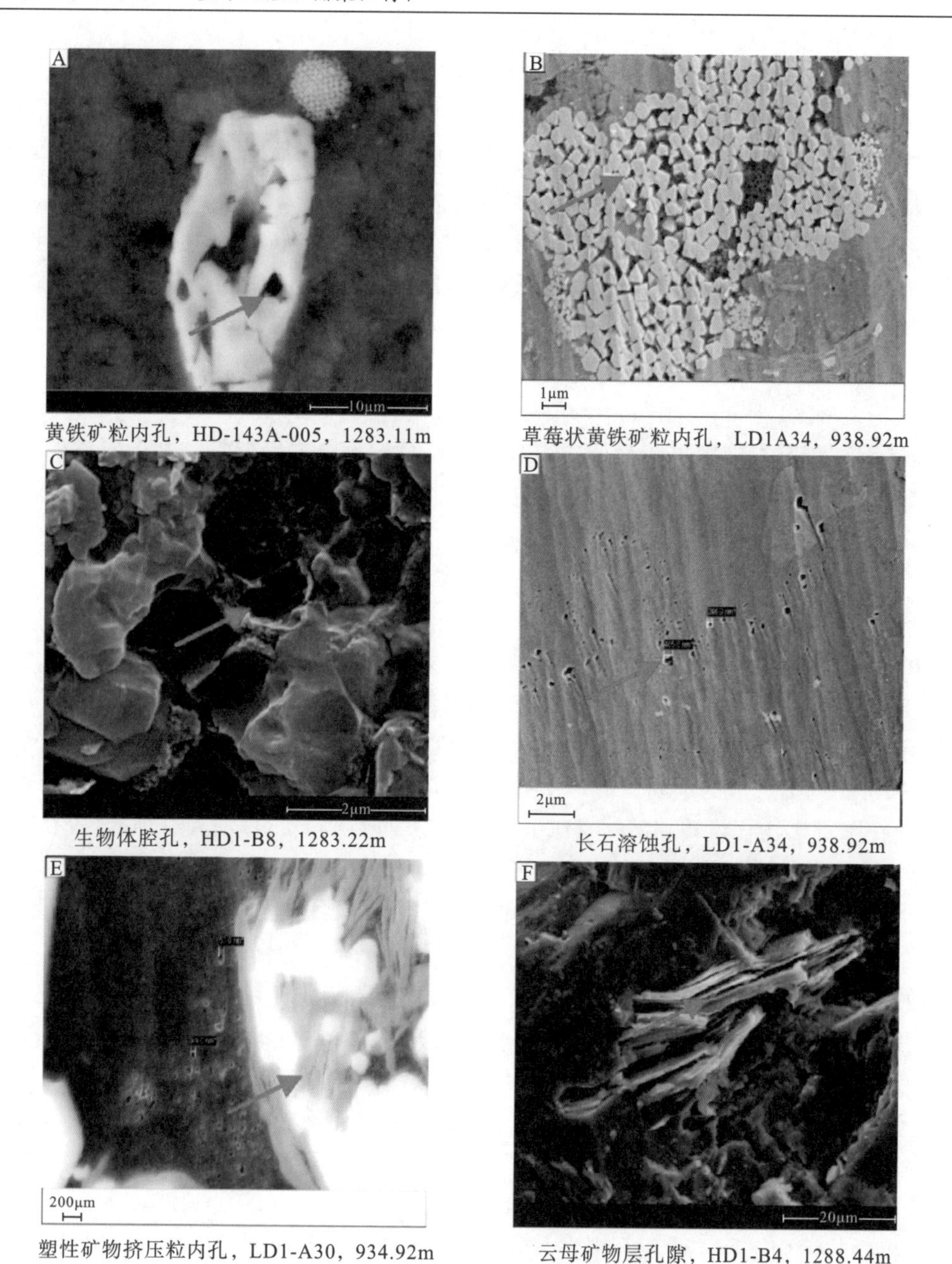

图 8-11 鄂西南地区大隆组与五峰组-龙马溪组页岩粒内孔发育特征

研究区大部分粒内孔隙为成岩作用的结果，发育于次生矿物内部，原生矿物粒内孔隙基本不发育。粒内孔隙类型包括草莓状黄铁矿粒内孔隙、方解石、长石粒内溶蚀孔隙、白云石粒(晶)内孔，黏土矿物、云母矿物也可形成层间粒内孔。

以上研究发现，有机质孔隙、粒内孔隙和粒间孔隙为主要气体存储空间。一般认为有机质含量、热成熟度和有机质类型为主要影响有机质孔隙发育的因素(Loucks et al., 2012)。有机质含量始终与气体总含量有较好的正相关关系(Wang and Carr, 2012a, b)。有机物质类型也影响有机质孔隙生成。I 型干酪根与“活性炭”吸附特点类似(Pepper, 1991)，可以形成更多的有机质孔隙(Jarvie et al., 2007)。即使有机质孔隙发育与热成熟度之间存在争议，但研究区黑色页岩热演化程度(R_o)普遍在 2.5%附近，而以页岩气勘探取得巨大成功而闻名的焦石坝地区页岩成熟度(R_o)平均为2.65%(Guo et al., 2014)，与大隆组页岩十分类似，龙马溪组页岩 R_o 平均值为 3.11%，所以热成熟度可能是影响本区有机质孔隙发育的因素。大隆组页岩和龙马溪组页岩具有非常高的成熟度，TOC 与干酪根类型是影响有机质孔隙的关键因素。

4. 裂缝

脆性矿物在压力作用下容易产生裂缝。裂缝是影响页岩储层物性和含气性的重要因素。来凤咸丰区块和鹤峰区块页岩碳酸盐和硅质矿物含量都较高，具有较高的岩石脆性，在应力作用下裂缝较为发育。通常宏观裂缝的发育不利于页岩气的保存，微观裂缝发育有利于页岩气的渗流。在研究区内发育的裂缝有构造裂缝、水平发育的层间页理缝以及异常压力缝等类型。

HD1 井岩心揭示，裂缝以高角度缝为主，其次为水平缝和低角度缝，包含近水平方向(图 8-12A,B)到近垂直方向(图 8-12C,D)等多组裂缝。构造裂缝开度由几毫米至几厘米不等，部分延续性较好，长度可达 5～60cm，多被方解石脉充填。既有同期形成的不同裂缝，也发育不同期形成的不同裂缝，表明研究区构造活动较剧烈。裂缝的发育也受岩性影响明显，在脆性矿物含量较高的②富碳酸盐岩段与④碳质硅质页岩与碳质硅岩段及⑥碳质泥质碳酸盐岩段的高角度构造裂缝相对更发育。构造缝是大隆组地层在长期埋藏演化过程中，受构造作用影响造成的，对页岩气的保存十分不利，不能作为储集空间，早期形成的构造微裂缝可能成为渗流通道。

微裂缝通常是在成岩过程中形成的，不仅为页岩气提供充足的储集空间与运移通道，更重要的是利于页岩气的后期开发。微裂缝在研究区大隆组富有机质层段普遍发育，缝面不规则，不成组系性，多充填有机质和泥质。页理缝为发育剥离线理的平行纹层之间的缝隙，与沉积作用有关。页岩中页理力学性质薄弱，极易剥离。在页岩中，由于不同纹层之间矿物组分存在差异，导致岩石力学性质不同，形成薄弱层面，页理缝较为发育。区内页理缝开度相对较小，主要为毫米级(图 8-12E,F)。

有机质热演化过程中体积会膨胀，在页岩内部产生局部压力异常使页岩破裂，产生异常压力缝。研究区异常压力缝较为发育，缝隙呈不规则状，在显微镜下可发现缝隙多穿过纹层发育，具有分叉现象。压力缝中多充填硅质或钙质物质。

结合扫描电镜观察，认为页理缝是研究区重要的微观裂缝类型，在页岩气渗流中起到重要作用。

鹤峰区块大隆组宏观构造裂缝发育，可见多条垂直于地层的破裂缝，破裂缝开口可达 0.5cm，内部一般充填方解石，部分未充填(图 8-13A)；水平发育裂缝在本区也有发育，内部一般充填方解石脉体(图 8-13B)。研究区同时见构造破碎带，岩石破碎呈棱角状，边缘充填方解石脉(图 8-13C)；部分破裂缝中见沥青残留(图 8-13D)。偏光显微镜下观察，鹤峰区块微观裂缝不发育，可见少量顺层发育的层间裂缝(图 8-13E,F)。

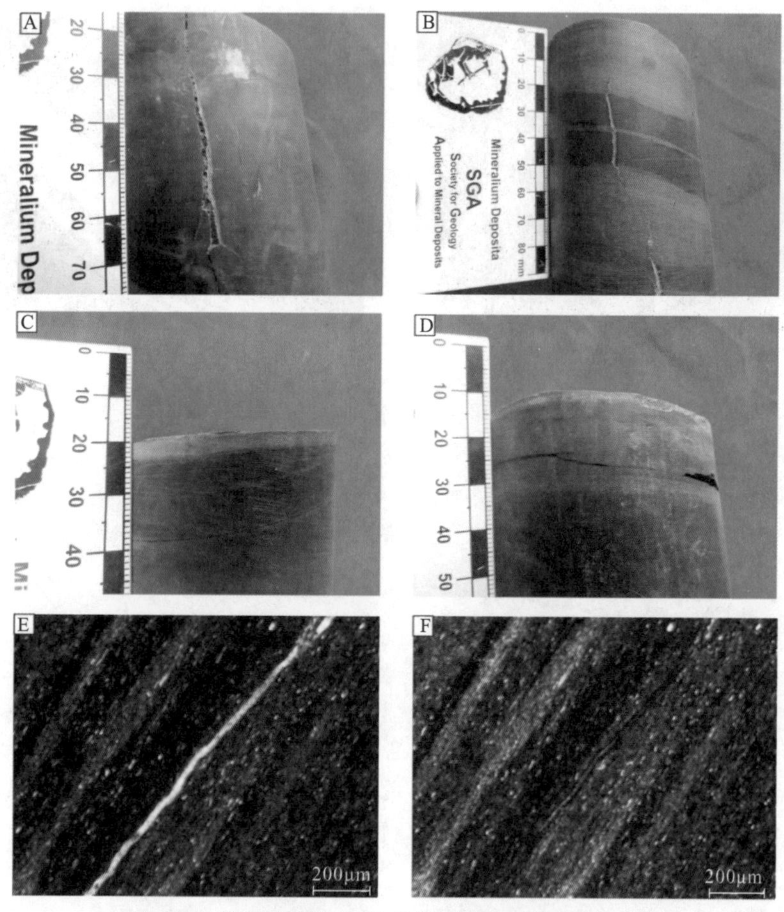

图 8-12　鄂西南地区二叠系大隆组页岩裂缝发育特征

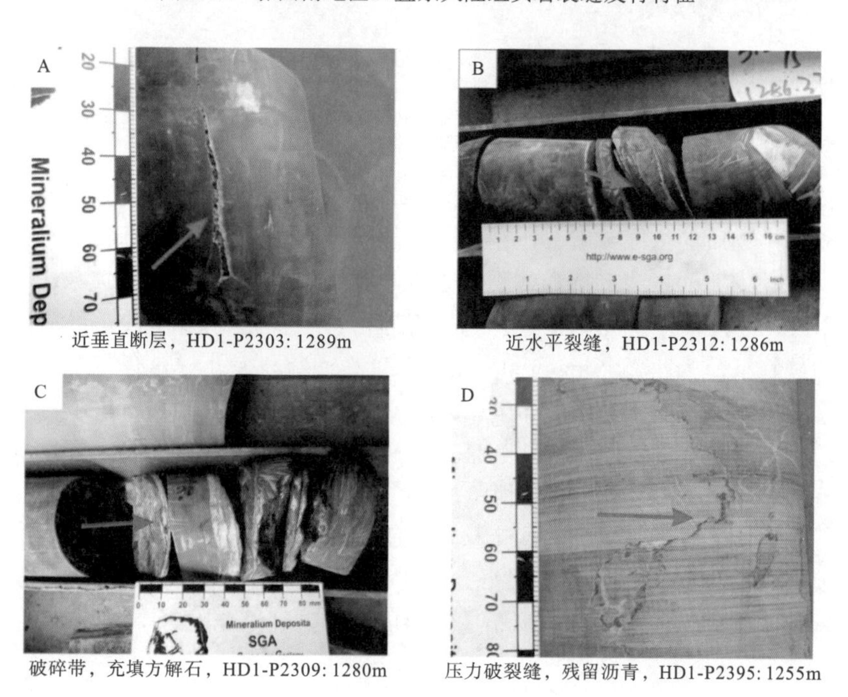

近垂直断层，HD1-P2303: 1289m

近水平裂缝，HD1-P2312: 1286m

破碎带，充填方解石，HD1-P2309: 1280m

压力破裂缝，残留沥青，HD1-P2395: 1255m

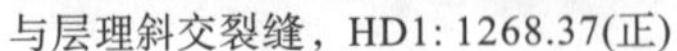
与层理斜交裂缝，HD1: 1268.37(正)

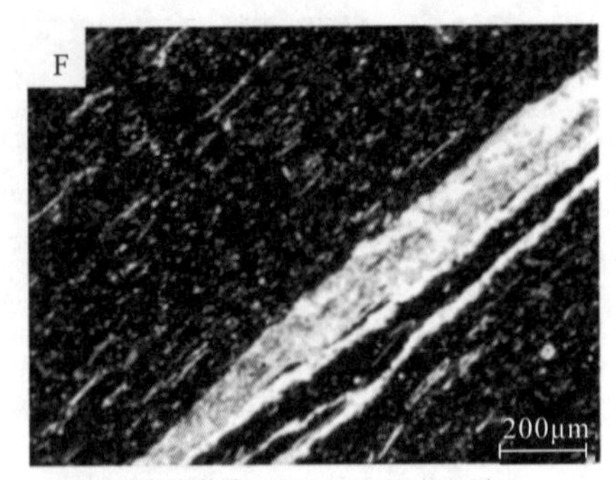

顺层裂缝，HD1:1263.36(正)

图 8-13 鹤峰区块二叠系大隆组裂缝发育特征

总的来看，有机质孔隙和矿物基质孔是鹤峰区块大隆组黑色岩系基质孔隙的主要贡献者，微裂缝则提供主要的渗流通道，因此大隆组黑色岩系的总体渗透性较差。

8.3.2 页岩孔隙定量表征

页岩气储层为一种非均质的多孔介质，孔容、孔径是描述多孔介质结构的主要参数，在多孔介质中都存在复杂的分布。了解泥页岩的孔隙结构对研究页岩气赋存状态、页岩气解析、扩散和渗流具有重要意义。常采用压汞、低温氮气吸附、二氧化碳吸附等方法定量分析页岩孔隙结构，评价页岩地层孔隙结构的好坏。本次研究主要采用氮气吸附实验对研究区页岩孔隙特征进行定量表征。

1. 氮气吸附实验分析

IUPAC 提出了吸附曲线分类系统，并得到了广泛的应用(Sing et al.，1985)。通常运用 BET 方程通过曲线求出孔隙比表面积，通过 BJH 理论来解释孔体积分布对氮气吸附解析曲线的响应。

当气体与固体接触时，常会在固体表面附着。一种物质自动附着在另一种物质的表面，从而导致界面中物质的浓度或者分压在其两相的不同，气体的吸附量通常用给定气体压力下被吸附气体的物质的量或者标准体积来表示，利用吸附量与 P/P_0 的关系作图即为等温吸附曲线。图 8-14 为气体吸附曲线分类，回滞环的产生与介孔结构中的孔隙结构类型有关，根据曲线特征分为四类(Sing et al.，1985)：H_1 通常与多孔材料有关；H_2 曲线解释比较困难，通常解释为发生在“墨水瓶”(ink bottle)形孔隙中由于蒸发和冷凝原理的差异引起的现象，但需考虑孔隙网络的作用；H_3 的 P/P_0 为高值但未出现极值，表明孔隙还有大量吸附空间，叶片状颗粒中裂隙状孔隙的吸附曲线中可以观察到此类曲线；H_4 则与裂缝状孔隙相关。H_1 与 H_4 为回滞环的两个极端，H_1 类曲线近乎垂直，且两根曲线近乎平行；H_4 类曲线则近乎水平，并且相互近于平行；H_3 与 H_2 则位于 H_1 和 H_4 之间。虽然回滞环的影响因素仍未确定，但回滞环的形状通常对应具体的孔隙结构。

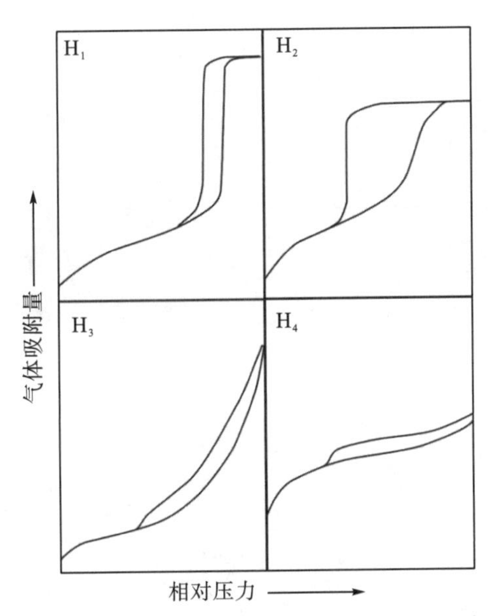

图 8-14 吸附曲线回滞环类型(IUPAC, 1985)

氮吸附法可用于有效研究孔径为 2～50 nm 的孔隙(Mastalerz et al., 2013)。根据吸附等温线的 IUPAC 分类(Sing et al., 1985),从研究区不同岩相页岩的氮气吸附曲线(图 8-15)可以看出，不同区块页岩样品的氮气吸附曲线形态相似，大都呈反“S”形，根据曲线的形态可以定性分析页岩孔隙分布情况。吸附曲线为Ⅳ类曲线且大多具有明显的吸附回滞环，表明页岩孔隙以介孔为主，在平衡压力(P/P_0)接近饱和时并没有出现吸附饱和的现象，表明页岩样品中还有一定的宏孔。根据曲线的形态可以定性分析页岩孔隙分布情况，鹤地 1 井 7 块样品中，6 块属于 H_4+H_3 型，1 块属于 H_2+H_3 型(图 8-16)；回滞曲线为 H_2 型曲线，孔隙以单边封闭墨水瓶状孔为主，孔径分布曲线呈单峰状，峰值在 4nm 附近，与扫描电镜观测到的有机质孔等孔径范围相近，与有机质孔隙孔径相当(图 8-17)。

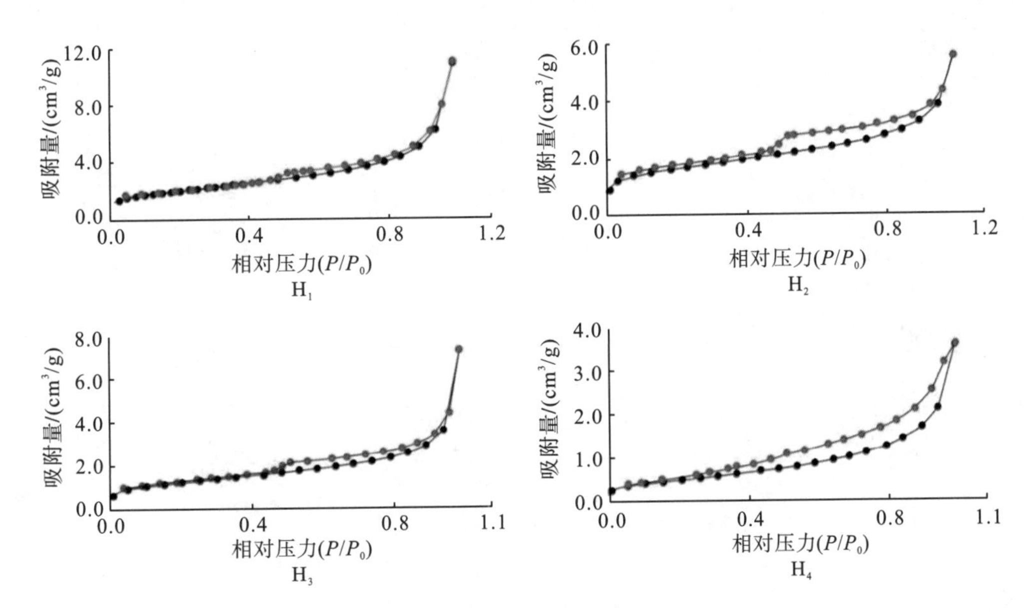

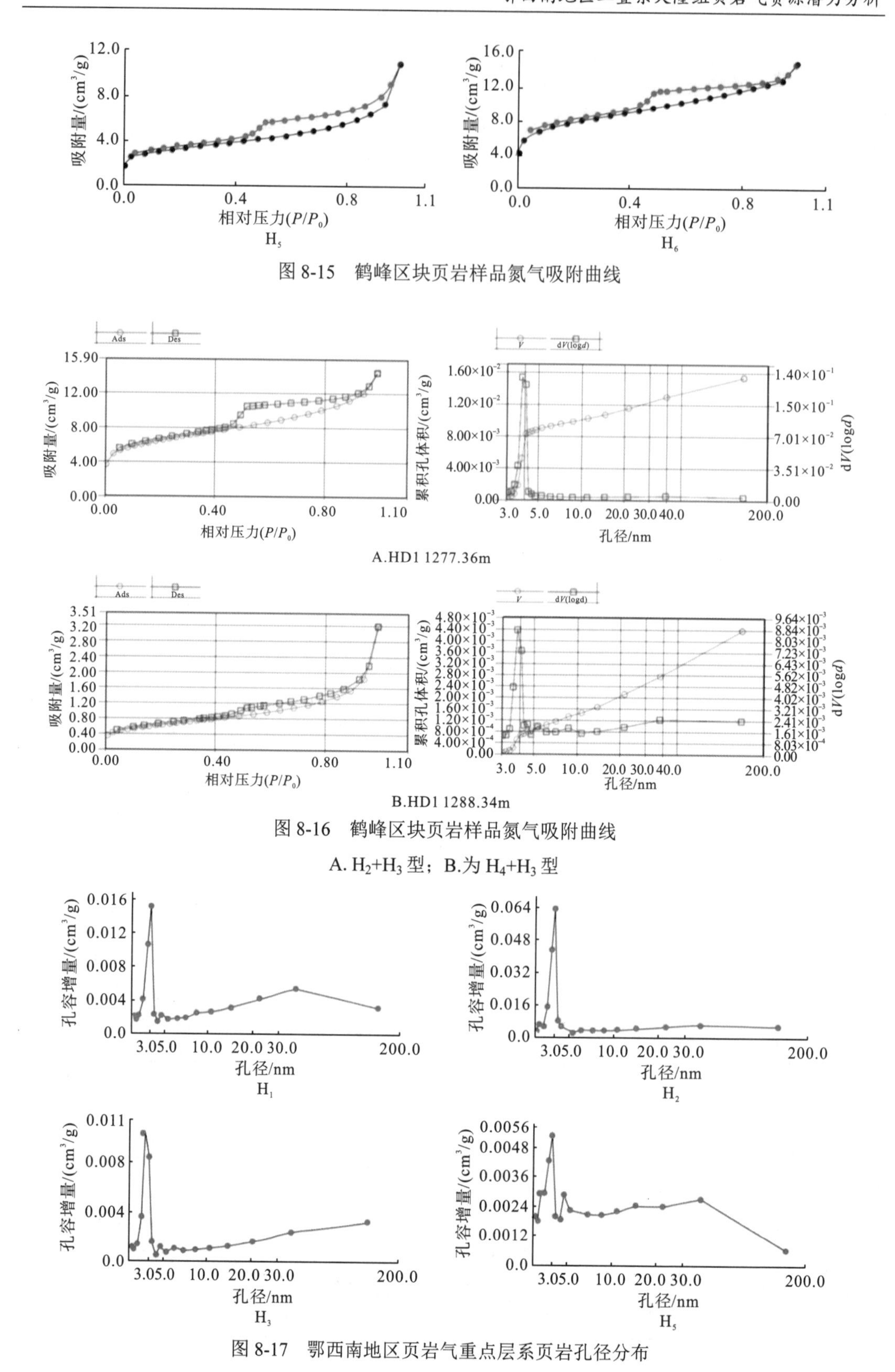

图 8-15 鹤峰区块页岩样品氮气吸附曲线

图 8-16 鹤峰区块页岩样品氮气吸附曲线

A. H_2+H_3 型；B.为 H_4+H_3 型

图 8-17 鄂西南地区页岩气重点层系页岩孔径分布

气体吸附结果表明，H_2+H_3型和H_4+H_3型样品相比，前者微孔所提供的孔体积几乎是后者的 2 倍，介孔所提供的孔体积略低于后者，大孔所提供的孔体积近似为后者的1/2（表 8-4）。H_2+H_3型样品的总孔体积和比表面积具有很好的正相关性，而H_4+H_3型正相关性不好，且相同总孔体积下，H_2+H_3型样品能够提供更多的比表面积。结合样品储层薄片观察，鹤地 1 井页岩储层有机质孔隙相对较少，以泥粒孔、晶间缝和片间缝为主。

表 8-4　H_2+H_3型和H_4+H_3型样品不同尺度孔隙所占孔容比统计表

样品类型	微孔所占孔容比/%	介孔占孔容比/%	大孔占孔容比/%
	最小值～最大值/平均值	最小值～最大值/平均值	最小值～最大值/平均值
H_2+H_3	29.5～52/38.6	36.7～58.5/53.3	2.8～16/8
H_4+H_3	10.7～32.4/23.3	33.8～67.4/57.2	8～34/19.5

综上，相比H_4+H_3型页岩储层，H_2+H_3型能为页岩气提供更大的赋存空间，更利于页岩气吸附，而且H_2+H_3型样品孔隙的墨水瓶结构不利于页岩气的散逸。因此，整体来看，鹤地 1 井储层发育较差，仅局部页岩段存在H_2+H_3型样品，表明局部层段同样存在较为优质的页岩储层段。

2. 压汞分析

压汞法可测定孔径为纳米级及以上的孔隙。压汞法将汞进入岩石孔喉的过程看成是非润湿相驱替润湿相的过程。在汞随着外压进入孔隙的过程中，压力逐渐增大，当压力超过孔喉处毛细管压力时，汞可以进入到孔隙中，此时压力值则等效于毛细管压力，对应的孔径就是孔喉半径。压力和孔径之间关系由开尔文方程得出：

$$P_c = \frac{2\sigma\cos\theta}{r_c}$$

其中，P_c为压力值，MPa；σ为流体界面张力，N/m；θ为润湿角，(°)；r_c为毛细管半径，μm。

8.3.3　页岩孔隙结构特征

页岩孔隙结构对页岩气的储存和渗流具有重要影响(Ross and Bustin, 2009b;Slatt and O'Brien, 2011; Wang et al., 2014a, b; Yang et al., 2014)。本次研究主要通过氮气吸附实验研究研究区页岩孔隙结构特征。在实验过程中，根据氮气吸附实验可以测得页岩的比表面积分布。

鹤峰区块研究区大隆组样品 BET 比表面积为 2.276～23.1m^2/g，平均值为 7.92 m^2/g，总孔体积为 4.93～22.23cm^3/g，平均为 11.96cm^3/g；来凤区块龙马溪组样品 BET 比表面积为 5.35～15.2m^2/g，平均值为 7.9 m^2/g，总孔体积为 6.72～16.26cm^3/g，平均为 11.76cm^3/g。而在致密砂岩中 BET 面积仅为 1.06～3.25m^2/g(吴伟等，2014)，较大的比表面积为页岩

气体的吸附提供了有利条件。

鹤峰区块大隆组页岩最可几孔径为 3.82～4.06nm，平均为 3.91nm。在给出的吸脱附等温线基础上，采用 BJH 法算出地区样品的孔径分布，统计结果显示：样品微孔、中孔、大孔均有分布。其中，微孔占 20.3%～31.8%，平均为 25.5%；介孔占 57.2%～62.3%，平均为 60.58%；大孔占 11.1%～17.5%，平均为 13.93%。

综上所述，通过压汞实验、液氮吸附-脱附实验可知：大隆组页岩样品孔隙类型以微孔、中孔为主，对比表面积和孔容的贡献最大。推测微介孔是大隆组页岩气赋存的主要场所，具体来讲，粒内溶蚀孔和有机孔提供了页岩气赋存的主要场所。

8.3.4　微纳米 CT 扫描及处理结果

对于纳米级孔隙的研究是页岩气研究和评价中的重点，常规的微孔结构图像表征技术很难实现对纳米孔隙的表征，纳米 CT 的分辨率只能识别大孔(直径大于 50nm)范围内的孔隙，无法满足精细表征页岩储层孔隙结构的要求，但是可以对其孔喉发育特征进行直观了解。

此次工作对鹤地 1 井的 2 件样品利用美国通用电气公司生产的 Nanotom m 180 型纳米 CT 扫描仪进行测试。由测试结果可知(表 8-5)，孔隙度与喉道的数量、总长度和总体积呈明显的正相关性，说明喉道可作为其重要的储集空间。

表 8-5　纳米 CT 扫描结果一览表

来样编号	样品照片	TOC/%	孔隙率/%	喉道数量	喉道的平均长度/μm	喉道的平均半径/μm	喉道的总体积/μm^3	喉道的总长度/μm
HD1-B7		5.1	1.80	1084	11.46	0.76	57722.14	17946.14
HD1-B10		2.67	6.43	3177	15.17	1.12	2539474.00	188967.48

CT 扫描及后期处理发现(图 8-18～图 8-20)，HD1-B7 与 HD1-B10 两个样品均较致密，二者孔隙度相差较大，前者为 1.8%，后者为 6.43%，而二者发育的孔隙类型和孔径相似，HD1-B7 的孔径以小于 16μm 为主(图 8-18A)，HD1-B10 的孔径以小于 15μm 为主(图 8-18B)。三维空间上可见孔隙主要分布在有机质的内部和矿物周边，部分孔隙较分散，其中相对孤立分布的孔隙连通性很差，主要表现为近距离分布的孔隙相互连通的特征。而对于有机质较发育的 HD1-B10 样品，其在空间上表现出一定的连通性，虽然仍主要表现为近距离分布的孔隙相互连通的特征，但是由于分布密集，受后期压裂改造影响后很容易造成喉道相互连通的特征。且这两个样品的微孔及喉道均较发育，这很可能是由于二叠系大

隆组的有机碳含量相对较高，由此表明孔隙的空间分布主要依托于有机质的含量和分布，且有机质发育程度越高越有利于增强页岩气压裂开发效果。二叠系大隆组有机质发育具有较强的非均质性，造成其孔隙分布也具有非均质性。孔喉在空间分布上具有强的非均质性，三维空间表现为连通孔喉成片分布、孤立孔喉零散分布的特征，然而以孤立零散分布为主。孔喉半径变化范围较大，存在小于 1μm 小球状、短管状的孔喉，小球状微孔连通性较差，在三维空间呈孤立状，通常仅作为储集空间；短管状微孔兼具孔隙与喉道的双重功能，与周围的大的孔隙及球状微孔具有一定的连通性。HD1-B10 样品中短管状微孔较发育，造成其孔隙度较高的特征。

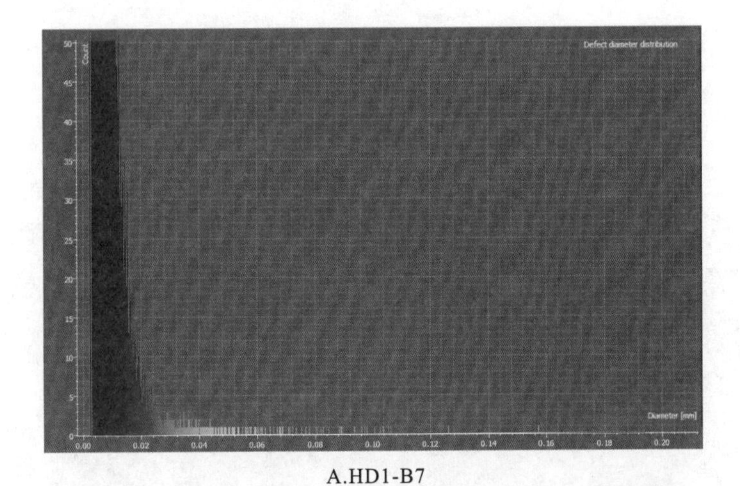

A.HD1-B7

B.HD1-B10

图 8-18　二叠系大隆组样品纳米 CT 扫描孔径直方图

A.CT模型图

B.模型原图

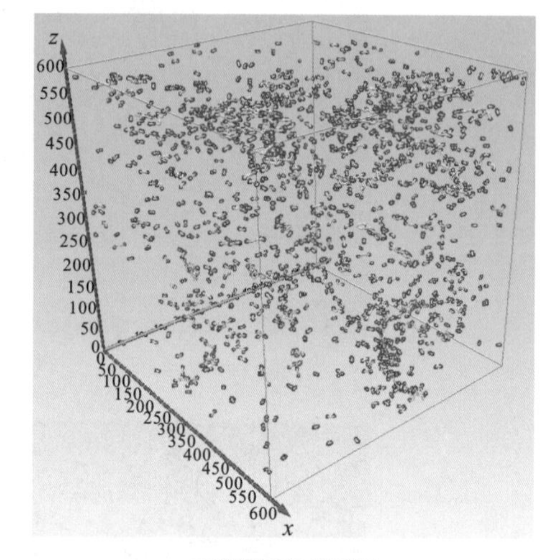

C.球棍网络模型图

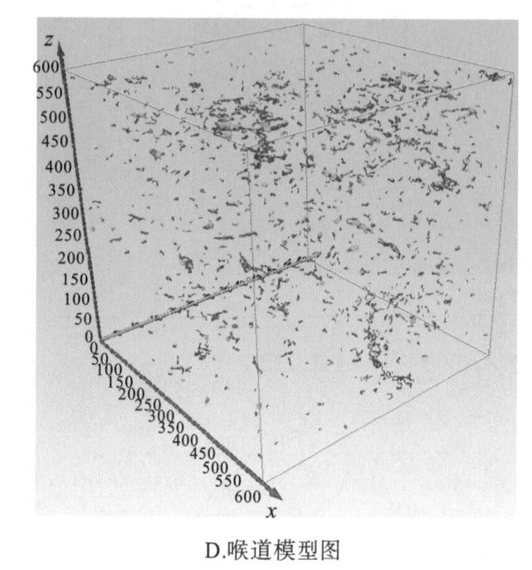

D.喉道模型图

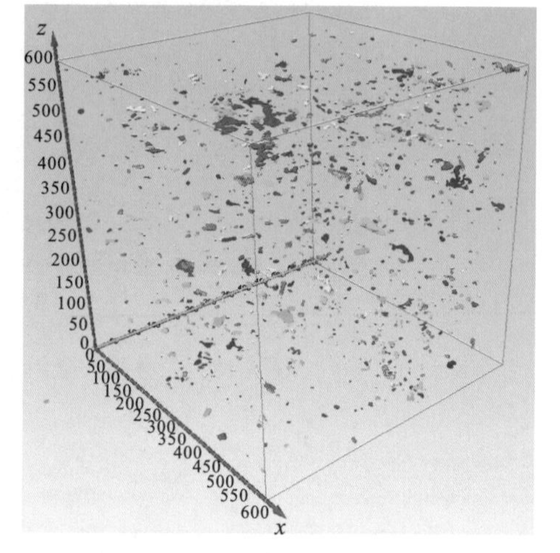

E.孔隙模型图

图 8-19 HD1-B7 CT 扫描及模型图

A.CT模型图

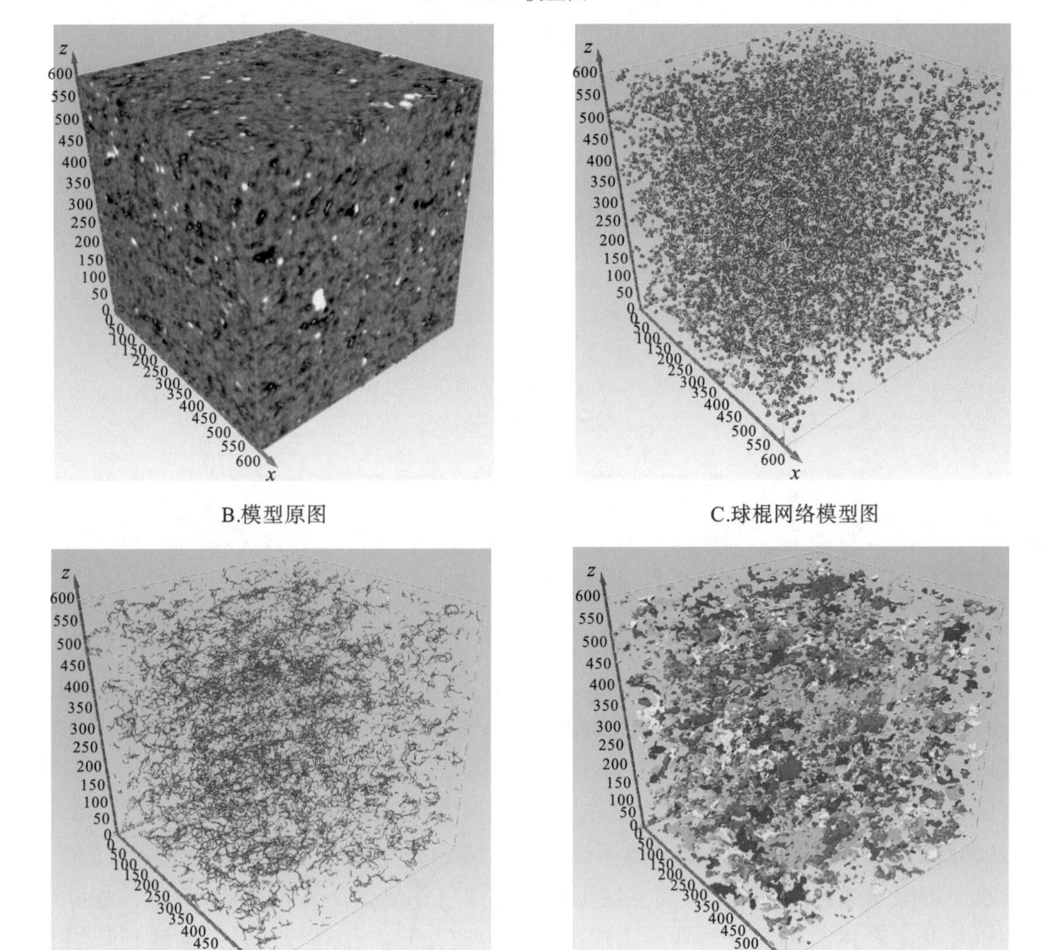

B.模型原图　　C.球棍网络模型图

D.喉道模型图　　E.孔隙模型图

图 8-20　HD1-B10 CT 扫描及模型图

8.4　储层发育控制因素

8.4.1　有机质

有机质对储层发育的影响首先表现在对页岩储集空间的控制作用方面。有机质本身的孔隙度和渗透率高于岩石基质，并能提供孔隙空间和渗流通道(Loucks et al.，2009，2012；邹才能等，2011a)。

有机质生烃演化过程中，在有机质颗粒内部会产生大量的有机孔。事实上，有机孔的发育受到有机质类型及热演化程度的影响，二者决定着可转化有机碳的含量和转化率。页岩样品孔隙度和渗透率相关性较差，这可能是由于孔隙之间连通性较差。

鹤地1井孔隙度与有机碳含量呈弱的正相关性(图8-21)，孔隙度在垂向上变化不大，有机质发育特征是影响其储集性的主要原因。

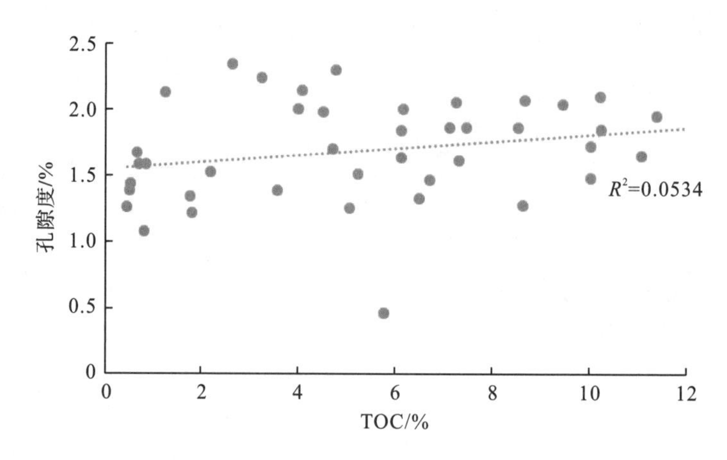

图8-21　大隆组TOC与物性参数分析

1. 有机质孔发育特征

有机质孔是指有机质颗粒内的孔隙，是页岩在埋藏成岩和有机质热演化过程中形成的孔隙，属于次生孔隙，是富有机质泥岩主要孔隙类型，一般原生孔隙发育。关于有机质孔的成因，当前主要存在两种观点：①干酪根生烃形成有机质孔，Jarvie等(2007)和Loucks等(2009)认为有机质孔主要是由固体干酪根转化成烃类流体而在干酪根内部形成的孔隙，在有机质埋藏和成熟阶段，有机质生烃形成液体或气体集聚，产生气泡，气体体积膨胀导致有机质孔的产生。②沥青质裂解阶段产生有机质孔隙。在对鄂尔多斯盆地延长组长7页岩孔隙进行演化研究时，利用成岩物理模拟试验样品进行扫描电镜观察，发现页岩有机质孔在温度超过380℃时开始出现；在325℃时有机质孔隙主要是有机质边缘收缩缝；450℃时开始出现有机质边缘和粒内孔；超过550℃时有机质孔隙明显增加。因此沥青中存在在裂解阶段产生的有机质孔隙是页岩有机质另外一种重要类型。

赵建华等(2016)通过对页岩岩石学特征的研究发现，有机质孔发育分为两类：其一为原生沉积有机质，其主要特点为有机质与无机矿物之间边界清晰，同时与周围没有自生矿物；其二为迁移有机质，其形成时间较晚，以沥青或石油的形式由干酪根运移至已存孔隙中，这类与矿物相关的孔隙通常在迁移有机质注入前含有自生矿物，因此这些自生矿物通常围绕着矿物周缘生长。有机质周缘发育自生矿物是迁移有机质的主要特征，另外，矿物的粒内孔隙和生物腔体中充填的有机质均为迁移有机质，沉积有机质很少会进入到这类孔隙中。

在前人对有机质孔隙发育类型分类的基础上，结合研究区扫描电镜观察，对鄂西南地区晚二叠世大隆组有机质孔隙发育场所进行了研究，认为有机质孔发育载体主要分为两大类：①干酪根；②沥青质体。

(1)干酪根有机质孔。干酪根是沉积有机质的主要类型，有机质成岩热解过程中可以形成有机质孔。这种类型的有机质孔通常受到干酪根内部结构的影响。图 8-22 为大隆组干酪根有机质孔，由图中可以看出，大隆组沉积干酪根有机质孔隙发育较差，孔隙表面形态多呈圆形、椭圆形，相对形状较为规则，孔隙之间连通性较差，这与曹涛涛等(2015)对扬子地区不同类型页岩有机质孔隙发育特征的研究结果较为一致。

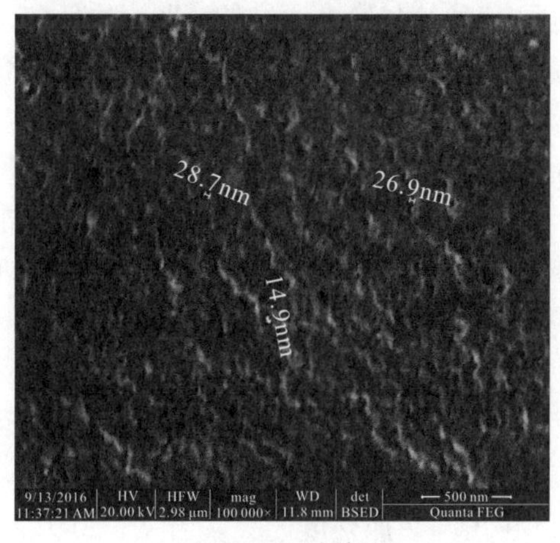

A.ESHP-B7(大隆组)

B.JBP-B11(大隆组)

图 8-22　鄂西南地区大隆组沉积有机质孔发育特征

(2)沥青质体有机质孔。迁移至干酪根外部的沥青或石油经历二次裂解可形成有机质孔，并形成固体沥青和焦沥青。由于大隆组页岩样品均经历了生干气阶段，因此页岩中迁移有机质均发育有纳米级沥青有机质孔。图 8-23 为大隆组扫描电镜下的沥青质体，由图可以看出沥青质体相互堆积，形成孔隙。迁移有机质孔中充填有相互连通的矿物孔隙，因此，迁移沥青质孔相互之间连通性比沉积有机质孔好。通过以上分析可以看出，迁移沥青质体次生有机质孔是鄂西南地区大隆组有机质孔发育的重要类型。

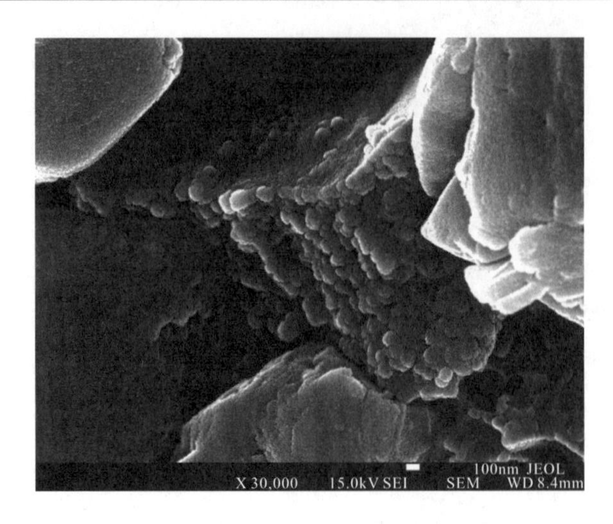

图 8-23 大隆组迁移(沥青质)有机质孔发育特征(SHP-B1)

2. 有机质孔发育控制因素浅析

1)TOC 含量

有机碳含量对有机质孔隙发育有一定的影响。田华等(2012)通过统计四川盆地和渤海湾盆地泥岩样品(TOC 为 0.38%～21.2%)发现，随着有机质含量的增加，页岩微孔、介孔孔容有逐步增加的趋势，大孔则没有明显变化。这表明有机质主要影响微孔和介孔的孔容，与大孔相关性较差。很多研究已证实 TOC 与有机质孔体积具有较好的相关性，与四川盆地奥陶系五峰组-龙马溪组研究结论相似，本研究中大隆组 TOC 与孔容均具有一定的正相关性，因此 TOC 不是有机质孔发育的控制因素，而是总孔隙度的控制因素。此次研究选择将大隆组与研究相对较广泛、成熟的奥陶系五峰组-龙马溪组对比进行分析。

2)成熟度

当前，普遍认为随着有机质成熟度增高，页岩中有更多的有机质转化为烃类，从而增加了有机质孔隙数量。Curtis 等(2012)通过对伍德福德(Woodford)盆地 8 个不同成熟度页岩样品进行孔隙度测试发现，有机质孔隙大小和密度与热成熟度无关，当 R_o<0.9%时样品有机质孔不发育，当 R_o达到 3.6%时，有机质孔发育达到高峰，当 R_o超过 3.6%时，孔隙度随着 R_o的增加而减少。减少原因可能与有机质高热演化有关，也可能与残余有机质受到更强大的压实作用有关。鄂西南地区大隆组和五峰组-龙马溪组页岩样品热成熟度测试表明，R_o大多为 1.3%～3.6%，表明主要为生干气阶段。由于五峰-龙马溪组 R_o比大隆组略大，因此，热成熟度可能是有机质孔发育的影响因素之一。

3)有机质显微组分类型

Jarvie 等(2007)通过实验发现Ⅰ型、Ⅱ型干酪根比Ⅲ型干酪根更容易形成有机质孔隙。从当前国内页岩气最具勘探前景的扬子盆地来看，四川盆地页岩储层烃源岩有机质类型主要为Ⅰ型、Ⅱ型，美国五大页岩气盆地的干酪根类型也主要是Ⅱ型，都为偏生油型干酪根或生油型干酪根，有机显微组分主要是腐泥组。鄂西南地区大隆组显微组分分析结果表明，大隆组显微组分以Ⅱ型为主，而五峰组-龙马溪组有机质类型以Ⅰ型为主，由于Ⅰ型干酪根比Ⅱ型干酪根更容易产生有机质孔，因此显微组分差异可能是有机质孔隙发育不同的主要原因之一。

4)基质沥青发育

页岩孔隙度随基质沥青含量的增加呈现明显的指数性下降趋势，说明基质沥青可能充填占据了部分孔隙空间，从而显著降低了页岩孔隙度。Mastalerz 等(2013)研究了新奥尔巴尼(New Albany)不同成熟度页岩(R_o为 0.35%～1.41%)，发现在成熟阶段后期页岩的总孔隙度和孔体积呈现出明显降低的现象，主要原因是生油期间富脂肪烃和富氧的沥青生成之后被压入到基质孔隙和微裂缝中及充填在有机孔中，表现出微孔和中孔的体积在生油窗范围内最低；在生油期之后，有机质开始芳构化脱甲基、脱氧，微孔和中孔的体积又开始增加，一直增加到 R_o为 0.35%左右。因而，生油型干酪根在早期生烃过程中产生的富脂肪基质沥青会导致有机孔、晶间孔及微裂缝被充填，孔隙度下降到低值；相反，生气型干酪根只能生成相对少量的基质沥青，对页岩孔隙度的影响较小。而一旦进入成熟后期，基质沥青裂解会释放出大量被占据的有机孔从而增加有机孔体积，这也从侧面证实了Ⅰ型和Ⅱ型干酪根在高过成熟阶段具有更丰富的有机孔。鄂西南地区大隆组和五峰组-龙马溪组页岩热成熟度均主要为 1.3%～3.6%，由于五峰组-龙马溪组成熟度相对于大隆组更高一些，因此，五峰组-龙马溪组产生的次生基质沥青有机质孔相对较多。而大隆组基质沥青的含量却更高，具有一定量的沥青质体与黏土矿物、硅质共生的类型，对原生孔隙的保存具有不利影响。

5)其他影响因素

研究区二叠系大隆组有机碳含量较高，主要大于 4.0%，底部多为 10%以上，若按 35%的转化率计算，其原始含量应主要为 5%～15%，其原始体积百分数为 10%～30%。大隆组有机质主要呈条带状、块状分布于粒间孔中或与沉积物呈层状分布，有机物质作为相对质软的成分，在成岩过程中受持续压实作用的影响较强，同时受大隆组相对较高成熟的热演化程度影响，以及其达到最高热演化程度后地层抬升，断裂作用发育。因此，推测大隆组含气地层封闭性可能遭到破坏，地层压力释放，有机质生烃孔可能发生缩小与闭合，最终造成其有机质孔较小。

总的来看，研究区大隆组可能在生油过程中产生的迁移有机质较多，造成其原生孔隙的大量减少，且以Ⅱ型干酪根为主，热演化程度相对下古生界地层较低，生油、生气过程与燕山期强烈的构造作用相伴生，造成其生烃系统封闭性较差，天然气逸散严重，地层压力释放，有机质孔闭合，物性变差，含气性较低。另外，相对下古生界地层，大隆组热演化程度较快，由于早三叠世-中侏罗世均处于生油阶段，仅在晚侏罗世-早白垩世进入生气阶段，则其形成的固态、液态迁移有机质较多，而其生气转化率则较低，最终造成其原生孔隙的大量减少和较少的沥青生烃孔，导致其有机质孔较少。

8.4.2 矿物

矿物含量与页岩物性相关性图分析表明，石英矿物含量与页岩孔隙度有较好的正相关性(图 8-24A)。石英是脆性矿物，容易形成粒间孔并保存下来，所以石英的存在提供了较大的孔隙体积，但是石英含量与渗透率相关性较差(图 8-24B)，这可能是因为石英形成的粒间孔或粒内孔相互之间连通性较差；黏土矿物含量与孔隙度呈负相关(图 8-24C)，因为黏土矿物在沉积成岩作用下原生孔隙消失，同时由于可塑性较强，容易堵塞其他孔隙，但与渗透率有弱正相关性(图 8-24D)，黏土矿物发育层间微孔隙，可提供一定量的渗流通道。其他主要矿物如碳酸盐岩和长石等与孔渗关系不大，但较高含量的碳酸盐岩不利于渗透率发育(图 8-24E～H)。鹤地 1 井中碳酸盐矿物含量较高，尤其是顶部碳质泥质碳酸盐段的碳酸盐矿物含量较高，其孔隙度相对较小，因此较高的碳酸盐岩含量可能是鹤地 1 井物性较差的原因之一。

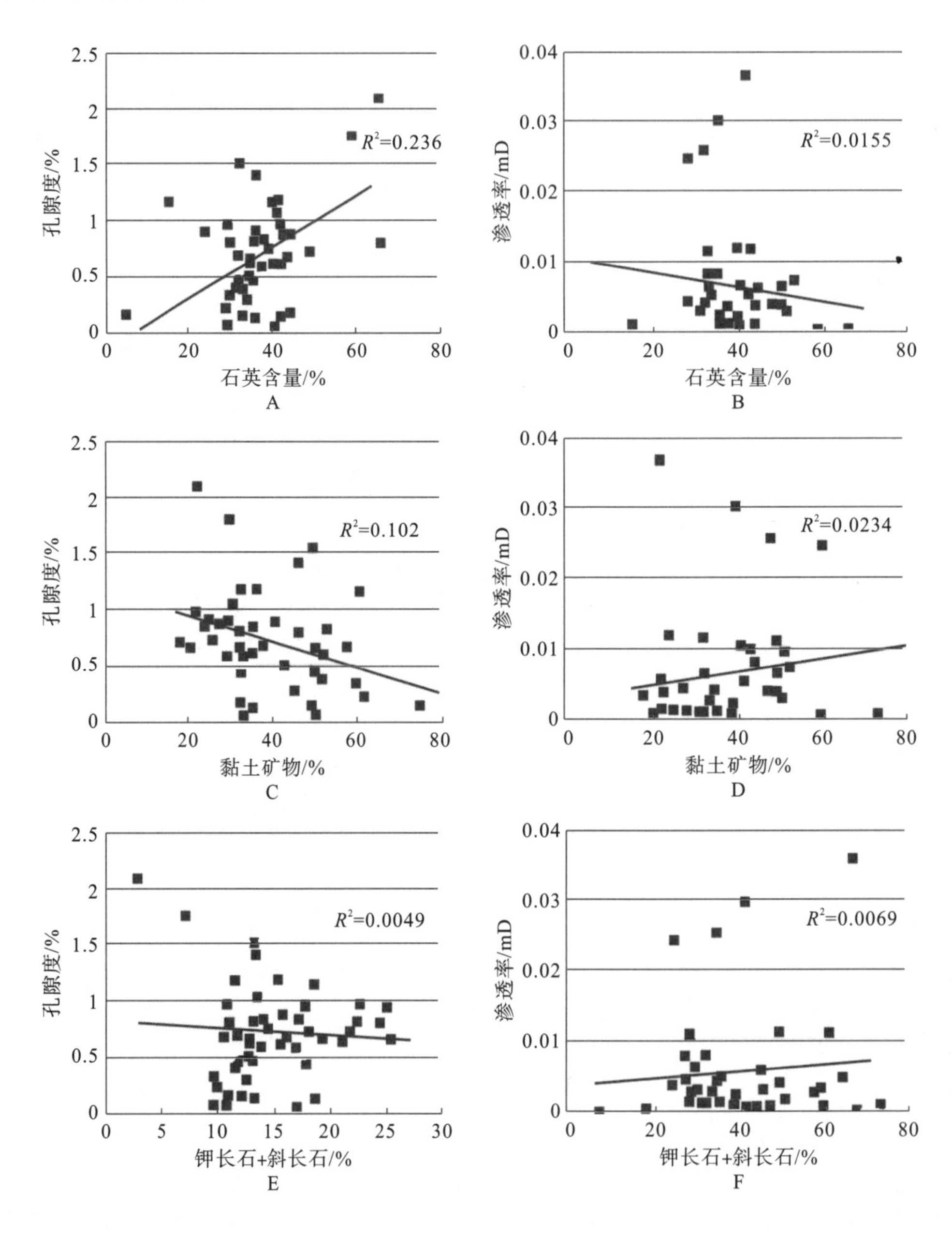

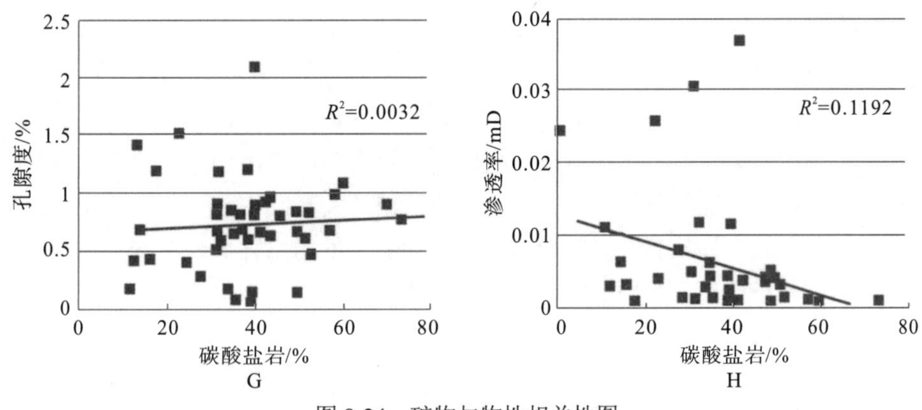

图 8-24　矿物与物性相关性图

8.4.3　构造作用与裂缝

构造作用对储层物性的影响具有双重作用。一方面构造成因裂缝是沉积盆地低孔低渗泥页岩储集层的主要裂缝类型，为页岩气赋存运移提供了储存空间和运移通道；同时，构造沉降会使得页岩压实作用增强，降低孔隙率，同时侧向挤压和剪切作用会导致孔隙压缩变形，塑性矿物被挤压进孔隙中，降低储集层物性。鹤地 1 井靠近向斜核部，具有较大的挤压力，在强大应力作用下孔隙物性降低。

8.5　成岩作用对储集物性的影响

8.5.1　无机成岩对页岩气储层的影响

同四川盆地奥陶系五峰组-志留系龙马溪组相似（王秀平等，2015），成岩作用对页岩气储集物性产生了控制性的影响。鄂西南地区二叠系大隆组黑色岩系主要为以硅质和泥质为主的细粒沉积岩，沉积过程中产生一定量的生物硅质造成其具有一定的抗压实能力，而上覆地层三叠系沉积速率较快，且沉积厚度较大，因此强烈的压实作用仍是导致原生孔隙大量丧失、储层低孔超低渗的主要原因，加上早期大量黄铁矿和少量碳酸盐矿物的胶结作用的发育使得原生孔隙进一步减少。二叠系大隆组虽黏土矿物含量比五峰组-龙马溪组少，但其黏土转化作用较彻底，黏土矿物的转化产生的硅质、黏土矿物胶结物的发育，一方面填充孔隙、堵塞孔喉，另一方面发育一定量的晶间孔和层间微孔，对页岩气储集物性具有一定的改善；受早期机械压实作用、胶结作用的影响，以及生烃过程的抑制和成岩过程中盐碱水介质控制作用，后期溶蚀作用发育有限，仅在长石、碳酸盐矿物的内部发育微米级的溶孔，且钠长石多发育后生胶结类型，因此其溶蚀孔隙对储层贡献不大，且连通性很差，产生的次生孔隙对储层物性仅有部分改善。成岩后期发生的硅质和碳酸盐矿物的胶结作用，不仅造成了粒间孔和有机质生烃孔的减少，同时堵塞喉道，造成页岩气储层孔隙度的进一步降低。

页岩的脆性对于微裂缝的形成和后期水力压裂具有重要的影响，脆性矿物含量对孔隙的形成有积极意义。页岩的脆性与石英和碳酸盐的含量相关，碳酸盐和硅质是页岩裂缝发育的物质基础，在相同的应力下，碳酸盐矿物和硅质含量高的页岩，因其脆性强易产生破裂形成裂缝(龙鹏宇等，2012)。硅质等脆性矿物含量向下呈略微增加的趋势，受大量成岩次生硅质的影响，硅质与残余有机碳含量呈弱的正相关关系，相关系数为0.26。由此可见，发生在成岩作用早期的压实作用、胶结作用造成泥页岩的力学性质逐渐向脆性转变，对页岩气储层具有积极的影响。而后期溶蚀作用对储集性贡献很有限，总体造成二叠系大隆组在成岩过程中孔隙逐渐减少的特征。

总的来说，无机成岩作用主要是造成研究区大隆组黑色岩系表现为低孔超低渗储集性的决定性因素。压实作用、胶结作用造成原生孔隙的大量丧失；溶蚀作用、黏土矿物的转化产生部分溶蚀孔、层间微孔隙，对页岩气储层改善不明显，主要发生于早成岩 B 期—中成岩 A 期；无机成岩作用造成泥页岩向脆性转变，有利于后期微裂缝的形成和开采过程中的水力压裂效果，对页岩气储层产生有利的影响。

8.5.2　有机成岩对页岩气储层的影响

鄂西南地区二叠系大隆组有机质含量较高，仅以现今剩余有机碳含量的平均值5.83%来计算，其在生烃演化过程中，假设消耗了35%的有机碳，可使页岩孔隙度增加4.08%。同奥陶系五峰组-志留系龙马溪组一样，高-过成熟度页岩气的形成与储集空间的演化具有良好的匹配特性。研究区二叠系大隆组发育大量的硅质放射虫，其中大部分放射虫内部均有硅质充填残余并被有机质充填，此类型的有机质在生烃过程中产生的有机质生烃孔受硅质包裹的抗压性保护，其生烃孔几乎可全部被保存下来，而粒间孔中充填的有机质，受自生硅质的充填和进一步压实作用，造成部分丧失，但其储集空间总体仍以有机质生烃孔为主。王飞宇(2013)通过大量样品分析后发现：页岩有机质孔隙度并非随有机质成熟度升高而单调增加，页岩有机质孔隙度在生气阶段(R_o值为1.3%～2.0%)总体上随有机质成熟度升高而增加，但当R_o值大于2.0%以后，有机质孔隙度总体上随深度增加而降低，这很可能就是鄂西南地区二叠系大隆组具有高的有机碳含量，而其物性仍较差的原因之一。结合有机质演化对储集空间的影响，有机质生烃孔主要形成于中成岩-晚成岩阶段的有机质成熟→高成熟→过成熟的生烃演化过程中。

8.5.3　页岩气储层孔隙演化过程

结合成岩演化特征和储集空间的发育特征，总体来看，受压实作用的影响，至早成岩阶段，原生孔隙大量丧失，储层致密；黏土矿物在早成岩B期开始转化，并脱去层间水，形成黏土矿物次生层间微孔隙，与此同时，有机质逐渐成熟，开始产生羧酸阴离子，向孔隙水中输入酸性离子，而碳酸盐矿物和硅质开始胶结，造成其原生孔隙进一步降低；中成岩 A 期，碳酸盐矿物和硅质持续胶结，粒间孔进一步减少，同时黏土矿物发生大量的转化，受温度的影响，有机质达到成熟，有机质发生热降解，大量转化为石油和湿气，并生成大量有机酸，形成弱酸性的成岩环境，长石和碳酸盐矿物发生部分溶蚀作用。以上两个成岩阶段与成岩演化的弱溶蚀-胶结阶段和弱溶蚀、胶结阶段相对应，后者是形成黏土矿物层间微裂缝、有机质生烃孔的主要时期，同时产生一定的溶蚀微孔和生烃压力缝，而碳酸盐矿物和硅质的胶结作用不可忽视，因此增加的储集空间较少。在黏土矿物转化过程中产生一定量的硅质胶结物，同时沉积过程中形成的生物硅质在此阶段逐渐重结晶，使得泥页岩的脆性增加，在后期成岩、地层抬升过程中，受成岩作用和破裂作用的影响，容易产生微裂缝。硅质和碳酸盐矿物的产生虽增加了泥页岩的脆性，并为酸性溶蚀提供易溶物质，然而总体表现为堵塞泥页岩的粒间孔和后期溶蚀微孔，使得基质孔隙度降低。鄂西南地区二叠系大隆组储集空间以有机质生烃孔、粒间残余孔、黄铁矿晶间孔和微裂缝为主。且以微孔和中孔为主。由上可推测，缺氧还原的沉积环境形成的生物硅质和大量的有机质，与正常稳定的地层埋藏演化作用，使得有机质生烃作用的强烈进行是页岩气储层发育的主要原因，而研究区硅质和碳酸盐矿物的胶结作用的影响，造成原生粒间孔、晶间孔和有机质生烃孔大量减少，以及有机质生烃演化过程中可能产生的迁移有机质的堵塞和生气率降低，是造成鄂西南地区二叠系大隆组在如此高有机碳含量的前提下储集空间相对较小的主要原因。

研究区二叠系大隆组黑色岩系孔隙的演化也可分为两个阶段：早期原生孔隙大量、快速丧失阶段和中晚期次生微孔隙、微裂缝形成阶段。这两个阶段分别对应于同生-早成岩的①、②与中成岩及以后的③、④成岩演化阶段。根据成岩演化特征，至早成岩 B 期，受压实作用、胶结作用的影响，原生孔隙几乎消失殆尽，且溶蚀作用与黏土矿物的转化较弱，储层孔隙度达到最低；随着有机质逐渐成熟和蒙脱石开始向伊利石发生转化，进入中成岩 A 期后，有机质生烃孔逐渐增多，同时黏土矿物层间微孔隙和弱溶蚀作用产生了一定的溶蚀微孔及在高温、高压作用下产生了一定的成岩裂缝，造成孔隙度少量增加，而同期的硅质和碳酸盐胶结物大量生成，使得其次生孔孔隙很难保存下来；后期地层抬升过程中，受构造作用的影响，产生一定的构造微裂缝，也使得页岩气储层物性具有一定的改善，最终表现为现今超低孔、超低渗的特征。鄂西南地区二叠系大隆组受压实作用的影响，其原生孔隙大量减少，这是导致其低孔超低渗储集性的决定性因素；强烈的胶结作用是造成其储集空间和渗透性降低的另一不利因素；而较高的有机质含量，高成熟的热演化过程，会产生大量的有机质生烃孔，且现在多表现为开放式的孔隙，由此推测，研究区二叠系大隆组应具有较好的页岩气储集空间，可在扫描电镜与数字岩心上明显观察到。

孔隙度是由孔隙的大小决定的，而微孔对孔隙度的贡献最小，孔隙演化特征是随着孔隙度的降低，微孔含量增加而中孔和大孔含量减少(Curtis et al., 2012；Chalmers et al., 2012)。由此可见，鄂西南地区二叠系大隆组孔隙度较低的主要原因是其孔隙类型以微孔和中孔为主，宏孔较少，但其吸附性较好。根据鄂西南地区奥陶系五峰组-志留系龙马溪组与二叠系大隆组暗色岩系储集性的发育特征，其 TOC 值应分别大于 1.0%与大于 2.0%时才利于储集空间的发育，并作为其页岩气选区评价的参数之一。

第九章　页岩气保存条件

页岩气虽然具有自身封闭成藏的特征，即有机质生成的天然气依靠自身的毛细管力、固体表面吸附力进行封闭成藏，但是页岩气的甲烷分子半径小、活动性强，页岩气在漫长的地质时期需要一定的保存条件才能形成具有工业价值的页岩气藏(郭秀英等，2015)。根据地质研究，焦石坝地区五峰组-龙马溪组一段页岩气层段页岩厚度、矿物成分和有机碳含量等原始因素平面展布稳定，不是造成含气性差异的主要原因，该区平面含气性的差异主要取决于保存条件(孙健和罗兵，2016)。本书对于鄂西南地区二叠系大隆组页岩气保存条件的研究，主要依据“鄂西地区页岩气勘查与有利勘探目标优选”(2015)与“湖北鹤峰页岩气勘查区块地质调查”(2015)成果报告的相关内容。

四川盆地钻探结果表明，构造活动相对微弱、构造相对较平缓、通天断裂不发育、顶底板条件优越的地区，即是良好油气保存条件、较高压力系数的地区；而在具有相似泥页岩发育但保存条件相对较差、地层压力系数较低的地区，所钻页岩气井(如河页 1、渝页 1 井等)的产气量通常不高(表 9-1)。以上现象和规律给出一点重要的启示，即良好保存条件是页岩气高产的关键因素之一。

表 9-1　四川盆地下组合页岩气探井钻探成果表

井号	地质条件		含气性		保存条件						
	厚度/m	TOC/%	含气量/(m^3/t)	产气量/($10^4m^3/d$)	构造样式	大断裂	开孔层位	埋深/m	压力系数	气组分	评价
阳 201-H2				43	盆内隔挡式背斜	不发育	J	3500	2.2	CH_4	好
焦页 1HF	89	2.54	1.97	20.3	盆内隔挡式背斜	不发育	T_1j	2415	1.45	CH_4	好
宁 201-H1	101	2.8	1.5～2.1	14～15	盆内隔挡式向斜	不发育	T_1j	2485	2	CH_4	好
威 201-H1	50	3.2	2.6	1.99	盆内隔挡式背斜	不发育	T_1	1542	1	CH_4	好
彭页 1HF	103	1.91	0.45～2.46	1.475	盆缘槽挡式向斜	不发育	T_1j	2160	0.9～1	CH_4	好
昭 104				1～2	盆内隔挡式背斜	不发育	T	2070		CH_4	好
河页 1	30	1.52～5.68	0.86		盆外隔槽式向斜	发育	P_2	2167			差
黔页 1				0.48～0.84	盆缘槽挡式向斜	发育	P_1	800			差
YQ1	52	2.12～3.14	0.429		盆缘槽挡式向斜	发育	S_1l	230			差
渝页 1	115	3.2	0.1		盆缘槽挡式向斜	发育	S_1l	320		N_2、CO_2	差

区域保存条件主要受抬升剥蚀程度、褶皱强烈程度和断裂发育程度等因素的影响。通过区域地质资料分析，湘鄂西南地区保存条件复杂，主要为构造破坏残存型保存单元（图 9-1）。构造破坏残存型保存单元抬升剥蚀大、褶皱强烈、断裂较发育，保存条件整体较差，但在局部构造活动、变形较弱的地区，也具备一定的保存条件。

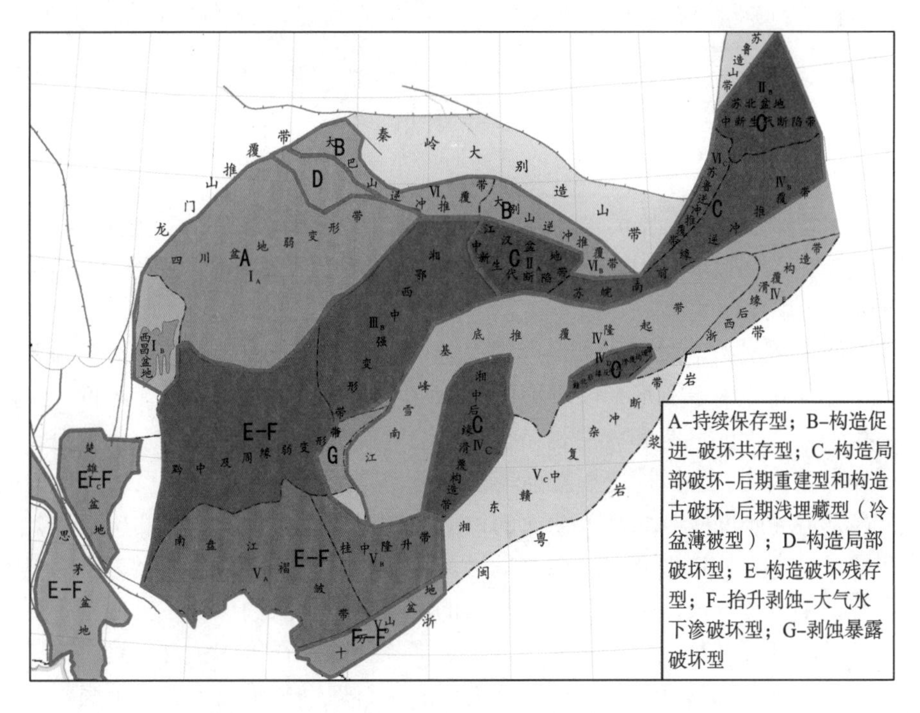

图 9-1　中国南方海相层系油气保存单元类型分布图

鄂西下古生界页岩发生了多期强烈的构造变形，隆升剥蚀强烈，断裂极其发育，致使游离气散失，吸附气被置换，保存条件成为下古生界页岩气富集的主控因素之一。中新生代以来，特别是燕山晚期—喜马拉雅期的构造作用使得鄂西南地区发生差异构造变形，影响到了研究区现今的构造格局和不同的变形特征及相应的构造样式，对页岩气保存的影响最大，进而造成相异的页岩气保存条件。

国内外关于页岩气藏保存条件的研究越来越多，页岩气保存条件研究主要类比常规油气。页岩气与常规油气相比，两者既具有共性，又具有一定的差异性。页岩气藏独特的地质特征主要表现在以下几个方面：①页岩气藏为典型的自生、自储、自盖型天然气藏；②页岩气藏储层具有典型的低孔、低渗物性特征；③气体赋存状态多样，页岩气主要由吸附气和游离气组成；④页岩气成藏不需要在构造的高部位，为连续型富集气藏；⑤与常规油气藏相比，页岩气藏较易保存。因此，页岩气保存条件研究与常规油气保存研究既有共同点，又有其特殊性。马永生等（2006 a）采用含油气沉积盆地流体历史分析（Eadington et al.，1991；楼章华，1998）新方法，从动态和演化的角度，在分析油气保存条件评价主要参数的基础上，通过研究油气保存条件的破坏因素及其评价方法，总结出一套针对南方海相地层油气成藏、保存条件研究的理论与方法，形成一套适合多旋回叠合盆地油气保存条件综合评价的技术体系。郭彤楼等(2003)、万红和孙卫(2002)、罗啸泉等(2010)认为影响天然气保存与破坏的三大主要因素为盖层的封闭性(盖层宏观特性、微观特性)、构造(构造变形、断层的封堵性、抬升与剥蚀)和水文地质(地层水成因、矿化度、变质系数等)的演化规律。其埋藏深度、顶底板条件、构造运动的早晚、强度以及所造成的构造变形程度、剥蚀强度、断层的发育及封闭程度、地层水条件等是综合评价页岩气保存条件的重要因素。

9.1 保存条件参数

保存条件是鄂西南古生界页岩气富集主控因素之一，而构造是引发差异保存条件的关键。以构造为先导，强调差异构造作用是致使保存条件复杂化的根本原因，这是进行页岩气保存条件评价思路的关键。

为了更好地体现构造对页岩气保存的关键控制作用，以构造为先导，在构造形变区的基础上，基于差异构造变形，以对不同区块(构造带)的保存条件进行评价。我们关于页岩气保存条件评价的思路和方法是：整体构造框架下的宏观保存体系及微观保存条件控制的有效保存区块。整体构造框架强调构造运动是影响保存条件和页岩气散失的根本原因，保存条件的研究应首先从各期次的构造运动对保存条件所产生的影响开始。宏观保存体系是指受宏观构造地质背景控制的区域盖层、断裂系统和构造形态所组成的立体封闭体系。基于页岩气成藏的特殊性，不同的含气构造样式的保存主控因素不尽相同，因此对每种样式进行某种主控因素的重点评价能抓住保存评价的关键。其次从构造变动的表现形式来探讨宏观保存条件：在区域盖层岩性、厚度和平面分布，顶底板岩性、物性、厚度、成岩演化等方面进行盖层综合封闭能力评价；对各个构造分区的断裂规模、断裂性质、断裂与裂缝密度进行评价；上覆层厚度和中新生代以来抬升剥蚀幅度的研究。进而在宏观保存体系下根据微观直接标志，包括地层压力系数、水化学场和地质流体，进一步划分出具有有效封闭保存条件的区块。封闭保存条件的有效性是形成和保持工业性页岩气聚集的重要条件。保存条件评价方法与标准(图 9-2)参照南方海相油气保存条件综合评价指标体系(楼章华和朱蓉，2006)。在此基础上，充分考虑页岩气与常规天然气保存条件的差异，还应对页岩埋深、页岩气层顶板发育情况和上覆地层特别是盖层岩石破裂程度即裂缝发育程度进行评价。

因素	评价参数	评价指标标准体系			
		好（Ⅰ）	较好（Ⅱ）	一般（Ⅲ）	差（Ⅳ~Ⅴ）
区域盖层	封闭性	Ⅰ	Ⅱ	Ⅲ	Ⅳ
	厚度/m	>300	300~150	150~50	<50
	埋深/m	>800	>800	500~800	<500
	均质程度	均质	均质	较均质	不均质
	分布情况	大面积连片	较大面积连片	较大面积连片	小面积零星分布
构造作用强度	油源断裂作用	中等-弱发育	中等发育		
	距通天断裂/km	>10	5~10	5~2	<2
	剥蚀作用/m	500~1500	1500~2000	2000~4000	>4000
	距目的层露头/km	>15	10~15	5~10	<5
出露地层	上组合	$K \sim T_3$	$T_2 \sim T_1$	P	C
	下组合	$K \sim T_1$	P~C	S	O
岩浆活动	成藏前	无~弱	无~弱	弱~中等	中等~强
	成藏后	无或距离远	无或距离较远	弱~中等	中等~强
水文地质与地球化学	地层水成因	沉积埋藏水	短暂受大气水下渗影响	较长期受大气水下渗影响	长期受大气水下渗影响
	矿化度/(g/L)	>40	30~40	20~30	<20
	变质系数	<0.87	0.87~0.95	0.95~1.0	>1.0
	脱硫系数	<8.5	8.5~15	15~30	>30
	盐化系数	>20	1~20	0.2~1	<20
	苏林水型	$CaCl_2$为主，$MgCl_2$次之，偶见$NaHCO_3$，Na_2SO_4		以$CaCl_2$为主常见Na_2SO_4	$NaHCO_3$ Na_2SO_4
	水文地质分带	交替停滞带		交替阻滞带	自由交替带
	水动力	深积承压水动力系统	受渗入水影响的沉积承压水动力系统		渗入水水动力系统
	泉/℃	季节性低温泉		25~35	>35

图 9-2　南方海相油气保存条件综合评价指标体系（楼章华和朱蓉，2006）

9.2　宏观保存条件评价

9.2.1　盖层评价

页岩气藏集生、储、盖“三位一体”，从理论上而言页岩层本身就构成了一个相对封闭的保存系统，并且由于页岩气吸附机理的存在，即使受到一定强度地质作用的影响和破坏，也能保留一定量的天然气。但是，对于构造运动期次多、强度大、变形复杂的南方地区来说，页岩气的盖层条件研究不容忽视。

盖层可分直接盖层和区域盖层，前者对于页岩气来说，即顶底板。后者为位于页岩层系上方对页岩气藏起整体封盖的区域性封闭岩系。除了直接盖层顶底板，区域盖层大范围连续稳定的分布对于阻止油气大规模向上运移、促使油气聚集成大型油气田具有重要的意义。所以，顶底板同时还需与区域盖层空间三维立体配置，在统一封存条件下发挥最大效用。其主要岩性为泥页岩、泥灰岩和膏盐岩等，其中膏盐岩由于具有较高的突破压力，抗裂缝破坏的自我愈合能力较强，且所需的厚度比其他岩性小很多，这些特性使之成为天然气最有效的封盖层。

鄂西南地区的区域盖层主要为上志留统和中、上三叠统及下侏罗统泥岩盖层泥质岩，盖层纵向上主要发育于下侏罗统凉高山组、自流井组、上三叠统香溪群及中三叠统巴东组；平面上主要分布于石柱复向斜内，在其余构造单元内则因剥蚀而缺失。下侏罗统及上三叠统属陆相沉积组合，岩性变化大，层位不稳定，厚度变化也大。通过对建南、新场、盐井及卷店构造共 8 口井纯泥岩厚度的统计，石柱复向斜泥岩盖层厚度一般在 100～300 m，南部可达 400m。巴东组属海相沉积组合，泥岩主要发育于上部巴三段，厚度变化不大，一般在 100m 左右。该套盖层实测突破压力为 4.13～6.66 MPa，非均质性较强，仅具有中等遮挡能力。

下三叠统嘉陵江组膏盐岩盖层：该套盖层纵向上主要分布于嘉四段、嘉五段和嘉二段；平面上主要分布于石柱复向斜内，利川复向斜和复背斜带则大多暴露或剥蚀。石柱复向斜内厚度一般为 175 m，南部较北部略厚。虽经实验测试地表样品的突破压力仅为 0.11～0.12 MPa，优势孔隙以大孔为主，但因膏盐岩具有很强的可塑性，对裂缝有很强的愈合能力，并随埋深增加，孔隙度和渗透率急剧下降，加上纵向厚度大、横向连续性好，因此是本区最好、最重要的盖层，勘探实践也证实了这一点。

鄂西南地区与二叠系页岩气有关的盖层主要是上二叠统-下三叠统盖层，对二叠系油气成藏具有重要的控制作用。上覆地层中三叠系地层即是区域盖层，也是大隆组顶板盖层，在上覆区域性盖层发育不完善的状况下，对于大隆组来说，即缺失了顶板覆盖，油气地质意义相对变弱。

上二叠统-下三叠统地层中起盖层作用的主要为泥岩和泥灰岩，主要分布于湘鄂西部分地区，鹤峰区块仅西北部陈家湾向斜和中部鹤峰向斜有分布，主要发育上二叠统大隆组泥页岩和下三叠统大冶组下部泥灰岩，该套盖层对下伏页岩层系保持稳定的温度和压力场具有重要作用。

大隆组盖层为大冶组薄-中层泥晶灰岩夹页岩，厚度达 800～1000m，其中大冶组一段和三段常发育顺层滑动褶皱，因而其封盖性能一般；下伏地层为二叠系下窑组泥质瘤状灰岩、生物屑灰岩、微晶灰岩，以及龙潭组-孤峰组碳质泥页岩夹薄煤层、硅质岩，厚度 400～500m，封堵性能较差(图 9-3)。

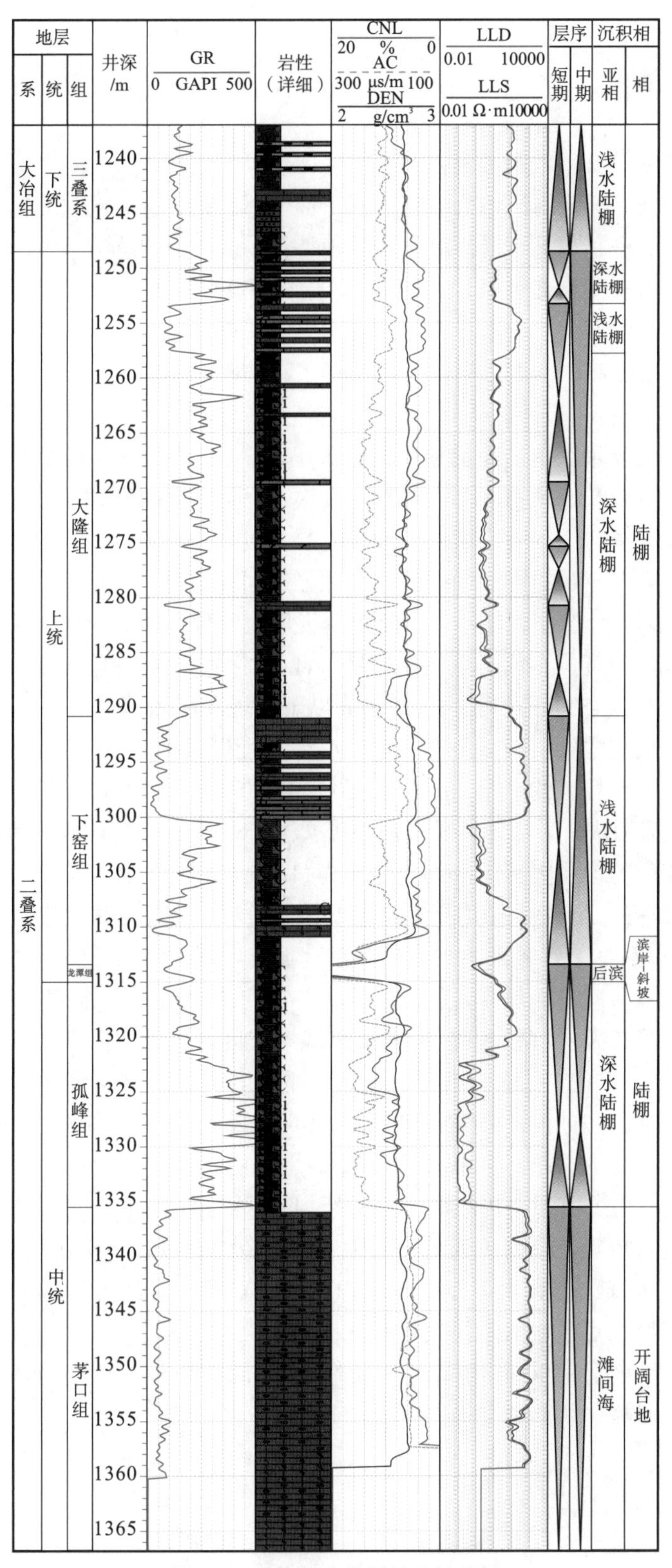

图 9-3　鹤地 1 井地层综合柱状图

9.2.2 埋藏深度

埋深是页岩气可开采的重要经济指标，是评价页岩气“甜点”区的重要组成部分，页岩气目的层埋深浅，开采的经济价值就高。在整个鄂西南地区，通过收集钻井及野外露头点的资料进行对比分析研究，结合地化及沉积特征，系统归纳总结了鄂西南地区上二叠统大隆组暗色泥页岩空间展布特征，结合各地层剖面厚度推测了该套黑色岩系的大致埋深。

通常来说页岩埋深大，岩层压力大，页岩气吸附能力强。多数实验已证实，地层压力越大，吸附气含量越高。当页岩气以吸附气形式存在时，不像游离气可以发生逸散，因而有利于保存。

埋深的大小也表示上覆岩层的累积厚度大小，其对页岩气封盖作用有重要意义。首先，上覆岩层对气体垂向渗滤逸散有阻力作用；其次，上覆岩层厚度对天然气分子扩散速度也有影响。上覆岩层横向分布的连续性与上覆岩层厚度大小有密切的联系。一般来说，上覆岩层厚度越大，横向分布的连续性越好，往往分布面积也越大。上覆岩层厚度越小，横向分布的连续性越差，分布面积越小。由此上覆岩层残留厚度较大、分布较广且“通天”断层不发育的区域是油气保存相对有利的区域。此外，埋深还是制约钻井成本的关键因素，通常依照勘探经验，4500m 及以上和 1000m 以下的埋深应谨慎考虑。

抬升剥蚀造成页岩气层段以上岩层厚度减薄，埋深减小，甚至页岩气层段出露地表，上覆压力减小而打破原有的平衡。在构造应力、孔隙流体压力的作用下闭合的裂缝又重新开启，页岩气渗流散失。彭水地区龙马溪组泥页岩样品三轴物理试验模拟揭示，当页岩层系埋藏变浅，相应的地层围压下降到一定压力(16.6MPa)时，岩石发生剪切破裂，从而产生微裂缝(胡东风等，2014)。推测持续抬升剥蚀过程中，当龙马溪组上覆有效地层压力降低至 16.6MPa 以后，微裂缝开始大规模开启，页岩气通过渗流方式快速散失。另外，剥蚀造成页岩孔隙负荷减小而反弹，孔隙度增大，同时天然气扩散速率增大。

鄂西南地区晚二叠世沉积时期，鹤峰、来凤咸丰区块内优质泥页岩厚度主要受深水台盆相控制，泥页岩沉积中心位于鹤峰、建始一带，其中鹤峰区块优质泥页岩厚度一般为 30～40m，埋深为 0～3500m，分布在鹤峰区块西北缘及中部，顺构造形迹展布(图 9-4)。

在鹤峰重点区块内，基于 SPSS 测量数据的埋深图制作技术运用 SPSS 测量文件炮点、检波点高程资料，通过反距离加权的方法进行拟合，模拟高程面，通过已钻井的地表海拔对模拟高程面进行校正，求得更为精确的地表高程，结合区域构造图，进行埋深成图。

总体来看，大隆组泥页岩厚度从台地内深水台盆相往台地方向(鹤峰→来凤→黔江)逐渐变薄。从鹤峰重点区块大隆组底界埋深图(图 9-5)可以看出：鹤峰区块大隆组埋深较浅，其中鹤峰向斜小于 3200m，陈家湾向斜埋深小于 2100m，西北部埋深小于东南部，小于南部，最深在鹤峰区块西南部地区。

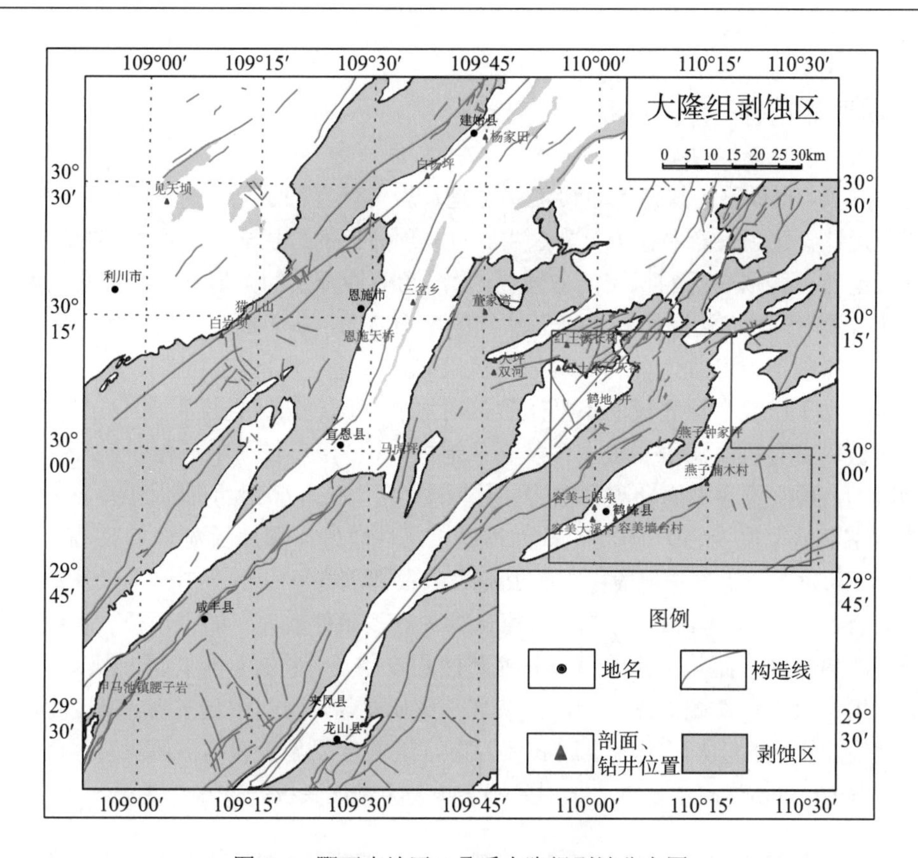

图 9-4 鄂西南地区二叠系大隆组剥蚀分布图

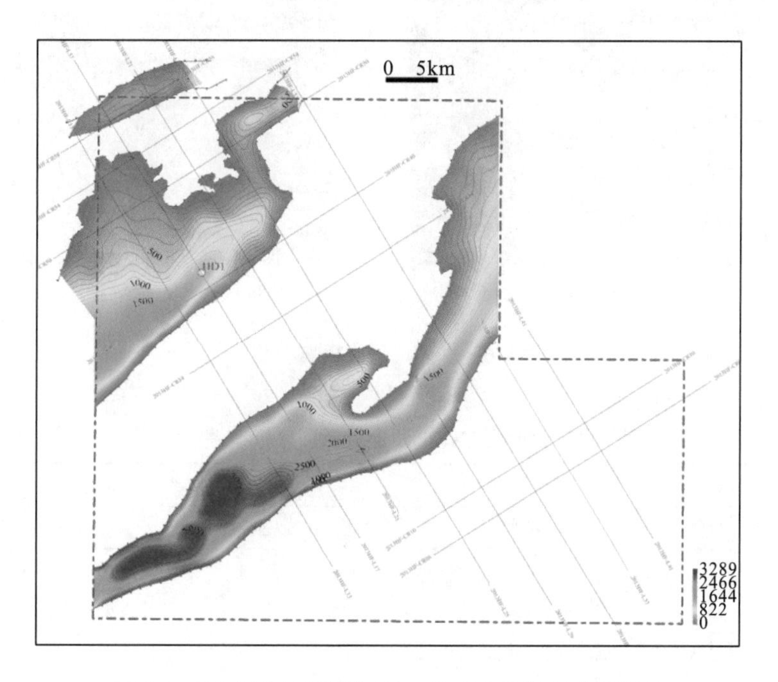

图 9-5 鄂西南地区鹤峰区块二叠系大隆组底界埋深图

9.2.3 顶底板条件

有效的顶、底板作为特殊的直接盖层也是页岩气保存的首要条件，其可有效阻止气态烃的初次运移，使之只能保存于页岩之中。组成顶底板的岩层岩性、物性和厚度平面分布等特征决定着页岩顶底板的封闭能力强弱。形成商业性开采的页岩气井多数需要经过压裂改造，以增强渗透性、连通性和提高天然气的汇聚能力，从而提高页岩气的产量和延长开发周期。但压裂不当可致使含气页岩顶底板破碎，引起气水串层，造成气层损害。所以，含气页岩的易于压裂和顶底板的不易压裂，对页岩气压裂选区选层工作十分关键。

顶底板以富有机质泥页岩段上覆及下伏地层岩性为准，目前中石化研究院指定的定性评价标准为：顶底板为泥岩和致密灰岩，且厚度大于 50m，认为顶底板条件良好；顶底板泥岩和致密灰岩厚度为 30～50m，认为顶底板条件较好；顶底板泥岩和致密灰岩厚度为 10～30m，认为顶底板条件一般；顶底板泥岩和致密灰岩厚度小于 10m，以基本不具有封盖能力的岩性(如砂岩、粉砂岩)为主，可认为顶底板条件较差。如果顶板、底板只有一方具有较好的封盖性，而其对应的另一方封盖性能较差，可将其评价再降一级。

大隆组顶板下三叠统大冶组一段为灰岩夹碳质页岩，局部裂缝发育，厚度普遍在 30m 以上，封盖性能一般；大隆组泥页岩底板为下窑组灰色泥晶灰岩与碳质页岩，厚度 16.5～42.5m，一般为 20m，底板条件一般(图 9-6)，大隆组顶底板条件统计见表 9-2。

A.大隆组顶板大冶组灰岩夹碳质页岩

B.大隆组底板下窑组灰岩夹碳质页岩

图 9-6 大隆组顶底板典型照片

表 9-2 大隆组富有机质泥页岩顶底板条件统计表

剖面/钻井	顶板条件			底板条件		
	层位	岩性	厚度/m	层位	岩性	厚度/m
咸丰吴家槽	T_1d	灰岩	>32.4	P_3x-1	灰岩、泥岩	42.5
鹤峰董家河	P_2d^2-T_1d	粉砂质泥岩、灰岩	>32.2	P_3x	瘤状灰岩	>3
恩施常树湾	P_2d^2-T_1d	硅质泥岩、泥质灰岩	>15	P_3x-1	灰岩、泥岩	18
鹤峰大溪村	T_1d	泥质灰岩、泥岩	>5	P_3x-1	灰岩、泥岩	16.5
鹤峰楠木村	T_1d	泥质灰岩、泥岩	>8.8	P_3x-1	瘤状灰岩、灰岩、泥岩	26.7

9.2.4　构造完整性及断裂发育特征

富有机质页岩由于发育多样的微型孔裂隙系统，具有较强的吸附特性，在一定程度上能够抵抗构造运动的影响，但是在构造变形强烈、地层剥蚀严重的地区，页岩气藏还是会遭受巨大的影响，甚至被完全破坏掉。这主要表现在两个方面：①含气页岩层的上覆地层减薄或完全被剥离，纵向上的封堵条件变差；②由于地层相对开启，流体(包括地层水和游离气)发生迁移，含气页岩层压力降低，吸附气逐渐解吸甚至散失。四川盆地边缘地区构造运动强烈且期次多，深大断裂普遍发育，生排烃也具有多期性且水文地质条件复杂，页岩气藏的保存遭受了巨大的破坏，甚至在部分地区页岩气藏被完全破坏掉。因此，构造、断层等是本书在研究页岩气保存条件时主要考虑的几个主控因素。

9.2.4.1　构造变形特征

从雪峰造山带至四川盆地边缘自 SE 向 NW 主要可分为 3 个变形带，即雪峰山推覆隆起带、湘鄂西隔槽式冲断带和川东南隔挡式滑脱带。从江南隆起经湘鄂西到川东南，该推覆-滑覆构造连续传播距离超过 360km，具有显著的 SE 强 NW 弱的递进变形特征，而且构造变形有显著的规律性。在江南断裂(江南隆起北缘)至宜都-龙潭坪断裂的 75km 范围内，是基底卷入式的基底挤出式变形带，元古界变质基底与上覆海相地层一起卷入叠瓦状推覆和滑覆作用中；在宜都-龙潭坪断裂至齐岳山背斜的 150km 范围内，为渝东-湘鄂西半基底卷入式的隔槽式(背斜宽缓向斜窄陡)变形带；而在齐岳山背斜至华蓥山背斜的 135km 范围内，即川东-渝东盖层卷入式隔挡式变形带(向斜宽缓背斜窄陡)，震旦系及其以上的海相地层均卷入分层滑脱和逆冲推覆作用中。

推测本区的褶皱变形开始于印支期，雪峰山开始隆起，对西侧地区产生水平挤压，首先在湘西地区形成隔挡式褶皱，变形逐渐向北西方向的湘鄂西及渝东、川东地区推移，燕山中期褶皱运动已经向北西推进到湘鄂西南地区，形成了新的隔挡式褶皱，同时湘西地区先前形成的隔挡式褶皱由于持续挤压，逐渐向过渡式褶皱发展，最后转变成隔槽式褶皱，晚燕山期，在靠近雪峰山的湘鄂西南地区，由于经历了多次褶皱变形，形成了现今隔槽式冲断带。

鹤峰区块整体部位位于湘鄂西隔槽式冲断带宜都-鹤峰背斜带上，整体上以向斜相对狭窄、背斜相对宽缓的隔槽式褶皱为主。背斜区构造变形强，表现为隆凹相间的变形特征，发育断凹和断隆构造；向斜区构造变形则相对较弱，一般以单一向斜构造为特征。

通过对湘鄂西区块构造、沉积及周边地区构造应力场的特征分析(苏勇，2007)，将其构造样式划分为挤压断块、伸展断块、逆冲褶皱三种基本类型(表 9-3)。在其研究中认为宜都-鹤峰复背斜中存在基底构造层的逆冲褶皱，盖层构造层挤压运动形成的叠瓦状逆冲断层、断展背斜、构造三角带以及双重构造，水平拉张运动形成的正断层。

表 9-3　湘鄂西区块构造样式基本类型

构造样式	主要变形力	主要运动方式及构造形式	主要位置
挤压断块	水平挤压，加上垂直运动	低角度沿倾向滑动形成推覆构造以及褶皱构造，组成断块	雪峰隆起区及研究区北部的黄陵背斜
伸展断块	拉伸水平挤压为主	差异性隆升形成断块，组成“垒-堑”构造组合	清官渡断层东南盘白垩系断陷盆地
逆冲褶皱(基底构造层)	水平挤压运动	断块会聚式低角度倾向滑动形成叠瓦状构造带	存在于古老的基底构造层中
逆冲褶皱(盖层)	水平拉张运动	正断层(沿断层面高角度滑动形成铲形正断层)	渔洋关断层西段(宜都-鹤峰复背斜中)
	挤压运动	叠瓦状	见于整个北东向带中
		断弯背斜	桑植石门复向斜
		断展背斜	宜都-鹤峰复背斜中
		滑脱背斜	利川复向斜中
		构造三角带	见于整个北东向带中
		双重构造	宜都-鹤峰复背斜中

根据湘鄂西区域构造样式调研成果与前人对邻区桑植-石门复向斜的构造解释剖面，结合工区地震资料特征进行骨架剖面解释，梳理得出研究区构造样式包括基底卷入型和盖层滑脱型，基底卷入型又可细分为对冲式和背冲式，盖层滑脱型又可细分为叠瓦扇、断展背斜以及正断层组合(图 9-7)。

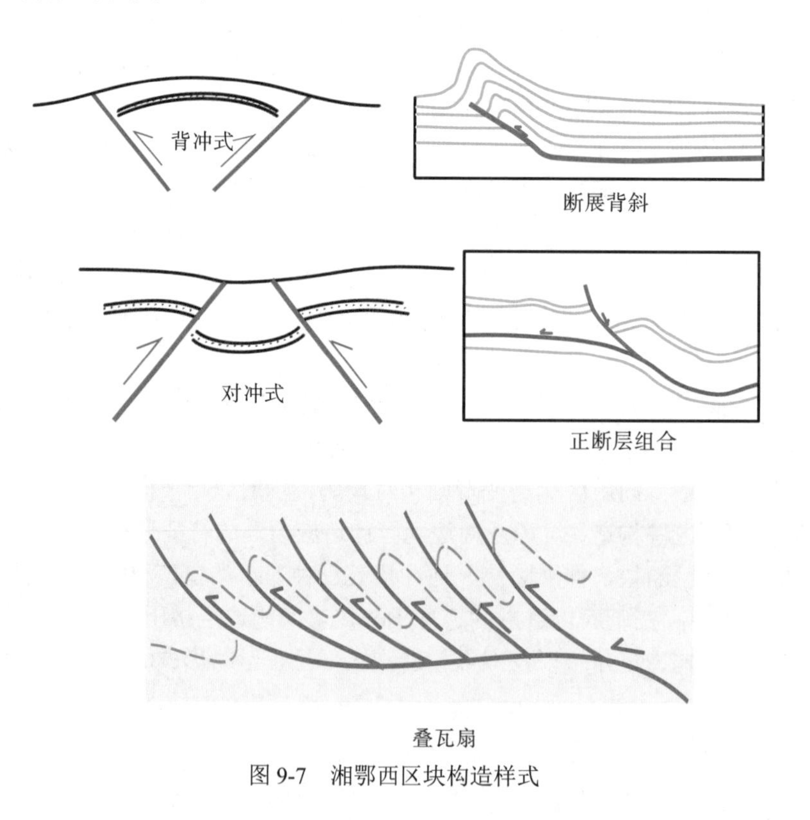

图 9-7　湘鄂西区块构造样式

基底卷入型是主要发育于造山带前缘大断层、复向斜内、复背斜内的次级构造带的分带断层，断距较大，属于基底断裂，主要是受华夏板块的挤压形成的，由基底卷入单冲，宜都-鹤峰复背斜、花果坪复向斜的边缘发育此样式。

叠瓦单冲主要发育于褶皱冲断系的前锋带，表现为倾向相近的同一方向的一组逆断层，逆断层间的冲断岩席相互超覆；主要发育于宜都-鹤峰复背斜、桑植-石门复向斜西北部造山前缘受力较强的位置。若主干逆冲断层向前发育过程中受到阻挡产生反方向的逆冲断层，从而形成背冲构造，剖面上反冲构造通常呈“Y”字形或倒八字形。

结合地质剖面图的构造特征，根据断层和褶皱样式、褶皱翼间角大小及地层倾角，对构造样式的翼间角和两翼地层倾角进行进一步研究，得出翼尖角大于 150°、两翼地层最大倾角小于 25°的构造样式(如碟形向斜)对于页岩气的保存最为有利；翼尖角为 90°～150°、两翼地层最大倾角为 25°～45°的构造样式(如直立宽缓向斜、侧卧宽缓向斜)对于页岩气的保存较为有利；翼尖角小于 90°、两翼地层最大倾角大于 45°的构造样式(如高陡褶皱带，紧闭向斜)不利于页岩气的保存。

9.2.4.2　构造热演化与页岩生成和散失的关系

构造热演化史控制着油气的生成、运移、聚集与成藏，不仅控制着烃源岩的多期生烃，还控制油气成藏的多期性。因此构造热演化史的研究对页岩气保存条件研究至关重要。湘鄂西南地区基底为刚性结晶基底，基底结构和性质的差异控制了后期沉积盖层发育时期台与盆的展布格局，在盆地大规模拉张裂解阶段，这种控制作用尤为明显。

1)加里东早—中期“鄂西海槽”或“鄂西盆地”形成阶段

晚元古宙早期末的晋宁运动后，扬子陆块处于一个相对稳定的构造环境。涵盖湘鄂西南地区的中扬子区为扬子克拉通盆地($Nh—O_1$)，扬子区南、北边界为被动大陆边缘盆地。

南华纪，莲沱组为一套棕紫色砾岩、长石石英砂岩、石英砂岩夹少量凝灰岩；南沱期，全球处于冰期，研究区以冰碛砂砾岩、冰川沉积的粉砂岩等沉积物为主。震旦纪，扬子地区广泛海侵，形成广布的陆表浅海，灯影组形成了广阔的碳酸盐台地。在基底特征影响控制下，除中扬子南、北缘仍表现为盆地之外，其介于中、上扬子两大陆核隆起区之间，鄂西奉节－恩施－来凤一带也发育南北向的拗陷带，前人曾称之为“鄂西海槽”或“鄂西盆地”。

2)加里东晚期前陆膨隆盆地演化阶段($O_2—S$)

中奥陶世开始，华南地区构造活动加剧，扬子板块与华夏板块逐步碰撞拼合，南华海槽开始褶皱回返，同时使扬子陆块南缘陆缘带快速沉降，全区进入广海陆棚环境；扬子板块北部边缘的南秦岭地区，大陆裂谷继续强烈扩张；志留纪末期全区抬升剥蚀。本区及邻区加里东晚期($O_2—S$)盆地可以划分为两种类型，即扬子北缘的南秦岭挠曲盆地、中上扬子区前陆膨隆盆地。

3)海西—早印支期克拉通盆地阶段($D—T_2$)

该时期五峰组-龙马溪组泥页岩处于沉积压实阶段，热演化程度较低，R_o处于 0.5%～0.7%，页岩并未大规模成熟生烃，储集能力较差。

4)晚印支—早燕山前陆盆地至早燕山末期陆内盆地强烈褶皱变形阶段($T_3—K_1$)

从印支运动开始，扬子地区开始进入中、新生代大陆构造演化阶段。该阶段中扬子地区的构造格局总体上以隆拗相间为主。

中扬子地区印支期受到来自北部秦岭和南部江南隆起的联合挤压，形成了主体近东西向的构造，其中湘鄂西南地区受江南隆起隆升作用影响较强，主体形成北东向大型拗陷构造，基本上具有类前陆盆地的大致模式。

早燕山末期扬子地区进入陆内造山阶段，它继承了印支期挤压作用的基本格局，但构造强度和范围都远大于印支期，其构造运动对中上扬子地区影响范围广、强度大，奠定了中上扬子地区现今基本的构造格局。湘鄂西构造带形成厚皮构造，主要为隔槽式褶皱，呈狭长带状分布。

该时期的早期，页岩虽然同样处于快速埋藏过程中，R_o为0.7%～1.3%，以生油为主，有机质孔逐渐发育，为生成的烃类提供了良好的储集空间，但该时期地层基本处于水平状态，泥页岩层生烃仍属于正常增压范畴，因此压力梯度很小，渗流强度极弱且规模较小。在该阶段的后期，页岩埋深继续增大，地层受热温度也增加到160℃以上，R_o明显升高，页岩相继经历了湿气和干气高峰阶段，该阶段由于烃类气体集中大量生成，一方面有机质孔隙发育程度继续增加，另一方面，在成烃增压的作用下，流体压力显著增大，使泥页岩中内生裂隙不断形成，页岩气的扩散及渗流速度也显著增强。

5）晚燕山—早喜马拉雅盆地伸展改造期至晚喜马拉雅盆缘强烈挤压变形阶段（K_2—Q）

燕山晚期—喜马拉雅早期，中扬子地区进入了濒太平洋构造域、具有重大意义的伸展作用阶段，造山后期应力松弛，发生早期断层的反转，使燕山早期在强烈挤压作用下形成的中、古生界构造发生了强烈改造，以反转拉张断陷活动为主，表现为早期形成的北西向、北东东向挤压断层和北东向、北北东向压扭走滑断层重新活动，发生负反转，并控制白垩-古近系沉积。这种活动从东到西、从北到南又有一定的差别。总体上，从东到西，裂陷活动的强度有减弱的趋势。在湘鄂西断块区，属海相地层，区内正断层可见，但强度小于断陷区，以断块为主。

晚喜马拉雅期湘鄂西南地区主要表现为强烈隆升剥蚀，导致上古生界及中生界地层仅残留在向斜核部，而在背斜核部下古生界甚至元古界等地层现今则均已出露地表。鄂西渝东地区亦主要表现为隆升、剥蚀，但隆升幅度与剥蚀程度均较湘鄂西南地区弱，复向斜地区主体为侏罗系等地层覆盖区。

该时期页岩首先处于构造抬升阶段，页岩储层由埋深6500m左右，局部抬升至目前的0～3500m，此阶段由于地层的抬升，生烃作用基本停止。之后受燕山晚期到喜马拉雅晚期构造活动的影响，地层发生挤压隆升变形，部分构造由于形变较强，页岩气受褶皱和大规模断裂影响，压力逐渐降低，页岩储层中页岩气的散失随着地层压力的降低越来越严重，特别是盆外构造改造强烈区，形成的次级褶皱和构造增加了泥页岩储层的压力梯度，页岩气的渗流效应也不容忽视。

基于上述分析，燕山晚期到喜马拉雅晚期是影响鄂西南地区海相页岩气运移及散失的关键时期，也是页岩气成藏富集最关键时期。燕山-喜马拉雅运动以来的持续抬升作用，造成这几套烃源岩生烃作用终止，而生烃作用的终止使得页岩气藏中的页岩气在后期保存中得不到有效补充。即燕山期—喜马拉雅期抬升剥蚀作用起始时间越早，页岩气藏破坏的时间越长，对页岩气后期的保存条件越不利。

鄂西渝东地区的构造改造主要集中于燕山晚期和喜马拉雅期，本区的基本构造格局主要形成于燕山期，构造变形方式以江南雪峰造山带向西北方向的递进挤压推覆方式为主。根据本区地层裂变径迹年龄分布特征(图 9-8)，呈现南东往北西年龄逐渐变小的递进扩展变形的趋势，裂变径迹的年龄大致反映褶皱和与褶皱伴生的断裂等构造形成的时间，时间跨度从晚侏罗世到白垩世。此特征可以从本区野外露头中广泛分布的白垩系与下伏侏罗系地层接触关系得到佐证。

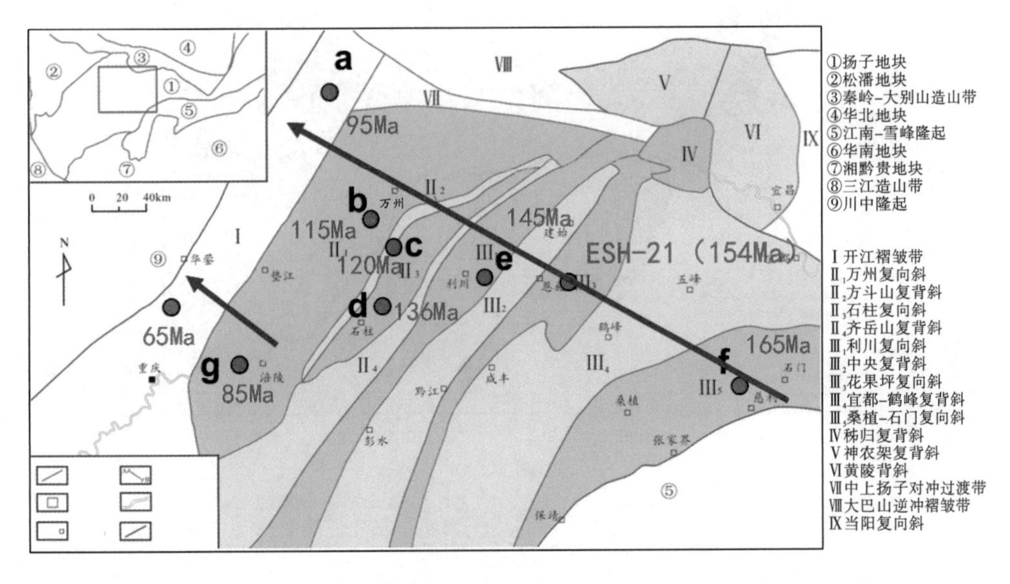

图 9-8　鄂西渝东地区地层裂变径迹年龄分布

构造作用影响页岩气保存条件的方式主要包括抬升剥蚀作用和断裂破碎作用。而不同抬升和埋藏作用，则使得不同区域的页岩生气能力具有一定的差异性。而生烃史的研究则是在埋藏史重建和热史恢复的基础上，结合生烃动力学模型，通过开展盆地模拟，将油气盆地的地质概念模型转换为数学模型，运用计算机技术再现地质历史演变过程中的油气生成过程。其中埋藏史研究主要是模拟恢复盆地的沉降史、沉积史、剥蚀史，为后续的模拟提供一个动态的边界条件。在此基础之上，结合区域及实际地化数据，重建研究区古热流史和古温度史，在生烃分析的指导之下，推断高成熟海相泥页岩的主生气期。

通过对生烃史的研究，从生烃-聚集过程方面，分析不同构造运动对页岩气保存的影响。本次研究应用“沉积盆地热史恢复模拟系统”中的成熟度史模拟器，在剖面埋藏史恢复和热史重建的基础上，根据地层的热历史和烃类成熟度指标，模拟了地层中有机质的成熟度史和富有机质页岩的油气生成史，重点刻画了上奥陶统五峰组-龙马溪组下部烃源岩。从本区的上奥陶统五峰组-龙马溪组下部烃源岩生烃埋藏史图(图 9-9)可以看出，五峰组-龙马溪组晚二叠世开始成熟生油，中-晚三叠世达到生油高峰，早-中侏罗世时生气，晚侏罗世-早白垩世达到过成熟干气阶段，生烃过程结束于早白垩世末，现今热成熟度主要为过成熟早期-中期。而此时燕山运动使研究区构造重新活化，以强烈的挤压为主，其形成的断裂的时间与其烃源岩生气高峰期同步，对油气的运移和散失起着一定的控制作用。从生烃埋藏史图(图 9-9)中可以看出，二叠系大隆组与下古生界两套页岩地层在抬升及埋藏作用过程中具有一定的相似性，而其烃源岩热史经历方面则具有一定的差异，但整体的生烃过程是大致相同的。

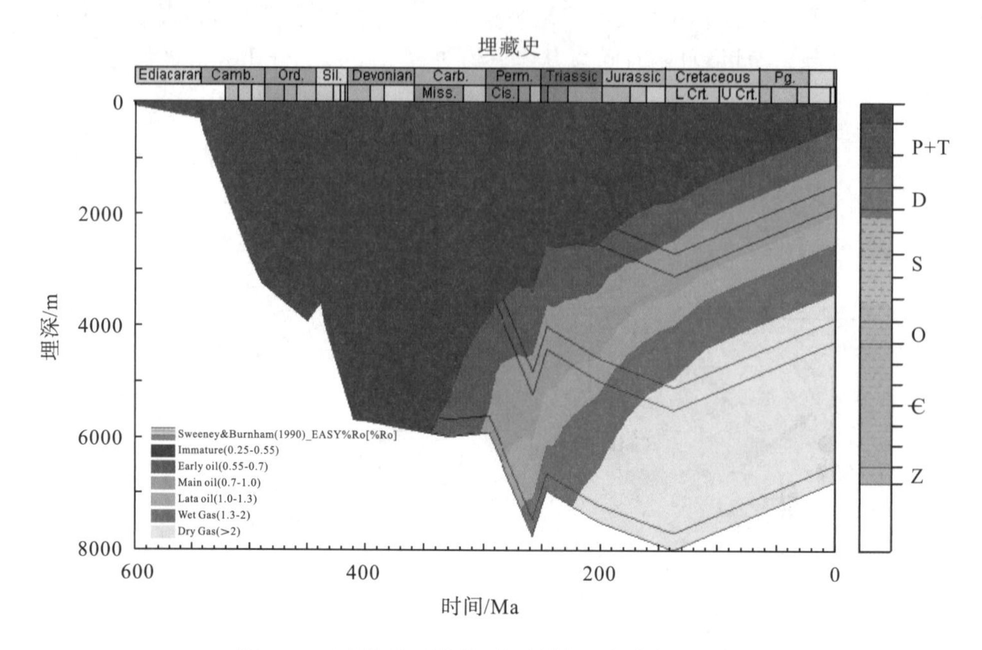

图 9-9 上奥陶统五峰组-龙马溪组下部生烃史分析

通过生烃分析可知，研究区目的层 J—K 期为主生气期，而该阶段(燕山运动)亦是构造活动最剧烈的时期，导致整体页岩保存条件较差(断裂发育及盖层破裂)，并对页岩气保存条件提出了严格的要求，特别是 J_3—K_1 期间(燕山Ⅲ幕)持续沉降埋深的地区(晚抬型埋藏史类型的海相烃源岩持续生烃且生烃结束时间晚、上覆盖层封闭性不断增强的地区)有利于页岩气保存。如研究工区断裂发育较少的持续沉降的向斜区域；而 J_3—K_1 期间遭受挤压变形、褶皱冲断、抬升剥蚀的地区(早抬型埋藏史类型、海相烃源岩终止(中止)生烃早、盖层封闭性减弱或被剥蚀殆尽的地区)不利于页岩气的保存。综上所述，在工区内局部页岩断裂不发育、地层倾角较小、剥蚀程度较轻及相对稳定沉降的区域，其页岩气能相对较好地得以保存及聚集。

根据埋藏史分析不难发现，保存条件好，能形成大型气田或者有较大油气潜力的地区具有以下特征：①初始生烃时间晚，在加里东期以前基本没有生烃；②生气高峰晚，根据美国页岩气勘探开发经验判断，生气高峰越晚越好；③抬升时间晚，四川盆地在白垩纪中期以后抬升，湘鄂西南地区在白垩纪早期抬升，比四川盆地抬升早。因此，根据页岩埋藏史和热演化史可以将页岩气保存条件分为好、中、差三个等级(表 9-4)。

表 9-4 保存级别划分

保存级别	评价指标		
	生烃时间	生气高峰期	抬升时间
Ⅰ(好)	加里东期以后	K 中期及以后	K 中期及以后
Ⅱ(中)	加里东期以前	K 早期—J	K 早期—J
Ⅲ(差)	加里东期以前	J 中期及以前	J 中期及以前

鄂西南地区二叠系大隆组是在加里东运动以后生烃，生烃时间晚，生烃高峰均为侏罗纪中期及以后，有利于页岩气的富集，然而其抬升时间较早，发生在白垩纪早期，因此页岩气的保存条件中等。

9.2.4.3 裂缝间距与断裂作用

1. 裂缝间距影响

岩石断裂变形过程中不仅形成断层，同时还发育大量裂缝，而裂缝的密度以及破裂深度直接反映岩层破裂程度。含气页岩盖层乃至上覆岩层破裂发育程度越高，则对下伏岩层的封存能力也就越弱，反之亦然。

Ruf 等(1998)评价宾夕法尼亚亨廷登(Huntingdon)的布罗德托普(Broadtop)向斜中泥盆系布拉利尔(Brallier)组岩层破裂发育程度时，提出了 FSI 指数法回归曲线斜率越大，则 FSI 数据越大，表示裂缝密度越大，破裂穿切岩层的厚度也就越大，那么岩层破碎程度越高，封存能力也就越弱。

我们通过野外裂缝实测数据，分别使用恩施-咸丰地区的花果坪复向斜和宜都五峰复背斜构造单元内的 13 个实测数据点，以及来凤咸丰地区和利川地区的各 7 个。

从图 9-10 可知，来凤-咸丰地区 FSI 指数为 1.9561，破裂程度最高，恩施-鹤峰、利川复向斜 FSI 指数分别为 0.9794 和 0.8947，破裂程度依次减小，上覆岩层的封盖性依次变好，相关系数为 0.6876～0.7484。大体反映了垂直构造走向即北西向，盆外至盆内岩石平均破裂程度依次变小，保存条件相对变好。

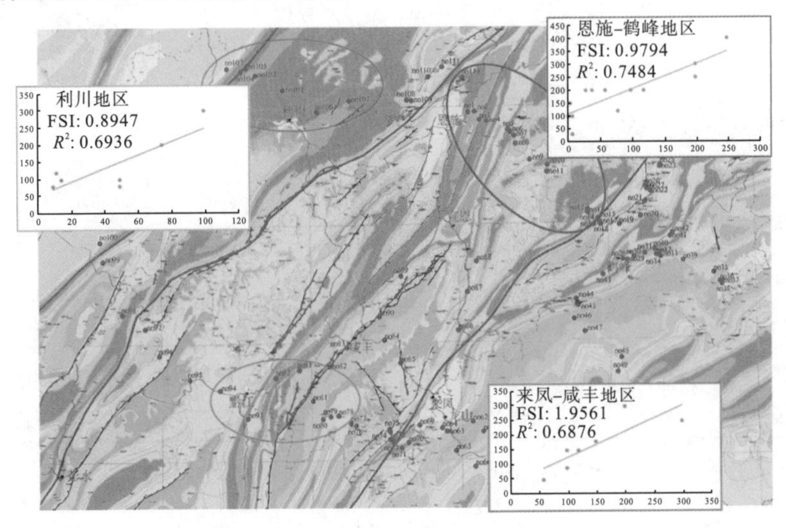

图 9-10 鄂西部分地区 FSI 指数分布

2. 断裂作用

断层是页岩气运移、聚集的重要通道，对页岩气聚集具有保存和破坏的双重作用，断层的发育规模和性质是影响页岩气聚集、保存和破坏的重要因素。断层与裂缝相伴而生，断层附近的裂缝加上岩气层段发育的裂缝使得页岩渗透率增大，页岩气以渗流的方式快速向断裂运移，如果断层开启，将对页岩气保存不利。断层对页岩气的破坏作用最直接表现在通天断层可断穿上部区域盖层，成为页岩气散失的通道，造成页岩气藏被破坏，而断穿页岩气层的开启断层连通高渗透层也可造成页岩气向外运移而使含气量减少。断裂研究是在前人研究的基础上，结合野外实地考察和研究区内地震资料解释成果来进行的。川东南－湘鄂西地区断裂构造主要有北东向断裂、北北东向断裂、南北向断裂，以及由北东向和北北东向断裂组成的复合、联合断裂带；另外，局部地区尚有一些东西向断裂和北西向断裂(图 9-11)。

北东向和北北东向断裂组成的复合、联合断裂带是川东南－湘鄂西地区断裂的主体，它们大体可以划分为三个断裂带，即保靖-慈利断裂带、建始-彭水断裂带、齐岳山断裂带(图 9-12)。保靖-慈利断裂带、建始-彭水断裂带进一步将湘鄂西－川东南地区划分为三个形变构造带，即武陵山逆冲推覆构造带、湘鄂西隔槽式构造带、利川-川东隔挡式构造带，而齐岳山断裂带则还是川黔湘鄂褶皱带与四川盆地的分界断裂。各构造带上的断裂、褶皱轴面主体倾向南东，并显示出构造总体是由南东向北西递变推进。

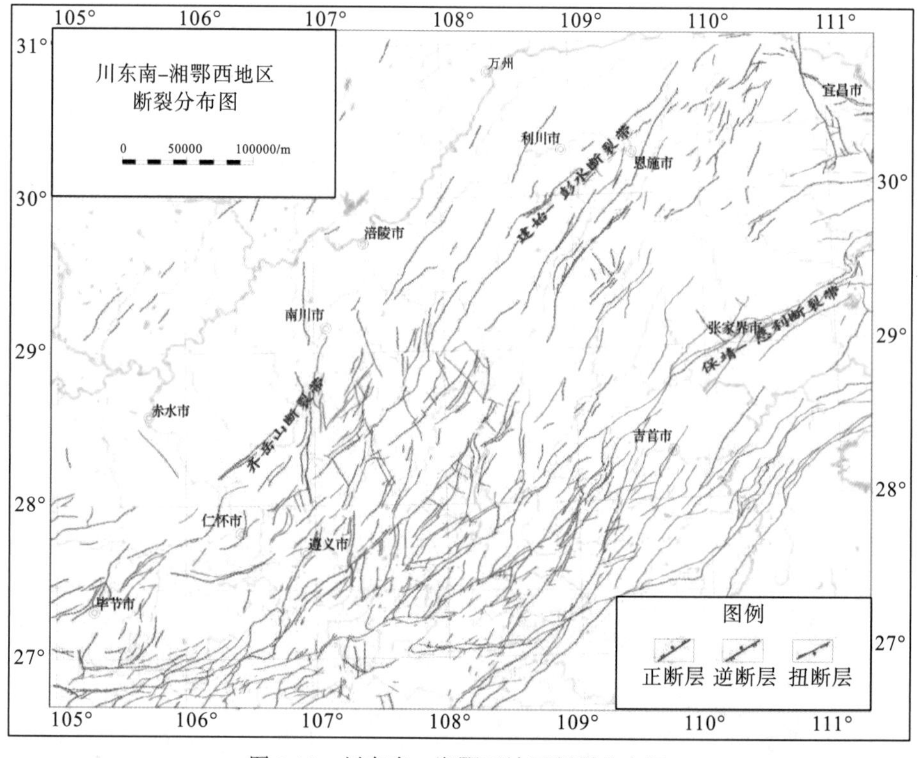

图 9-11　川东南—湘鄂西地区断裂分布图

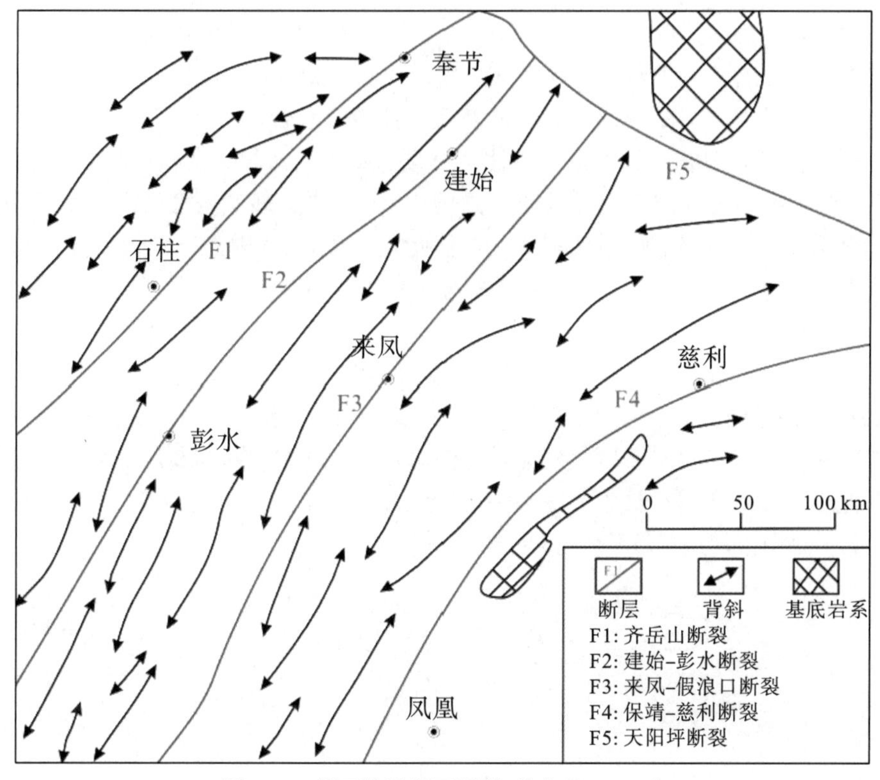

图 9-12 鄂西构造纲要图(何治亮等，2011)

1)继承性大断裂对保存条件的影响

湘鄂西南地区发育的继承性大断裂主要有保靖-慈利断裂带、建始-彭水断裂带、齐岳山断裂带。这些断层断裂规模大、活动历史长，控制了断层两侧沉积作用，且多为具有多期性的活动断裂。

大规模的断层可以连通上下地层，尤其是区域性大断裂在多期次、长时间的构造活动中，以及地面水渗滤作用下，进一步改善了地层的连通性，使得已经生产的油气不同程度地散失，不利于页岩气的保存，因此，在页岩气勘探选区时应该尽量避开这些大断裂，尤其是通天大断裂。

2)断层性质对保存条件的影响

断层封闭性是指断层对油气遮挡和封闭的能力，是油气侧向保存条件最重要的方面。在含断层的含气构造中，断层对页岩气保存的控制作用显得非常突出，如箱状背斜转折端，同时，开放断块和冲断形成的断展构造、断弯构造中断层封闭性评价最为关键。断层封闭的本质影响因素为差异排替压力，即当目的层排替压力小于与之对置的断层另一侧岩层排替压力(无断裂充填)或断裂带的排替压力(有断裂充填)时，断层在侧向上是封闭的；当目的层排替压力小于上覆盖层中的断裂带的排替压力时，断层在垂向上是封闭的。

传统观点认为，正断层由拉张作用形成，一般纵向开启；逆断层由挤压作用形成，一般纵向封闭；扭性断层介于其间。随着断层油气藏不断被发现和资料不断积累，发现压扭性断层在油气勘探中的作用比逆断层和正断层更为重要。在相同条件下，逆断层的封闭性比正断层好，压扭性断层的封闭性又比逆断层好。因为正断层的断面常呈不规则铲式下弯状，沿该不规则面滑落的下降盘容易形成更多的张裂隙，而且形成正断层体系的区域构造应力场通常为拉张性的，不能提供足够的挤压力使裂隙愈合，因此，正断层封闭性通常比扭断层和逆断层差，且正断层的下降盘比上升盘更易纵向泄漏；逆断层断面呈舒缓波状，挤压破碎带宽，而且逆断层体系是挤压应力场作用的产物，多次构造挤压作用可提供足够大的压力使裂隙闭合、碾磨断裂带物质、增强断层封闭能力，因此，其封堵性优于正断层；扭性断层断面平直，破裂带窄(逆断层断面弯曲，正断层断面多为锯齿状，二者的破碎带较宽)，水平滑动距离比逆断层、正断层长，断层两盘地层彼此摩擦作用强，形成断层泥封堵或薄膜封堵的可能性大，因此，比逆断层、正断层封闭性都要好。

断裂在发育过程中，除了主干断层的产生，还会在两侧产出网状裂缝带(图 9-13)。随着与断裂距离的增大，岩层破裂的程度是逐渐降低的，岩层侧向与断层连通的可能性逐渐减小，邓虎成(2009)通过对长庆油田某油区的测井和岩心上裂缝的详细统计，建立起了某正断层与断层的距离与裂缝发育密度的拟合关系。

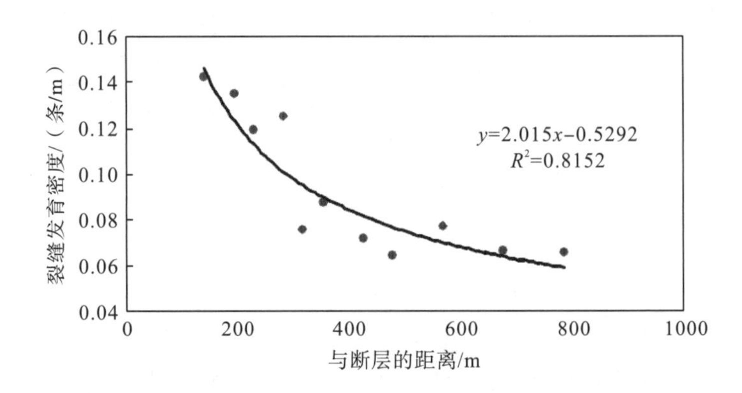

图 9-13 断裂带两侧裂缝发育密度与断层距离的拟合模型(邓虎成，2009)

影响断裂破碎带宽度的因素较多，如断裂规模、断裂性质、断层产状、岩石成分、岩石埋深等，因此难以提取一个断裂破碎带的宽度数据。通常来说，相同规模下，挤压逆冲断裂、张性断裂和走滑断裂破碎带宽度依次减小，距离越远，裂缝越不发育。

9.2.4.4 构造作用对页岩气保存条件的影响

构造作用对页岩气保存条件的影响主要包括构造样式、断层发育程度和构造抬升剥蚀等。

不同期次、不同强度的构造运动造成地层褶皱变形、破裂程度和剥蚀程度不同，形成了不同的构造样式。不同的构造样式因横向渗流和扩散作用的差异造成保存条件的不同，构造改造弱的构造样式对页岩气保存最为有效，而构造改造强的构造样式对页岩气保存不利。页岩气层段遭受构造断裂作用或是距离露头区不远，其横向渗流及扩散作用对页岩气的保存将产生不利的影响。整体上，以下构造样式对页岩气的保存较为有效：①具有背斜背景、宽缓的构造样式；②断层不发育或断层封闭性较好，或断层封挡的断下盘。如目前具有页岩气商业开发价值的焦石坝地区，其构造主体为似箱状背斜形态，即顶部宽缓，两翼陡倾。相对远离露头区或地层缺失区，而埋藏浅和处于断裂带(断层通天，开启性强)的构造样式则对保存条件不利。

鄂西南地区含页岩气构造主要分为向斜、背斜、断块和断层遮挡斜坡等几种，四川盆地内与盆地外的构造样式分布具有明显不同。盆内构造相对简单，如建南地区以复向斜为主。针对不同的构造样式，其页岩气宏观保存主控因素具有差异性。由于页岩气侧向易于沿页理逸散，因此为阻止页岩气藏的破坏，首先要阻止页岩气发生侧向逸散。如果页理面上正应力大，那么顺层逸散体系就会被封闭，而页理面上正应力则主要取决于岩层倾角，同时边缘断层的封闭与否也是影响页岩气有无逸散通道的关键因素。因此在断层遮挡斜坡构造样式中，岩层倾角和埋深也是页岩气保存条件的主控因素(表 9-5)。

表 9-5　鄂西渝东地区富含页岩气构造类型与保存主控因素

含气构造类型		主控因素	页岩气井或构造
断块		断层封闭性、岩层倾角和埋深	道真构造
冲断+背斜+高角度斜坡	圆弧状背斜	派生张性构造	河 2 井
	箱状背斜	断层封闭性	焦石坝构造
冲断+断块+低角度斜坡组合	低角度斜坡	断层封闭性、岩层倾角和埋深	南页 1 井、仁页 1 井
冲断+背斜+低角度挠曲斜坡组合	背斜	派生张性构造	建深 1 井，渝页 1 井
低角度挠曲斜坡		断层封闭性、岩层倾角和埋深	丁页 2 井，利页 1 井
冲断+高角度挠曲斜坡	高角度挠曲斜坡	挠曲处岩层倾角和埋深(层理面上正应力)	鄂参 1 井
向斜		岩层倾角和埋深(层理面上正应力)	来页 1 井，鹤地 1 井
向斜中低幅背斜		断层封闭性	河页 1 井，利页 1 井

向斜两翼可以看作两个无断层遮挡斜坡，因此岩层倾角和埋深也是影响无断层改造的向斜页岩气保存条件最直接的因素。如桑柘坪向斜中彭页 3 井较彭页 1 井靠近向斜转折端，即岩层倾角小，埋深大，因而页岩气日产量和压力系数均高于彭页 1 井。

若要使游离气大规模聚集成藏，必须具备常规油气勘探中的构造地层等圈闭。四川盆地及周缘的页岩气勘探经验表明，封闭的背斜页岩气平均井产气量最高，其次为断层遮挡低角度挠曲斜坡和圆弧状背斜，再次为断层遮挡斜坡和宽缓向斜，最后为较紧闭向斜。

9.2.4.5　鹤峰区块的构造特征

鹤峰区块主要发育断褶、背冲、叠瓦冲断等构造样式。

1. 区域构造特征分析

鹤峰区块位处湘鄂西褶冲带，该区褶皱发育，向斜宽缓，背斜相对紧闭。构造格架整体受逆冲断层 F1、F2、F3 的控制呈现隆凹的格局，分为花果坪复向斜和宜都-鹤峰复背斜两个二级构造单元。受后期断层 F4、F5 等反冲断层的共同影响，平面上由南东至北西方向依次分布：走马背斜、鹤峰向斜、白佳坪背斜、陈家湾向斜、石灰窑背斜、长树湾向斜(图 9-14)。剖面上则表现为断层控隆，隆凹相间的特征，断裂发育，构造复杂，主要发育褶皱、背冲、对冲、叠瓦冲断等构造样式(图 9-15)。

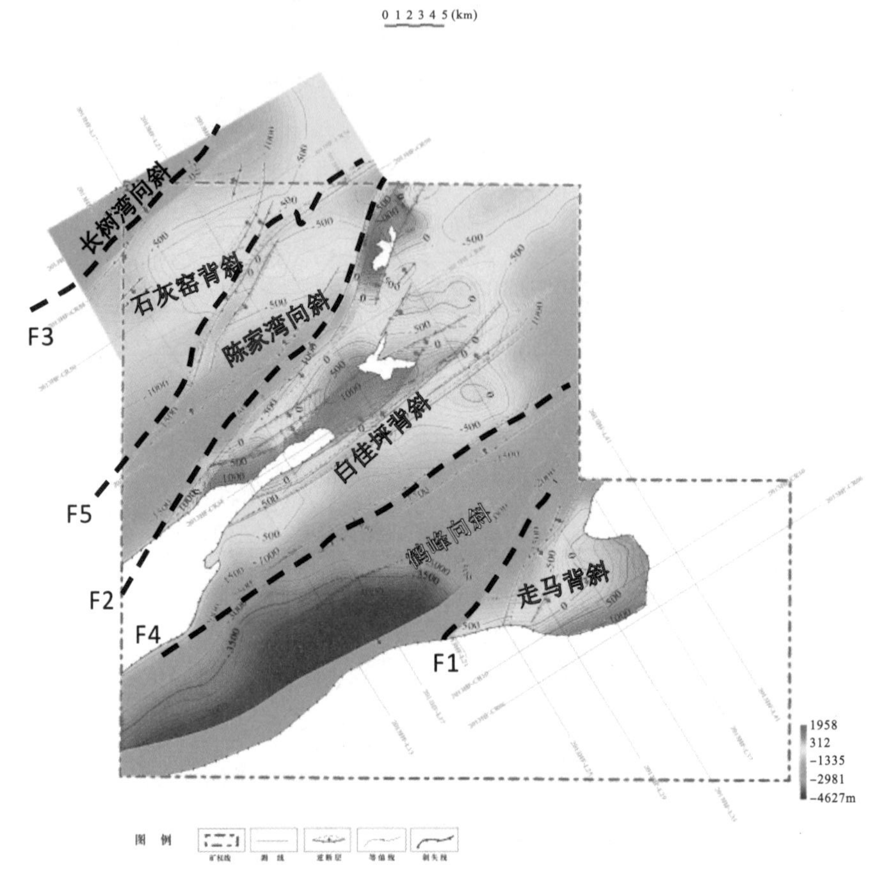

图 9-14 鹤峰区块构造特征分析平面图

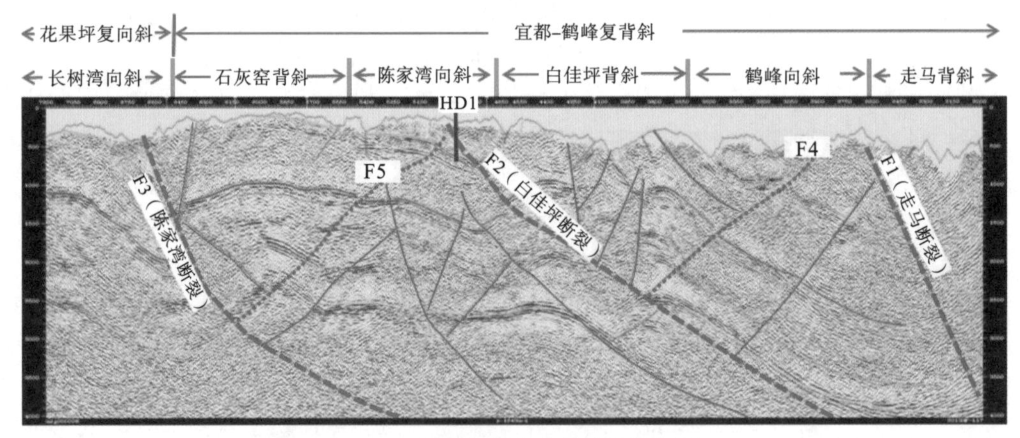

图 9-15 鹤峰区块构造特征分析剖面

2. 构造应力分析

地应力是油气运移、聚集的动力之一。地应力作用形成的储层裂缝、断层及构造是油气运移、聚集的通道和场所之一。通过地层应力场分析，可以预测构造成因的裂缝在研究区域的发育和分布规律。随着地质演化，一个地区常常经受多次不同方式的地壳运动，导致同一地区内，呈现出受不同时期不同形式的应力场作用所形成的各种构造及其叠加或改造的复杂景观。因此，只有最近一期地质构造未经破坏或改造，才能确切地反映这个时期的地应力场。

此次研究利用地层的几何信息(构造面)、岩性信息(速度、密度)、岩石物理信息等建立地质模型、力学模型和数学模型，运用三维有限差分数值模拟方法对地层的应力场进行模拟，研究构造、断层、地层岩性厚度、区域应力场等地质因素与构造裂缝分布的关系，计算地层面的曲率张量、变形张量和应力场张量，从而得到主曲率、主应变和主应力等参数来进行应力场数值模拟。

应用 FRS 系统应力场数值模拟模块预测鹤峰区块大隆组底界应力场平面分布(图 9-16)。从图中看出，TP_3d 层主应力为北北西向，与江南雪峰造山带力源方向基本一致；在断层转折端、构造高部位等应变强的部位容易产生裂缝。

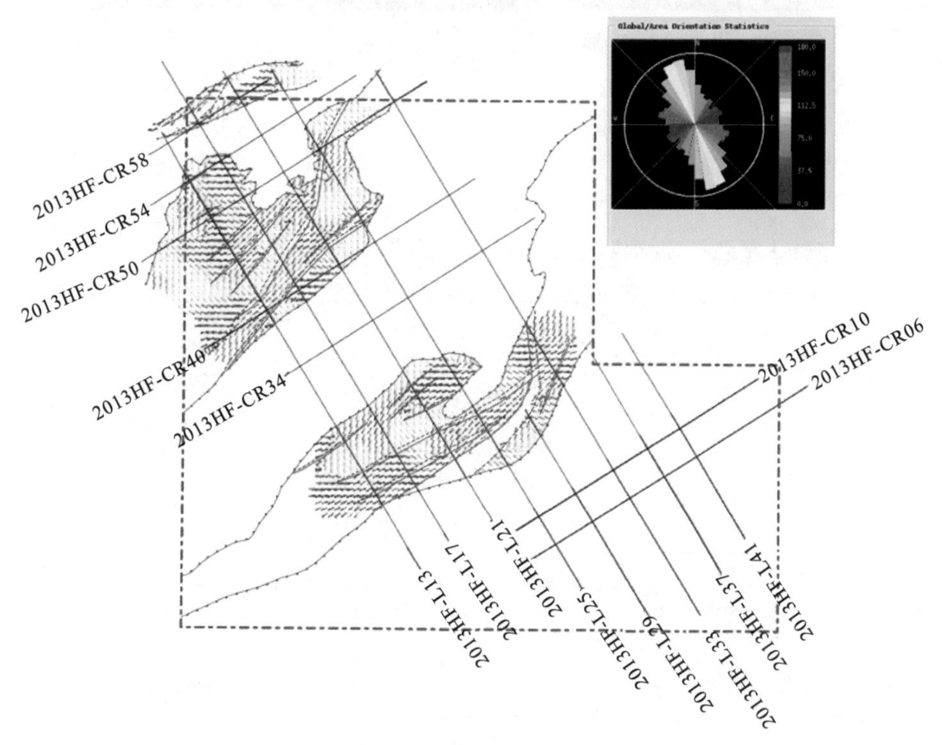

图 9-16　鹤峰区块二叠系大隆组底界应力场平面图

3. 局部构造特征分析

1) 鹤峰区块二叠系精细标定

从鹤地 1 井揭示地层来看，中上二叠统整体表现为碳酸盐岩台地与陆棚的沉积特征，岩性主要有泥页岩和碳酸盐岩两种，其中孤峰组、龙潭组、大隆组主要为泥页岩，而茅口组、下窑组则以灰岩为主。从鹤地1井合成地震记录(图9-17)可得鹤地1井二叠系上统大隆组底界为强波峰反射、低频连续性好，可全区对比追踪；二叠系中统孤峰组底界为一强波峰反射、中低频连续性好，可全区对比追踪。

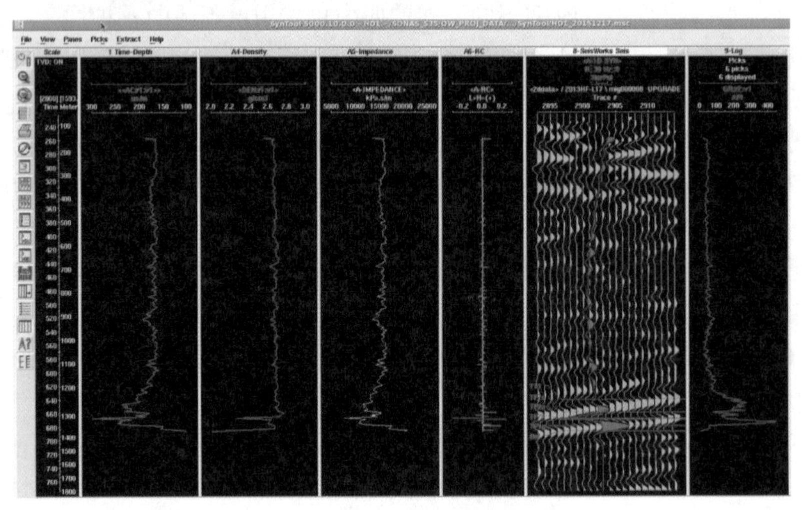

图9-17　鹤地1井合成记录标定

利用鹤地1井钻井资料我们准确标定了主要地震反射层位(表9-6)，各主要反射层波组特征及对应的地质层位描述如下。

TP_3d 反射层：相当于二叠系上统大隆组底界反射层。岩性界面由硅质岩、碳质页岩与下伏下窑组灰岩所形成，反射波组特征为一组连续强振幅的多相位反射，连续性好，可追踪对比。主要分布于鹤峰区块的陈家湾向斜和鹤峰向斜内。

TP_2g 反射层：相当于二叠系中统孤峰组底界反射层。岩性界面由硅质页岩、碳质页岩与下伏茅口组灰岩所形成，反射波组特征为一组连续强振幅反射，连续性好，可追踪对比。

表9-6　鹤峰区块地震地质层位标定表

地震反射层	地质界面	地震反射特征	备注
TP_3d	二叠系上统大隆组底界	强波峰相位，低频、连续性好	全区可追踪解释
TP_2g	二叠系中统孤峰组底界	波峰，强振幅，连续性较好，中低频	全区可追踪解释

通过综合标定不仅保证了研究区内层位的一致性，同时也与区域上主要目的层的地震反射的认识达到一致，并为构造精细解释奠定了扎实、可靠的基础。

2)局部构造特征

鹤地1井构造位置位于鹤峰区块宜都-鹤峰复背斜的陈家湾向斜北翼，为东南倾的缓坡带，地层分布稳定，产状平缓(倾角2°～15°)。为了准确查明本区重点层系大隆组、孤峰组的构造特征及地层展布情况，我们综合利用VSP资料和声波测井资料，对层位进行了标定，可知：上二叠统大隆组底界，钻井深度1290.8m，地震剖面标定在一组强波峰反射同相轴下缘；孤峰组底界，钻井深度 1335.5m，地震剖面标定在一组强波峰反射同相轴上，井震标定效果良好(图 9-18)。

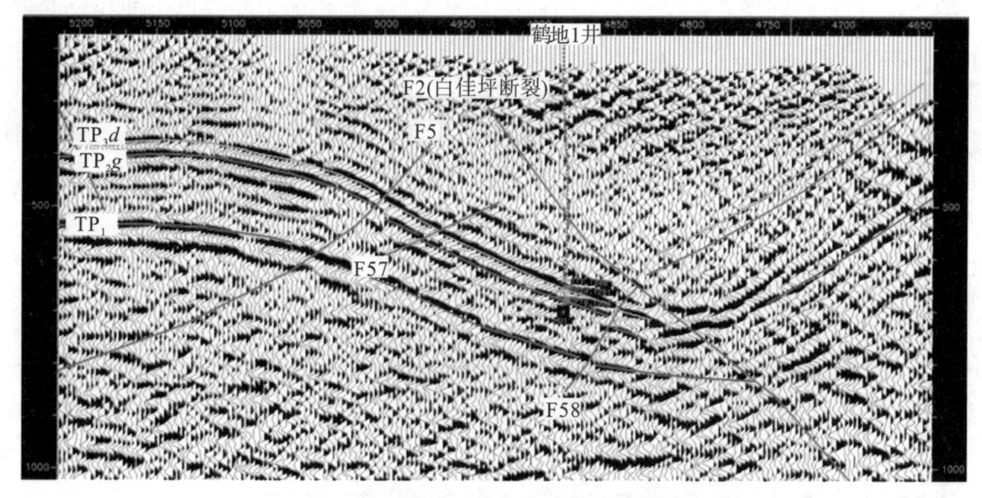

图 9-18　鹤地 1 井构造特征分析剖面

利用钻井时深关系结合区域速度资料，编制了大隆组底界、孤峰组底界构造图。由图可知，大隆组主要分布于陈家湾向斜、石灰窑背斜、鹤峰向斜。

鹤地 1 井所处的陈家湾向斜位于鹤峰区块 F2 早期断层和晚期反冲断层 F5 之间，地层保存较完整，大隆组、孤峰组、志留系与寒武系均有保存，大隆组最大埋深 2000m 左右。整体构造完整，构造总面积 378 km^2，长轴长 41km，短轴长 17km；矿权内构造总面积 289km^2，长轴长 27km，短轴长 16km，后期小断裂 F57、F58 轻微切割地层，局部发育裂缝。

鹤峰向斜(图 9-19)介于早期 F1 走马断裂与晚期反冲断裂 F4 之间，地层保存较完整，二叠系、志留系与寒武系地层均有保存，大隆组最大埋深在 3000m 左右。整体构造完整，构造总面积 535 km^2，长轴长 70km，短轴长 15km；矿权内构造总面积 418km^2，长轴长 50km，短轴长 12km。断裂不发育，保存条件相对较好。

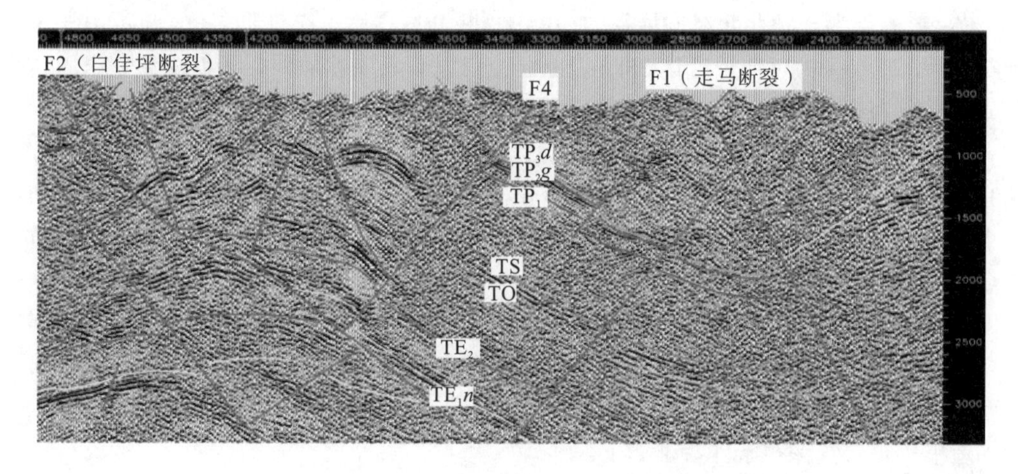

图 9-19　鹤峰向斜构造特征分析剖面

4. 鹤峰区块断裂分布特征

受区域构造应力场的作用，鹤峰区块主要受江南－雪峰北西方向的挤压应力作用，断裂多呈北东-北北东向展布，以北北东向断层发育为主。在剖面上断裂以逆冲和反冲为主。其中F1、F2、F3、F4、F5断层全区展布，断层F1、F2、F3与反冲断层F4、F5一起控制了隆凹相间的格局。

鹤地1井所处陈家湾向斜，受F2断层和F5断层控制，后期的小断裂F57、F58使地层错动，局部裂缝发育，鹤地1井岩心可见多处裂缝发育，地层破碎，可能是受F2、F5断裂带和后期小断层的综合影响，使得地层局部破碎明显，裂缝发育。主要大断裂及井区附近断裂分布，断裂要素见表9-7。

表9-7 鹤峰区块大隆组底界断裂要素统计表

断裂名称	断开层位		性质	走向	断距/m	延伸长度/km
	地震	地质				
F1	TP_3－TZ	P_3－基底	逆断层	NE	70～3000	>33
F2	TP_3－TZ	P_3－基底		NNE	50～500	>27
F3	TP_3－TZ	P_3 －基底		NNE	800～1300	>23
F4	TP_3－TZ	P_3－Z		NE	20～145	>25
F5	TP_3－TZ	P_3－Z		NNE	10～60	>28
F50	TP_3－TS	P_3－S		NNE	25～100	6.5
F57	TP_3－TP_1g	P_3－P_1g		NNE	10～25	2.6
F58	TP_3－TP_1g	P_3－P_1g		NE	20～40	2.2

主要断裂特征及控制作用如下。

白家坪断层(F2)：该断层为一条北东向展布的逆断层，断开二叠系－震旦系层位。断距50～1500m，倾向东南，矿权区内延伸长度36km，断层上盘发育白家坪背斜，下盘发育陈家湾向斜，形成时期应为燕山－喜马拉雅期。

F5：该断层为一条北北东向展布的逆断层，断开二叠系－震旦系层位。断距10～60m，倾向北西，矿权区内延伸长度达28km，断层上盘发育石灰窑背斜，下盘发育陈家湾向斜，形成时期应为燕山－喜马拉雅期。

鹤地1井位于陈家湾向斜核部和陈家湾断裂带，钻探中遇到褶皱与断层。例如，在100m以内、450m左右、670m左右、960m左右、1070m左右钻遇数个断层，伴生着各种小型褶皱、节理与裂隙。由于地震资料的分辨率有限，对该类小断裂不能准确地识别出断点。但我们仍然能从地震剖面上看出鹤地1井附近存在多个断裂。

5. 各构造单元的保存条件特征

鹤峰区块受多期构造运动影响，构造整体抬升，持续叠加改造，断层特别是通天断层发育，以逆冲、反冲及对冲为主，断裂控制了次级构造(图9-20)，整体保存条件较差。各个构造单元页岩气保存条件特征如下。

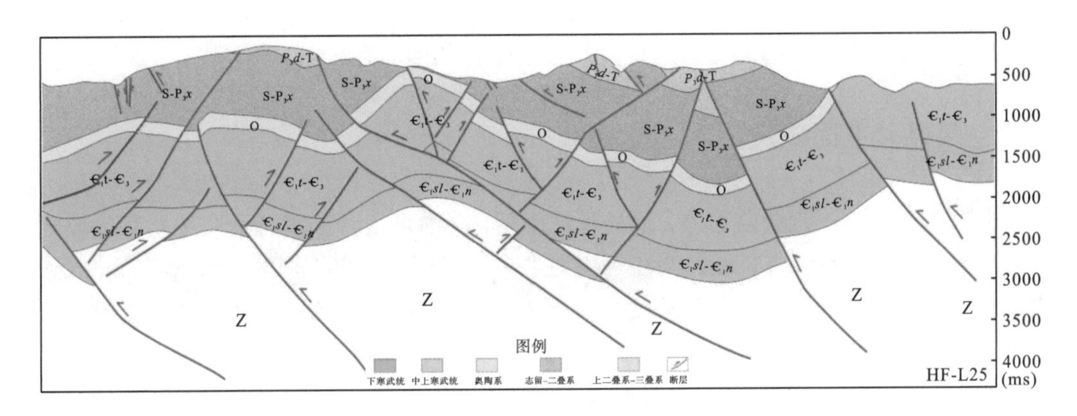

图 9-20　鹤峰区块及邻区典型构造剖面

(1) 长树湾向斜位于陈家湾断裂西北部，断裂较少，大隆组部分地层出露，埋深浅，底界埋深 0～300m，不利于页岩气的保存；志留系五峰组-龙马溪组底界埋深在 2400～4400m，保存条件较好。

(2) 石灰窑背斜位于陈家湾断裂上盘，大隆组出露地表，大部分地区剥蚀殆尽，保存条件缺失；五峰组-龙马溪组底界埋深在 1400～3100m，断裂相对不发育，构造较为完整，保存条件好。

(3) 陈家湾向斜位于工区中部白佳坪断裂下盘，数条断层形成了叠瓦状、对冲和反冲构造，志留系-二叠系大隆组地层保存均较完整。大隆组底界埋深 0～1700m，五峰组-龙马溪组底界埋深在 1400～3600m，寒武系-二叠系大隆组地层受多条地层切割，构造破碎，保存条件差。

(4) 白佳坪背斜主体位于工区中部白佳坪断裂上盘，大隆组与五峰-龙马溪组地层出露地表，部分地方剥蚀殆尽，断层极为发育，构造破碎，保存条件差。

(5) 鹤峰向斜位于走马断裂下盘，大隆组与志留系地层保存均较完整，大隆组在东北部位于断裂上盘，埋深浅，底界埋深为 0～1800m，离露头区较近，保存条件差，西南部位于断裂下盘，底界埋深 0～3200m，远离露头区，保存条件好；五峰组-龙马溪组底界埋深在 2700～5800m，位于断层下盘，构造相对简单稳定，保存条件较好，但普遍埋深大。

(6) 走马背斜位于工区东南部走马断裂与地层剥蚀线之间，大隆组、志留系地层均出露地表，地层剥蚀情况严重，离露头区较近，大隆组、五峰组-龙马溪组保存条件差。

二叠系大隆组构造裂缝发育，且均已被方解石充填，并发育多个滑脱面，说明其受构造破坏较强，这应是其含气较低的重要原因。从常规油气角度考虑，鄂西南地区奥陶系五峰组-志留系龙马溪组与二叠系大隆组，尤其是后者具有非常优异的生烃条件，且生烃层本身相对上下地层的储集性较差，因此更有利于常规油气藏的形成，可作为今后研究和勘探的重点。

9.3　微观保存条件评价

保存条件的好坏直接体现在地质流体类型和古流体下渗深度等水文地化特征上，因此，通过微观封存能力的流体标志可直观反映保存条件的好坏。

9.3.1 侵蚀基准面确定

湘鄂西区块地下水蕴藏丰富，地处长江中游，区内水资源丰富且水文地质环境较为复杂。水系较发育，不仅有长江、清江等主力水系，而且地下水类型多，水量丰富，导致区内地貌以侵蚀溶蚀地貌分布最为广泛。主要类型有三类：松散岩类孔隙潜水、碳酸盐岩岩溶水、基岩裂隙水。其中以碳酸岩岩溶水为主。区内主要为碳酸盐地层，岩溶水最发育，岩溶洞穴、地下暗河十分发育，造成地表水与地下水的强烈交替，总体对页岩气保存不利。区内岩溶发育的地层主要有 4 套：①嘉陵江组白云岩；②大冶组灰岩；③中二叠统(栖霞组-茅口组)生物屑灰岩；④下寒武统-下奥陶统(石龙洞组-红花园组)白云岩、生物屑灰岩。隔水-相对隔水的地层有牛蹄塘组–石牌组、志留系等。

大隆组顶板为大冶组和嘉陵江组碳酸盐地层，均为区域上岩溶水普遍发育的地层，特别是嘉陵江组，地下暗河、溶洞泉、地下岩溶漏斗等十分发育，区域上常构成一个整体的含水层，对页岩气的保存影响较大，但是，大冶组底部为薄-中层泥晶灰岩夹页岩，厚度达 800～1000m，岩溶水对该套地层影响较小，页岩气保存条件较好。

为了避免地下水对页岩气藏的破坏，在评价页岩气保存条件时还应该考虑到该地区地下水的侵蚀基准面。通过对该地区地表高程数据的研究，可以得出本地区地下水侵蚀基准面大于 700m，考虑地下水向下的渗透能力，将本地区页岩气保存的埋深上限定为 800m。

9.3.2 水文地质垂直分带

水文地质条件是油气保存条件的综合反映，主要受地表水文条件、盖层条件、目的层埋深、断裂等影响。一般情况下，地下水越靠近地表，与地表水联系越密切；相反，埋藏越深则与地表水联系越差(杨绪充，1989)。因此，根据两者相互联系的程度，在纵向上与横向上可以将地层水划分为三个不同的水文地质垂直分带，即：自由交替带、交替阻滞带和交替停滞带(刘方槐和孙家征，1991)。

自由交替带中，地层水与地表水及大气淡水循环活跃，联系密切，以淋滤作用为主。油气在此环境中被氧化或者被冲洗殆尽，地下水的化学性质与地表水相似，矿化度、氯离子浓度较低，钠氯系数一般大于 1.5，多数属 Na_2SO_4 型水。当岩层中有长石矿物存在时，可以出现 $NaHCO_3$ 水型，矿化度低，小于 3g/L，变质系数大于 1.5，脱硫系数大于 40，表明水文地质条件垂向上的开启程度高。

交替停滞带处于埋深较大的封闭环境，地下水在多数情况下可能是完全停滞的。地下水矿化度、氯离子浓度由于压滤浓缩作用增加，通常属高矿化度、高盐化水，主要为 $NaCl-CaCl_2$ 型，矿化度大于 35g/L，变质系数小于 1，脱硫系数小于 40，交替停滞带表明水文地质条件在垂向是封闭的，有利于油气保存(胡晓凤等，2007)。另外，与油气共生的地下水碱交换指示值一般大于或等于 0.129(王威，2009)。该带一般位于未被断层切割的深部构造，地层水主要为沉积埋藏水或古大气渗入水成因。其封闭良好的环境具有最佳的油气保存条件。

交替阻滞带是处于自由交替带和交替停滞带之间的过渡地带，为原生沉积水与地表渗入水的混合，交替阻滞带上部通常为 Na_2SO_4 水型，下部为 $CaCl_2$、$MgCl_2$ 水型，矿化度 3～35g/L，变质系数 1.1～1.5，脱硫系数 4～40。在还原条件下，由于生物化学作用，硫酸盐可以被还原而出现 $NaHCO_3$ 水型。该带一般靠近露头区或者断裂发育的高陡背斜带，通常具薄层膏盐、泥质岩隔层，由于断裂的沟通作用，地层封闭性一般，也受地表水淋滤作用影响，但影响程度较弱且自上而下逐渐减小，油气保存条件较差。

江汉平原覆盖区海相地层水的矿化度为 0.85～66.8g/L，变质系数为 0.59～1.75，脱硫系数为 4.09～236.54，碱交换指数为-0.61～0.72（王威，2009），各个层系地层水变化大，但总体而言各套黑色页岩层系保存条件较好（表 9-8）。

表 9-8　江汉平原储层地下水化学特征系数［据王威（2009）整理］

分区	特征系数	二叠系	志留系	寒武系
江汉平原	变质系数	0.78～1.72	0.59	0.92～1.19
	脱硫系数	6.38～60.37	12.53	8.38～58.01
	碱交换系数	0.22～-0.72	0.41	0.08～-0.18

建始断裂带以西，鄂西渝东地区海相地层水的矿化度较高，水型多为 $CaCl_2$，二叠系和石炭系储层地层水变质系数为 0.04～1.91，脱硫系数为 0.32～4.61，碱交换指数为-0.9～0.65（王威，2009），绝大多数钻井的地层水属于交替停滞带，个别为交替阻滞带，且石炭系比二叠系地层水条件好，表明埋藏深度越大，油气保存条件越好。

9.3.3　地层水特征及封闭性分析

地层水作为最广泛存在的一种地质流体，直接参与了沉积物的成岩、后生、成油和成矿等过程，其自身的性质往往是多种地质作用的结果和记录，具有良好的指示意义。因此，通过分析地层水所保留的受保存条件影响的一些特征，可以研究油气保存条件是否完好，进而确定流体封闭性。

鄂西南地区早古生代及以上地层水总体矿化度偏低，总矿化度值大多小于 14 g/L（表 9-9），变质系数为 0.7～98.66，水型以 Na_2SO_4 和 $CaCl_2$ 为主，除建南地区为交替停滞带之外，其他地区处于自由交替带-交替阻滞带过渡状态，并未显示良好的流体保存条件（表 9-10）。虽然勘探实践证实中扬子区域内储层的含油气显示级别与地层水性质密切相关（图 9-21），但以往常规油气探井多位于背斜构造（应维华，1984），但是考虑到由于断层和盖层等物性边界的封存，以及后期地表水淋滤改造，研究区原本完整的地层水系统多被分割为相互独立的封存箱，造成了地层水性质在平面上和纵向上都显示出明显的差异性，且收集资料大都来源于钻井证实失败的常规油气钻井。因此，在远离构造高点的低幅构造单元内，发育较好的保存体系也能为页岩气富集提供有利条件。

纵向上，湘鄂西南地区由于受到的构造活动改造程度相对较大，中生界地层基本被剥蚀，仅残存古生界部分地层，地层开启程度较大，地层水被交替程度较强，地层水大部分属于自由交替带-交替阻滞带。平面上，湘鄂西区花果坪复向斜下古生界地层含水层为中生界-上古生界地层所覆盖，并且志留系、下寒武统盖层连续分布，远离供、泄水区，水位标高300～400m，地表无热液、热水(泉)、油气苗分布，该区属于次封存区。宜都鹤峰复背斜大部分地区古生界地层广泛出露，为受渗入水影响区，水位标高或大于700m或小于100m，为供、泄水区，大致以复背斜为供水区，以澧水、酉水、清江和长江流域为泄水区，地层水矿化度为2～3g/L，为自由交替水，热液、热水(泉)、油气苗广泛分布，为开启区，属于自由交替带(胡晓凤等，2007)。总体上，湘鄂西区地层水多属于交替阻滞带-自由交替带(次封存区-开启区)，对页岩气保存有一定影响。

表9-9 鄂西南地区地层水类型及水文地质分带(楼章华和朱蓉，2006)

构造		井号	层位	水化学性质				水文地质垂直分带
				矿化度/(g/L)	变质系数	脱硫系数	水型	
石柱复向斜	建南	建^{13}	J_1	17.4	1.04	0.74	Na_2SO_4	交替停滞带
		建^{24}	$T_3x^{5\text{-}6}$	133.97	0.65	0.176	$CaCl_2$	
			$T_3x^{5\text{-}2}$	126.92	0.72	0.014	$CaCl_2$	
			$T_3x^{4\text{-}2}$	146.46	0.71	0	$CaCl_2$	
		建^{3}	Tj^1	112.67	0.99	3.41	$CaCl_2$	
			Tj^1	142.987	0.995	2.789	$MgCl_2$	
		建^{31}	Tf^3	133.135	0.918	0.392	$CaCl_2$	
			P_2ch	144.511	0.922	0.206	$CaCl_2$	
		建^{13}	C_2	61.768	0.405	0.056	$CaCl_2$	
	龙驹坝	龙1井	T_1d^3	11.17	1.389	48.938	Na_2SO_4	交替阻滞带
		龙4井	P_1q-C_2	130.46	0.7	0.02	$CaCl_2$	交替停滞带
齐岳山复向斜	卷店	卷1井	Tj^2	1.9617	5.6303	97.76	Na_2SO_4	自由交替带
			T_1d^3	1.434	5.582	88.937	Na_2SO_4	
			P_2ch	2.7411	1.4665	32.651	Na_2SO_4	
			P_1q-P_1m	2.606	1.6903	48.181	Na_2SO_4	
	盐井	盐1井	J_1z	1.6451	3.3062	41.755	$NaHCO_3$	自由交替带
			T_1d^3	2.4278	10.8757	86.468	$NaHCO_3$	
			P_2ch	8.7908	0.9338	13.941	$CaCl_2$	交替阻滞带
			C	8.3499	0.6693	1.701	$CaCl_2$	
湘鄂西	白果坝	鄂参1	Z_1^2	6.7686	3.78	60.32	$NaHCO_3$	自由交替带—交替阻滞带
		果1	$Є_1^1$	3.3637	3.54	99.24	Na_2SO_4	
	李子溪	李2井	$Є_2$	3.7825	3.75	75.04	Na_2SO_4	
	洗马坪	洗1	$Є_1^3$	8.8755	4.09	71.49	$NaHCO_3$	
	河捞子	河2	S_1	1.799	39.54	10.87	$NaHCO_3$	自由交替带
			$O_1^{1\text{-}3}$	1.2344	9.91	95.36	Na_2SO_4	
	咸丰	咸1	$Є_1^3$	2.1301	25.57	98.66	Na_2SO_4	
		咸2	Z_2^1	13.5959	31.67	—	$NaHCO_3$	自由交替带—交替阻滞带
	宜都	宜3	$Є_1^2$	7.603	2.08	69.35	Na_2SO_4	
			Z_2^2	7.633	2.17	69.86	Na_2SO_4	

表 9-10　鄂西南地区寒武系-志留系黑色页岩层系地层水化学特征

构造单元	层位	井名	矿化度/(g/L)	变质系数	水型	垂向分带
中央复背斜	€	茶 1 井	2.70	31.9	Na_2SO_4	自由交替
	€	果 1 井	3.36	30.54	Na_2SO_4	自由交替
	€	李 2 井	3.78	28.79	Na_2SO_4	自由交替
花果坪复向斜	S	河页 1 井	3.9～7.3	—	$NaHCO_3$	交替阻滞
	S	河 2 井	1.80	9.91	$NaHCO_3$	自由交替
	€	洗 1 井	8.87	4.09	$NaHCO_3$	交替阻滞
鹤峰复背斜	€	咸 1 井	2.13	25.57	Na_2SO_4	自由交替
	Z	咸 2 井	13.59	19.25	Na_2SO_4	自由交替
	€	茅 2 井	1.91	7.28	$NaHCO_3$	自由交替
	Z	宜 3 井	7.63	2.17	Na_2SO_4	交替阻滞

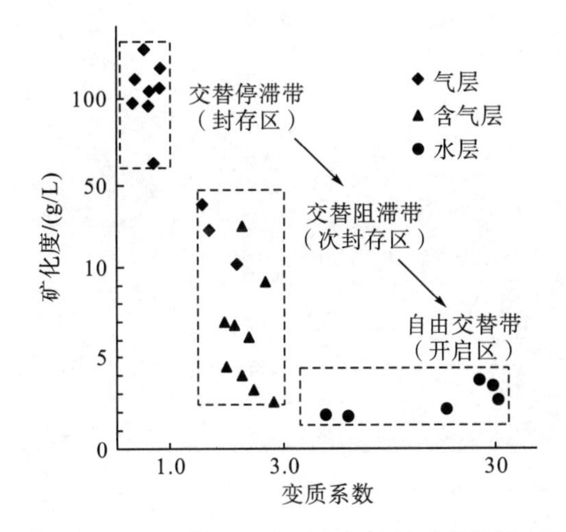

图 9-21　鄂西南地区地层水化学性质与产层含气性关系［据胡晓凤等(2007)修改］

9.3.4　大气淡水下渗深度

利用方解石脉的稳定同位素组成，获取形成温度等地球化学参数，并且在分析方解石脉成因的基础上，计算古大气水的下渗深度。其计算过程为：

(1)测定方解石的碳氧稳定同位素组成，判断方解石脉形成时的流体有大气水的参与。

(2)计算方解石脉的形成温度。

(3)结合古地温梯度计算方解石形成深度，这个深度即为古大气水的下渗深度。

碳酸盐成岩时水体介质的温度是控制碳酸盐稳定同位素组成的重要因素之一。水介质温度对 $\delta^{18}O$ 值的影响远远超过盐度对它的影响，而 $\delta^{13}C$ 值随温度变化很小。因此，在盐度不变时，$\delta^{18}O$ 值可用来作为测定古温度的可靠标志。当碳酸盐与水介质处于平衡状态时，$\delta^{18}O$ 值随温度的升高而下降。

测定古大洋水温度的方法是由美国学者、诺贝尔奖获得者 H.C.Urey 提出的：

$$T(℃)=16.9-4.38(\delta C-\delta W)+0.10(\delta C-\delta W)^2$$

其中，δC=10.25+1.01025×δ$CaCO_3$；δW=41.2(设δH_2O=0)。

$\delta^{18}O$ 与成岩强度之间的定性关系：成岩强度越大，$\delta^{18}O$ 值越低。依据彭水区块及邻区各时代地层构造裂隙方解石充填物的 $\delta^{13}C$、$\delta^{18}O$ 值，利用上述公式可以求得方解石充填物质形成时期的流体介质温度。

研究区各层次裂隙方解石充填物的 $\delta^{13}C$ 值低值较多，受下渗大气水的影响，大气水沿断裂带下渗的深度较大。除了五峰地区在 3000m 以上的异常区域之外，大部分下渗深度为 2000～2500m(图 9-22)。从计算方法中可以看出，这个古大气水下渗深度是剥蚀过程中方解石脉形成时的大气水下渗深度，不代表最大剥蚀厚度时期的古大气水下渗深度。因此，计算获得的古大气水下渗深度是剥蚀过程中某个时期的大气水下渗深度。

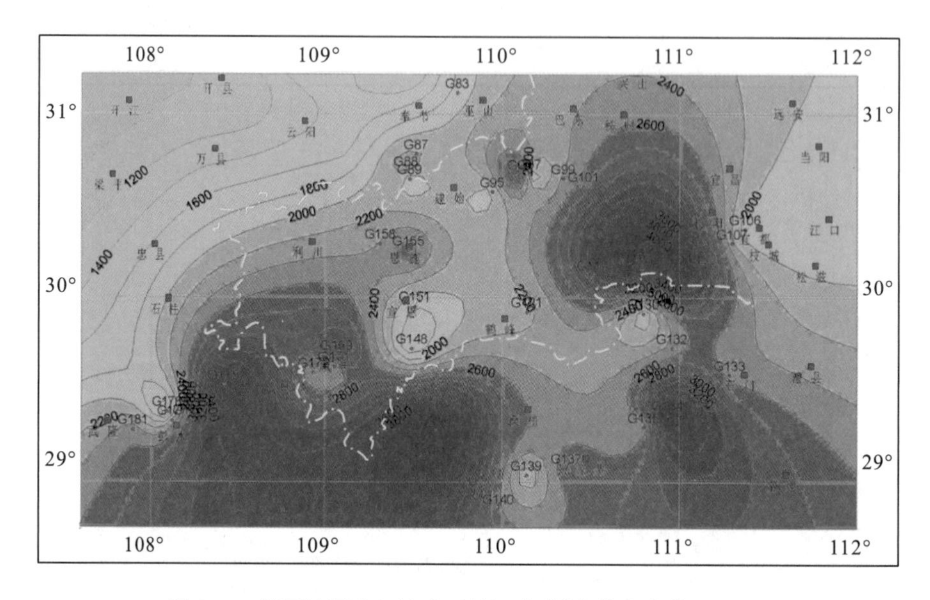

图 9-22 鄂西地区大气淡水下渗深度(楼章华和朱蓉，2006)

综上，针对该地区海相地层来说，页岩气保存条件的主要研究内容包括构造作用和演化历史、断层的封堵性、地层水条件及其在时间和空间上的组合关系。在评价过程中，应具体问题具体分析，将页岩气保存条件的几个方面综合起来进行判断，不能以一个指标的好坏而肯定或否定一个地区或领域。参考常规油气保存条件的评价方法和综合评价指标体系的研究成果，本项目认为页岩气的保存条件需要从上述三个互为成因的方面进行分析。其中盖层和断层封闭性是影响保存条件的直接因素；后期构造运动则是影响保存条件和造成油气藏破坏与散失的根本原因；水文地质条件和地下流体化学-动力学参数是判识现实保存状况好坏的判识性指标(马永生等，2006a)。

根据目前成功勘探开发页岩气的经验来看，有利的页岩气保存区应是地层产状平缓、断裂发育较少、地形平坦、构造样式完整的背斜或向斜区，同时侵蚀基准面与目的层之间的相对位置对页岩气的保存也会有一定的影响。鹤峰区块褶皱较发育，各褶皱呈左行雁列偏对称的长轴梳状褶皱，但向斜宽缓，相对较有利于页岩气保存。

9.4　邻区重点钻井保存条件分析及勘探启示

9.4.1　重点钻井分析

1. 河页 1 井

河页 1 井钻遇龙马溪组(含五峰组)富有机质泥页岩井段 2139.4～2165m，厚 25.6m。TOC 为 1.28%～5.28%，平均值为 2.54%；镜质体反射率(R_o)为 2.62%～2.80%，平均值为 2.69%。钻井过程中在 2150.0～2167.34m 见气显示，但测试未获工业气流。

钻后分析认为该井失利的主要原因一是目的层富有机质页岩厚度较薄，不是页岩气形成的有利沉积相带，富有机质页岩分布非常有限；二是底部临近断裂，测试可能压穿了水层，其水型为 $NaHCO_3$。

2. 利页 1 井

利页 1 井完钻井深 2886.06m，其中龙马溪组(含五峰组)在 2819.2～2825m/5.8m 为相对较好的页岩气层段，有机碳含量较高，为 2.7%～4.6%，平均值为 3.4%，页岩气的地质条件好，但钻探未取得突破。

分析认为龙马溪组裂缝发育，发育大量高角度缝、高导缝，对志留系页岩气的保存不利；同时利页 1 井西侧紧邻通天断裂，受齐岳山大断裂的影响，该井区构造变形大，断裂较发育，次级断层可能断过利页 1 井目的层附近，断层通天，不利于页岩气保存；另外，利页 1 井主要生烃时间在晚三叠-早侏罗世(T_3-J_1)，快速抬升剥蚀、构造复杂不利于页岩气聚集。

3. 恩页 1 井

恩页 1 井完钻井深 4013.66m。水井沱组钻遇富有机质泥页岩 175.5m，TOC 整体较高，平均为 6.09%，R_o值平均为 3.63%。龙马溪组-五峰组钻遇富有机质泥页岩 70m，TOC 平均为 2.05%，R_o 平均为 2.56%。水井沱组和五峰-龙马溪组页岩气地质条件均好，但钻探均未取得突破。

分析认为水井沱组泥页岩受底板条件的影响，水井沱组与灯影组为平行不整合接触关系，早期油气生成后存在油气初次运移，不利于页岩气原地聚集，录井气测异常较差，平均为 0.26 m^3/t，而五峰-龙马溪组埋深浅，仅 580 余米。

4. 牛蹄塘组与昭 104 井

寒武统牛蹄塘组泥页岩页岩气地质条件优越，但未获得油气显示，现场实测含气量仅 0.57m^3/t，且成分以氮气为主，整体保存条件差。

昭 104 井开孔层位为三叠系，目的层下志留统龙马溪组埋藏深度大于 1900m，井区构造平缓完整，断裂不发育，试气日产超过 $1\times10^4m^3$，经试采产量稳定，整体保存条件好。

5. 黔页 1 井与彭页 3 井

黔页 1 井与彭页 3 井同属桑拓坪向斜，彭页 3 井位于向斜核部位置，五峰组-龙马溪组上覆地层有中下志留统、泥盆系、二叠系及三叠系地层；离目的层裸露区 8km，测试获

日产 $3.5\times10^4m^3$ 页岩气产能，表明井区具备较好的保存条件。

黔页 1 井位于向斜翼部，五峰组-龙马溪组上覆地层为中下志留统、泥盆系和下二叠统地层，离目的层裸露区仅 2km，测试仅获得几百立方米页岩气产能，表明井区页岩气侧向扩散或渗流散失，保存条件差。

6. 彭页 1 井和渝页 1 井

彭页 1 井、渝页 1 井均位于四川盆地东南部，两口井钻遇了志留系龙马溪组优质泥页岩和奥陶系宝塔组瘤状灰岩底板，但顶板的差异造成钻探效果的不一。

彭页 1 井目的层五峰组-龙马溪组埋藏深度大于 2000m。2055～2158m 井段龙马溪组发育优质深水陆棚相页岩，总厚度达 103m，五峰组-龙马溪组 2136～2160m 层段现场解吸总含气量为 1.3～$2.3m^3/t$，油气显示活跃，全烃达 20%，测试后获得日产气量 $2.5\times10^4m^3$，其顶底板条件完好，整体保存条件好。

渝页 1 井目的层埋藏浅，开孔层位即为下志留统龙马溪组，完钻井深 325.48m。渝页 1 井龙马溪组页岩气基本地质条件优越，黑色页岩厚度总计 225.78m，10 块样品有机碳含量为 1.44%～7.28%，平均为 3.7%。等温吸附量为 1.0～$2.1m^3/t$，远高于美国刘易斯(Lewis)页岩等温吸附量(0.5～$1.0m^3/t$)。但现场解吸含气量仅在 $0.1m^3/t$ 左右，且解吸样品中甲烷含量最高只有 42.43%。可见，渝页 1 井由于目的层埋藏浅、缺失顶板，页岩气向上发生逸散，大气水下渗水洗，保存条件差。

7. 金石 1 井和方深 1 井

金石 1 井和方深 1 井下寒武统牛蹄塘组(筇竹寺组)优质泥页岩发育，方深 1 井页岩气基本地质条件指标甚至优于金石 1 井，顶板均为上部粉砂岩地层，但方深 1 井底板为灯影组不整合面白云岩岩溶，保存条件差，未获工业气流；金石 1 井页岩气层段的底板为粉砂岩、泥质粉砂岩，底板条件好，取得日产 $2.88\times10^4m^3$ 页岩气工业产能。

与金石 1 井同属威远构造南西斜坡的金页 1 井筇竹寺组上部泥页岩顶底板为粉砂岩、泥质粉砂岩，全烃含量为 0.690%～26.881%，C_1 含量为 0.576%～24.044%，测试获日产 $2.7\times10^4m^3$ 页岩气工业产能；下部泥页岩的顶板为粉砂岩，底板为灯影组不整合面，全烃含量为 0.733%～3.616%，C_1 含量为 0.324%～2.476%。在上下部泥页岩有机碳含量相当的情况下，显示级别存在很大差异，说明是底板条件的差异造成保存条件的不一。

9.4.2 勘探启示

以上页岩气钻井成败的实例表明，保存条件对页岩油气的形成和富集起着关键的作用。造成各井勘探成效不同的主要原因是构造条件和封盖条件的差异。

构造分析认为，齐岳山断裂以西地层变形弱、断裂不发育，保存条件好；齐岳山断裂以东，构造总体变形弱、断裂较发育，复向斜两翼和复背斜轴部构造变形相对较弱。钻后构造分析发现恩页 1 井位于构造弱改造区，地层稳定分布，保存条件好。利页 1 井区断裂较为发育，受构造改造较强，保存条件差。

上覆盖层有利于阻止大气水的下渗和目的层的裸露，使目的层页岩气免遭水洗和逸散。同时剥蚀量与压力释放关系密切，较少的剥蚀量使目的层泥页岩压力释放较少，产生的裂隙较少，有利于页岩气保存，如黔页 1 井与彭页 3 井。

顶、底板的差异造成钻探效果的不一。由于构造运动影响，不整合面碳酸盐岩经出露淋滤而产生岩溶，孔渗条件较好，靠近不整合面的泥页岩成熟生烃后，烃类物质沿不整合面运移，不利于页岩气的保存。底板差异如金石 1 井和方深 1 井，顶板差异如彭页 1 井和渝页 1 井。

第十章　资源潜力分析

通过对鄂西南地区二叠系大隆组地化特征、物性特征、含气性及构造保存等的研究，结合区域地质资料，对鄂西南地区及鹤峰区块二叠系大隆组的资源潜力进行评价。

10.1　资源评价方法选取

借鉴 2014 年 6 月 1 日发布实施的中华人民共和国地质矿产行业标准《页岩气资源/储量计算与评价技术规范》(DZ/T 0254—2014)，不同勘探程度采用不同资源评价方法。鄂西南地区仅有鹤峰区块地震测网密度 2×4～4×6km，钻有二叠系页岩气资料井仅鹤地 1 井，因此将鄂西南地区及鹤峰区块划分为中等勘探程度地区，所以其资源评价方法采用体积法、含气量类比法进行计算，其中仅对鄂西南地区资源量进行估算(表 10-1)。

表 10-1　中石化页岩气资源评价勘探程度与评价方法适用表

勘探程度	资料情况、勘探程度划分依据	评价方法
相对较高勘探程度	针对目的层有地震详查或三维地震资料，有大量钻遇目的层的预探井、评价井以及相关分析化验、测井资料等，对该区基本石油地质条件及油气富集规律清楚，可较为全面地获取评价关键参数资料	体积法
中等勘探程度	有二维地震资料，有少量钻遇目的层的预探井或区域探井等资料、有部分分析测试资料，对基本石油地质条件较清楚，可获得该地区部分评价关键参数	体积法、类比法
低勘探程度	仅有重、磁、电等非地震物化探资料，没有针对目的层的地震资料、钻井等一系列资料数据，对基本石油地质条件不清楚，评价关键参数缺乏，仅能靠类比法获得	类比法

10.2　资源评价单元划分

由前述研究可知，鄂西南地区出露地层为寒武系-三叠系，二叠系地层主要分布在中央复背斜、花果坪复向斜与宜都-鹤峰复向斜，其他地区二叠系及以上地层基本剥蚀殆尽。借鉴中石化《页岩气资源评价技术方法》关于评价单元平面划分及纵向划分的要求，平面上，若矿权区面积>地质构造单元面积，以地质构造单元作为评价单元；若矿权区面积<地质构造单元面积，以矿权区作为评价单元。而鹤峰区块中仅在陈家湾和鹤峰两个向斜残留二叠系、三叠系地层，区块内其他地区二叠系以上地层基本剥蚀殆尽，陈家湾向斜和鹤峰向斜两个向斜大部分位于鹤峰矿权区内，因此平面上以鹤峰矿权区内陈家湾向斜和鹤峰向斜作为二叠系页岩气评价单元。

通过对二叠系大隆组页岩气地质条件的研究，研究区大隆组发育大套深水台盆相优质页岩，厚度较大，所以区内二叠系具有形成大隆组页岩气藏的地质条件。据此依据含气泥页岩系统划分标准，将富含有机质的优质泥页岩连续厚度大、显示较好的大隆组作为页岩气勘探层系评价。

10.3 评价参数选取

借鉴中石化《页岩气资源评价技术方法》关于评价参数的相关选取标准和方法，综合各项资料确定鄂西南地区中央复背斜、花果坪复向斜、宜都-鹤峰复向斜、鹤峰区块陈家湾向斜和鹤峰向斜含气泥页岩厚度、面积、密度、含气量参数。

1. 含气泥页岩系统厚度

参考四川盆地页岩气资源评价研究经验，根据露头资料和鹤地 1 井实钻结果，以富含有机质泥页岩发育段为目标层进行评价单元划分，由于大隆组 TOC 整体均很高，为进一步提高资源量计算的可信度，本次计算将划分页岩厚度的 TOC 起算标准提高到大于等于 2%。所以页岩厚度的划分依据为 TOC≥2%、R_o>1.3%的泥页岩累计厚度大于 20m，顶、底板为致密岩层。

研究区大隆组含气泥页岩厚度取值主要考虑鹤地 1 井实钻结果，结合露头剖面综合确定。鹤地 1 井大隆组 R_o≥2%优质页岩厚度为 32.69m，连续沉积厚度为 38m。平面上，鄂西南地区露头剖面揭示大隆组 R_o≥2%的优质页岩厚度为 0～37.7m，鹤峰区块优质页岩厚度为 29.5～37.7m。综合考虑大隆组含气泥页岩厚度，鄂西南地区与鹤峰区块取值分别为 25m 和 35m。

2. 含气泥页岩有效面积

借鉴中石化页岩气资源评价技术规范，结合鹤地 1 井及邻区湘页 1 井钻探结果，以埋深大于 1000m 深水陆棚富有机质泥岩分布区为所计算总资源量的有效面积，同时根据地震地质综合研究优选的有利构造区面积作为计算有利区资源量的有效面积，不同构造、不同层系及不同埋藏深度的面积统计见表 10-2。

表 10-2 鄂西南地区及鹤峰区块矿权内有利构造不同埋深面积统计表

地区/区块	构造	层系	矿权内面积/km^2		
			埋深 1000～2000m	埋深 2000～3000m	埋深 3000～3500m
鄂西南地区	中央复背斜、花果坪复向斜与宜都-鹤峰复向斜	大隆组	约 1620		
鹤峰区块	鹤峰向斜	大隆组	110.68	77.21	16.78
	陈家湾向斜	大隆组	55.62	1.63	

3. 泥页岩密度取值

鹤峰区块大隆组为海相碎屑岩，岩性及岩性组合类似，岩石密度值变化不大，据鹤地1井采样分析统计，岩石密度为2.55～2.69 g/cm^3，平均为2.6 g/cm^3。

4. 泥页岩含气量取值

对于研究区的大隆组而言，除了鹤地1井，无其他含气性资料，因此，其含气量的取值以鹤地1井实测的含气量为标准。结合有机碳分析结果，取其TOC>2%的样品的含气量算数平均值为资源量计算值。总含气量为0.311～4.385 m^3/t，平均值为1.33 m^3/t。

10.4 资源量计算

根据以上各评价单元含气泥页岩厚度、面积、密度、含气量等参数的选值标准和方法，利用体积法计算公式 $Q=Sh\rho q\times10^{-2}$ 计算鄂西南地区及鹤峰区块各层系的页岩气资源量。式中：Q 表示页岩气地质资源量，10^{8}m^3；S 表示含气页岩分布面积，km^2；h 表示有效页岩厚度，m；ρ 表示页岩密度，t/m^3；q 表示总含气量，m^3/t。

关于鄂西南地区资源量的计算在后面页岩气评价中(第12章)进行详细阐述，此处主要对页岩气重点区，即鹤峰区块二叠系大隆组页岩气资源量进行计算。鹤峰区块不同层系的参数选值见表10-3，总资源量及有利区计算结果见表10-4。

资源量评价结果表明，鹤峰区块二叠系大隆组资源量为344.18×10^{8}m^3，鹤峰向斜大隆组为268.95×10^{8}m^3，陈家湾向斜大隆组为75.23×10^{8}m^3。

表10-3　鹤峰区块有利区页岩气资源量计算参数选值表

区块	构造	层段	总资源量参数					
			不同埋深的含气页岩分布面积 S/km^2			h/m	ρ/(t/m^3)	q/(m^3/t)
			1000～2000m	2000～3000m	3000～3500m			
鹤峰区块	鹤峰向斜	大隆组	110.68	77.21	16.78	38	2.60	1.33
	陈家湾向斜	大隆组	55.62	1.63		38	2.60	1.33

表10-4　鹤峰区块有利区不同埋深面积及其页岩气资源量计算结果统计表

区块	构造	层段	不同埋深资源量						合计资源量/10^{8}m^3
			1000～2000m		2000～3000m		3000～3500m		
			面积/km^2	资源量/10^{8}m^3	面积/km^2	资源量/10^{8}m^3	面积/km^2	资源量/10^{8}m^3	
鹤峰区块	鹤峰向斜	大隆组	110.68	145.44	77.21	101.46	16.78	22.05	268.95
	陈家湾向斜	大隆组	55.62	73.09	1.63	2.14			75.23

10.5 资源分布特征可信度评价

根据资源量计算结果，从构造单元上讲，鹤峰向斜大隆组页岩气总资源量为 268.95 $\times10^8m^3$，陈家湾向斜为 75.23$\times10^8m^3$，鹤峰向斜二叠系总资源量是陈家湾向斜的三倍多。所以根据资源量计算分布特征可知，在勘探目标方面，鹤峰向斜二叠系页岩气勘探潜力优于陈家湾向斜。

鹤峰区块地震勘探程度较高，鹤地 1 井是专门针对二叠系页岩气钻探的 1 口页岩气资料专探井。所以在开展页岩气资源潜力评价时，大隆组的页岩气资源潜力评价以鹤地 1 井资料为基础。特别是在含气性方面，露头样品和井下样品存在较大差异，井下样品能够相对准确地反映原始地层的含气量，进而开展更为准确的资源量计算。

在资源评价结果的可靠性方面，由前述分析可知，大隆组含气量取自鹤地 1 井的分析结果。资源量的计算受含气量的影响较大，即便是钻井样品，在井下的真实含气量与测试所得含气量也存在差别，同时，鹤地 1 井大隆组埋藏较浅，保存条件相对较差，导致页岩气层含气量降低，但相比野外剖面样品而言，本次资源量计算采用鹤地 1 井分析数据显得更为准确可靠。同时，鹤地 1 井的二叠系埋深为 1300m 左右，本次资源量仅包含埋深超过 1000m 的部分，结合邻区湘页 1 井的钻探效果分析，总体上，本次计算的二叠系页岩气资源量较可靠但偏保守。

第十一章　成藏条件及主控因素

页岩气藏是以富有机质页岩为气源岩、储层及盖层，不间断供气、持续聚集而形成的一种连续型天然气藏(李建青等，2014)。页岩气藏独特的地质特征主要表现在以下几个方面：①页岩气藏为典型的自生、自储、自盖型天然气藏；②页岩气藏储层具有典型的低孔、低渗物性特征；③气体赋存状态多样，主要由吸附气和游离气组成；④页岩气成藏不需要在构造的高部位，为连续型富集气藏；⑤与常规油气藏相比，页岩气藏较易保存。富有机质泥页岩具有普遍的含气性，寻找页岩气富集区并通过合适的工程措施获得工业气流，是页岩气勘探开发的关键和目标(陈新军等，2012)。对页岩气富集影响因素的分析，实际上是对影响页岩含气量因素的分析。

11.1　含气量特征

11.1.1　气体赋存方式

天然气在不同储层中的赋存方式不同。在致密砂岩中气体主要以游离气的形式存在，在煤系地层中气体则主要以吸附气形式存在，页岩气赋存形式介于致密砂岩气和煤层气之间，呈三种形式：孔隙中的游离气、有机质中的吸附气和油水中的溶解气。温压条件会影响三种状态气体的含量以及气体之间的相互转化。

页岩气中游离气、吸附气和溶解气在不同页岩中比例分布差异较大(Zhou et al.,2014)，综合来看页岩中气体组分以吸附气和游离气为主(Labani et al., 2013; Jarvie et al., 2005)，如浅埋藏生物成因的安特里姆(Antrim)页岩主要为吸附气，巴尼特(Barnett)页岩开发的核心区游离气所占比例一般为40%～50%，海恩斯维尔(Haynesville)页岩游离气比例在60%以上(Martini et al.,2003)。探井数据表明在页岩气开发和生产的最初阶段主要为游离气和溶解气(Bowker, 2007)，伊格尔福德(Eagle Ford)页岩和海恩斯维尔(Haynesville)页岩的开发表明了游离气和溶解气对页岩气开发的重要意义，页岩游离气含量通常高于煤层气等非常规气，使得页岩气开发比煤层气更具经济效益。

由于溶解气主要与页岩中残留油的数量有关，区内页岩热演化程度极高，已达到生干气阶段，基本不含残余油，因此，页岩气主要由吸附气和游离气组成。本次区内大隆组页岩含气性的研究主要借助于由江汉油田测井公司提供的测井曲线来完成。游离气的计算可以通过泥页岩的孔隙度和天然气饱和度来计算，而吸附气的计算则借助于有机碳含量来得出。游离气的含量受孔隙度和含气饱和度控制，高有机质页岩具有较高的页岩孔隙度和含气饱和度。对加拿大蒙特尼(Montney)页岩的分析表明，虽然吸附气占原地气量的23%，但吸附气仅占初始产量的2%、最终产量的6%，吸附气的贡献主要在页岩气开发的晚期。因此，页岩游离气的含量是页岩气成功开发的关键因素。

根据鹤地1井测井报告，鹤地1井下、中、上三段游离气与吸附气比值分别为0.32、0.38、0.16，均值为0.287，表明页岩吸附气量所占比例较大，游离气含量比例较低。由此分析，二叠系大隆组泥页岩以吸附气为主，游离气所占比例相对较低。

11.1.2　页岩总解析气量

页岩总解析气量一般通过罐体解析的方法获得。罐解析气法为在钻井过程中将新取得岩心密闭于解析罐中，模拟储层温度和压力，测量岩心释放的气体总体积和组分含量，直到气体释放速度减小到一定程度或者为零，再将样品粉碎，测定残余气体的含量。此外，还要估算钻取岩心过程中损失的气体量，将解析气加上残留气和损失气，可得到总解析气含量。较彻底的解析气含量的测定通常需要两个星期以上的时间。

在罐解析气含量测试中，总含气量由损失气量、解析气量和残余气量组成，合理的回归损失气量是准确测量页岩气的关键。本次研究的页岩实测含气量数据来自湖北省页岩气开发有限公司，根据实测罐含气量测试数据可知区内大隆组页岩总含气量为0.02～4.39 m^3/t，均值为1.08 m^3/t(表11-1)，其中损失气占9.7%，实测气占84.6%，残余气占 5.6%。美国页岩气开发中页岩含气量均值为2.1 m^3/t，因此鄂西南南地区二叠系大隆组总含气量低于美国页岩气开发层段平均含气量。

表11-1　鹤地1井大隆组页岩实测含气量

样品编号	样品重量/g	解析气量/cm^3	损失气量/cm^3	残余气量/cm^3	总含气量/(cm^3/g)
16	1512.5	17.77	0.34	12.91	0.02
17	2365.0	156.35	9.13	48.45	0.09
18	1730.0	21.67	1.33	12.67	0.02
19	2215.0	731.82	7.16	57.40	0.36
20	2275.0	1968.49	82.63	130.26	0.96
21	2180.0	2254.76	115.86	110.42	1.14
22	2345.0	1578.65	48.18	99.34	0.74
23	2320.0	89.67	5.83	30.58	0.05
24	2060.0	574.29	25.68	40.36	0.31
25	2375.0	918.14	43.35	117.20	0.45
26	2060.0	1013.56	81.05	99.01	0.58
27	2040.0	2845.64	997.79	112.50	1.94
28	1805.0	1769.24	653.41	90.98	1.39
29	2260.0	3801.04	858.84	239.74	2.17
30	1125.0	3537.93	1256.80	138.85	4.39
31	2020.0	809.67	73.66	56.15	0.47

续表

样品编号	样品重量/g	解析气量/cm^3	损失气量/cm^3	残余气量/cm^3	总含气量/(cm^3/g)
32	2205.0	2930.73	113.49	226.01	1.48
33	1825.0	2229.86	61.79	112.68	1.32
34	1735.0	1200.19	65.55	73.56	0.77
35	2155.0	1623.71	103.28	168.00	0.88
36	2185.0	2797.25	119.30	130.86	1.39
37	2055.0	2357.05	49.00	156.63	1.25
38	2175.0	3374.17	183.48	208.34	1.73
39	2185.0	3188.68	107.19	239.18	1.62
40	2155.0	2926.96	166.42	152.30	1.51

11.2 含气性控制因素

对比谭淋耘等(2015)提出的原地型、裂缝型与原地-裂缝型成藏模式(图 11-1)，可知鄂西南地区二叠系大隆组页岩气成藏模式均属于原地型。页岩气藏的展布范围受地层总有机碳含量(页岩生气能力)控制，页岩气生成之后未发生明显的运移，主要储集在原地层之中。鄂西南地区二叠系大隆组页岩以吸附气为主，孔隙构成游离气最主要的储集空间，故这类页岩气藏的游离气可能较少；微裂缝是在总有机碳含量较高的层段受有机质生烃作用的影响而局部发育，但这些微裂缝的延伸范围有限，主要局限在总有机碳含量较高的层段内部；微裂缝不会改变页岩气藏的分布范围，仅对页岩气藏的储层物性和储集空间进行了改造。

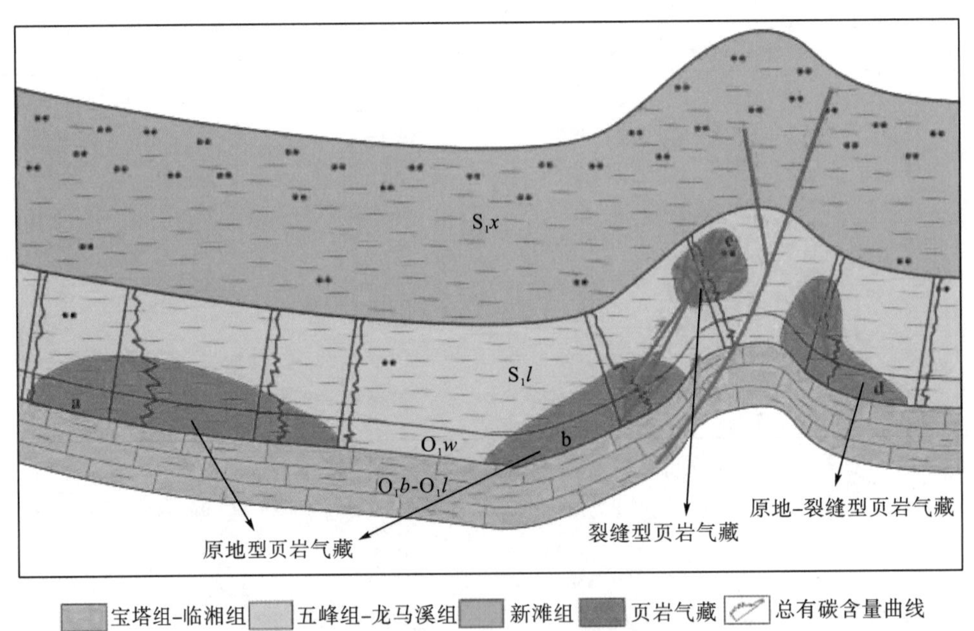

图 11-1 渝东南地区五峰组-龙马溪组页岩气成藏模式(谭淋耘等，2015)

孔隙类型并不是页岩含气量大小的主控因素，TOC为页岩气藏最本质的控制因素(吴艳艳等，2015)。因此，有机质丰度、成熟度及地层厚度是页岩气成藏最本质、最核心的控制因素，地层埋深则是决定页岩气藏是否具有工业开发价值的重要标准；裂缝发育状况和储层物性对页岩气的成藏有一定的影响，但其影响范围是有条件的(谭淋耘等，2015)。

为探讨鄂西南地区二叠系大隆组富有机质页岩的含气潜力，本次研究采用等温吸附模拟实验方法，获取泥页岩在一定温度和压力下的最大吸附气量，并主要根据页岩有机碳含量、热演化程度、矿物组成及保存条件等参数评价其品质。

11.2.1　等温吸附

页岩的吸附能力不仅影响着页岩的含气量，同时对页岩气的采收率以及页岩气有无开采价值起到重要作用。等温吸附特征反映了页岩储集层吸附气体的能力。由于吸附气量明显受到温度的影响，本次进行的等温吸附实验的温度都为34℃，该温度接近鹤地1井大隆组埋深温度。

页岩的吸附能力通常用兰氏体积(V_L)和兰氏压力(P_L)来进行评价。V_L代表极限吸附量，反映最大吸附能力；P_L代表吸附量达到V_L一半时所对应的平衡压力，反映吸附气体的难易程度。

利用朗谬尔(Langmuir)等温模型对野外露头与鹤地1井在34℃情况下进行了干样测试。其中，野外露头剖面中对6条实测剖面进行分析(表11-2)。分析结果表明，大隆组模拟的最大吸附气含量较高，最小值为1.02 m^3/t，最大值为7.40m^3/t，平均值为3.76m^3/t(表11-2，图11-2)。对鹤地1井中大隆组富有机质页岩样品也进行了等温吸附实验，最小值为2.51m^3/t，最大值为6.27m^3/t，平均值为4.04m^3/t(图11-3)。由此可见，大隆组吸附能力较强，这可能是由于大隆组TOC较高，具有更强气体吸附能力。

表11-2　鄂西南地区大隆组等温吸附测试数据表

剖面编号	样品编号	岩性	吸附气含量/(m^3/t)	采样位置	备注
PM010	D403/10-1Ty	含粉砂微晶灰岩	1.02	容美镇大溪村	
PM015	D901/18-1Ty	含碳粉砂质泥岩	7.40	燕子乡董家村	
PM016	D301/10-1Ty	含碳硅质岩	4.50	燕子乡楠木村	
PM021	D305/16-1Ty	含碳钙泥质粉砂岩	3.09	容美镇墙台村	
PM022	D805/7-1Ty	含碳硅质岩	3.78	红土溪乡石灰窑村	
PM023	D701/6-1Ty	碳硅质岩	2.77	红土溪乡长树湾村	
		平均值	3.76		

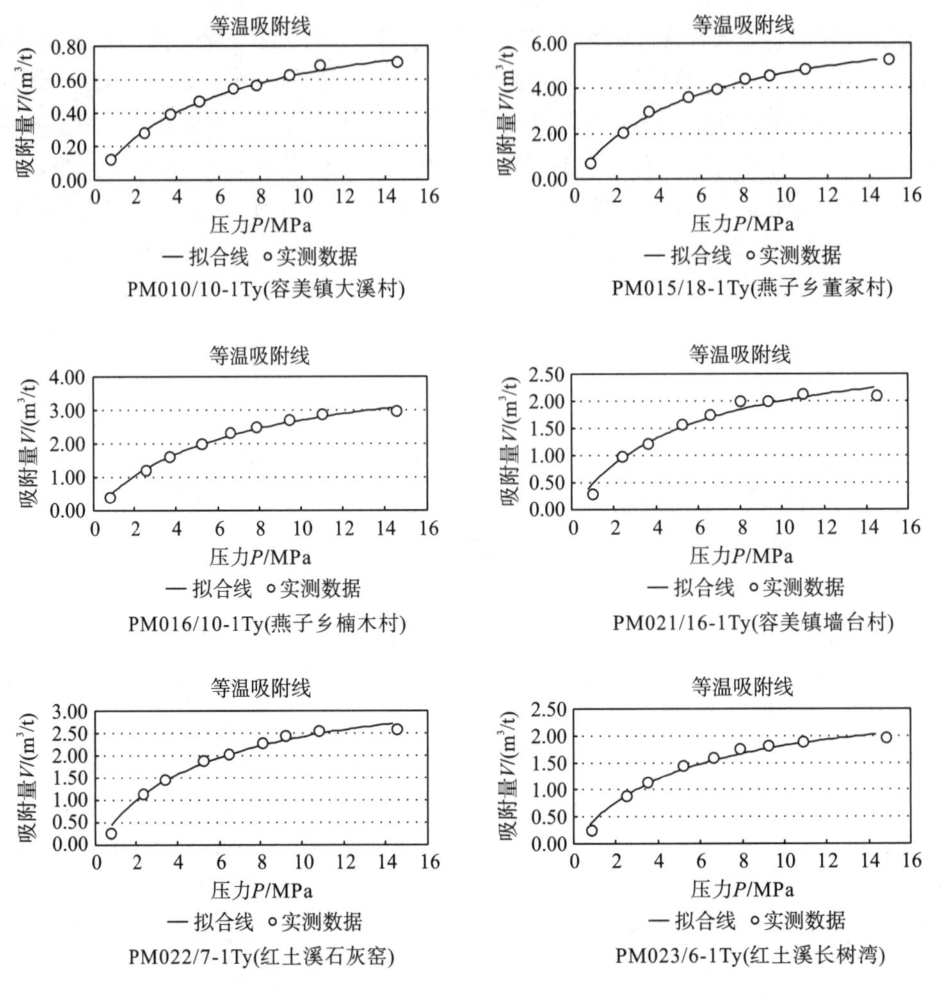

图 11-2 鄂西南地区大隆组等温吸附曲线

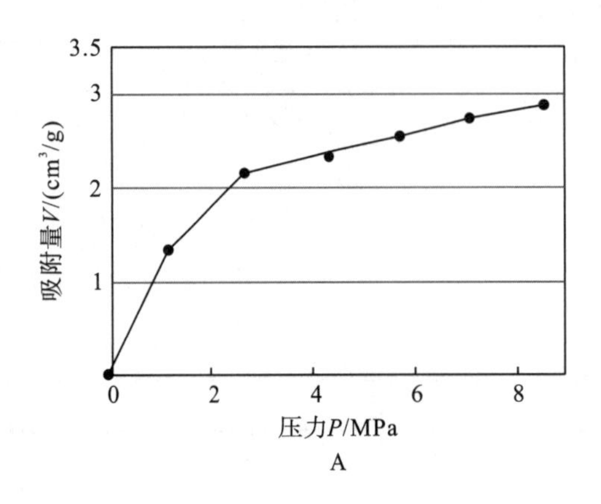

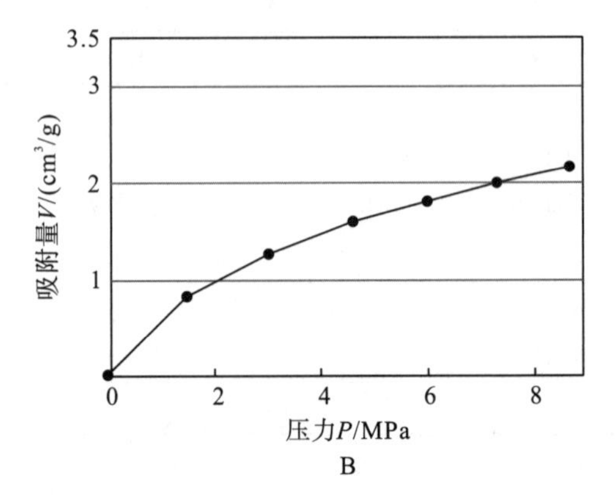

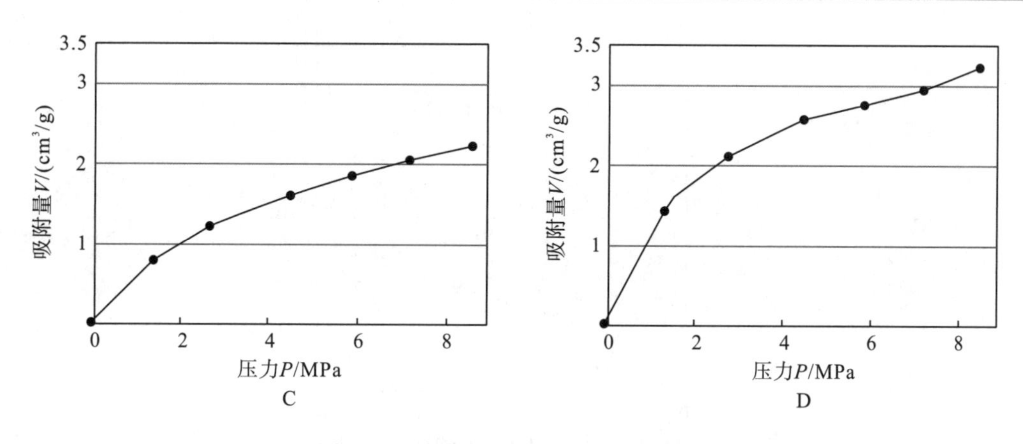

图 11-3　鹤地 1 井大隆组等温吸附曲线

在焦石坝地区吸附气含量平均为 3.00m^3/t，表明鹤地 1 井大隆组的泥页岩吸附能力相对较强。P_L 为 1.92～4.47MPa，平均为 3.03MPa，其中小于 3MPa 的占总样品的 50% 以上，反映出在低压区页岩气的吸附气含量增速相对较大，而在高压范围吸附气含量增速明显变小。等温吸附结果表明，研究区大隆组样品的气体吸附量均大于 2m^3/t，具有较好的吸附性能，但吸附解析结果表明鹤峰区块二叠系大隆组吸附气含量较低，尤其是鹤地 1 井大隆组的含气量较低，这表明较低的吸附气含量不是页岩吸附能力决定的，可能与气体逸散有关。

11.2.2　基本地质条件

研究发现，V_L 明显与岩石的温度、压力、密度和 TOC、黏土矿物类型、孔隙结构以及含水率等因素相关。

1. TOC

前人研究多表明，有机碳含量是影响页岩含气量最重要的因素。Zhang 等(2012)通过实验得到了吸附量与有机碳含量之间的线性关系。研究发现有机碳含量越高，吸附气含量越高，有机质对于吸附起到了重要的作用。页岩中的有机质降低了密度，增加了孔隙度，提供了气源，传递了各向异性，改变了润湿性，从而提高了吸附量。北美海相页岩有机碳的含量与页岩产气率之间相关系数达 0.95(Jarvie，2008)。鹤峰区块二叠系大隆组 TOC 与含气量相关性分析表明，二者具有较好的相关性(图 11-4)。反映出 TOC 提供了主要的比表面积和孔隙体积，同时表明气体为原生气，有机质含量是控制页岩含气量的主要因素之一。鹤地 1 井大隆组的含气量较低，且根据二者的相关性推测，如果要达到含气量为 2m^3/t，则有机碳含量应达到 14%，由此可见有机碳含量对含气量的影响程度明显降低，在页岩气评价中应在有机碳含量评价的基础上考虑其他因素。

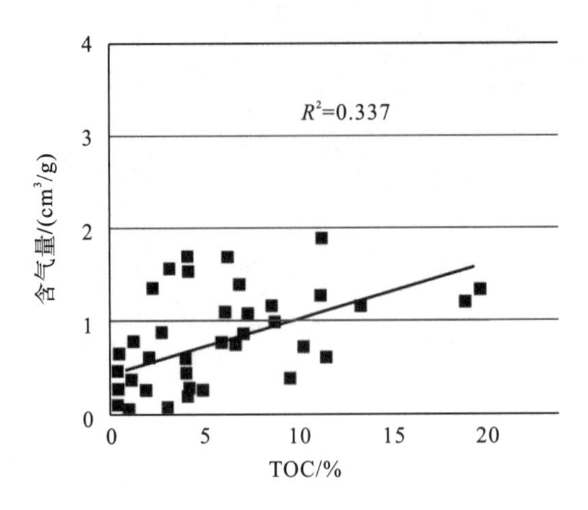

图 11-4　鹤地 1 井大隆组 TOC 与含气性分析

2. 热演化强度

有机质成熟度影响页岩的生烃潜力与含气性能。美国产气页岩的成熟度变化范围较大，在未成熟-过成熟阶段均有分布，气源具有生物成因、热成因以及共同成因的特征。美国页岩气的勘探开发实践表明，产气页岩成熟度普遍大于 1.3%，阿巴拉契亚(Appalachia)盆地页岩 R_o 最高可达 4.0%(Martineau，2007；Pollastro et al.，2007)。但相关研究表明热演化程度一般与含气性无关或呈极弱相关性。鄂西南地区二叠系大隆组有机质均以利于生气的 Ⅰ 和/或 $Ⅱ_1$ 型为主，且有机质的热演化程度均较高，达到干气阶段，且均未达到过成熟碳化的阶段，因此，其有机质类型与热演化程度均不会对页岩含气性造成不利影响。

3. 矿物组分

页岩中主要矿物成分为硅质矿物、黏土矿物和碳酸盐，次要矿物成分为黄铁矿、干酪根、长石、高岭石和绿泥石。岩石矿物组成的变化影响着页岩对气体的吸附能力。Gasparik 等(2012)在研究中发现页岩的吸附量不仅受到 TOC 的控制，黏土矿物的含量对其也有很大影响，特别是在低 TOC 页岩中对吸附量起主导作用。Ross 和 Bustin(2009a)认为黏土矿物有较大的比表面积，因此能够吸附大量的气体。吉利明等(2012)的实验表明黏土岩的甲烷吸附能力有较大差异，其中蒙脱石的比表面积最大，可达到 $800cm^3/g$，其吸附能力最强(表 11-3)。Loucks 等(2009)的研究发现碳酸盐和石英碎屑含量的增加，会减弱页岩对页岩气的吸附能力。

表 11-3　部分黏土矿物的最大比表面积(赵杏媛和何东博，2012)

黏土矿物	比表面积/(cm^3/g)		
	内表面积	外表面积	总表面积
蒙脱石	750	50	800
蛭　石	750	<1	750

续表

黏土矿物	比表面积/(cm³/g)		
	内表面积	外表面积	总表面积
高岭石	0	15	15
伊利石	5	25	30
绿泥石	0	15	15
埃洛石	400	30	430
水化埃洛石	400	400	800

(1)石英。石英含量的多少影响着页岩的含气量，由图 11-5 可以看出大隆组石英矿物含量与页岩含气量基本没有相关性。由此可见石英矿物含量基本不影响页岩总含气量。大隆组成岩次生硅质类型含量稍高，可能是不利于有机质丰度和页岩储集空间发育的因素之一；石英矿物组分含量与有机碳含量具有较明显的相关性，研究区此套页岩气层系有机碳含量与含气性之间的相关性较好，而石英与含气性之间这种无相关性的特征，很可能是由于后期气体不同程度地大量逸散，造成二者之间的相关性不明显。

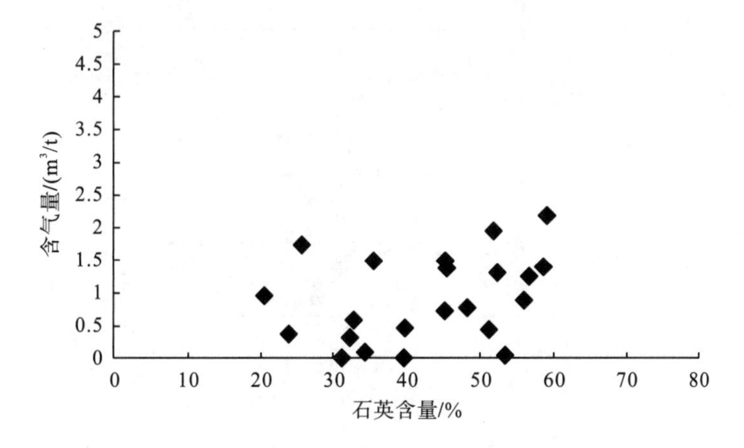

图 11-5 鹤地 1 井大隆组石英与含气量相关性

(2)黏土与长石矿物。黏土矿物含量是控制页岩吸附含气量的因素之一，Cheng 和 Huang(2004)通过对黏土矿物组分进行氮气吸附和甲烷等温吸附实验发现，伊利石、蒙脱石、高岭石及绿泥石的 BET 比表面积和吸附含气量具有较大差异。伊利石和蒙脱石对甲烷的吸附能力最强，研究区含气页岩黏土矿物以伊利石为主，甲烷吸附能力强与大量伊利石的存在具有内在关系。黏土矿物含量影响着页岩的吸附气含量，例如伊利石的微孔有助于提高吸附天然气的能力。根据全区样品的全岩 X-衍射分析和等温吸附模拟结果，对吸附气含量和黏土含量做线性回归曲线。数据拟合曲线中(图 11-6)吸附气含量和黏土含量基本没有相关性，虽然前人研究表明黏土矿物一般与吸附量呈正相关，但本地区研究结果表明，黏土矿物含量与吸附气体量并无关系。相对于有机质的亲油性，黏土矿物表现为较好的亲水性，研究区黏土矿物与吸附气之间无相关性，可能说明生烃层的封闭性受到破坏，地层流体灌入，造成气体被排驱和逸散，这与现今较低的地层压力系数相符合。

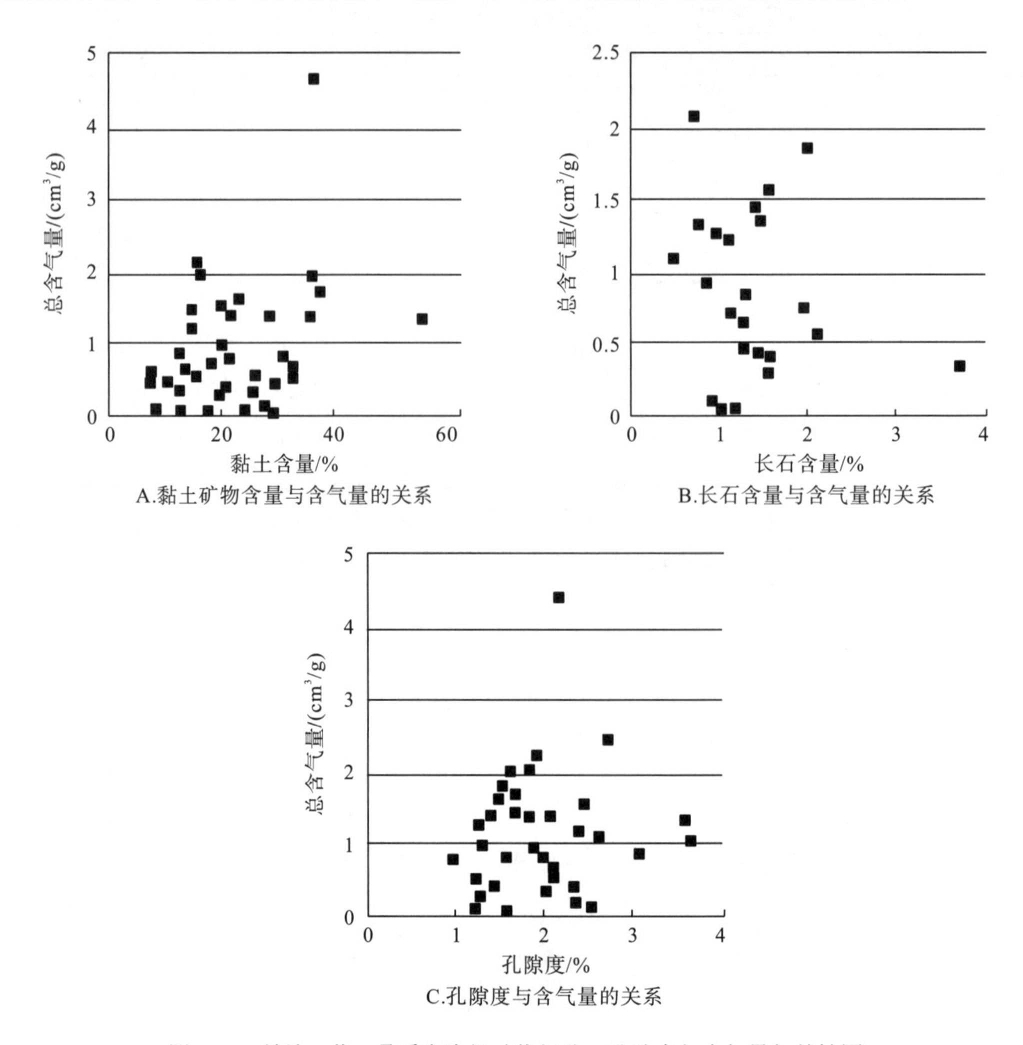

A.黏土矿物含量与含气量的关系

B.长石含量与含气量的关系

C.孔隙度与含气量的关系

图 11-6 鹤地 1 井二叠系大隆组矿物组分、孔隙度与含气量相关性图
（其中黏土矿物、长石与孔隙度来自测井数据）

长石矿物与气体吸附量相关性图表明鹤峰区块长石矿物含量与页岩气体吸附气总量不存在相关性（图 11-6）。长石对吸附气影响较弱，表明长石矿物也不是研究区控制页岩气体吸附的主要控制因素。

鄂西南地区二叠系大隆组矿物组分均以黏土矿物<30%、石英>50%为主，大隆组以生物成因和次生硅质成因为主，由此可见单从矿物组分角度考虑，大隆组矿物组分较有利于页岩气富集成藏。

4. 储集物性

孔隙度和渗透率是页岩储层的基本参数，较大的孔隙度有利于气体的赋存，渗透率较好则有利于气体扩散渗流。Chalmers 和 Bustin（2008）认为页岩的总含气量与孔隙度之间呈一定的正相关关系。钟玲文等(2002)认为煤对气体的吸附能力与其比表面积、孔体积总体上有正相关性。相对于大于 10nm 的中孔和大孔而言，小于 10nm 的微孔和中孔提供了更多的孔体积，总体积越大，页岩比表面积越大，能够提供更多的吸附位置，吸附的气体也就越多，因此小于 10nm 的微孔和中孔对页岩气的吸附具有重要的影响。同时，小于 10nm 的微孔和中孔孔道的孔壁间距非常小，表明其与吸附质分子间的相互作用更加强烈，吸附势能要比大孔高，对气体分子的吸附能力更强(孔德涛等，2013)。相关性结果表明气体吸附量与储集层物性存在较弱的相关性(图 11-6)，这表明页岩孔隙气体饱和度较低，与吸附气具有较低含量相对应，可能是由于气体发生了逸散。鄂西南地区二叠系大隆组物性相对四川盆地下古生界与北美页岩层系的物性较差，其相对较低的含气饱和度更进一步地控制了其含气性。

5. 含水率

页岩中的含水量对页岩气的吸附能力影响也很大。页岩中含水量越高，水占据的孔隙空间就越大，从而减少了游离态烃类气体的容留体积和矿物表面吸附气体的表面位置，因此含水量相对较高的样品，其气体吸附能力就较小(孔德涛等，2013)。Ross 和 Bustin(2009b)在 30℃和 6MPa 分别对不同 TOC 的页岩样品在干样和平衡水条件下进行等温吸附实验，发现干样的吸附气量明显比平衡水样大很多，焦石坝地区志留系龙马溪组样品也具有相似的结果(图 11-7)。

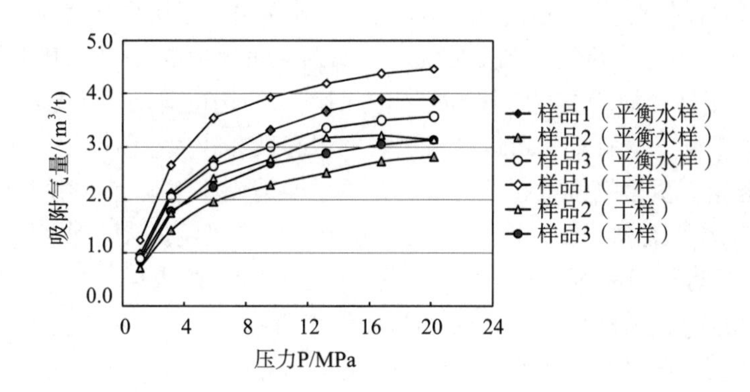

图 11-7　焦页 4 井龙马溪组页岩干样、平衡水样等温吸附对比图

6. 压力和温度

吸附气量的大小与压力、温度等物理、化学条件有关。在等温条件下，吸附气量随压力的升高而增大，在低压力区(0～4MPa)，吸附量随压力增加以较大的增长率呈近似线性增长，此后吸附量的增长率逐渐变小，直至近似零，页岩的吸附达到饱和状态；等压条件下，吸附气量随温度升高而降低，甲烷在页岩中的吸附过程是一个放热过程，随着温度的升高，吸附量下降。焦页 1 井 2330.46m 样品在 30℃和 85℃条件下的等温吸附样品实验表明，在同样的压力条件下，温度从 30℃增加到 85℃的过程中，吸附气量显著降低(图 11-8)。Chalmers 和 Bustin(2008)发现温度与气体的吸附能力成负幂指数关系，随着

温度的升高，页岩对气体的吸附能力迅速降低。

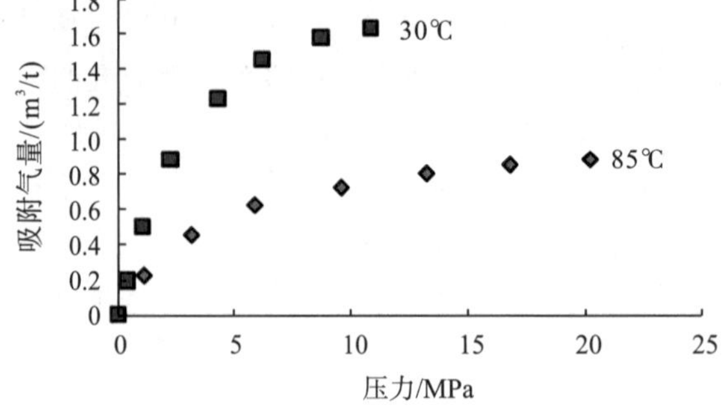

图 11-8　焦页 1 井 2330.46m 样品在 30℃和 85℃条件下的等温吸附样品实验对比图

页岩吸附甲烷的能力并不仅仅受上述几种因素的影响，且单一的因素不能全面地解释页岩吸附量的变化，需要根据页岩自身的特征，对页岩气吸附的影响进行更深入的评价，从而为页岩气的生产和开发提供积极的作用。

7. 构造作用

鄂西南地区在大地构造位置上属扬子板块中部。印支运动以前，本区主体处于不断拗陷沉降沉积阶段，以构造沉降为主，中间间歇性隆升作用对区块页岩气保存影响不大。印支-燕山运动以来，褶皱、断裂构造变形强烈，属湘鄂西南褶-冲断带，其中燕山运动和喜马拉雅运动造就了现今地貌与构造格局。印支期以来的构造运动对页岩气保存有双重影响，其中燕山期和喜马拉雅期构造运动对页岩气保存破坏较大。

四川盆地志留系页岩气气藏超压形成的基质主要是流体膨胀，流体膨胀主要是烃源岩生烃作用造成的(李双建等，2016)。且魏志红(2015)研究表明，从深埋区到浅埋区再到露头区，以及逐渐靠近开启断裂，页岩气沿地层方向逸散的方式表现为从微弱扩散到较强扩散再到强烈扩散或渗流的渐变特征，且逸散强度有序渐次增大。从构造角度来看，鹤地 1 井岩心中有高角度裂隙发育，并见断层角砾岩发育，页岩破碎较严重。强烈构造运动造成的高角度裂缝对页岩气保存极其不利。通过对鹤峰区块二叠系大隆组物质条件研究和岩心观察认为，构造作用造成的高角度裂隙是影响页岩气含气量的最大因素，结合岩心中残留的沥青质认为页岩较低的含气量与气体散失密切相关。

总的来说，鄂西南地区二叠系大隆组发育生烃潜力较高的富有机质岩系，其有机碳含量很高、矿物组分配置较好、有机质热演化程度较高，有利于页岩气藏的形成。而这两个层系的储集物性均较差，含气量较低，主要是受到较差的保存条件的影响，造成天然气大量逸散。由此可见，研究区二叠系大隆组页岩气有利区的评价应以物质条件评价为基础，其页岩气有利区的发育最终受构造保存条件的限制，且不利的保存条件具有一票否决权。在鄂西南地区构造较稳定的部位，二叠系大隆组暗色岩系的含气性与有机碳含量具有一定的正相关性，其 TOC 值的底线值为 2.0%，是为页岩气有利区评价的参数之一，其中最利于其含气量富集的 TOC 值的底线值为 4.0%。

11.3　成藏富集条件

页岩气成藏受总有机碳含量、有机质成熟度、矿物组成、孔裂隙和裂缝、页岩层厚度、埋深以及地层压力等多种地质因素的影响，其中总有机碳含量、矿物组成、页岩层厚度、物性特征等均受沉积相的控制，孔裂隙和裂缝、地层埋深以及地层压力等主要受保存条件的控制。因此，郭旭升(2014)、王志刚(2015)先后提出南方海相页岩气“二元富集”与“三元富集”理论，主要注重物质基础和保存条件的影响，即深水陆棚相优质页岩是页岩气富集的基础，深水陆棚优质页岩具有高有机碳含量、高硅质含量特征，有机质是烃类生成的物质基础，也是有机孔发育的物质基础，而硅质含量是评价页岩可压性的基础地质参数；适中的热演化程度有利于海相页岩有机质孔的形成，为页岩气的富集提供了有利的储集空间，有机质热演化控制了有机孔的形成与演化，在主要的生烃阶段，有机孔生成率与有机质转化率呈明显的正相关关系，但热演化程度过高，会引起有机质孔隙度的降低；保存条件是海相页岩气富集高产的关键，页岩气产量与压力系数正相关性明显，超压或超高压是页岩气井高产、高效的重要特征，而高压和超高压意味着良好的保存条件。与美国巴尼特页岩气藏相比，中国页岩气成藏具有特殊性。相对而言，国内海相页岩地质条件复杂(翟光明，1992；邹才能等，2011a)、时代老、演化程度高、埋深大，构造改造作用强，页岩气成藏富集主控因素与巴尼特页岩具有较大不同。同时，依据郭旭升(2014)的“二元富集理论”，郭彤楼(2016)提出中国式页岩气的成藏和富集主控因素：“沉积相带与保存条件”控藏——控制页岩气的选区；“构造类型和构造作用过程”控富——控制甜点区(富集带)的选择。

鄂西南地区海相页岩经历了长期的、多期次的构造运动和热演化，具有地史时间长、构造复杂、热演化程度高、生烃时间早、保存条件复杂等地质特征，为页岩气勘探增加了难度。要实现页岩气的高产、高效勘探开发，需明确页岩气富集乃至高产的关键因素。依据中国页岩气成藏富集理论，对研究区二叠系大隆组成藏规律进行分析。研究区内大隆组页岩气成熟度 R_o 值为 0.59%～3.21%，两套页岩均处于成熟和过成熟阶段。因此在页岩气选区评价过程中，无须考虑页岩是否成熟生气的问题，即在研究区内成熟度已经不是控制页岩富集成藏的主要因素。

11.3.1　沉积相带是控制页岩气层发育最主要的因素，深水台盆相是页岩气富集高产的基础

不同沉积相带中页岩的 TOC、储集性能及可压性存在较大的差异，因此沉积相带是控制页岩气层发育最主要的因素。国外页岩气勘探实践证实，富有机质泥页岩厚度越大，有机碳含量越高，气藏富集程度越高。商业性页岩气藏需要达到页岩厚度、有机碳含量最低界限标准。页岩的厚度和范围决定了页岩气藏的规模，而有机碳含量则在一定程度上决定了页岩气藏的丰度，这是因为有机碳含量既是页岩生气的物质基础，决定页岩的生烃强

度，也是页岩吸附气的载体之一，决定页岩的吸附气含量大小，还是页岩孔隙空间增加的重要影响因素之一，决定页岩新增游离气的能力。在相同的地质条件及演化阶段下，页岩生烃强度、吸附气量大小及新增游离气能力与页岩中有机碳含量呈明显的线性正相关性。实验分析结果表明，页岩含气量(吸附气及游离气总量)随页岩有机碳含量的增加而增大。

TOC 和脆性矿物含量是确定页岩气主要产气层段的控制因素。不同沉积相带中页岩的 TOC、储集性能及可压性存在较大的差异，因此沉积相带是影响页岩气层发育最主要的因素，而深水台盆沉积环境通常具有形成富有机质泥页岩的优越条件。

1. 深水台盆相带层段 TOC 含量高

页岩气具有源储一体的特征，研究区二叠系大隆组深水台盆相泥页岩 TOC 基本在 2%以上，而浅水台盆相泥页岩 TOC 变化大，大部分小于 2%。深水台盆相泥页岩单层厚度大，所以深水陆棚与深水台盆的发育直接控制了页岩有机碳含量以及展布规模。因此，深水相带通常具有更高的生烃潜力以及丰富的页岩气资源，其发育区及展布范围是页岩气选区评价的基础。

2. 深水台盆相带储集空间中有机质孔隙较发育，为页岩气提供了充足的储集空间

深水台盆相带暗色岩系中 TOC 较高，在生烃演化过程中，产生相对较多的有机质生烃孔，有机质孔的发育为吸附和储集页岩气提供了更多更大的空间。有机质含量较高，则生烃演化过程中产生的烃类较多，生烃高峰期产生突破压力，产生微裂缝，有利于油气的运移与储集。

3. 深水台盆相岩系层间页理缝相对更发育

深水陆棚相由于水体相对较深、水动力条件较弱且缺氧，泥岩层间叶理发育。研究区二叠系大隆组镜下水平纹层发育，其中纳米级顺层缝较发育可能与此有关。

4. 深水台盆相页岩脆性矿物含量更高，可压裂性更好

鹤地 1 井大隆组深水台盆相泥页岩脆性矿物含量平均达 64%，其中硅质矿物含量平均为 48.3%；浅水台盆泥页岩脆性矿物含量平均达 68.7%，其中硅质矿物含量平均为 36.1%。大隆组深水台盆相页岩硅质矿物含量与 TOC 相关性不明显(图 11-9A)，表明大隆组的硅质来源除了生物硅以外，还可能存在化学成因的。浅水台盆相硅质岩含量与 TOC 无正相关关系(图 11-9B)。大隆组深水台盆比浅水台盆具有更高的脆性矿物含量，岩石破裂压力也相对较低，因此可压裂性更好。

5. 深水台盆相优质页岩厚度更大且广泛分布，具备商业性开发的规模

大隆组深水台盆相优质页岩气层段主要发育在下部，在研究区广泛分布，尤其是越靠近沉积中心处，其优质页岩厚度越大，多大于 30m。TOC＞2%的富有机质页岩也主要发育于下部，以鹤地 1 井为例，厚度为 30m。页岩厚度对资源丰度有重要影响，是确定页岩气开发目的层的重要指标。从页岩的 TOC 和 R_o 特征分析，大隆组页岩 TOC 高，具有较

好的页岩气成藏的潜力。

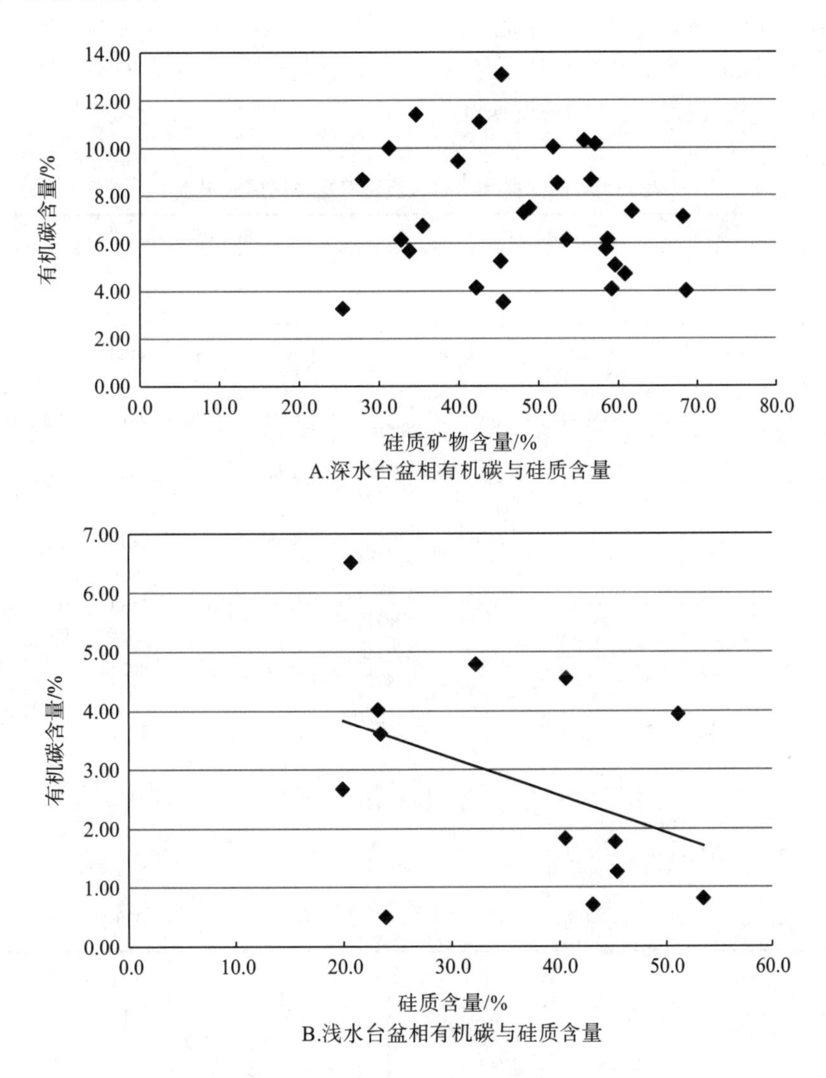

图 11-9 鹤地 1 井大隆组不同沉积相带有机碳与硅质含量关系图

11.3.2 晚期良好的保存条件是页岩气富集成藏的关键

四川盆地及周缘下古生界页岩气钻井揭示，高产井的页岩气层均存在异常高压，低产井和微含气井页岩气层一般都为常压或异常低压，页岩气产量与压力系数呈正相关关系。所以保存条件是页岩气富集成藏的关键。

单井保存条件主要通过天然气组分、压力系数、含气量或气产量等三个因素来评价，其中压力系数是反映保存条件的关键参数。四川盆地钻探结果表明：构造活动相对微弱、构造相对较平缓、通天断裂不发育、顶底板条件优越的地区，即是良好油气保存条件、较高压力系数的地区；下古生界页岩气钻井中，高产井(如焦页 1HF 井、宁 201-H1 井、阳 201-H2 井)均存在异常高压页岩气层。而在具有相似泥页岩发育但保存条件相对较差、地层压力系数较低的地区，所钻页岩气井(如河页 1、YQ1、渝页 1 井等)产气量通常不高(表 11-4)。另外，统计发现四川盆地及周缘下古生界页岩气产量与压力系数呈正相关关系(图 11-10)。以上现象和规律说明了较高压力系数体现了下古生界海相页岩气藏具有良好的保存条件，是其富集高产的关键所在。

表 11-4 四川盆地下组合页岩气探井钻探成果表

井号	地质条件		含气性		保存条件						
	厚度/m	TOC/%	含气量/(m^3/t)	产气量/(10^4m^3/d)	构造样式	大断裂	开孔层位	埋深/m	压力系数	气组分	评价
阳 201-H2	—	—	—	43	盆内隔挡式背斜	不发育	J	3500	2.2	CH_4	好
焦页 1HF	89	2.54	1.97	20.3	盆内隔挡式背斜	不发育	T_1j	2415	1.45	CH_4	好
宁 201-H1	101	2.8	1.5～2.1	14～15	盆内隔挡式向斜	不发育	T_1j	2485	2	CH_4	好
威 201-H1	50	3.2	2.6	1.99	盆内隔挡式背斜	不发育	T_1	1542	1	CH_4	好
彭页 1HF	103	1.91	0.45～2.46	1.475	盆缘槽挡式向斜	不发育	T_1j	2160	0.9～1	CH_4	好
昭 104	—	—	—	1～2	盆内隔挡式背斜	不发育	T	2070	—	CH_4	好
河页 1	30	1.52～5.68	0.86	—	盆外隔槽式向斜	发育	P_2	2167	—	—	差
黔页 1	—	—	—	0.48～0.84	盆缘槽挡式向斜	发育	P_1	800	—	—	差
YQ1	52	2.12～3.14	0.429	—	盆缘槽挡式向斜	发育	S_1l	230	—	—	差
渝页 1	115	3.2	0.1	—	盆缘槽挡式向斜	发育	S_1l	320	—	N_2、CO_2	差

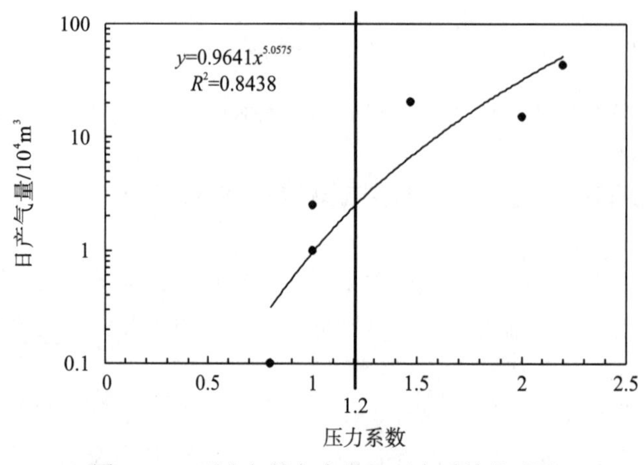

图 11-10 页岩气钻气产量与压力系数关系图

区域保存条件主要受抬升剥蚀程度、褶皱强烈程度和断裂发育程度等因素的影响。通过区域地质资料分析，湘鄂西南地区保存条件复杂，主要为构造破坏残存型保存单元。构造破坏残存型保存单元抬升剥蚀大、褶皱强烈、断裂较发育，保存条件整体较差，但在局部构造活动、变形较弱的地区，也具备一定的保存条件。湘鄂西南向斜区埋深较大、大断裂发育相对较少，保存条件较好。保存条件对鄂西南地区二叠系大隆组页岩气藏的影响，除了与断裂发育特征有关外，主要与成藏时间和地层埋深有关。

1. 成藏时期

我国海相页岩构造改造强烈，页岩储层受多次改造，断裂发育，天然裂隙发育，而美国构造活动简单，断裂在局部发育。构造特征的差异是我国页岩气储层具特殊性的根本原因，也是五峰组-龙马溪组和大隆组页岩气成藏差异性的关键影响因素，其中喜马拉雅期构造活动是页岩气成藏富集的关键时期。在喜马拉雅期构造活动中受华蓥山断裂和齐跃山断裂的压扭作用，形成了系列雁型排列的隔挡式构造，形成了宽缓的大型向斜，向斜与背斜翼部的斜坡区在局部地区埋深 2000～4000m，具备页岩气富集成藏的条件，可形成储层超压。在研究区内，主要为复向斜构造特征。在后期构造活动中发育较多的断裂构造，页岩气保存条件相对较差。

大隆组主要经历了晚白垩至现今的构造抬升阶段，页岩储层由较大埋深，在局部抬升至目前的埋深。由于构造抬升，部分页岩气受大规模断裂影响，储层压力得到释放，页岩气成藏破坏，形成常压。保存条件好的页岩气储层，由于构造抬升，其储层压力系数将继续升高，根据目前已有页岩储层压力系数实测数据最大为 2.15(赵群，2013)。喜马拉雅期构造活动使页岩储层抬升，是局部页岩气藏破坏或保存的关键时期，因此喜马拉雅期是研究区内页岩气成藏的关键时期。通过对页岩岩心的观察发现，不含气或微含气的岩石储层裂缝比较发育，并被大量方解石充填，表明裂缝形成时期地下水流动非常活跃。赵群(2013)通过对方解石中含有的大量流体包裹体的分析确定页岩气藏破坏温度为 70～120℃，时间为最后一期的喜马拉雅期构造活动，因此确定研究区页岩超压，页岩气的成藏关键是最后一期构造活动的剧烈程度，不同地区构造活动的剧烈程度不同导致了页岩储层压力梯度的差别。大隆组在这一构造运动作用下，页岩气藏抬升，气藏遭到一定程度的破坏，造成其储集空间大量减少，天然气大量散失。

2. 页岩储层埋深条件

埋深是影响页岩气技术经济可采的重要因素，它影响优质页岩气资源的富集成藏。与 Barnett 页岩气储层相比，研究区内页岩储层埋深范围较大。研究区内页岩受构造作用控制储层埋深变化范围较大，局部地区埋深可达到数千米以上，同时在局部地区出头地表。因此，适合页岩气有效开发的埋深同样是控制页岩气优质储层分布的重要影响因素。

鹤峰区块位于宜昌-鹤峰复背斜带，鹤地 1 井钻探结果及构造特征揭示，下三叠统大冶组地层破碎，断裂发育，而在二叠系大隆组和孤峰组地层产状较缓，裂缝发育较大冶组减弱。陈家湾向斜一般目的层埋深在数百米至 2100m，鹤峰向斜则在数百米至 3200 余米，随着埋深的增加，油气保存条件进一步改善。鹤地 1 井大隆组钻井见气，测井综合解释为一类-二类气层，表明在埋深大于 1300m 以后，具备了一定的页岩气富集成藏条件。

综上所述，鄂西南地区大隆组页岩气富集的有利区应为深水台盆相发育区，在垂向上发育于第一个三级层序与第二个三级层序的海侵体系域中，其叠合区域应为页岩气评价有利区的首选区域(图 4-30，图 4-31)。以有利的沉积相带展布为基础，考虑一定的埋深、断裂展布特征、构造单元类型等因素，综合评价与划分页岩气的有利区。

11.4 鹤峰区块页岩气成藏条件

鹤峰区块位于宜都复背斜带，区内褶皱强烈，断裂发育，地层抬升剥蚀较严重，页岩气保存条件复杂，主要为构造破坏残存型保存单元。构造破坏残存型保存单元抬升剥蚀大、褶皱强烈、断裂较发育，保存条件整体较差，但在局部构造活动、变形较弱的地区，具备一定的保存条件。

鹤地 1 井钻探结果及构造特征揭示，下三叠统大冶组地层破碎，断裂发育，而在二叠系大隆组地层产状较缓，裂缝发育较大冶组减弱，且顶、底板条件较好。陈家湾向斜一般目的层埋深在数百米至 2100m，鹤峰向斜则在数百米至 3200 余米，随着埋深的增加，油气保存条件进一步改善。鹤地 1 井大隆组、孤峰组钻井均见气，测井综合解释为一类-二类气层，表明在埋深大于 1300m 以后，具备了一定的页岩气富集成藏条件。

四川盆地奥陶系-志留系页岩气勘探实践揭示，产能井目的层埋深一般大于 2000m。但鹤地 1 井在大隆组埋深仅 1300 余米就见气显示，表明在一定的地质条件下，页岩气在较浅层也能富集成藏。

大隆组在浅层页岩气富集成藏也在临近的湘中拗陷被湘页 1 井钻探证实。湘页 1 井位于湘中拗陷涟源凹陷桥头河向斜中部，井深 2067.85m，实钻大隆组埋深 572～678m，龙潭组埋深 678～701.5m。龙潭-大隆组泥页岩厚度 139 m，气测异常段共 6 层/54m，全烃最高 2.25%，测试直井压裂层段 600～620m，最高日产天然气 2409.9 m^3。

湘页 1 井大隆组优质页岩的地质特征与鹤地 1 井类似(表 11-5)，其大隆组整体为一套欠补偿的深水台盆沉积，岩性为富含有机质的含灰硅质页岩、粉砂质泥页岩组合；有机碳含量高，普遍大于 2%，演化程度适中，R_o 为 1.50%～1.72%，干酪根类型为腐泥型，有利于生气，综合认为为有效优质烃源岩。测井解释湘页 1 井大隆组页岩孔隙度在 2%以上，渗透率普遍在 100nD 以上，孔径主要分布在 10～50nm。现场解析总含气量平均为 0.43m^3/t，等温吸附实验的吸附气量平均为 2.59cm^3/g。湘页 1 井大隆组泥岩矿物组成中石英平均含量为 38.01%，方解石平均含量为 22.37%，黏土矿物平均含量为 22%。

表 11-5 鹤地 1 井与湘页 1 井大隆组主要地质特征指标对比表

井名	TOC/%	R_o/%	有机质类型	等温吸附气量/(cm^3/g)	含气量/(cm^3/g)		孔隙度/%		主要孔径/nm	渗透率/mD		硅质矿物含量/%
					实测	测井	实测	测井		实测	测井	
鹤地 1 井	0.49～13.07/5.83	2.01～2.71/2.36	腐泥型	2.51～4.02/3.44	0.47～4.39/1.59	0.66～1.45/1.15	0.45～2.34/1.17	2.1～3.23/2.72	3～5	0.0009～0.2099/0.0097		23.9～68.8/45.8
湘页 1 井	0.4～10.47/3.91	1.5～1.72	腐殖型	1.61～3.15/2.59	0.25～0.73/0.43	0.46～1.17/0.81		2.83～15.74	2～50		>0.0001	10.3～63.1/38.01

与湘页1井相比，鹤地1井大隆组优质页岩的有机地化特征、含气性、储层特征及吸附气能力、脆性矿物组成等均优于湘页1井。

湘页1井所属的涟源凹陷桥头河向斜整体属于江南-雪峰隆起构造带，其印支-燕山期经历的构造运动强度整体比湘鄂西南地区更强烈，在经历了剧烈构造运动改造的背景下，构造破碎，残留向斜小型化，桥头河向斜为北东-南西向向斜，其500m构造等值线长轴长度小于27km，短轴长度小于10km。即使在这样的小型向斜中，仍具备页岩气富集成藏的条件。

鹤地1井所属的陈家湾向斜以及鹤峰向斜长轴和短轴长度均大于桥头河向斜，大隆组埋深也较湘页1井深，所以陈家湾向斜和鹤峰向斜大隆组具页岩气富集成藏条件（表11-5）。

第十二章　鄂西南地区二叠系大隆组页岩气有利区块优选与评价

12.1　有利区块的评价原则

由涪陵页岩气田与北美商业性开发的典型页岩气地质特征(表 12-1)与国内外大型超压页岩气田的地质特征(表 12-2)可以总结出页岩气有利区的各项参数：TOC/平均值>2%、优质页岩厚度>20m、孔隙度>2%以及热演化程度达到干气阶段等。董大忠等(2016)基于中国页岩气形成、成藏与富集地质条件、勘探开发进展以及与北美页岩气地质特征进行对比，提出了中国页岩气有利区或层段确定条件与标准(表 12-3)；张鉴等(2016)根据北美地区页岩气勘探开发经验、选区评价的参数指标，以及各区块的参数指标，结合四川盆地实际情况，提出了综合页岩矿物组成、地球化学特征、储层特征、盖层、岩石力学性质、资源条件、含气性、保存条件和埋深等 9 个方面的参数指标，对页岩气有利区、建产区和核心建产区进行标准选择(表 12-4)。结合鄂西南地区二叠系大隆组页岩气地质条件特征，建立相应的页岩气评价标准。

表 12-1　涪陵气田龙马溪组页岩气与北美典型页岩气指标对比(刘若冰，2015)

	页岩名称					
	马塞卢斯(Marcellus)	海恩斯维尔(Haynesville)	巴尼特(Barnett)	费耶特维尔(Fayetteville)	伊格尔福德(Eagle Ford)	涪陵
页岩时代	D	J	C	C	K	S
埋深/m	1200～2600	3200～4100	2000～2600	1737	1200～3050	2150～3150
成因类型	热成因气	热成因气	热成因气	热成因气	热成因气	热成因气
净厚度/m	15～107(46)	61～97(79)	30～213(91)	6～61(41)	46～91	70～87
TOC/%	2.0～13.0(4.01)	0.5～4.0(3.01)	3.0～12.0(3.74)	2.0～10.0(3.77)	2.0～8.5(2.76)	1.04～5.89(3.26)
R_o/%	0.9～5.0(1.5)	1.2～2.4(1.5)	0.85～2.1(1.6)	2.0～4.5(2.5)	0.8～1.6(1.2)	2.20～3.13(2.58)
含气量/(m^3/t)	1.70～4.25	2.83～9.34	8.50～9.91	1.70～6.23	5.66～6.23	3.52～8.85(5.85)
游离气量/%	55	75	45	30～50	75	57
吸附气量/%	45	25	55	50～70	25	43
孔隙度/%	4.0～12.0(6.2)	4.0～14.0(8.3)	4.0～6.0(5)	2.0～8.0(6)	6.0～14.0	4.0～12.5
渗透率/(10^{-9}μm^2)	0～70(20)	0～5000(350)	0～100(50)	0～100(50)	700～3000(1000)	＜1000
硅质含量/%	37	30	45	35	15	31～70.6(44.4)
黏土含量/%	35	30	25	38	15	16.6～49.1(34.6)
碳酸盐含量/%	25	20	15	12	60	5.4～34.5(10)
沉积环境	海相	海相	海相	海相	海相	海相

表 12-2　国内外典型超压高产页岩气田参数（刘洪林等，2016）

参数	长宁页岩气田	威远页岩气田	焦石坝页岩气田	巴尼特	费耶特维尔	马塞卢斯
深度/m	1500～3000	2500～4500	2000～3500	1980～1600	366～2286	1220～2440
优质页岩厚度/m	46	34	45	31～183	35～61	20～68
R_o/%	2.8～3.2	2.5～3.0	2.5～3.0	0.8～1.3	1.2～3.0	0.7～2.15
TOC/%	2～4.5	2～6.0	2～5.5	2.5～6.7	2～9.8	2.3～10.5
硅质含量/%	48	45	50	30～50	30～60	30～60
总孔隙度/%	5～6	4～7	5～8	4.5	4～12	3.6～7.0
渗透率/($10^{-9}\mu m^2$)	250～360	300～530	200～552	145～206	200～450	300～900
压力系数	1.5～2.03	1.3～1.9	1.3～1.7	1.04～1.53	1.1～2.0	1.01～1.64
含气饱和度/%	70	65	80	80	90	75
测试产量/($10^4m^3/d$)	15～30	10～27	20～57	10～35	20～30	10～40
单井 EUR/10^8m^3	0.8～1.2	0.8～1.1	0.8～3.0	0.9～2.2	1.0～2.5	0.9～3.1

注：单井 EUR（estimated ultimate recovery）即单井评估的最终可采储量。

表 12-3　中国页岩气有利区或层段确定条件与标准（董大忠等，2016）

参数	中国选区标准	美国		意义
		选区标准	产区下限	
TOC/%	＞2.0	＞4	＞3	烃源岩质量与有效范围
R_o/%	Ⅰ-Ⅱ1＞1.1，Ⅱ2＞0.9	＞1.4	＞1.0	
石英等脆性矿物/%	＞40	＞20	＞40	储层质量
黏土矿物/%	＜30	＜30	＜30	
孔隙度/%	＞2	＞2	1～＞2	潜力与前景
渗透率/($10^{-9}\mu m^2$)	＞1	＞50	＞10	
含气量/(m^3/t)	＞2	＞2	＞1	
直井初期日产/($10^4m^3/d$)	1	4	＞0.85	
含水饱和度/%	＜45	＜25	＜35	
含油饱和度/%	＜5	＜1	低	
资源丰度/($10^8m^3/km^2$)	＞2.0	＞2.5	＞3	
EUR/(10^8m^3/口)	0.3	＞0.3	＞0.3	
地层压力	常压-超压	超压	常压-超压	生产方式与产能
有效页岩连续厚度/m	＞30～50	＞＞30	＞30	
夹层厚度/m	＜1	/	/	
砂地比/%	＜30	/	/	
顶底板岩性及厚度/m	非渗透性岩层，＞10	/	/	
保存条件	稳定区，改造程度低	构造稳定区	构造稳定区	

表 12-4　页岩气有利区、建产区和核心建产区的优选指标及阈值（张鉴等，2016）

参数	有利区	建产区	核心建产区
TOC/%	>2	>2	>2
R_o/%	>1.35	>1.35	>1.35
脆性矿物/%	>40	>40	>40
黏土矿物/%	<30	<30	<30

续表

参数	有利区	建产区	核心建产区
孔隙度/%	>2	>2	>2
渗透率/mD	>100	>100	>100
含水饱和度/%	<45	<45	<45
杨氏模量/(10^4MPa)	2.07	2.07	2.07
泊松比	0.25	0.25	0.25
含气量/(m^3/t)	>2	>2	>2
埋深/m	<4000	<4000	<4000
优质页岩厚度/m	>30	>30	>30
压力系数	—	>1.2	>1.2
构造条件	—	构造平缓	构造平缓
距剥蚀线距离/km	—	>7	>7
距断层距离/km	—	>1.5	>1.5

页岩气评价涉及页岩气成藏、压裂工程以及地面条件的各项评价指标，按照系统性和可操作性原则，筛选出页岩气成藏地质条件的评价指标共 9 项：有效厚度、TOC、R_o、孔隙度、含气量、断层类型、压力系数、埋深、盖层厚度。压裂工程方面只考虑页岩脆性矿物含量，地面条件主要考虑地层坡度。根据鄂西南地区二叠系大隆组实际勘探研究现状，选择的主要参数及参考指标如表 12-5 所示。

表 12-5 鄂西南地区二叠系大隆组页岩气有利区优选参考指标

页岩面积下限	有可能在其中发现目标(核心)区的最小面积，在稳定区域或改造区都可能分布
有效厚度	厚度稳定，厚度大于 15m，单层厚度不小于 10m
TOC/%	>2%，平均不小于 2.0%
R_o/%	大于 1.3%
矿物组成	脆性矿物含量>50%(其中碳酸盐矿物含量<30%)，黏土矿物含量<30%
埋深	500～4500m
地表条件	平原、丘陵、低山、中山，地形高差较小
总含气量/(m^3/t)	不小于 1.0m^3/t
沉积相	深水台盆相发育区
保存条件	有一定上覆地层厚度，构造较稳定，保存条件较好

总体看，页岩气勘探有利区需要具备较厚的含气页岩厚度、较高的有机质丰度、较高的热演化程度、较高的含气量、较好的保存条件和适合勘探的地表条件等。

(1)沉积相。根据研究区二叠系大隆组成藏富集规律分析，认为深水台盆相是其有利的沉积相带，均主要发育在第一个三级层序的海侵体系域中。

(2)有机质含量。研究表明，有机质含量往往与页岩的含气量成正相关关系，而且有机质含量越高，其生烃作用后产生的有机质孔隙也会越多。因此，页岩气藏形成的最基本条件应该是页岩中富含有机质。王世谦等(2013)指出，具有页岩气经济开发价值的页岩气储层其有机碳含量应该大于2%，而且有机碳含量最好在3%～4%及以上。鄂西南地区二叠系大隆组有机碳含量以大于2%为主，且沉积厚度多为30～40m，因此应选择有机碳含量(TOC)≥2%作为页岩气评价的参数之一，有机碳含量(TOC)≥4%应作为勘探核心区的评价参数。

(3)有效厚度。要达到页岩气的规模、效益化开发目标，一般要求页岩气储层在区域上呈连续稳定分布(数千至上万平方千米)，而且在纵向上连续分布的厚度也较大。根据北美地区已开发的6套主力页岩气藏统计资料和四川盆地涪陵气田的开发经验，页岩气储层的厚度平均值超过30m。页岩有效厚度越大，页岩气资源越丰富，其勘探潜力亦越大。一般而言，页岩气藏的页岩有效厚度最好大于15m，核心区的页岩有效厚度最好在30～50m及以上。有效厚度一般是指有机碳含量(TOC)≥2%的单层页岩厚度或含有少量砂岩等夹层的页岩连续厚度。一般来讲，有机碳含量(TOC)≥1%的暗色岩系有利于页岩气成藏的沉积厚度应大于50m，有机碳含量(TOC)≥2%的黑色岩系连续沉积厚度应不小于30m。郭彤楼和张汉荣(2014)对焦石坝地区有机碳含量研究发现，其TOC＞2%、厚度超过38m，平均TOC值达到3.50%；刘乃震和王国勇(2016)对威远地区五峰-龙马溪组页岩研究发现，优质页岩(TOC≥2.0%)的厚度为36.0～44.5m。本次研究对鄂西南地区二叠系大隆组有效TOC进行分析发现，大隆组有效TOC地层厚度较大，达30m，TOC均值达7.2%。因此，有效厚度均是指有机碳含量(TOC)≥2%的黑色岩系的沉积厚度，其下限应为15m。

(4)成熟度。要形成页岩气藏，页岩中有机质成熟度应处在生气窗的范围内。页岩气核心区的R_o最好在1.3%以上，此时液态烃已热解成凝析气或干气，而且页岩气的生产由于不会受到液态烃存在的影响而产量明显增加。鄂西南地区二叠系大隆组热演化程度较高，R_o均在1.3%以上，因此对于研究区此套页岩气地层的有利区评价可以不用考虑此参数。

(5)矿物组成。由于页岩气储层的基质渗透率一般为纳达西级，岩性致密，需要加砂压裂产生裂缝网络来提高页岩气体的渗透能力，因此页岩气储层本身应该具有一定的脆性。从页岩气开采上来讲，页岩气选区评价中对页岩气储层矿物组成的一般标准是石英和/或碳酸盐矿物的质量分数>40%，黏土矿物的质量分数一般要求小于30%。而通过对四川盆地与鄂西南地区矿物组分对有机质发育的影响的分析综合来看，石英含量越高，碳酸盐矿物含量越低，黏土矿物含量适中的条件下，才有利于页岩气成藏与开发。由此，对鄂西南地区二叠系大隆组矿物组分的评价参数为脆性矿物含量>50%(其中碳酸盐矿物含量<30%)，黏土矿物含量<30%。

(6)储层物性条件。尽管页岩气藏在某种意义上称得上是一种“人工气藏”，因为页岩气的商业开采主要靠加砂压裂改造，但是较好的页岩储层物性条件及发育的天然裂缝无疑会极大地提高页岩气的产能规模。甘辉(2015)对长宁地区龙马溪组页岩样品的物性分析结果表明，孔隙度分布为1.84%～9.10%，平均为4.07%；渗透率分布为1.75～1250mD，平均为90.83mD；焦石坝地区五峰组-龙马溪组页岩对应孔隙度主要在2%以上，JY2井孔隙度均值为5.81%；渗透率方面，JY1井基质渗透率普遍小于1mD，平均值为0.25mD。而通过对研究区两套页岩气层系进行物性分析后发现，其页岩气储层均呈低孔-超低孔、超低渗的特征，垂向上和平面上变化不大。二叠系大隆组孔隙度以1%～2%为主，渗透率亦以小于0.02mD为主，且总体上大隆组的微裂缝和构造裂缝发育较少，同时考虑到对页岩物性检测方法的差异性与片面性，结合物性发育特征的影响因素(前面论述)的分析，现有结果不足以用于评价鄂西南地区此套页岩气地层的有利区。

(7)含气量。含气性是页岩气有效开发的重要指标之一，为页岩气开发的基础。页岩的含气量主要为游离气量和吸附气量，其可以直接反映页岩气藏的规模和产能大小，也是页岩气选区评价的一个重要参数指标。根据四川盆地与研究区等温吸附实验结果，页岩的吸附气量随有机质含量的增加而明显增加。邱小松等(2013)通过对中扬子地区五峰组-龙马溪组页岩气储层及含气量特征的分析发现，研究区页岩气以吸附气为主，游离气量的主控因素为总孔隙度，吸附气量的主控因素为有机碳含量。北美地区那些埋藏浅而吸附气含量高的页岩气藏主要得益于其有机质含量高。郭彤楼和张汉荣(2014)对焦石坝地区 JY1 井的研究认为，焦石坝地区有机质页岩层段现场解析岩心含气量测试为 0.89～5.19m^3/t，平均值为 2.95m^3/t，其焦页 A、B、C 等井含气量也相似，同时游离气分别占总含气量的 56%、57%、53%和 65%。威远地区威 201-H1 井五峰-龙马溪组页岩含气性研究显示，其含气量为 2.6 m^3/t。鄂西南地区二叠系大隆组孔隙度较低，渗透率更低，其储集空间均以微孔和中孔级的有机质生烃孔为主，以吸附气为主。根据实测罐含气量测试数据可知，区内大隆组页岩总含气量为 0.02～4.39 m^3/t，均值为 1.08 m^3/t。页岩气选区评价中一般要求页岩含气量大于 2m^3/t，检测到鄂西南地区此套页岩气地层的含气量相差很大，其数值不能用于此次页岩气评价，但其含气量检测值均不应小于 1.0m^3/t。

(8)保存条件。在页岩气评价中，原始沉积条件和后期保存条件均有利的地区是页岩气勘探的有利区(金之钧等，2016)。有机质提供了页岩气富集的物质基础，有机质孔是页岩气富集的主要储集空间，层理(缝)是页岩气水平渗流的高效通道，高硅质含量具有良好的可压性，高压力系数指示页岩气富集程度高。我国与北美地质条件最大的差别在于成熟度的高低和构造运动的强弱，页岩气地质选区应把地层压力系数大于 1.3 作为重要指标之一才能体现我国海相页岩气的特点，同时提高页岩气选区的准确性和科学性(刘洪林等，2016)。由此可见，其保存条件控制了研究区页岩气重点层系的成藏富集，因此寻找良好的构造保存条件，是其页岩气勘探的重中之重。鄂西南地区二叠系大隆组埋深以小于 4500m 为主，其顶底板条件较差，水文地质条件一般，地质历史阶段受构造作用较强，总体来讲，保存条件一般。由于在研究区构造保存条件对页岩气富集成藏具有一票否决权，因此，其页岩气选区评价应远离继承性大断裂发育带。

12.2 页岩气有利区块的优选

根据鄂西南地区二叠系大隆组页岩气有利区评价标准，以层序岩相古地理研究为基础，分别叠合相应的 TOC、厚度、R_o、矿物组分含量等参数，再根据地层断裂发育特征和剥蚀区展布特征，同时考虑地层埋深和地表水文条件，对其页岩气有利区进行划分。

根据有利区评价参数，将鄂西南地区二叠系大隆组沉积相叠合图作为评价的底图，分别叠合其 TOC>1.0%等值线图、TOC>2.0%厚度等值线图、R_o等值线图、矿物组分等值线图及断裂分布图和剥蚀区分布图，对其页岩气有利区进行评价(图 12-1)。鄂西南地区二叠系大隆组页岩气有利区主要分布在研究区的东北部与北中部地区，此地区也是相对靠近海槽的沉积中心地区，并根据有利区的评价参数(表 12-5)划分为Ⅰ类、Ⅱ类与Ⅲ类三个级别的有利区类型(图 12-2，表 12-6)。

Ⅰ类有利区分布在鹤峰页岩气重点区块，受来凤-假浪口断裂的分布影响，划分为两个区块，展布面积共约 279km^2。该地区大隆组垂向上沉积相以深水台盆相为主，高位体系域的浅水台盆相相对不发育；具有良好的物质基础，富有机质暗色岩系有机碳含量较高，TOC>4.0%，主要为 4.0%～6.0%，有机质热演化程度较高，以 R_o>2.5%为主。有利沉积厚度主要大于 35m，脆性矿物含量较高，石英+长石等矿物的含量大于 70%，碳酸盐矿物含量较少，以小于 5%为主，黏土矿物含量为 20%～30%。根据以上参数特征，估算该类有利区页岩气资源量约为 240×10^{8}m^3。该地区位于陈家湾向斜，地层埋深以 500～1500m 为主，发育继承性断裂，构造保存条件较差；位于恩施市与鹤峰县之间，道路覆盖较少，交通较差；清江流过此区域的北部，地表水条件较不利；高山地形为主，地形坡度较宽缓。

Ⅱ类有利区分布较广，主要在建始-恩施-宣恩呈北东-南西向条带状分布，展布面积共约 1696.5km^2，估算该类有利区页岩气资源量约为 1530×10^{8}m^3。其中Ⅱ$_1$类有利区沉积相以深水台盆相为主，主要发育在大隆组的底部；富有机质暗色岩系有机碳含量较高，TOC 为 2.0%～8.0%，由北东向南西逐渐增加；有机质热演化程度较高，以 R_o>2.5%为主。其中，有利沉积厚度主要为 25～35m，脆性矿物含量较高，石英+长石等矿物的含量大于 70%，碳酸盐矿物含量以小于 5%为主，其次为 5%～10%，黏土矿物含量为 20%～30%，该地区位于花果坪复向斜中央宽缓隆起带，地层埋深 1000～2000m，断裂发育，构造保存条件一般；铁路、高速、国道、省道等道路均有覆盖，交通便利；清江广泛流过此区域，地表水条件较好。Ⅱ$_2$类有利区主要位于恩施市附近，TOC 为 4.0%～8.0%，有利沉积厚度主要为 25～30m，有机质热演化程度 R_o 以 2.0%～2.5%为主，脆性矿物含量较高，石英+长石等矿物的含量为 60%～70%，碳酸盐矿物含量相对较高，以 10%～15%为主，黏土矿物含量大于 20%，该地区位于花果坪复向斜东南部挤压隆起带与中部低幅隆起带，地层埋深小于 4500m，以 500～3000m 为主，断裂发育较少，构造保存条件较好；位于恩施市境内，道路交通较好；盆地地形为主，地形坡度较大，清江流过此区域，地表水条件较好；地理位置原因不宜实行勘探与开发。Ⅱ$_3$类有利区主要位于鹤峰重点区的北侧，面积展布较广，TOC 为 4.0%～5.0%，有利沉积厚度主要为 20～25m，有机质热演化程度 R_o 以 2.0%～2.5%为主，脆性矿物含量较低，石英+长石等矿物的含量为 50%～70%，碳酸盐矿物含量相对较高，以 10%～15%为主，黏土矿物含量大于 20%，该地区位于花果坪复向斜东北侧，应属于挤压隆起带，地层埋深小于 4500m，以 500～3000m 为主，断裂发育较多，构造保存条件较差；位于建始县，道路交通一般；盆地地形为主，地形坡度较大，清江流过此区域，地表水条件较好。Ⅱ$_4$类有利区主要位于鹤峰重点区的南西侧，呈北东-南西向的狭长带状，TOC 为 4.0%～7.0%，由南向北逐渐增加，有利沉积厚度主要为 20～35m，有机质热演化程度 R_o 以 2.0%～2.5%为主，脆性矿物含量较高，石英+长石等矿物的含量为 60%～70%，碳酸盐矿物相对较高，以 5%～10%为主，黏土矿物含量为 10%～20%，该地区位于宜都-鹤峰复背斜西部，濒临花果坪复背斜，地层埋深较浅，以 500～1500m 为主，断裂主要为来凤-假浪口断裂，构造保存条件较差；道路交通一般；高山地形为主，地形坡度较大，地表水条件一般。

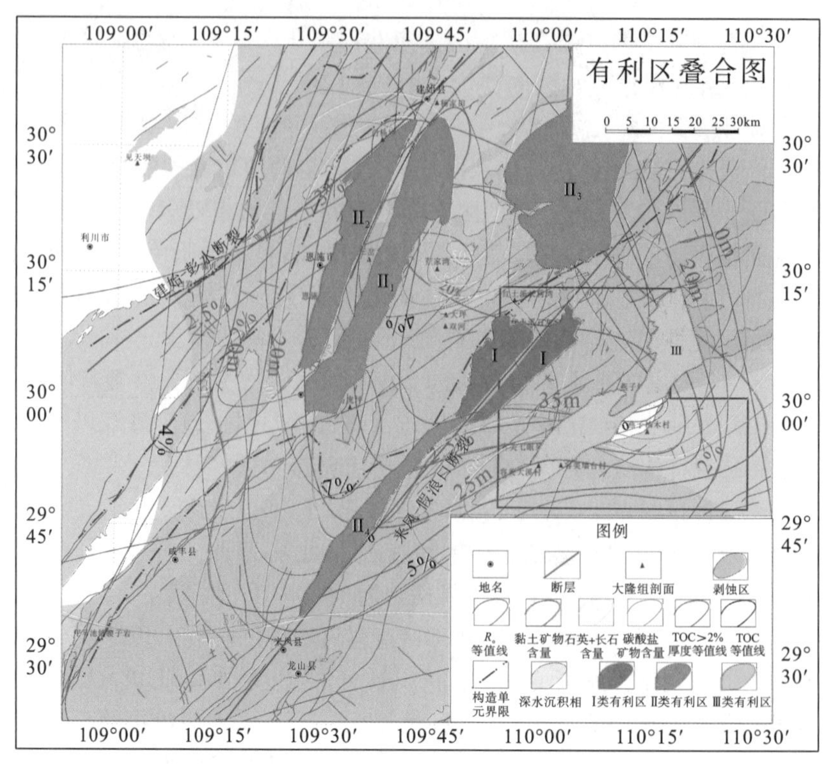

图 12-1　鄂西南地区二叠系大隆组页岩气有利区评价图

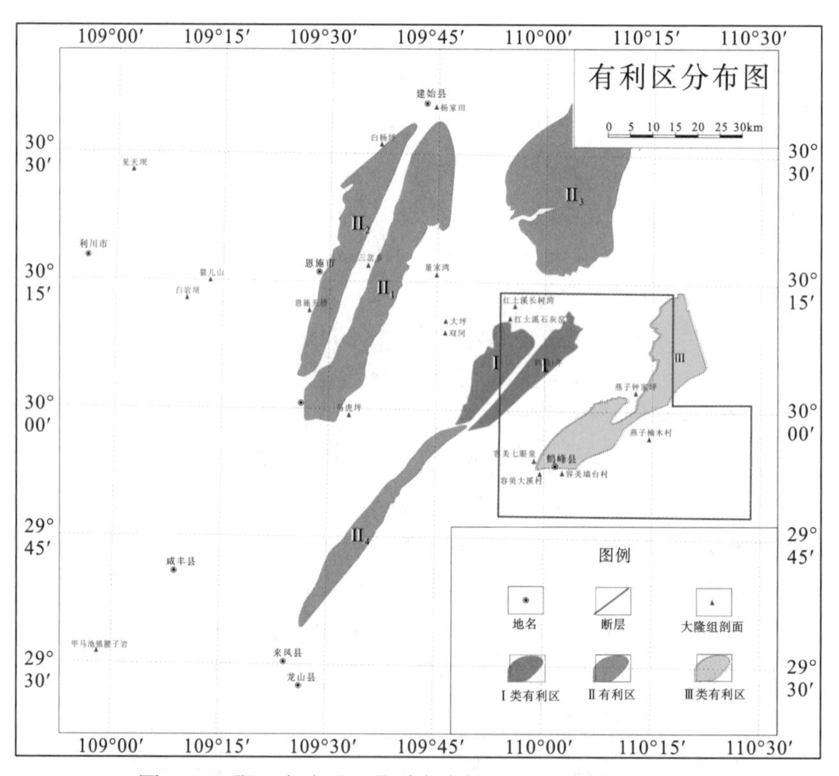

图 12-2　鄂西南地区二叠系大隆组页岩气有利区分布图

表 12-6　鄂西南地区二叠系大隆组页岩气有利区分布特征

有利区类型		地理位置	展布面积/km^2	沉积相	生烃条件			储集条件			保存条件			地表条件		资源量/10^8m^3
					TOC	有效厚度	R_o	石英+长石等矿物含量	碳酸盐矿物含量	黏土矿物含量	构造位置	埋深	断裂发育特征	水系	交通	
I		鹤峰县椿木营乡、中营乡	279	深水台盆相为主	>4.0%为主	>35m 为主	>2.5%	>70%	<5%	20%～30%	宜都-鹤峰复背斜的陈家湾向斜	500～1500m	发育继承性断裂	清江水域在其北部	道路交通较差	>240
II	II_1	恩施-宣恩的东部呈北东-南西向展布	881.5	底部发育深水台盆相	2.0%～8.0%为主	25～35m	>2.5%	>70%	<5%	20%～30%	花果坪复向斜核部低幅隆起带	1000～2000m	断裂较发育	清江水域	铁路、国道、省道、县道等均有覆盖	>1080
	II_2	恩施市附近地区		底部深水台盆相	4.0%～8.0%为主	25～30m	2.0～2.5%	60%～70%	10%～15%	>20%	花果坪复向斜东南部挤压隆起带与中部低幅隆起带	<4500m，以 500～3000m 为主	断裂局部发育较少	清江水域	国道、省道、县道等均有覆盖，经济聚集带	
	II_3	建始、恩施地区	610.5	底部深水台盆相	4.0%～5.0%为主	20～25m	2.0～2.5%	50%～70%	10%～15%	>20%	花果坪复向斜东北部挤压隆起带	<4500m，以 500～3000m 为主	断裂局部较发育	清江水域	铁路、国道、省道、县道等均有覆盖	>300
	II_4	恩施、来凤地区	204.5	深水台盆相	4.0%～8.0%为主	20～35m	2.0～2.5%	60%～70%	5%～10%	10%～20%	宜都-鹤峰复背斜西侧	500～1500m	断裂发育	清江水域	国道、省道、县道、乡道等有覆盖	>150
III		鹤峰县椿木营乡、中营乡	375.8	深水台棚相为主	2.0%～4.0%为主	20～30m	>2.0%	60%～70%	5%～15%	10%～20%	宜都-鹤峰复背斜的陈家湾向斜	500～3000m	断裂发育较少	娄水水域	道路交通较差	>185

Ⅲ类地区展布面积约为 375.8km^2，有利沉积厚度主要为 20～30m，由东向西逐渐增厚，有机质热演化程度 R_o 以 2.0%～2.5%为主，脆性矿物含量较高，石英+长石等矿物的含量为 60%～70%，碳酸盐矿物较少，以 5%～15%为主，黏土矿物含量主要为 10%～20%，钟家坪以西地区大于 20%，有机碳含量较低，主要为 2%～4%，钟家坪地区西侧为 4%～5%。根据以上参数特征，估算该类有利区页岩气资源量约为 185×10^{8}m^3。该地区位于鹤峰向斜，地层埋深最深达 4500m，以 500～3000m 为主，断裂发育较少，构造保存条件较好；位于鹤峰县境内，道路覆盖较少，交通较差；高山地形为主，地形坡度较大，娄水流过此区域的北部，地表水条件较好。

研究区二叠系大隆组页岩气重点区块——鹤峰重点区块全部属于图 12-2 所示的页岩气Ⅰ类有利区，在未明确含气性、沉积厚度与展布面积的前提下，鹤峰区块大隆组页岩气资源量体积法估算的结果为 427.416×10^{8}m^3。通过对鹤峰区块进行大比例尺分析，根据页岩气选区评价标准(表 12-5)，将该区块划分出两个较有利区(图 12-3)，其中①地区位于区块的西北角处，展布面积约 165km^2，由于靠近沉积中心处，其 TOC 为 2.0%～8.0%，有效厚度大于 30m，R_o>2.6%，几乎全部位于陈家湾向斜。陈家湾向斜位于工区中部白佳坪断裂下盘，数条断层形成了叠瓦状、对冲和反冲构造。二叠系大隆组地层保存较完整，大隆组底界埋深 0～1700m，受多条地层切割，构造破碎，保存条件较差；位于鹤峰县与恩施市之间，道路交通较差，高山地形为主，水系局部发育；②地区位于鹤峰向斜西南部，展布面积约 297km^2，鹤峰向斜位于走马断裂下盘，底界埋深 0～3200m，叠瓦状逆断层发育，构造保存条件较好；其 TOC 以 4.0%～8.0%为主，有效厚度主要为 20～40m，R_o>2.2%，构造相对较稳定，道路交通也相对较差，地形坡度较小，水系局部发育。

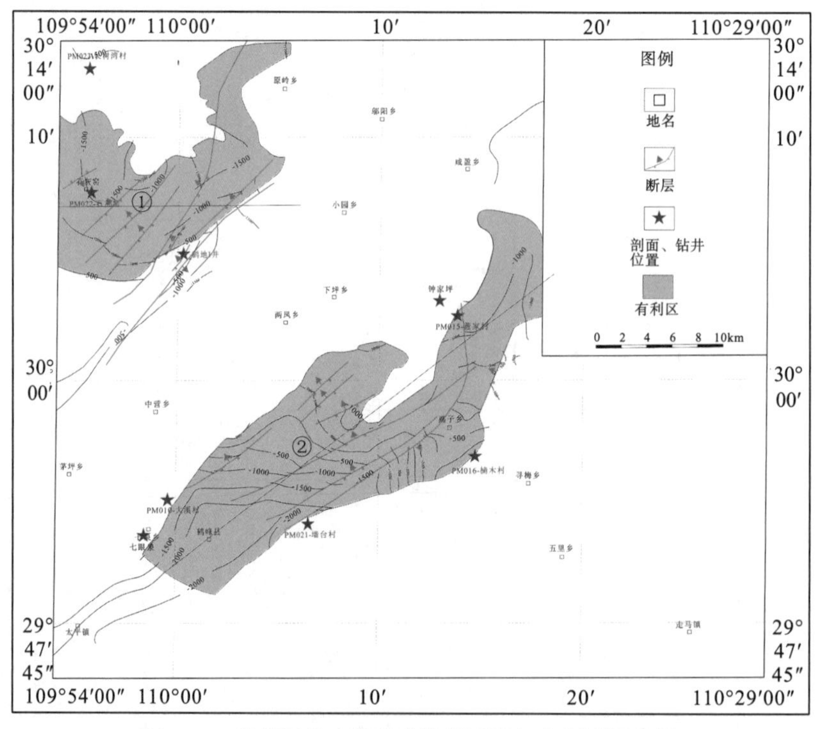

图 12-3 鹤峰区块二叠系大隆组页岩气有利区评价图

参 考 文 献

蔡进功,包于进,杨守业,等. 2007.泥质沉积物和泥岩中有机质的赋存形式与富集机制[J].中国科学 D 辑:地球科学,37(2):244-253.

蔡雄飞,张志峰,彭兴芳,等.2007.鄂湘黔桂地区大隆组的沉积特征及与烃源岩的关系[J].地球科学：中国地质大学学报,32(6):774-780.

蔡雄飞,冯庆来,顾松竹,等.2011.海退型陆棚相：烃源岩形成的重要部位——以中上扬子地区北缘上二叠统大隆组为例[J].石油与天然气地质,32(11):29-37.

曹涛涛,宋之光,王思波,等.2015.不同页岩及干酪根比表面积和孔隙结构的比较研究[J].中国科学:地球科学,45(2):139-151.

常华进,储雪蕾.2011.草莓状黄铁矿与古海洋环境恢复[J].地球学科进展,26(5):475-481.

陈洪德,张成弓,黄福喜,等.2011.中上扬子克拉通海西-印支期（泥盆纪-中三叠世）沉积层序充填过程与演化模式[J].岩石学报,27(8):2281-2298.

陈尚斌,朱炎铭,王红岩,等.2011.四川盆地南缘下志留统龙马溪组页岩气储层矿物成分特征及意义[J].石油学报,32(5):775-782.

陈新军,包书景,侯读杰,等.2012.页岩气资源评价方法与关键参数探讨[J].石油勘探与开发,39(5):566-571.

陈永权,周新源,杨文静.2009.白云石形成过程中的热力学与动力学基础及白云岩形成环境划分[J].海相油气地质,14(1):21-25.

陈玉明,高星星,盛贤才,等. 2013.湘鄂西地区构造演化特征及成因机理分析[J]. 石油地球物理勘探,48(z1):157-162.

程成,李双应,赵大千,等.2015.扬子地台北缘中上二叠统层状硅质岩的地球化学特征及其对古地理、古海洋演化的响应[J].矿物岩石地球化学通报,34(1):155-166.

崔春龙.2001.硅质岩研究中若干问题[J].矿物岩石,21(3):100-104.

邓虎成.2009.断层共生裂缝系统的发育规律及分布评价——以阿曼 Daleel 油田为例[D].成都：成都理工大学.

董大忠,王玉满,黄旭楠,等.2016.中国页岩气地质特征、资源评价方法及关键参数[J].天然气地球科学,27(9):1583-1601.

董凌峰,刘全有,孙东胜,等. 2015.建南气田天然气成因、保存与成藏[J].天然气地球科学,26(4):657-666.

方宗杰.1989.评“论湖南海扇”——兼评大隆相地层的深水成因论[J].古生物学报(6):711-723,823.

冯彩霞,刘家军.2001.硅质岩的研究现状及其成矿意义[J].世界地质,20(2):119-123.

冯增昭.1990.中下扬子地区二叠纪岩相古地理[M]. 北京：地质出版社.

付小东,秦建中,腾格尔,等.2010.四川盆地北缘上二叠统大隆组烃源岩评价[J].石油实验地质,32(6):566-571.

付小东,秦建中,滕格尔,等.2011. 烃源岩矿物组成特征及油气地质意义——以中上扬子古生界海相优质烃源岩为例[J].石油勘探与开发,38(6):671-684.

付晓树,胡明毅,王丹建,等. 2015.建南及周缘地区长兴组层序—岩相古地理特征. 科学技术与工程,15(7)：41-49.

甘辉. 2015.长宁地区龙马溪组页岩气资源潜力分析[D].成都: 西南石油大学.

高振敏,罗泰义,李胜荣. 1997.黑色岩系中贵金属富集层的成因：来自固定铵的佐证[J].地质地球化学(1):18-23.

郭彤楼.2016.中国式页岩气关键地质问题与成藏富集主控因素[J].石油勘探与开发,43(3):317-326.

郭彤楼,张汉荣.2014.四川盆地焦石坝页岩气田形成与富集高产模式[J].石油勘探与开发,41(1):28-36.

郭彤楼,楼章华,马永生.2003.南方海相油气保存条件评价和勘探决策中应注意的几个问题[J].石油实验地质,25(1):3-10.

郭秀英,陈义才,张鉴,等.2015.页岩气选区评价指标筛选及其权重确定方法——以四川盆地海相页岩为例[J].天然气工业,

(10):57-64.

郭旭升.2014.南方海相页岩气“二元富集”规律——四川盆地及周缘龙马溪组页岩气勘探实践认识[J].地质学报,88(7):1209-1218.

何卫红,张克信,吴顺宝,等. 2015.二叠纪末扬子海盆及其周缘动物群的特征和古地理、古构造启示[J]. 地球科学：中国地质大学学报,40(2)：275-289.

何治亮,汪新伟,李双建,等.2011.中上扬子地区燕山运动及其对油气保存的影响[J].石油实验地质,(1):1-11.

厚刚福,周进高,谷明峰,等.2017.四川盆地中二叠统栖霞组、茅口组岩相古地理及勘探方向[J].海相油气地质,22(1):25-31.

胡东风,张汉荣,倪楷,等.2014.四川盆地东南缘海相页岩气保存条件及其主控因素[J].天然气工业,34(6):17-23.

胡晓凤,王韶华,盛贤才,等.2007.中扬子区海相地层水化学特征与油气保存[J].石油天然气学报,29(2):32-37.

湖北省地质矿产局. 1990. 湖北省区域地质志[M]. 北京:地质出版社.

湖北省地质矿产局. 1996. 湖北省岩石地层[M]. 武汉:中国地质大学出版社.

黄邦强.1984. 大地构造学基础及中国区域构造概要[M]. 北京：地质出版社.

黄保家,黄合庭,吴国瑄,等.2012.北部湾盆地始新统湖相富有机质页岩特征及成因机制[J].石油学报, 33(1):25-31.

黄金亮,邹才能,李建忠,等.2012.川南志留系龙马溪组页岩气形成条件与有利区分析[J].煤炭学报,37(5):782-787.

吉利明,邱军利,张同伟.2012.泥页岩主要黏土矿物组分甲烷吸附实验[J].地球科学：中国地质大学学报,37(5):1043-4050.

季少聪,杨香华,朱红涛,等.2017.下刚果盆地 M 区块 Madingo 组烃源岩的岩相特征与有机质富集机制[J]. 海洋地质与第四纪地质,37(3):157-168.

姜在兴.2003.沉积学[M].北京：石油工业出版社.

蒋裕强，谷一凡，刘菲，等.2017. 川东忠县—鱼池地区二叠系—三叠系海槽相、台缘相的发现及勘探意义[J]. 石油学报, 38(12): 1343-1355.

金玉玕,王向东,尚庆华,等.1998. 国际二叠纪年代地层划分新方案[J].地质论评, 44（5）: 478-488.

金玉玕,沈树忠, Henderson C M, 等. 2007a. 瓜德鲁普统（Guadalupian）-乐平统（Lopingian）全球界线层型剖面和点（GSSP）[J]. 地层学杂志, 31（1）: 1-12.

金玉玕,王玥,沈树忠, 等. 2007b. 二叠系长兴阶全球界线层型剖面和点位[J]. 地层学杂志,31（2）: 101-108.

金之钧,胡宗全,高波,等.2016.川东南地区五峰组-龙马溪组页岩气富集与高产控制因素[J].地学前缘,23(1):1-10.

孔德涛,宁正福,杨峰,等.2013.页岩气吸附特征及影响因素[J].石油化工应用,32(9):1-5.

雷卞军,阙洪培,胡宁,等.2002. 鄂西古生代硅质岩的地球化学特征及沉积环境. 沉积与特提斯地质,22(2)：70-79.

李爱荣,李净红,张金功. 2015.建南气田天然气地球化学特征及成因[J].石油学报,36(10):1199-1209.

李海,白云山,王保忠,等.2014.湘鄂西地区下古生界页岩气保存条件[J].油气地质与采收率,21(6):22-25.

李红敬,林正良,解习农.2015.下扬子地区古生界硅岩地区化学特征及成因[J].岩性油气藏,27(5):232-239.

李建青,高玉巧,花彩霞.2014.北美页岩气勘探经验对建立中国目前南方海相页岩气选区评价体系的启示[J].油气地质与采收率,21(4):23-27.

李剑,谢增业,李志生,等.2001.塔里木盆地库车坳陷天然气气源对比[J].石油勘探与开发,(5):29-32,41-14,7.

李娟,于炳松,刘策,等.2012.渝东南地区黑色页岩中黏土矿物特征兼论其对储层物性的影响——以彭水县鹿角剖面为例[J].现代地质,26(4):732-740.

李牛,胡超涌,马仲武,等.2011.四川广元上寺剖面上二叠统大隆组优质烃源岩发育主控因素初探[J].古地理学报,13(3):347-354.

李胜荣,高振敏.1995.湘黔地区牛蹄塘组黑色岩系稀土特征——兼论海相热水沉积岩稀土模式[J].矿物学报,15(2):225-229.

李双建,肖开华,沃玉进,等.2008.南方海相上奥陶统—下志留统优质烃源岩发育的控制因素[J].沉积学报,26(5):872-880.

李双建,袁玉松,孙玮,等.2016.四川盆地志留系页岩气超压形成与破坏机理及控制因素[J].天然气地球科学,(5):924-931.

李延钧,刘欢,张烈辉,等.2013.四川盆地南部下古生界龙马溪组页岩气评价指标下限[J].中国科学：地球科学,43(7):1088-1095.

李艳芳,邵德勇,吕海刚,等.2015.四川盆地五峰组-龙马溪组海相页岩元素地球化学特征与有机质富集的关系[J].石油学报,36(12):1470-1483.

李玉喜,张金川,姜生玲,等.2012.页岩气地质综合评价和目标优选[J].地学前缘,19(5):332-338.

林良彪,陈洪德,朱利东.2010.重庆石柱吴家坪组硅质岩地球化学特征[J].矿物岩石,30(3):52-58.

林治家,陈多福,刘芊.2008.海相沉积氧化还原环境的地球化学识别标志[J].矿物岩石地球化学通报,27(1):72-80.

刘安,李旭兵,王传尚,等.2013.湘鄂西寒武系烃源岩地球化学特征与沉积环境分析[J].沉积学报,31(6):1122-1132.

刘方槐,孙家征.1991.中坎气田雷三气藏水特征及其开发意义[J].石油勘探与开发,(3):39-45.

刘洪林,王红岩,孙莎莎,等.2016.南方海相页岩气超压特征及主要选区指标研究[J].天然气地球科学,27(03):417-422.

刘建强, 郑浩夫, 刘波, 等. 2017.川中地区中二叠统茅口组白云岩特征及成因机理[J]. 石油学报, 38(4): 386-398.

刘乃震,王国勇.2016.四川盆地威远区块页岩气甜点厘定与精准导向钻井[J].石油勘探与开发,43(06):978-985.

刘若冰.2015.中国首个大型页岩气田典型特征[J].天然气地球科学,26(8):1488-1498.

龙鹏宇,张金川,姜文利,等.2012.渝页 1 井储层孔隙发育特征及其影响因素分析[J].中南大学学报（自然科学版）,43(10): 3954-3963.

楼章华.1998.松辽盆地储层成岩反应与孔隙流体地球化学性质及成因[J].地质学报,(2):144-152.

楼章华,朱蓉.2006. 中国南方海相地层水文地质地球化学特征与油气保存条件[J].石油天然气地质,27(5)：584-593.

罗进雄,何幼斌. 2014.中上扬子二叠系烃源岩特征[J].天然气地球科学,25(9):1416-1425.

罗静兰, Morad S, 阎世可,等.2001.河流-湖泊三角洲相砂岩成岩作用的重建及其对储层物性演化的影响——以延长油区侏罗系-上三叠统砂岩为例[J].中国科学 D 辑,31(12):1006-1016.

罗平,杨式升,马龙,等.2001.泥级斜长石成因、特征与油气勘探意义[J].石油勘探与开发,28(6):32-33.

罗啸泉,李书兵,何秀彬,等.2010.川西龙门山油气保存条件探讨[J].石油实验地质, (1):10-14.

罗志立,金以钟,朱夔玉,等.1988.试论上扬子地台的峨眉地裂运动[J].地质论评, (34):11-24.

吕炳全,王红罡,胡望水,等.2004.扬子地块东南古生代上升流沉积相及与页岩气的关系[J].海洋地质与第四系地质, 24(4):29-35.

吕志成,刘从强,刘家军,等.2004.北大巴山下寒武统毒重晶石矿床赋矿硅质岩地球化学研究[J].地质学报,78(3):390-405.

马力,陈焕疆,曾克文.2004.中国南方大地构造和海相油气地质[M].北京：地质出版社：265-270.

马永生,楼章华,郭彤楼,等. 2006a. 中国南方海相地层油气保存条件综合评价技术体系探讨[J].地质学报,80(3):406-417.

马永生,牟传龙,谭钦银,等.2006b. 关于开江—梁平海槽的认识[J]. 石油与天然气地质, 27(3): 326-331.

毛黎光,肖安成,魏国齐,等. 2011.扬子地块北缘晚古生代—早中生代裂谷系统的分布及成因分析[J].岩石学报,27(3): 721-731.

牟传龙,丘东洲.1999.湘鄂赣二叠系层序岩相古地理与油气生储盖空间配置[J].海相油气地质,(3):13-20.

牟传龙,许效松.2010.华南地区早古生代沉积演化与油气地质条件[J].沉积与特提斯地质,30(3)：24-29.

牟传龙,许效松,林明.1992. 层序地层与岩相古地理编图——以中国南方泥盆纪地层为例[J].岩相古地理,(4): 1-9.

牟传龙,丘东洲,王立全,等.1997.湘鄂赣二叠纪沉积盆地与层序地层[J].岩相古地理,(5):3-25,27-28.

牟传龙,王启宇,王秀平,等.2016a. 岩相古地理研究可作为页岩气地质调查之指南[J]. 地质通报,35(1): 10-19.

牟传龙,王秀平,王启宇,等.2016b. 川南及邻区下志留统龙马溪组下段沉积相与页岩气地质条件的关系[J].古地理学报,18(3):457-472.

穆曙光,张以明.1994.成岩作用及阶段对碎屑岩储层孔隙演化的控制[J].西南石油学院学报,16(3):22-27.

牛志军,段其发,徐安武,等. 1999.论鄂西建始地区大隆组沉积环境[J]. 华南地质与矿产,(1): 18-23.

牛志军,段其发,徐光洪,等.2000.鄂西地区大隆组沉积类型及地质时代[J].地层学杂志,24(2):151-155.

牛志军,李志宏,段其发,等.2001.鄂西地区二叠系大隆组与吴家坪组的两种接触关系[J].地球学报,22(3):249-252.

齐小兵,翟文建,章泽军. 2009.慈利—保靖断裂带的性质及其演化[J]. 地质科技情报,28(2): 54-59.

秦建中,申宝剑,付小东,等. 2010.中国南方海相优质烃源岩超显微有机岩石学与生排烃潜力[J].石油与天然气地质,31(6):826-837.

邱小松,杨波,胡明毅.2013.中扬子地区五峰组—龙马溪组页岩气储层及含气性特征[J].天然气地球科学,24(6):1274-1283.

全国地层委员会. 2001.中国地层指南及中国地层指南说明书[M]. 北京: 地质出版社.

全国地层委员会. 2002.中国区域年代地层（地质年代）表说明书[M]. 北京: 地质出版社.

邵红梅,冯子辉,李国蓉,等.2015.塔东古城地区奥陶系硫酸盐岩中钠长石的发现及其地质意义[J].东北石油大学学报,39(2):19-25.

沈俊,周炼,冯庆来,等.2014.华南二叠纪-三叠纪之交初级生产力的演化以及大隆组黑色岩系初级生产力的定量估算[J].中国科学：地球科学,44(1):132-145.

施春华,曹剑,胡凯,等.2013.黑色岩系矿场成因及其海水、热水与生物有机成矿作用[J].地学前缘,20(1):19-31.

舒志国.2014.中扬子湘鄂西区构造演化特征[J].石油天然气学报（江汉石油学院学报）,36(10):8-12.

苏勇.2007.湘鄂西区块构造演化及其对油气聚集的控制作用[D].广州: 中科院广州地化所.

孙健,罗兵.2016.四川盆地涪陵页岩气田构造变形特征及对含气性的影响[J].石油与天然气地质, 37(6):809-818.

谭淋耘,徐铫,李大华,等.2015.页岩气成藏主控因素与成藏模式研究：以渝东南地区五峰组-龙马溪组为例[J].地质科技情报,34(3):126-132.

田华,张水昌,柳少波,等.2012.压汞法和气体吸附法研究富有机质页岩孔隙特征[J].石油学报,(3):419-427.

田景春,康建威,林小兵,等.2007.台盆沉积体系及层序地层特征研究[J].西南石油大学学报,29(6):39-42.

田洋,赵小明,牛志军,等.2013.鄂西南利川二叠纪吴家坪组硅质岩成因及沉积环境[J].沉积学报,31(4):590-599.

万红,孙卫.2002.鄂西-渝东地区生物礁发育特征及油气勘探潜力[J].西北大学学报（自然科学版）,(1):65-69.

王飞宇,关晶,冯伟平,等.2013.过成熟海相页岩孔隙度演化特征和游离气量[J].石油勘探与开发,40(6):764-768.

王国庆, 夏文臣. 2004.鄂西地区上二叠统的牙形石及其分带意义[J]. 地质科技情报, 23(4): 30-34

王洪江,刘光祥.2011.中上扬子区热场分布与演化[J].石油实验地质,33(2):160-164.

王剑. 2000.华南新元古代裂谷盆地演化:兼论与 Rodinia 解体的关系[M]. 北京：地质出版社.

王剑,段太忠,谢渊,等.2012.扬子地块东南缘大地构造演化及其油气地质意义[J].地质通报,31(11):1739-1749.

王剑, 谭富文,付修根,等.2015.沉积岩工作方法[M].北京: 地质出版社.

王世谦,王书彦,满玲,等.2013.页岩气选区评价方法和关键参数[J].成都理工大学学报（自然科学版）,40(6):609-620.

王威.2009.中扬子区海相地层流体特征及其与油气保存关系研究[D].成都：成都理工大学.

王秀平,牟传龙,葛祥英,等.2015.川南及邻区龙马溪组黑色岩系矿物组分特征及评价[J].石油学报,36(2):150-162.

王秀平,牟传龙,肖朝辉,等.2018.湖北鹤峰地区二叠系大隆组黑色岩系特征及成因初探[J].天然气地球科学, 29(3):382-396.

王一刚,陈胜吉,徐士淇.2001.四川盆地古生界-上元古界天然气成藏条件及勘探技术[M].北京：石油工业出版社.

王一刚,文应初,洪海涛,等.2006.四川盆地及邻区上二叠统-下三叠统海槽的深水沉积特征[J].石油与天然气地质,27(5):702-714.

王玉满,董大忠,李新景,等.2015.四川盆地及其周缘下志留统龙马溪组层序与沉积特征[J].天然气工业,35(3):12-21.

王志刚.2015.涪陵页岩气勘探开发重大突破与启示[J].石油与天然气地质,36(1):1-6.

魏志红.2015.四川盆地及其周缘五峰组-龙马溪组页岩气的晚期逸散[J].石油与天然气地质,36(4):659-665.

吴群,彭金宁.2013. 川东北地区埋藏史及热史分析——以普光 2 井为例[J].石油实验地质,35(2):0133-0138.

吴胜和,冯增昭,何幼斌.1994.中下扬子地区二叠系缺氧环境研究[J].沉积学报,12(2):29-36.

吴伟,刘惟庆，唐玄,等.2014.川西坳陷富有机质页岩孔隙特征[J].中国石油大学学报（自然科学版）,38(4):1-8

吴艳艳,曹海虹,丁安徐,等.2015.页岩气储层孔隙特征差异及其对含气量影响[J].石油实验地质,37(2):231-236.

夏茂龙,文龙,王一刚,等.2010.四川盆地上二叠统海槽相大隆组优质烃源岩[J].石油勘探与开发,37(6):654-662.

徐安武,芮夫臣.1991.中扬子区泥盆纪古地理[J].湖北地质,(1):11-19.

徐光洪.1978.对湖北“保安页岩”层位时代的新认识[J].中南地质科技情报,(6):34-37.

徐国盛,曹俊峰,朱建敏,等.2009. 鄂西渝东地区典型构造流体封存箱划分及油气藏的形成与演化[J].成都理工大学学报,36(6):621-630.

徐国盛,徐志星,段亮,等.2011.页岩气研究现状及发展趋势[J].成都理工大学学报（自然科学版）,38(6):603-610.

徐晓春, 王文俊,熊亚平,等.2009.安徽石台早寒武世黑色岩系稀土元素地球化学特征及其地质意义[J].岩石矿物学杂志,28(2):118-128.

徐跃通.1997.鄂东南晚二叠世大隆组层状硅质岩成因地球化学及沉积环境[J].桂林工学院学报,17(3):204-212.

杨飞,叶建中.2011.川东南-湘鄂西地区构造特征与页岩气勘探潜力[M].武汉：中国地质大学出版社.

杨逢清. 1992.华南晚二叠世长兴期菊石古生态初探[J].古生物学报,31(3)：360-370.

杨建,康毅力,桑宇,等.2009.致密砂岩天然气扩散能力研究[J].西南石油大学学报(自然科学版),31(6):76-79,210-211.

杨兴莲,朱茂炎,赵元龙,等.2008. 黔东震旦系—下寒武统黑色岩系稀土元素地球化学特征[J]. 地质论评,54 (1) : 3-15.

杨绪充.1989.论含油气盆地的地下水动力环境[J].石油学报,(4):27-34.

杨玉卿,冯增昭.1997.华南下二叠统层状硅岩的形成及意义[J].岩石学报,13(1):111-120.

杨振恒,李志明,王果寿,等.2010.北美典型页岩气藏岩石学特征、沉积环境和沉积模式及启示[J].地质科技情报,29(6):59-64.

姚华舟,张仁杰.1996.长江三峡地区晚二叠世晚期——早三叠世早期沉积特征[J].华南地质与矿产,(4):63-68.

姚旭,周瑶琪,李素,等.2013.硅质岩与二叠纪硅质沉积事件研究现状及进展[J].地球科学进展,28(11):1181-1120.

殷鸿福,丁梅华,张克信,等.1995.扬子区及其周缘东吴-印支期生态地层学[M].北京：科学出版社:38-68.

应维华. 1984.保存条件对湘郑西地区天然气藏形成的作用[J].天然气工业,5(1)：27-29.

于炳松.2013.页岩气储层孔隙分类与表征[J].地学前缘,20(4):211-220.

遇昊,陈代钊,韦恒叶,等.2012.鄂西地区上二叠乐平统大隆组硅质岩成因及有机质富集机理[J].岩石学报,28(3):1017-1027.

翟光明.1992.中国石油地质志[M].北京：石油工业出版社.

张鉴,王兰生,杨跃明,等.2016.四川盆地海相页岩气选区评价方法建立及应用[J].天然气地球科学,27(3):433-441.

张尚峰,许光彩,朱锐,等.2012.上升流沉积的研究现状和发展趋势[J].石油天然气学报,34(1):7-11.

张艳妮,李荣西,段立志,等.2014.上扬子地块北缘灯影组硅质岩系硅、氧同位素特征及其成因[J].矿物岩石地球化学通报,33(4):452-456.

赵澄林,朱筱敏.2001.沉积岩石学[M].3 版.北京：石油工业出版社.

赵建华,金之钧,金振奎,等.2016.岩石学方法区分页岩中有机质类型[J].石油实验地质,38(4):514-520.

赵群.2013.蜀南及邻区海相页岩气成藏主控因素及有利目标优选[D].北京：中国地质大学（北京）.

赵杏媛,何东博.2012.黏土矿物与页岩气[J].新疆石油地质,33(6):643-647.

赵振华.1993.铕地球化学特征的控制因素[J]. 南京大学学报(地球科学版), (5): 271-280.

钟大康,姜振昌,郭强,等.2015.热水沉积作用的研究历史、现状及展望[J].古地理学报,17(3):285-296.

《中国地层典》编委会. 2000.中国地层典:二叠系[M]. 北京：地质出版社.

钟玲文, 张慧, 员争荣,等. 2002.煤的比表面积、孔体积及其对煤吸附能力的影响[J]. 煤田地质与勘探,(3):27-30.

周冰, 刘立, 金之钧, 等. 2017.泥岩盖层的溶蚀作用机理实验——不同 pH 值盐水中溶蚀速率变化规律[J]. 石油学报, 38(8): 916-924.

周守为,刘清友,姜伟,等.2013.深水钻井隔水管“三分之一效应”的发现——基于海流作用下深水钻井隔水管变形特性理论及实验的研究[J].中国海上油气,25(06):1-7.

周新平,何幼斌,杜红权,等.2009.四川宣汉地区二叠系硅岩地球化学特征及成因研究[J].古地理学报,11(6):670-680.

周祖仁. 1985.二叠纪菊石的两种生态类型[J]. 中国科学：B 辑,15(7): 648-657.

朱伟林,崔旱云,吴培康,等.2017.被动大陆边缘盆地油气勘探新进展与展望[J].石油学报,38(10):1099-1109.

卓皆文,王剑,汪正江,等.2009.鄂西地区晚二叠世沉积特征与台内裂陷槽的演化[J].新疆石油地质,30(3):300-303.

邹才能,董大忠,杨桦,等.2011a.中国页岩气形成条件及勘探实践[J].天然气工业,31(12):26-31.

邹才能,徐春春,汪泽成,等. 2011b. 四川盆地台缘带礁滩大气区地质特征与形成条件[J]. 石油勘探与开发, 38(6): 641-651.

邹才能.2011.非常规油气地质[M].北京：地质出版社.

Abouelresh M O, Slatt R M. 2012. Lithofacies and sequence stratigraphy of the Barnett Shale in east-central Fort Worth Basin, Texas[J].AAPG Bulletin,96(1):12-22.

Algeo T J, Maynard J B.2004. Trace-element behavior and redox facies in core shales of the Upper Pennsylvanian Kansas-type cyclothems[J]. Chemical Geology,206:289-318.

Algeo T J, Kuwahara K, Sano H, et al. 2011. Spatial variantion in sediment fluxes, redox conditions, and productivity in the PermianTriassic Panthalassic Ocean[J]. Palaeogeography, Palaeoclimatology, Palaeoecology,308(1/2):65-83.

Algeo T J, Henderson C M, Tong J N, et al. 2013. Plankton and productivity during the Permian Trianssic boundary crisis: an analysis of organic carbon fluxes[J].Global and Plantary Change,105:52-67.

Baioumy H, Lehmann B.2017. Anomalous enrichment of redox-sensitive trace elements in the marine black shales from the Duwi Formation, Egypt: Evidence for the late Cretaceous Tethys anoxia[J]. Journal of African Earth Science,133:7-14.

Bernard S,Horsfield B,Schulz H M,et al. 2012a. Geochemical evolution of organic-rich shales with increasing maturity: a STXM and TEM study of the Posidonia Shale (Lower Toarcian, northern Germany) [J]. Mar. Pet. Geol., 31:70-89.

Bernard S, Wirth R, Schreiber A, et al. 2012b. Formation of nanoporous pyrobitumen residues during maturation of the Barnett shale (fort Worth basin) [J]. Int. J. Coal Geol., 103: 3-11.

Boles J R, Franks S G.1979. Clay diagenesis in Wilcox sandstones of southwest Texas: Implications of smectite diagenesis on sandstone cementation[J].Journal of Sedimentary Petrology,49: 55-70.

Bowker K A.2003. Recent development of the Barnett shale play, Fort Worth Basin[J].Search & Discovery,42(6):1-11.

Bowker K A.2007. Barnett shale gas production, Fort Worth Basin:issues and discussion[J]. AAPG Bulletin,91(4):523-533.

Calvert S E,Pedersen T F.2007. Elemental proxies for palaeoclimatic and palaeoceanographic variability in marine sediments: interpretation and application [J].Developments in Marine Geology, (1): 567-644.

Canfield D E. 1994. Factors influencing organic carbon preservation in marine sediments[J]. Chemical Geology, 114:315-329.

Chalmers G R L, Bustin M R.2008. Lower Cretaceous gas shales in northeastern British Columbia, Part I: geological controls on methane sorption capacity[J]. Bulletin of Canadian Petroleum Geology,56(1):1-21.

Chalmers G R, Bustin R M, Power I M. 2012. Characterization of gas shale pore systems by porosimetry, pycnometry, surface area, and field emission scanning electron microscopy/transmission electron microscopy image analyses: Examples from the Barnett, Woodford, Haynesville, Marcellus, and Doig units[J]. AAPG Bulletin, 96(6):1099-1119.

Cheng A L,Huang W L. 2004. Selective adsorption of hydrocarbon gases on clays and organic matter[J]. Organic Geochemistry,

35(4):413-423.

Curtis M E, Sondergeld C H, Ambrose R J, et al.2012. Microstructural investigation of gas shales in two and three dimensions using nanometer-scale resolution imaging[J]. AAPG Bulletin, 96: 665-677.

Decker A D, Hill D G,Wicks D E.1993. Logbased gas content and resource estimates for the Antrim shale, Michigan basin[C]. Low Permeability Reservoirs Symposium. SPE25910.

Douville E, Bienvenu P, Charlou J L, et al. 1999. Yttrium and rare earth elements in fluids from various deep-sea hydrothermal systems[J]. Geochimica et Cosmochimica Acta,63:627-643.

Eadington P J , Hamilton P J , Bai G P . 1991.Fluid history analysis A new concept for prospect evaluation[J]. APEA Journal,31(1):282-294.

Feng Q L, Algeo T J.2014. Evolution of oceanic redox condition during the Permian-Triassic transition: evidence from deep water radiolarian facies[J]. Earth-Science Reviews,137:34-51.

Fertl W H, Rieke H H.1980. Gamma ray spectral evaluation techniques identify fractured shale reservoirs and source-rock characteristics[J]. Journal of Petroleum Technology, 32(11):2053-2062.

Fertl W H , Chilingar G V. 1988. Total organic carbon content determined from well logs[J]. SPE Formation Evaluation, 3(2), 407-419.

Gasparik M, Ghanizadeh A, Bertier P, et al. 2012. High-pressure methane sorption isotherms of black shales from the Netherlands[J]. Energy Fuel ,26:4995-5004.

Guo X, Li Y, Liu R, et al.2014. Characteristics and controlling factors of micropore structures of the Longmaxi shale in the Jiaoshiba area, Sichuan basin[J]. Nat. Gas. Ind. B, 1:165-171.

Hackley P C. 2012. Geological and geochemical characterization of the Lower Cretaceous Pearsall Formation,Maverick Basin, south Texas:a future shale gas resource?[J].AAPG Bulletin,96(8):1449-1482.

Hickey J J, Henk B. 2007. Lithofacies summary of the Mississippian Barnett Shale, Mitchell 2 T.P. Sims well, Wise County, Texas[J].AAPG Bulletin,91(4):437-443.

Hill R J, Jarvie D M, Zumberge J, et al.2007. Oil and gas geochemistry and petroleum systems of the Fort Worth Basin[J]. AAPG Bulletin, 91(4): 445-473.

Jarvie D M, Hill R J, Pollastro R M.2005. Assessment of the gas potential and yields from shales: the Barnett shale model[J]. Unconv. Energy Resour. South. Midcont, 5: 37-50.

Jarvie D M.2008. Unconventional Shale Resource Plays: Shale Gas and Shale-Oil Opportunities[M].Texas:Christian University Worldwide Geochemistry.

Jarvie D M, Hill R J, Ruble T E, et al. 2007. Unconventional shale-gas systems: the Mississippian Barnett Shale of north-central Texas as one model for thermogenic shale-gas assessment[J]. AAPG Bull., 91: 475-499.

Jiang S Y, Chen Y Q, Ling H F, et al.2006. Traceand rare-earth element geochemistry and Pb-Pb dating of black shales and intercalated Ni-Mo-PGE-Au sulfide ores in Lower Cambrian strata, Yangtze Platform, south China[J]. Mineralium Deposita,41:453-467.

Jiang S Y, Yang J H, Ling H F, et al.2007. Extreme enrichment of polymetallic Ni–Mo–PGE–Au in Lower Cambrian black shales of south China: an Os isotope and P-GE geochemical investigation[J]. Palaeogeography, Palaeoclimatology, Palaeoecology, 254:217-228.

Kamp P C. 2008. Smectite-liiete-muscoveite transformations, quarzt dissolution, and silica release in shales[J]. Clays and Clay

Minerals,56(1):66-81.

Labani M M, Rezaee R, Saeedi A, et al. 2013. Evaluation of pore size spectrum of gas shale reservoirs using low pressure nitrogen adsorption, gas expansion and mercury porosimetry: a case study from the Perth and Canning Basins, Western Australia[J]. J. Pet. Sci. Eng.,112: 7-16.

Lei Y, Servais T, Teng Q L, et al. 2012. The spatial (nearshoreoffshore) distribution of latest Permian phytoplankton from the Yangzte block, south China[J]. Palaeogeography, Palaeoclimatology, Palaeoecology,363-364:151-162.

Lézin C, Andreu B, Pellenard P, et al. 2013. Geochemical disturbance and paleoenvi-ronmental changes during the Early Toarcian in NW Europe[J]. Chemical Geology,341:1-15.

Li Y F, Fan T L, Zhang J C, et al., 2015. Geochemical changes in the Early Cambrian interval of the Yangtze Platform, South China: Implications for hydrothermal influences and paleoocean redox condition[J]. Journal of Asian Earth Science,109:100-123.

Liang C, Jiang Z, Zhang C, et al. 2014. The shale characteristics and shale gas exploration prospects of the Lower Silurian Longmaxi shale, Sichuan Basin, South China[J]. J. Nat. Gas Sci. Eng., 21: 636-648.

Loucks R G,Ruppel S C. 2007. Mississippian Barnett Shale: lithofacies and depositional setting of a deep water shale gas succession in the Fort Worth Basin, Texas[J].AAPG Bulletin,91 (4) : 579-601.

Loucks R G, Reed R M, Ruppel S C, et al. 2009. Morphology, genesis, and distribution of nanometer-scale pores in siliceous mudstones of the Mississippian Barnett shale[J]. J. Sediment. Res., 79:848-861.

Loucks R G, Reed R M, Ruppel S C, et al. 2012. Spectrum of pore types and networks in mudrocks and a descriptive classification for matrix-related mudrock pores[J]. AAPG Bull., 96:1071-1098.

Lu J, Ruppel S C, Rowe H D. 2015. Organic matter pores and oil generation in the Tuscaloosa marine shale[J]. Am. Assoc. Pet. Geol. Bull.,99:333-357.

Lv B Q, Qu J Z. 1990. Sedimentation of anoxic environments under transgression and upwelling process in early Permian in lower Yangtze area[J]. Chinese Science Bulletin,35(14):1193-1198.

Marching V, Gundlach H, Moller P, et al. 1982. Some geochemical indicators for discrimination beyween diagenetic and hydrothermal metalliferous sediments[J]. Marine Geology, 50:241-256 .

Martineau D F. 2007. History of the Newark East field and the Barnett Shale as a gas reservoir[J]. AAPG Bulletin, 91(4): 399-403.

Martini A M, Walter L M, Tim C W Ku, et al. 2003. Microbial production and modification of gases in sedimentary basins: a geochemical case study from a Devonian shale gas play, Michigan basin[J]. AAPG Bulletin, 87(8): 1355-1375.

Mastalerz M, Schimmelmann A, Drobniak A, et al. 2013. Porosity of Devonian and Mississippian New Albany Shale across a maturation gradient: insights from organic petrology, gas adsorption, and mercury intrusion[J]. AAPG Bull., 9:1621-1643.

Milliken K L, Reed R M.,2010. Multiple causes of diagenetic fabric anisotropy in weakly consolidated mud, Nankai accretionary prism, IODP Expedition 316[J]. J. Struct. Geol., 32 (12):1887-1898.

Murphy A E, Sageman B B, Hollande D J, et al. 2000. Black shale deposition and faunal overturn in the Devonian Appalachian Basin: clastic starvation, seasonal water-column mixing and efficient biolimiting nutrient recycling[J]. Paleoceanography,15:280-291.

Murray R W, Buchholtz Ten Brink M R, Gerlach D C, et al. 1991. Rare earth, major, and trace elements in chert from the Franciscan Complex and Monterey Group, California: assessing REE sources to fine-grained marine sediments[J]. Geochimica et Cosmochimica Acta,55:1875-1895.

Nuttall B C , Drahovzal J A, Eble C F, et al. 2005.CO_2 sequestration in gas shales of Kentucky[J]. Search & Discovery, (5): 1-5.

Owen A W, Armstrong H A, Floyd J D. 1999. Rare earth element geochemistry of upper Ordovician cherts from the Southern

Uplands of Scotland[J]. Journal of the Geological Society of London,156:191-204.

Payton C E. 1977. Seismic stratigraphy: applications to hydrocarbon exploration[J]. AAPG Memoir, 26: 1-516.

Pedersen T F, Calvert S E. 1990. Anoxia vs. productivity: what controls the formation of organic-rich sediments and sedimentary rocks? [J]AAPG Bulletin.,74: 454-466.

Pepper A S. 1991. Estimating the petroleum expulsion behaviour of source rocks: a novel quantitative approach[J]. Geol. Soc., 59（1）: 9-31.

Peter J M, Scott S D. 1988. Mineralogy, composition and fluid-inclusion microthermetry of seafloor hydrothermal deposits in the southern trough of Guatmas basin gulf of California[J]. Canadian Mineralogist,26:567-587.

Pi D H, Liu C Q, Zhou G A, et al. 2013. Trace and rare earth element geochemistry of black shale and kerogen in the early Cambrian Niutitang Formation in Guizhou province, South China: constraints for redox environments and origin of metal enrichment[J]. Precambrian Research,225:218-229.

Piper D Z, Calvert S E. 2009. A marine biogeochemical perspective on black shale deposition[J]. Earth Science Reviews,95:63-96.

Piper D Z, Perkins R B. 2004.A morden vs. Permian black shale—the hydrography, primary productivity and water-column chemistry of deposition[J]. Chemical Geology,206:177-197.

Pollastro R M, Jarvie D M, Hill R J,et al. 2007. Geologic framework of the Mississippian Barnett Shale, Barnett-Paleozoic total petroleum system, Bend arch Fort Worth Basin, Texas[J]. AAPG Bulletin,91（4）: 405-436.

Raisewell R, Berner R A. 1986. Pyrite and organic matter in Phanerozoic normal marine shales[J]. Geochimica et Cosmochimica Acta,50（9）:1967-1976.

Raisewell R, Buckley F, Berner R A, et al. 1988. Degree of pyritization of iron as a paleoenvironmental indicator of bottom-water oxygenation[J]. Journal of Sedimentary Petrology,58（5）:812-819.

Reed M R, Loucks R G, Ruppel S C. 2014. Reply to comment on “Formation of nanoporous pyrobitumen residues during maturation of the Barnett Shale（Fort Worth Basin）” [J]. Int. J. Coal Geol., 127: 111-113.

Rezaee M R,Slatt R,Sigal R. 2007. Shale Gas Rock Properties Prediction using Artificial Neural Network Technique and Multi Regression Analysis, an example from a North American Shale Gas Reservoir[J]. ASEG Extended Abstracts,（1）:1-4.

Rimmer S M, Thompson J A, Gooodmight S A. 2004. Multiple controls on the preservation of organic matter in Devonian-Mississippian marian black shales: geochemical and petrographic evidence [J]. Palaeogeography, Paleoclimatology, Palaeoecology,215:125-154.

Rimmer S M. 2004. Geochemical paleoredox indicators in Devonian-Mississipian black shales, Central Appalachian Basin（USA）[J]. Chemical Geology,206（3/4）:373-391.

Rona P A.1978.Criteria for recognition of hydrothermal mineral deposits in oceanic crust[J]. Economic Geology,73:135-160.

Ross D J K, Bustin R M. 2007a. Impact of mass balance calculations on adsorption capacities in microporous shale gas reservoirs[J]. Fuel,86（17-18）: 2696-2706.

Ross D J K, Bustin R M. 2007b. Shale gas potential of the Lower Jurassic Gordondale Member, northeastern British Columbia, Canada [J]. Bulletin of Canadian Petroleum Geology,55（1）:51-75.

Ross D J K, Bustin R M.2008. Characterizing the shale gas resource potential of Devonian-Mississippian strata in the Western Canada sedimentary basin: application of an integrated formation evaluation[J].AAPG,92（1）:87-125.

Ross D J K, Bustin R M. 2009a. Investigating the use of sedimentary geochemical proxies for paleoenvironment interpretation of thermally mature organic-rich strata: examples from the DevonianMississipian shales, western Canadian sedimentary basin[J].

Chemical Geology,260:1-19.

Ross D J K, Bustin R M. 2009b. The importance of shale composition and pore structure upon gas storage potential of shale gas reservoirs[J]. Mar. Pet. Geol., 26:916-927.

Rouquerol J, Avnir D, Fairbridge C W, et al.1994. Recommendations for the characterization of porous solids[J]. Pure and Applied Chemistrty, 66(8):1739-1785.

Ruf J C, Engelder T, Rust K A.1998. Investigating the effect of mechanical discontinuities on joint spacing[J]. Tectonophysics: International Journal of Geotectonics and the Geology and Physics of the Interior of the Earth,295（1/2）:245-257.

Schmoker J W , Robbins S L. 1979.Borehole gravity surveys in native-sulfur deposits, Culberson and Pecos counties, Texas[J]. USGS,79: 361.

Schoepfer S D, Shen J, Wei H Y, et al. 2015. Total organic carbon, organic phosphorus, and biogenic barium fluxes as proxies for paleomarine productivity[J]. Earth-Science Reviews,149:23-52.

Shields G, Stille P. 2001. Diagenetic constrains on the use of cerium anomalies as paleoseawater proxies: an isotopic and REE study of Cambrian phosphorites[J]. Chemical Geology, 175:29-48.

Sing K S, Everett D H, Haul R A W. 1985. Reporting physisorption data for gas/solid systems with special reference to the determination of surface area and porosity[J]. Pure Appl. Chem., 57:603-619.

Slatt R M, O' Brien N R. 2011. Pore types in the Barnett and Woodford gas shales: contribution to understanding gas storage and migration pathways in finegrained rocks[J]. AAPG Bull., 95:2017-2030.

Song H J, Wignall P B, Tong J N, et al. 2012. Geochemical evidence from bio-apatite for multiple oceanic anoxic events during PermianTriassic transition and the link with endPermian extinction and recovery[J]. Earth and Planetary Science Letters,353-354:12-21.

Sweere T, Boorn S, Dickson A J, et al. 2016. Definition of new trace-metal proxies for the controls on organic matter enrichment in marine sediments based on Mn, Co, Mo and Cd concentrations[J]. Chemical Geology,441:235-245.

Thyberg B, Jahren J. 2011. Quartz cementation in mudstones: sheet-like quartz cement from clay mineral reactions during burial[J]. Petroleum Geoscience,17:53-63.

Tribovillard N, Algeo T J, Lyons T, et al. 2006. Trace metals as paleoredox and paleoproductivity proxies: an update[J] .Chemical Geology,232:12-32.

Valenza J, Drenzek N, Marques F,et al. 2013. Geochemical controls on shale microstructure[J]. Geology, 41:611-614.

Velde B. 1996. Compaction trends of clay-rich deep sea sediments[J]. Mar. Geol., 133:193-201.

Wang G , Carr T R . 2012a. Marcellus shale lithofacies prediction by multiclass neural network classification in the appalachian basin[J]. Mathematical Geosciences,44（8）:975-1004.

Wang G, Carr T R. 2012b. Methodology of organic-rich shale lithofacies identification and prediction: a case study from Marcellus Shale in the Appalachian basin[J]. Comput. Geosci., 49:151-163.

Wang G, Carr T R, Ju Y, et al. 2014a. Identifying organic-rich Marcellus Shale lithofacies by support vector machine classifier in the Appalachian basin[J]. Comput. Geosci., 64:52-60.

Wang Y, Zhu Y, Chen S,et al. 2014b. Characteristics of the nanoscale pore structure in northwestern Hunan shale gas reservoirs using field emission scanning electron microscopy, high-pressure mercury intrusion, and gas adsorption[J]. Energy & Fuels, 28（2）: 945-955.

Wedepohl K H. 1971. Environmental influences on the chemical composition of shales and clays[J]. Physics and Chemistry of the

Earth, 8:307-331.

Wei H Y, Chen D Z, Wang G J, et al.2012. Organic accumulation in the lower Chihsia Formation（Middle Permian）of South China: constraints from pyrite morphology and multiple geochemical proxies[J]. Palaeogeography, Palaeoclimatology, Palaeoecology, 353-355:73-86.

Wilken R T, Barnes H L, Brantley S L.1996. The size distribution of framboidal pyrite in modern sediments: an indicator of redox conditions[J]. Geochimca et Cosmochimica Acta,60:3897-3912.

Xiao Y, Suzuki N, He W. 2017. Water depths of the latest Permian（Changhsingian）radiolarians estimated from correspondence analysis[J]. Earth-Science Reviews, 173: 141-158.

Yang F, Ning Z, Liu H. 2014. Fractal characteristics of shales from a shale gas reservoir in the Sichuan Basin, China[J]. Fuel, 115: 378-384.

Zhang T W, Ellis G S, Ruppel S C, et al. 2012. Effect of organic matter type and thermal maturity on methane adsorption in shale-gas systems[J].Organic Geochemistry, 47: 120-131.

Zhao J H, Jin Z J, Jin Z K, et al.2016. Applying sedimentary geochemical proxies for paleoenvironment interpretation of organin-rich shale deposition in the Sichuan Basin, China[J]. International Journal of Coal Geology,163:52-71.

Zhou Q, Xiao X, Tian H,et al. 2014. Modeling free gas content of the lower Paleozoic shales in the Weiyuan area of the Sichuan Basin, China[J]. Mar. Petr. Geol., 56: 87-96.

Zonneveld K A F, Versteegh G J M, Kasten S, et al. 2010. Selective preservation of organic matter in marine environments; processes and impact on the sedimentary record[J]. Biogeosciences,7:483-511.